吹梳曲发造型

短曲发吹梳造型

◆ 造型1（Page 18）

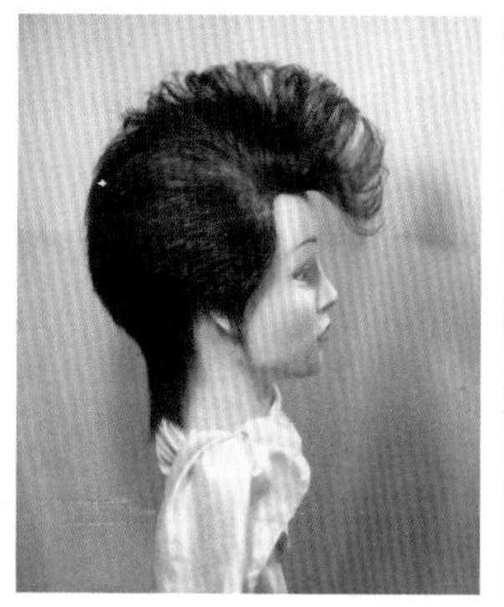 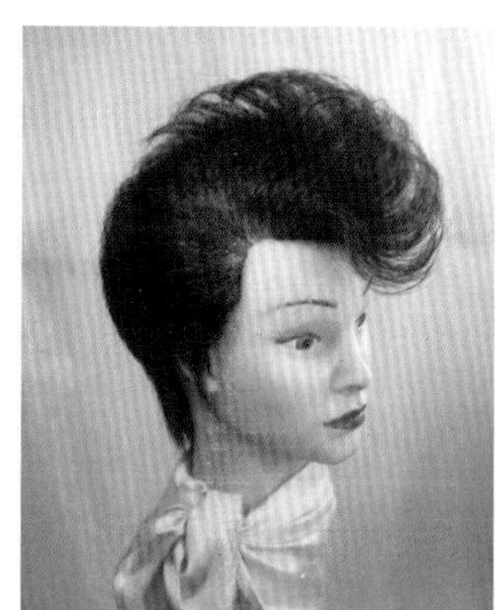 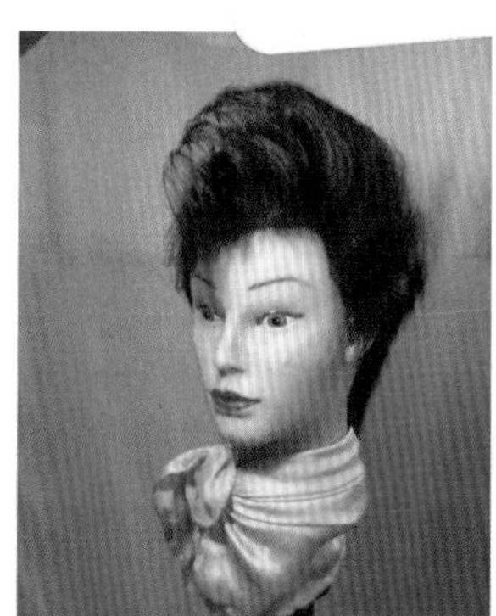 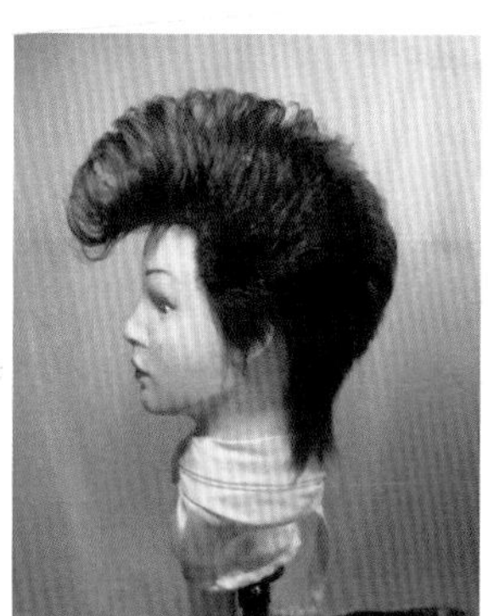

◆ 造型2（Page 20）

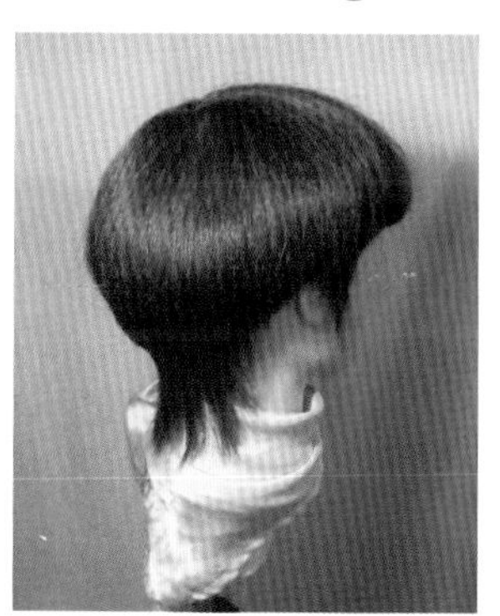 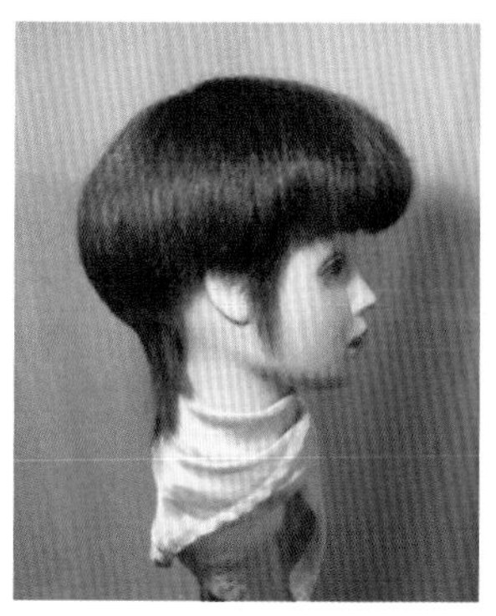 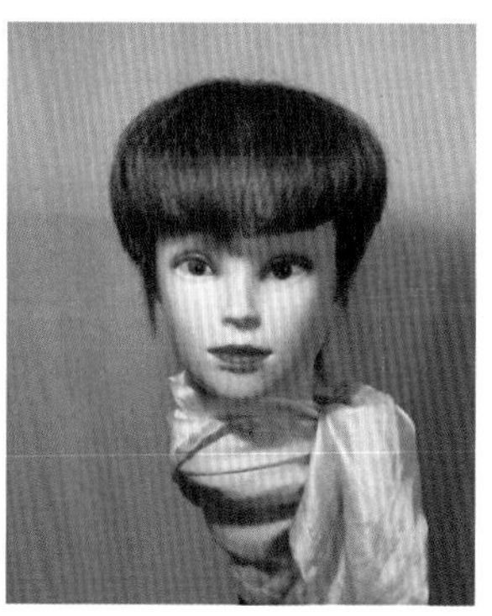 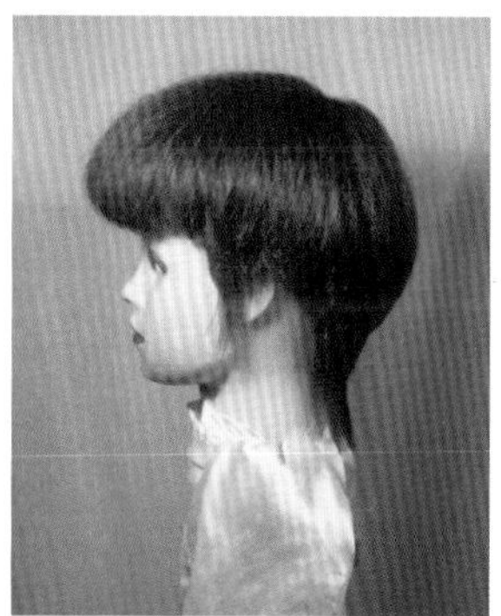

◆ 造型3（Page 22）

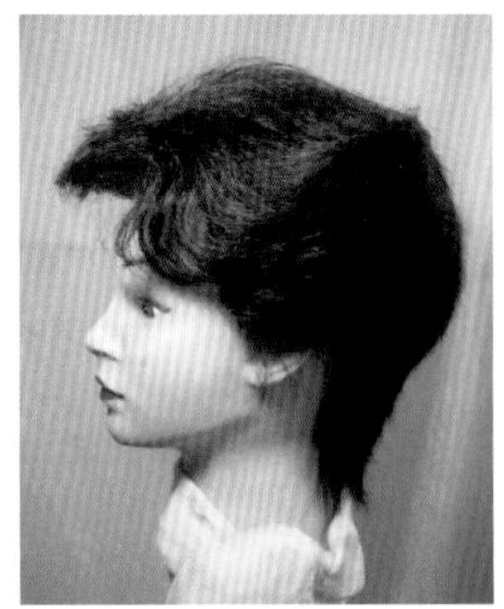

◆ 造型4（Page 24）

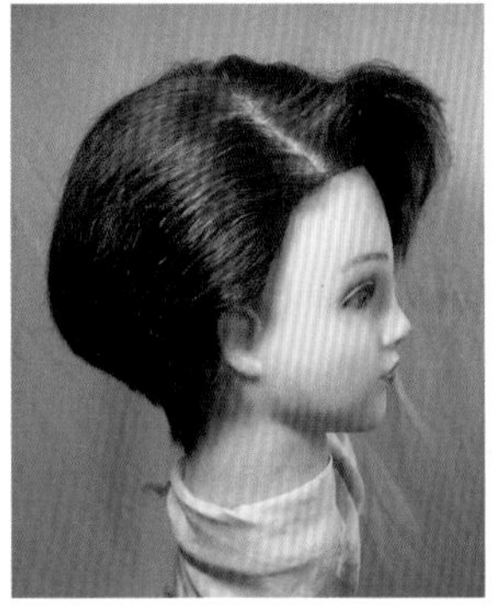
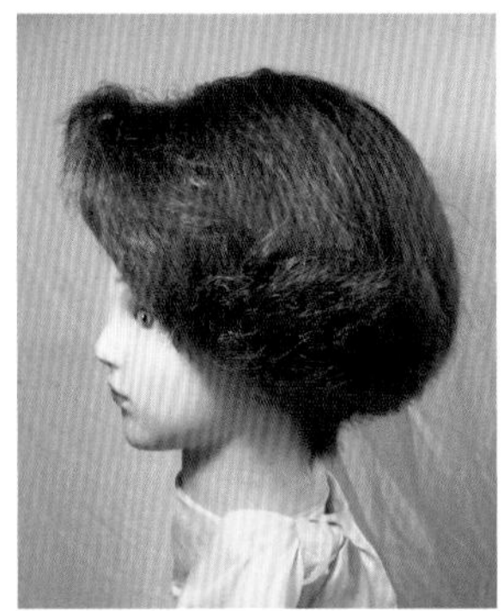

◆ 造型5（Page 25）

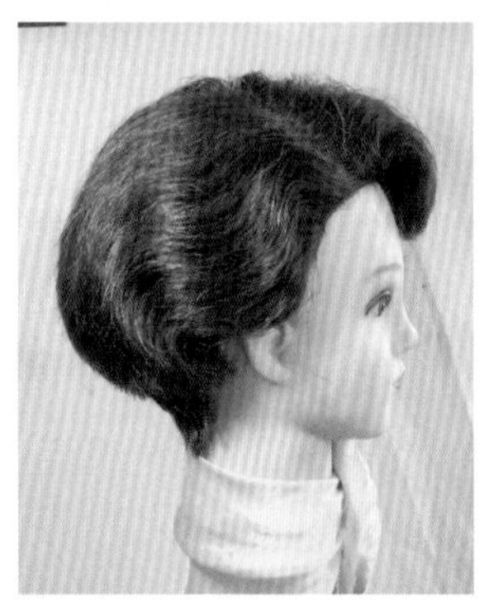

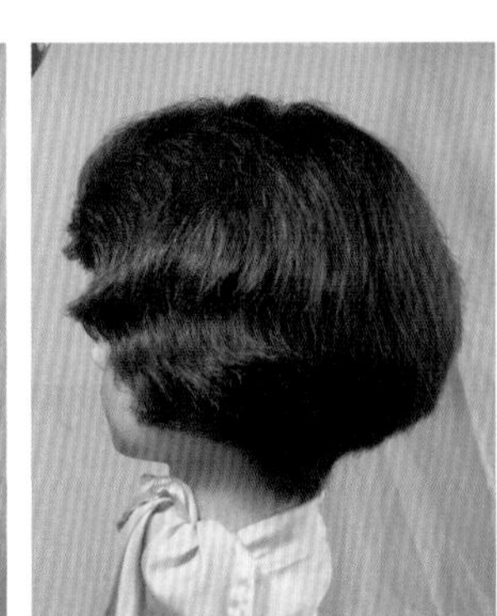

◆ 造型6（Page 27）

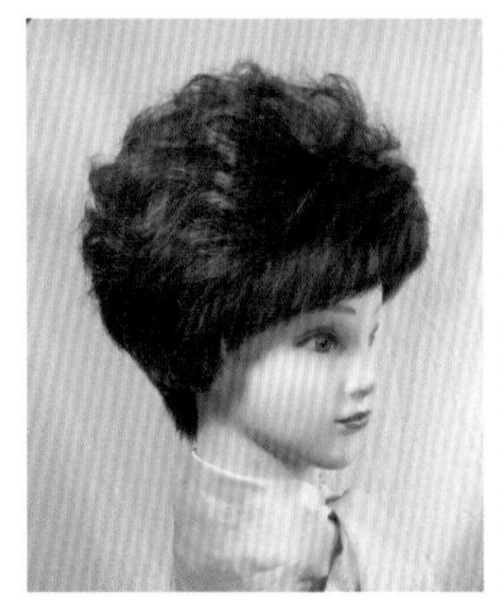
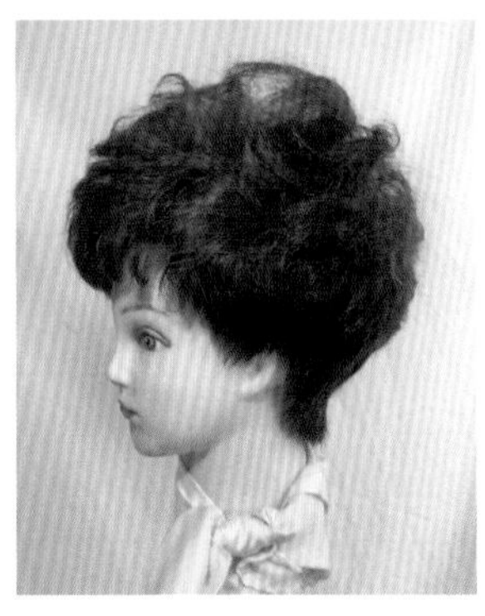

◆ 造型7（Page 28）

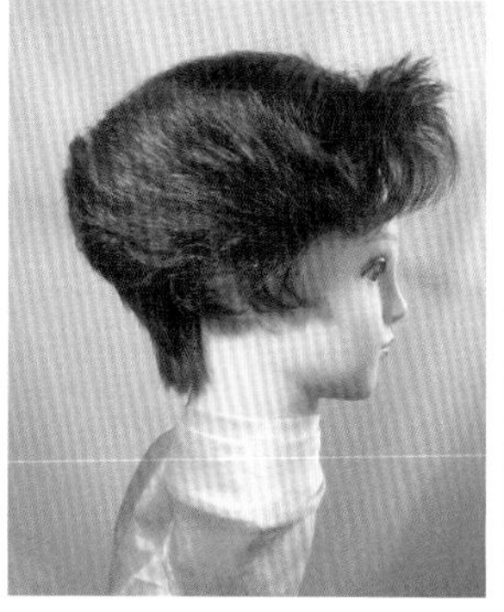

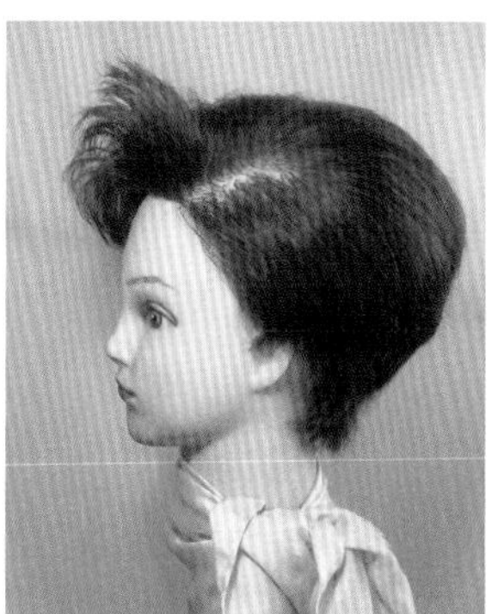
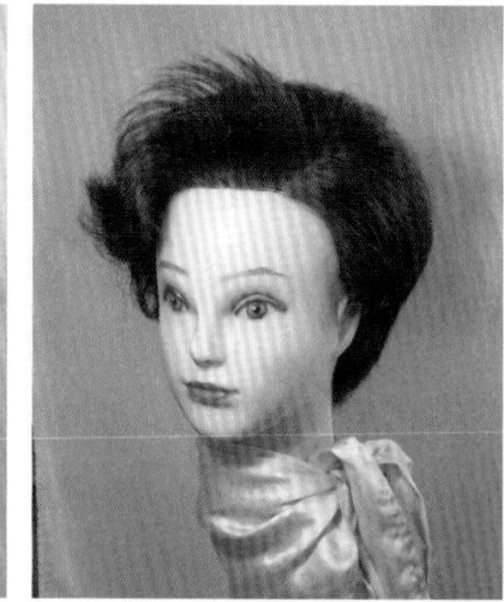

◆ 造型8（Page 29）

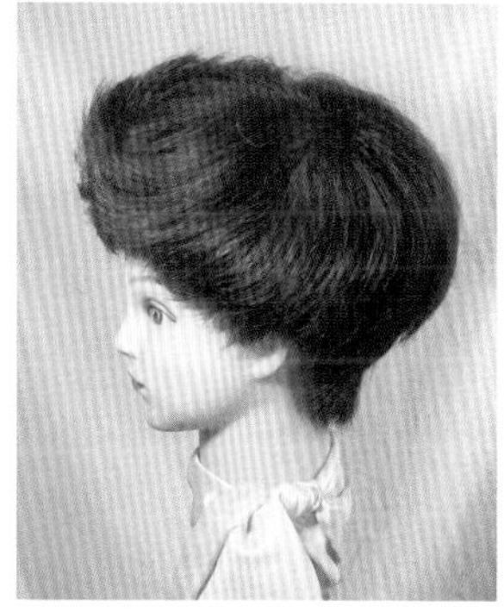

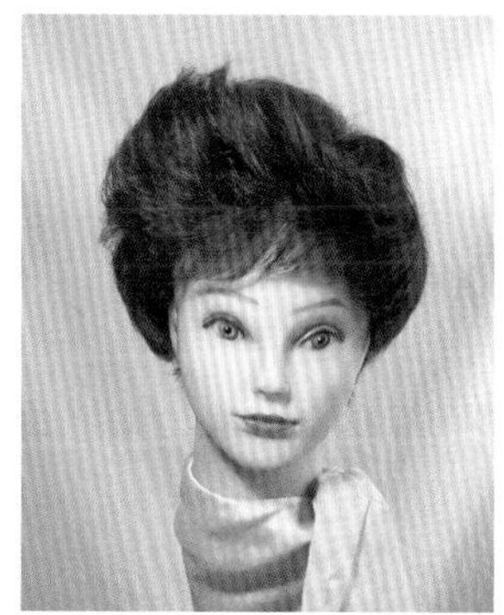

◆ 造型9（Page 30）

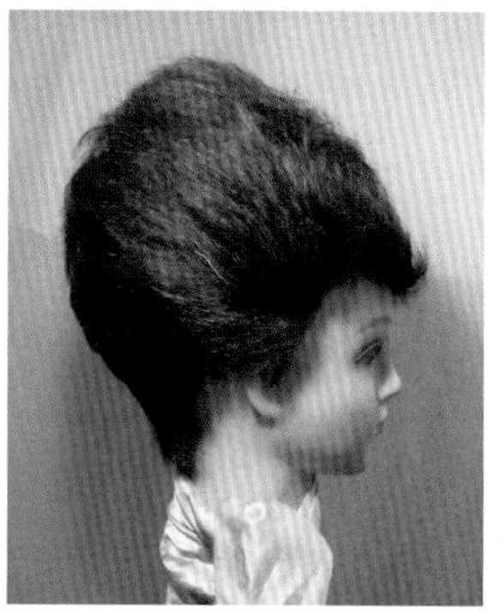
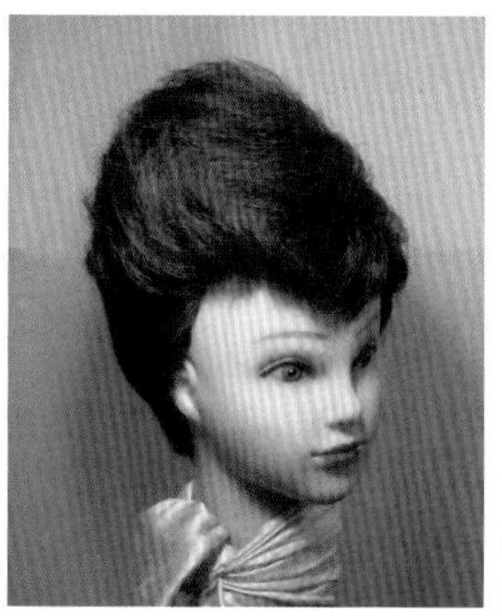

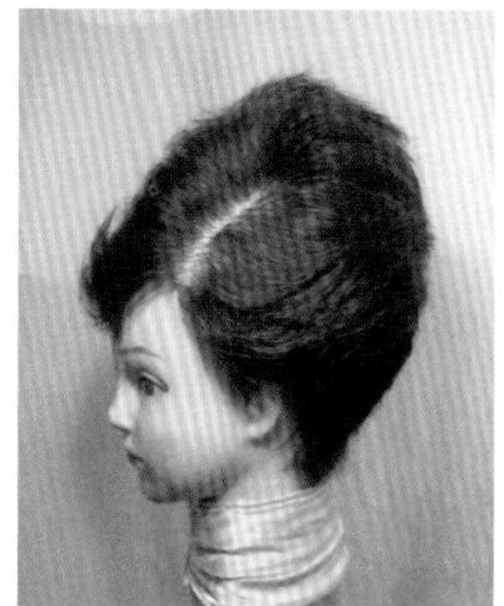

◆ 造型10（Page 31）

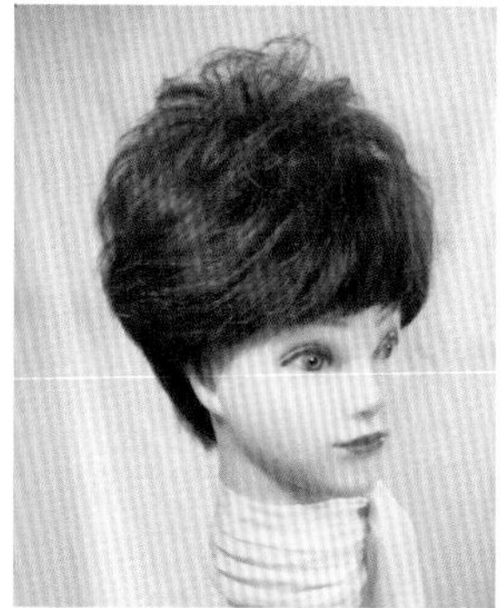
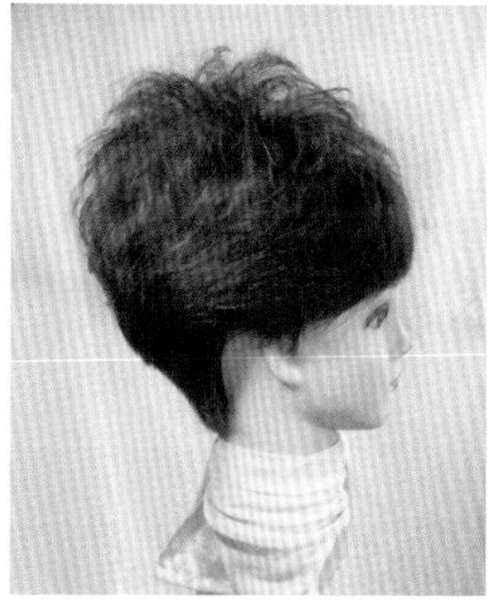
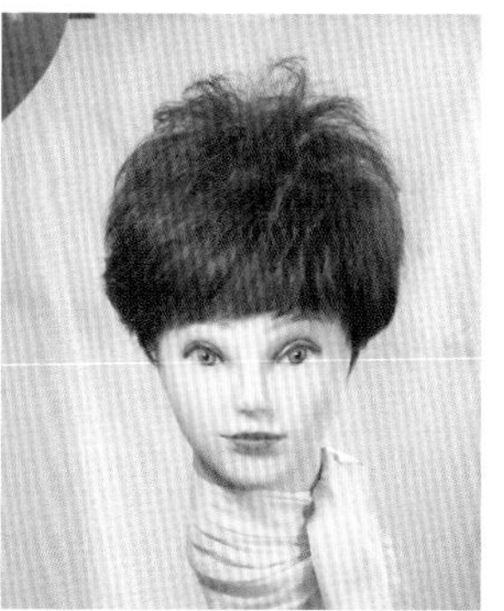
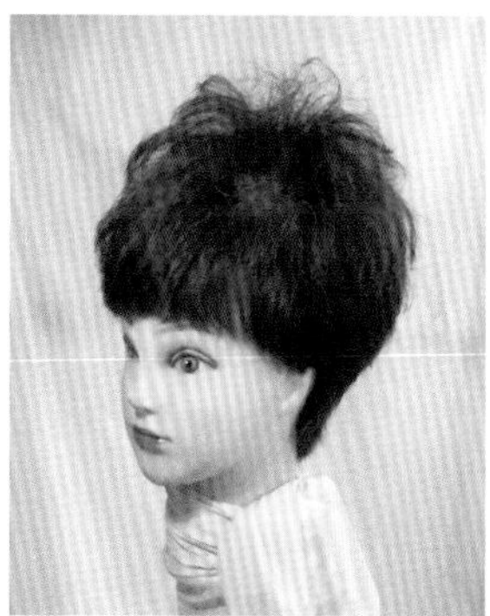

◆ 造型11（Page 32）

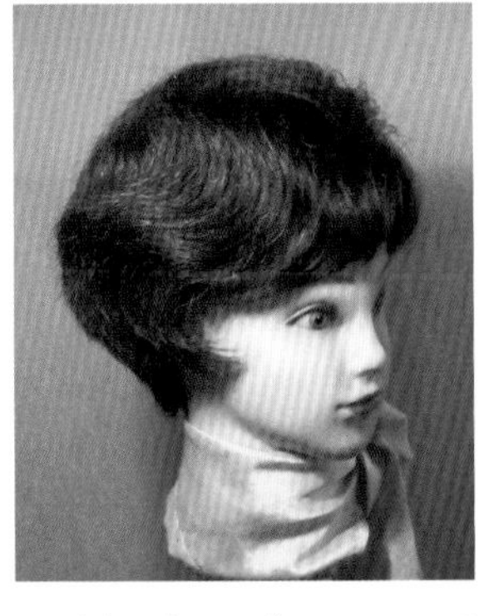
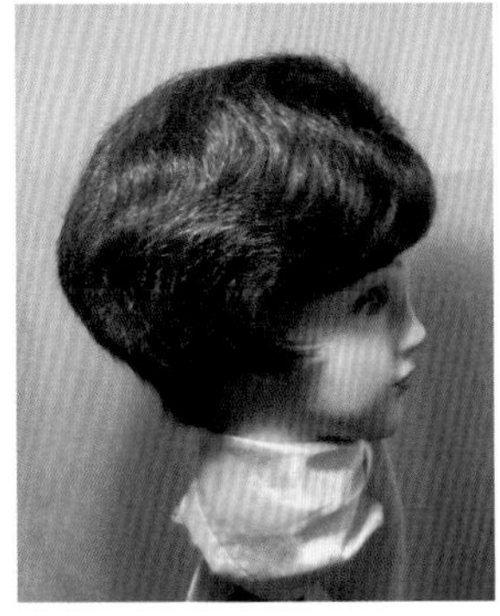

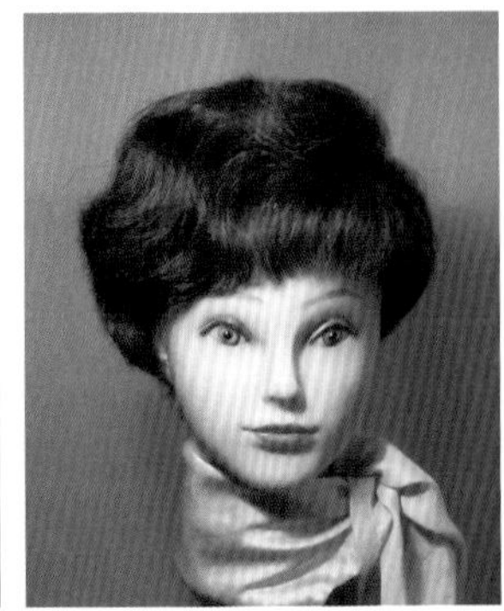

◆ 造型12（Page 33）

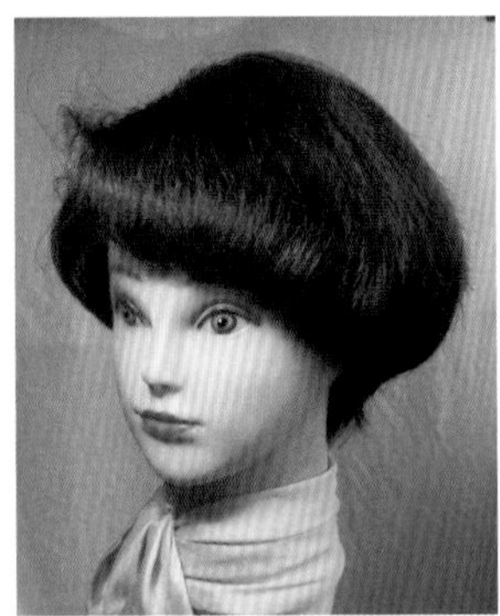
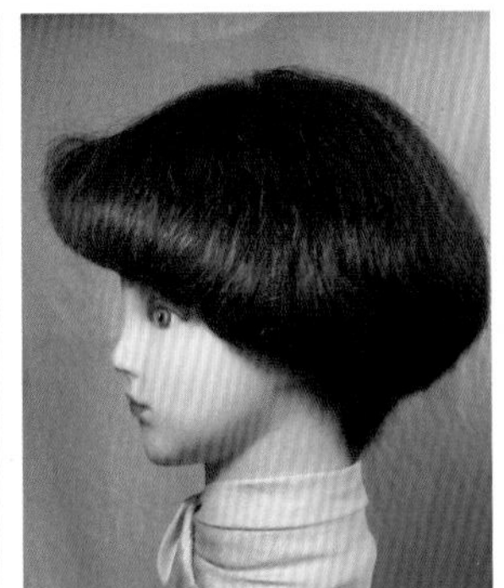

◆ 造型13（Page 35）

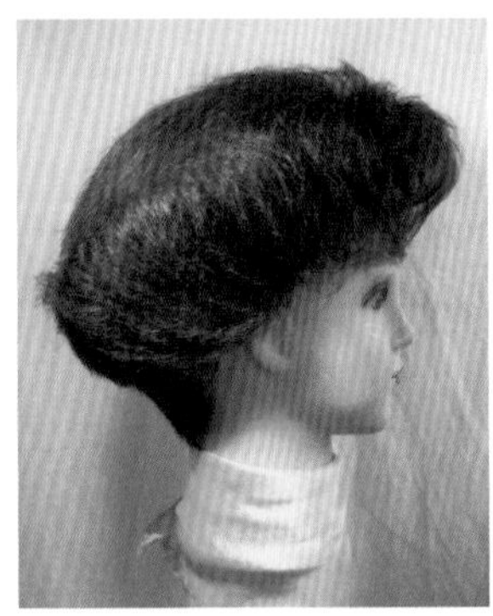
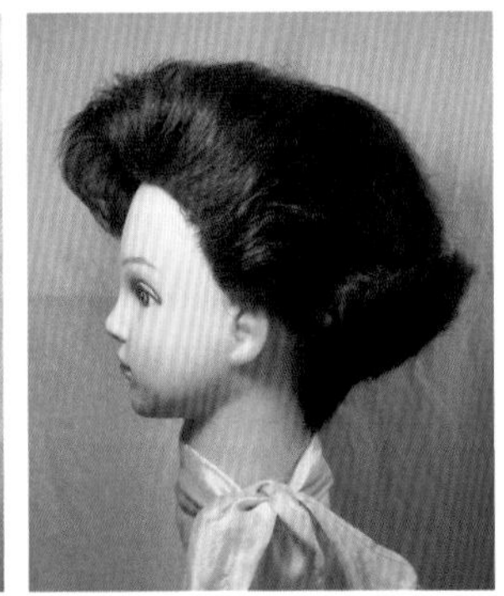

◆ 造型14（Page 36）

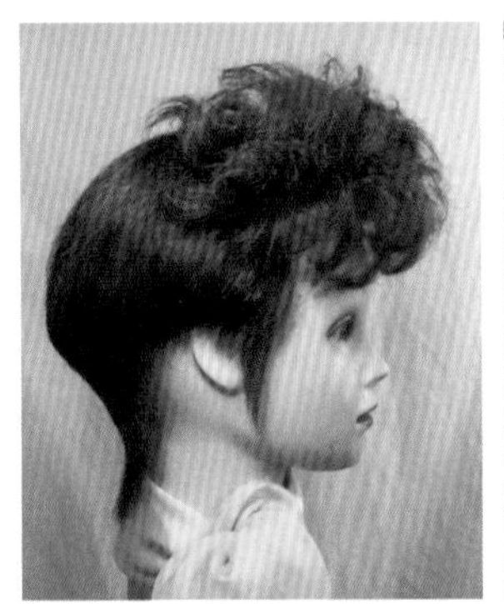
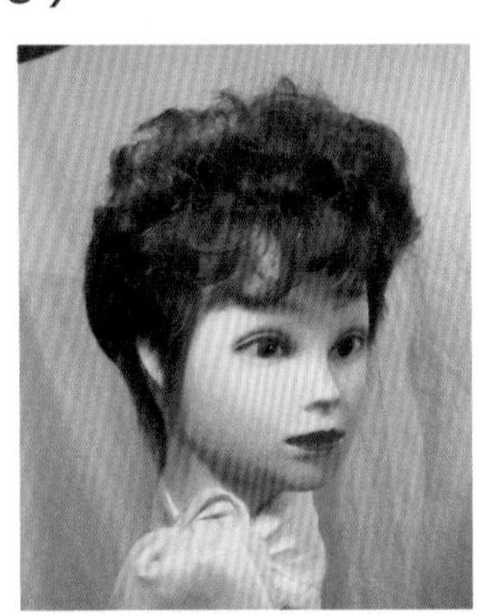
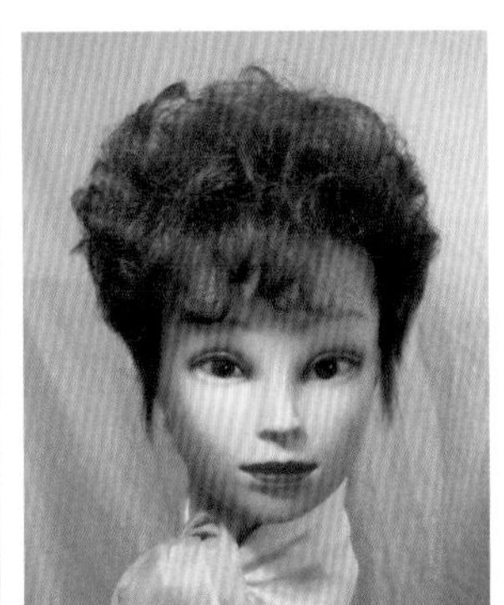
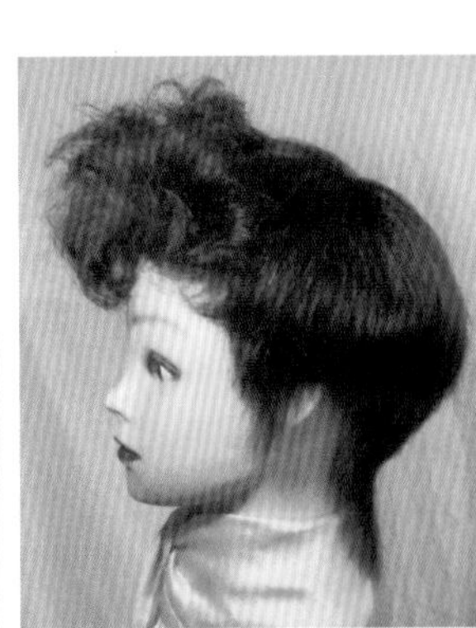

◆ 造型15（Page 37）

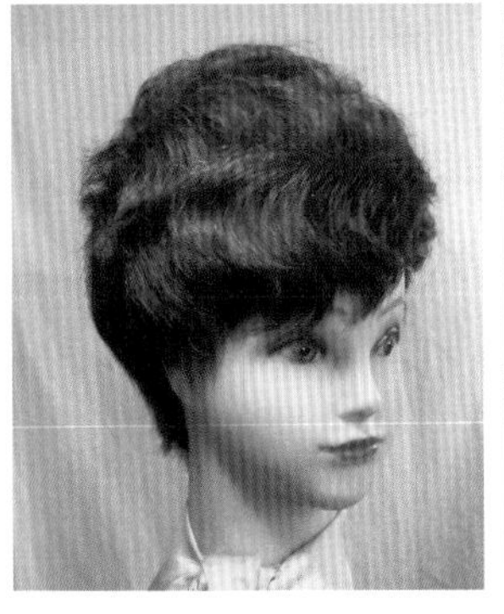
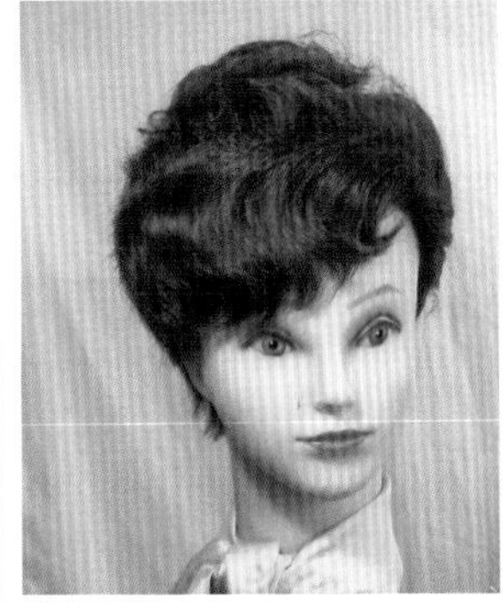
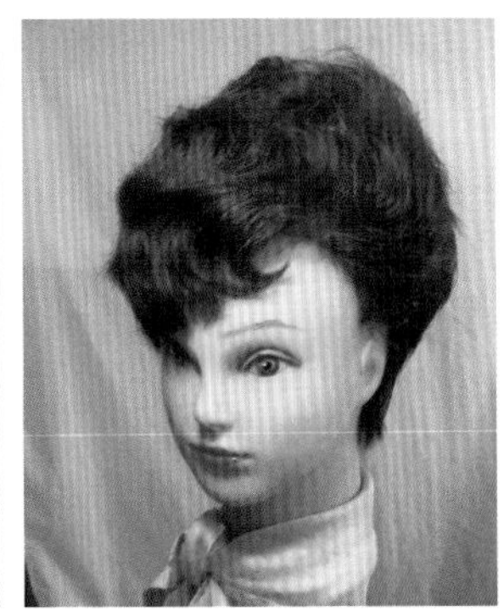
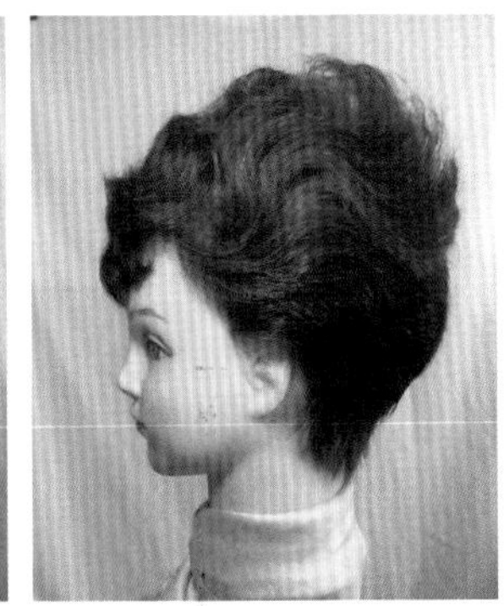

◆ 造型16（Page 39）

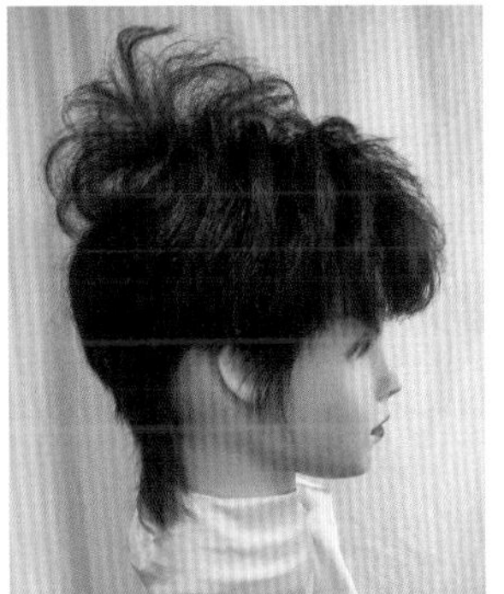

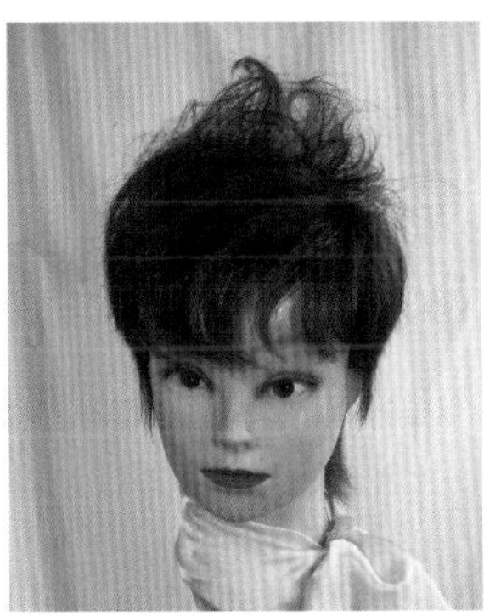

◆ 造型17（Page 40）

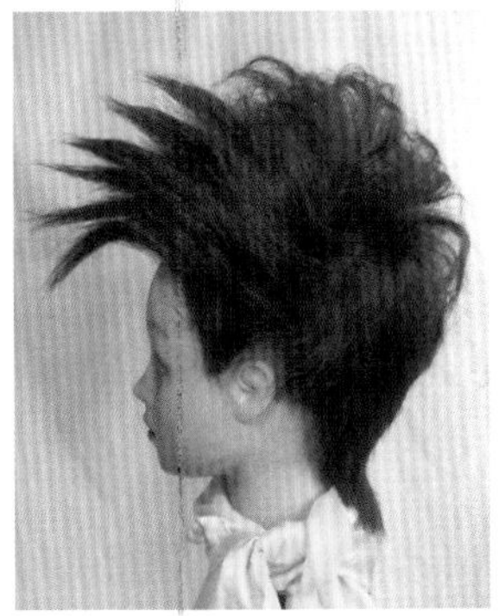

◆ 造型18（Page 41）

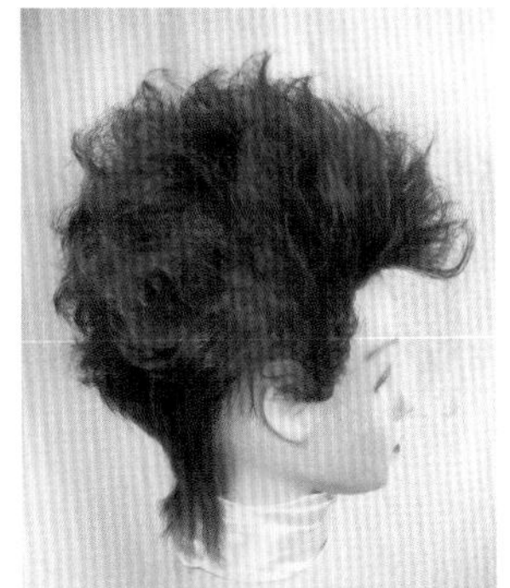

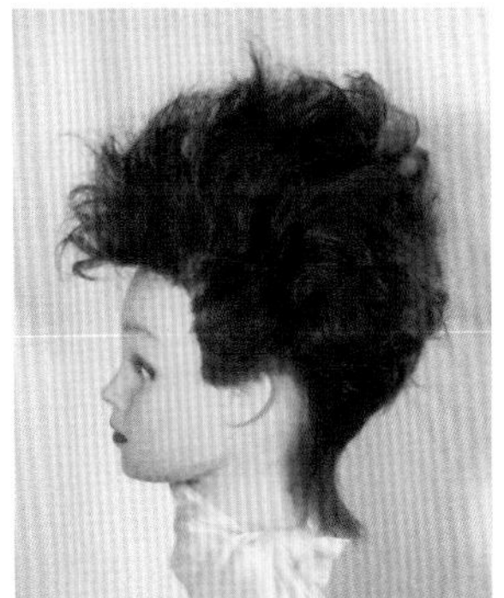
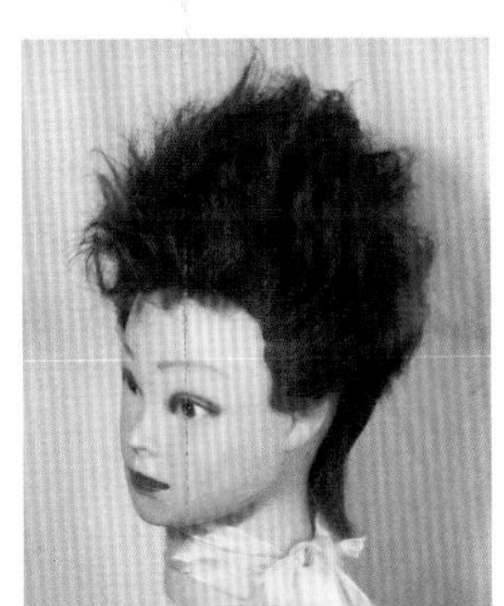

◆ 造型19（Page 42）

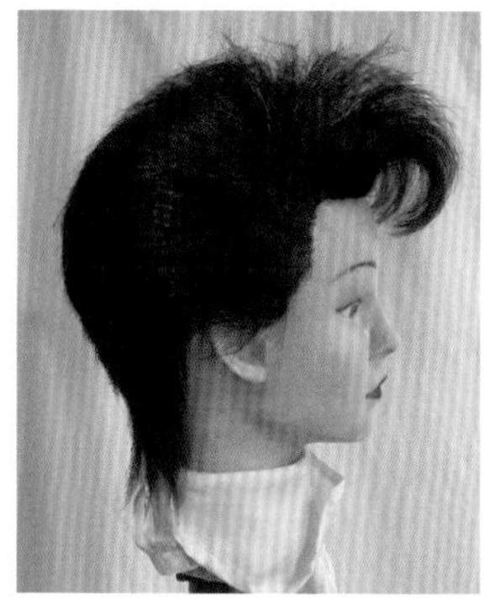

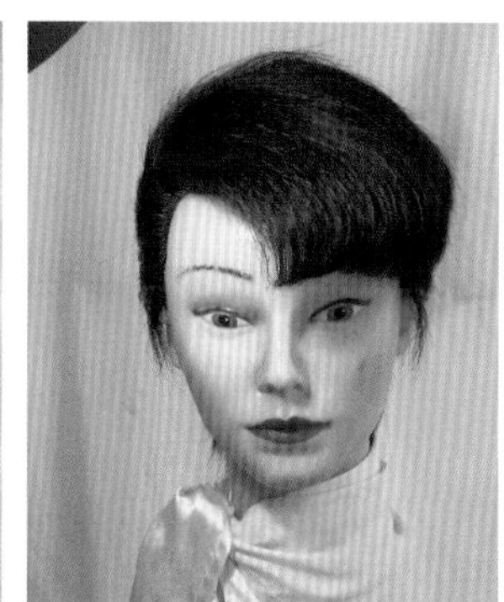

◆ 造型20（Page 43）

◆ 造型21（Page 44）

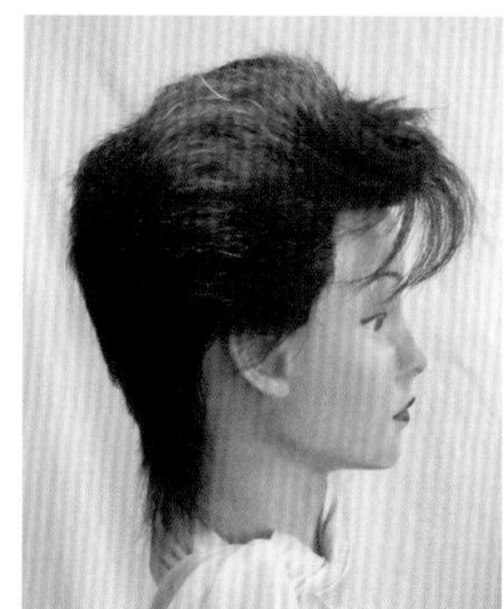

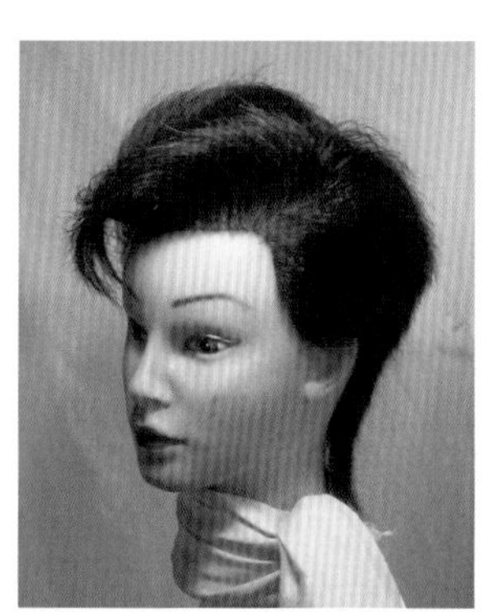

◆ 造型22（Page 45）

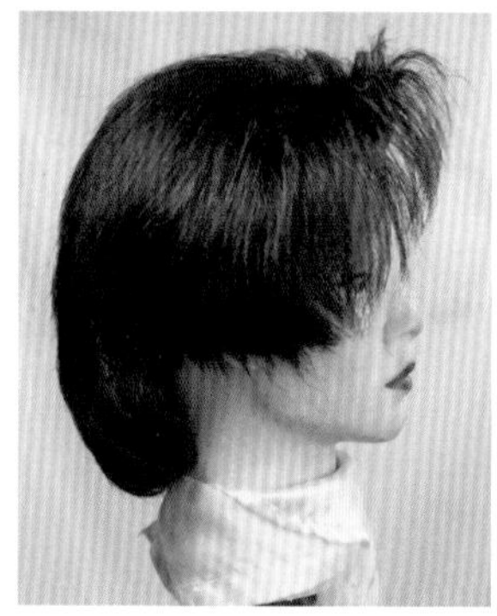

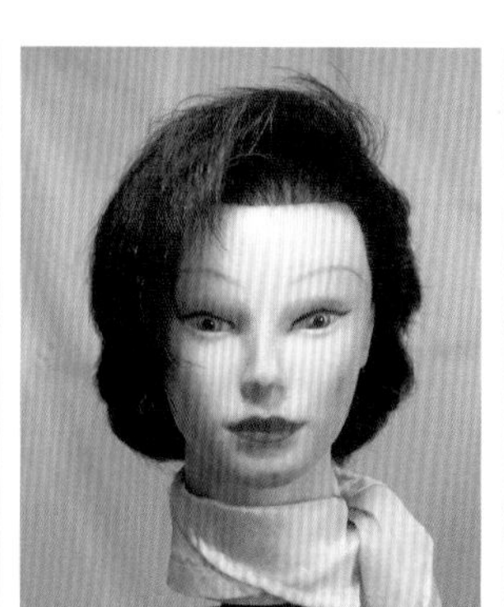
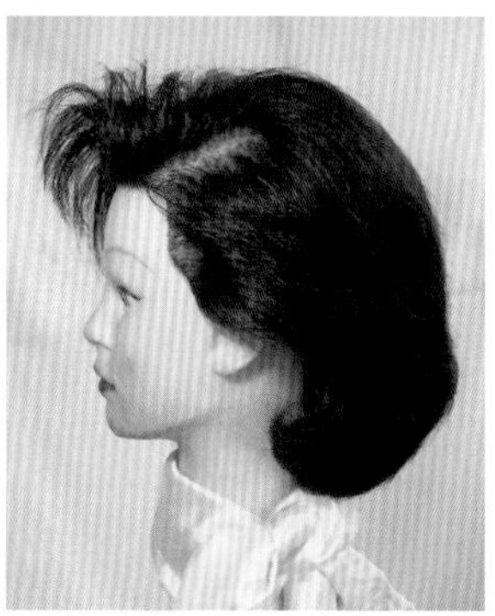

中长曲发吹梳造型

◆ 造型1（Page 46）

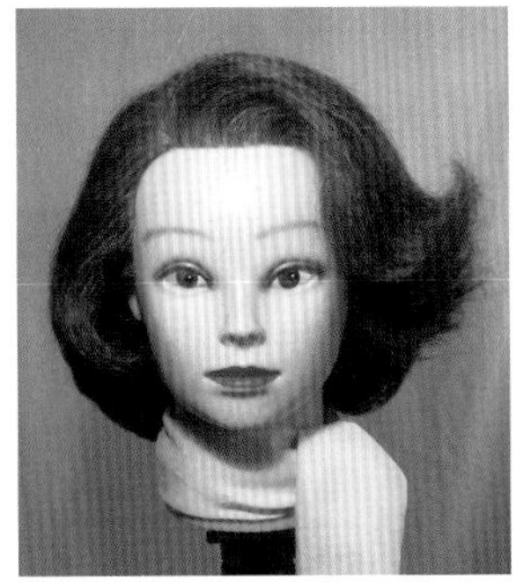

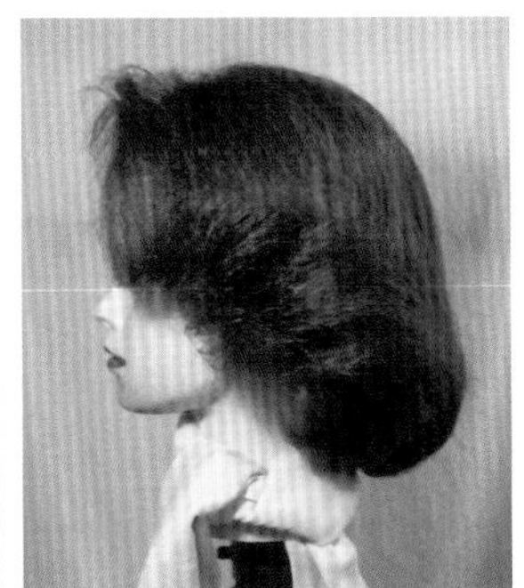

◆ 造型2（Page 48）

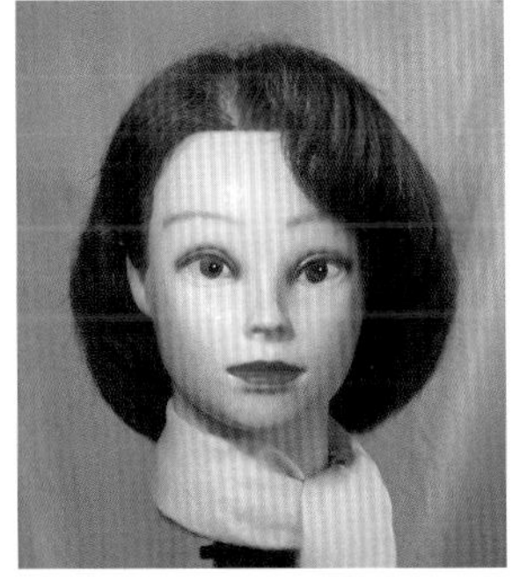

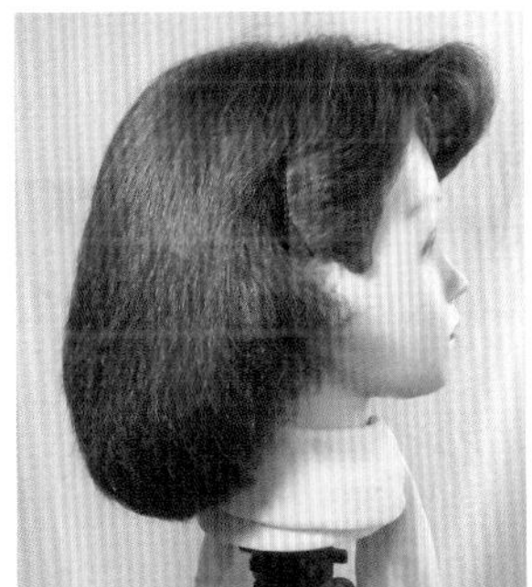
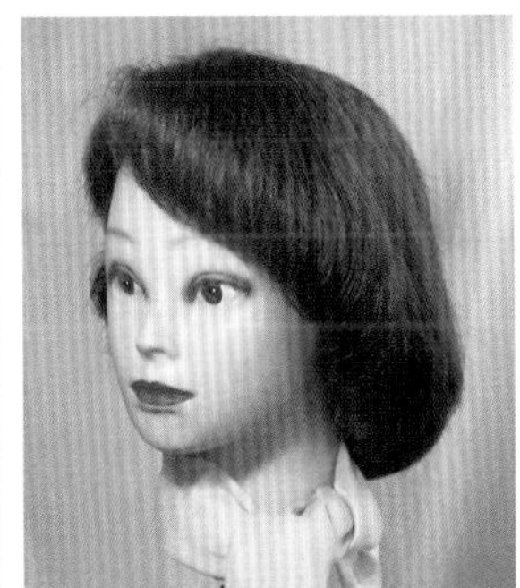

◆ 造型3（Page 49）

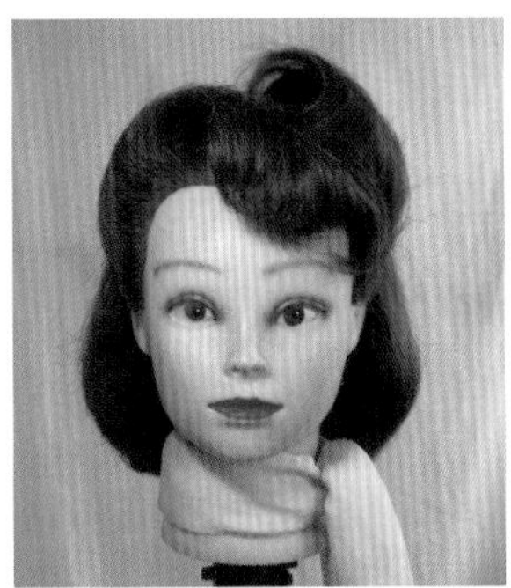

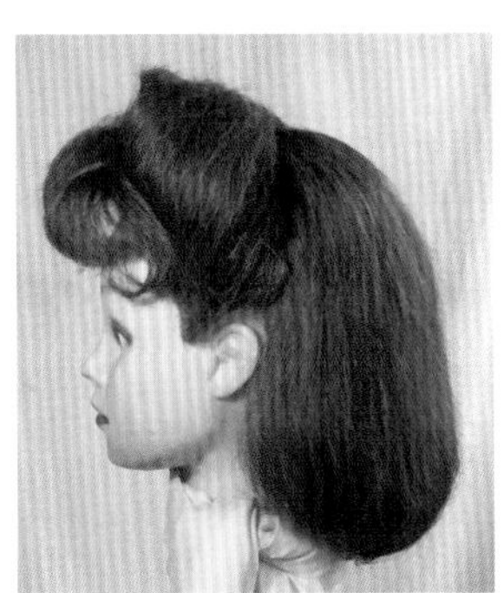

◆ 造型4（Page 50）

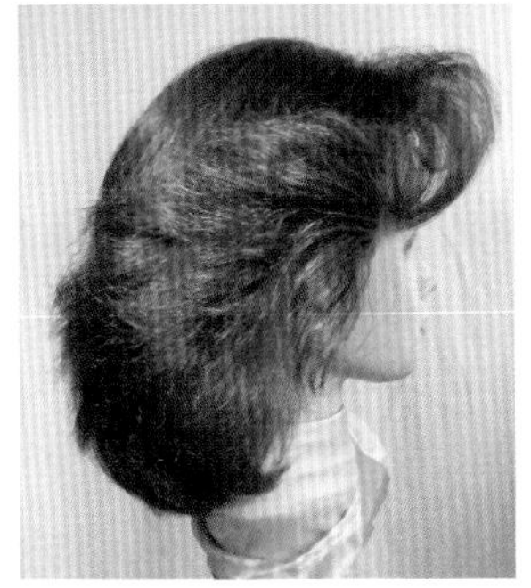
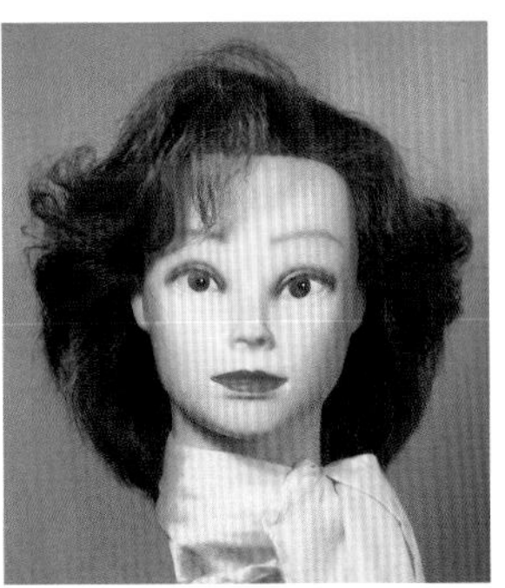
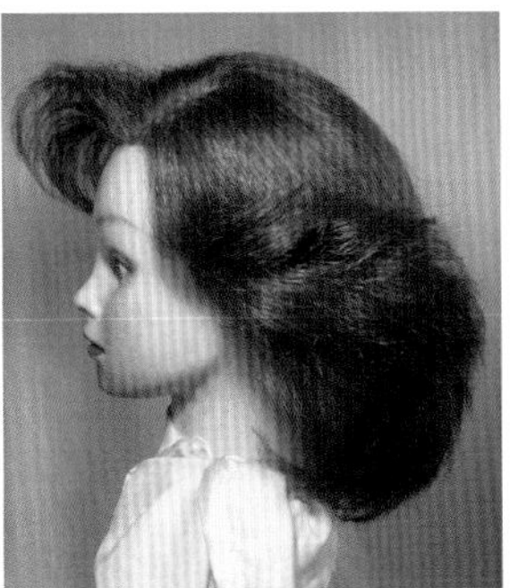
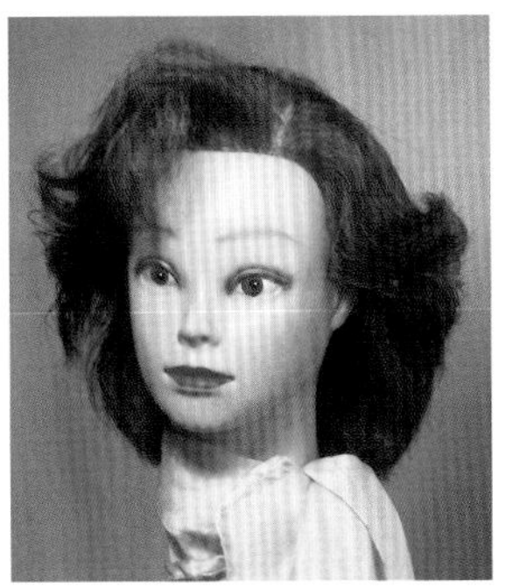

- 造型5（Page 51）

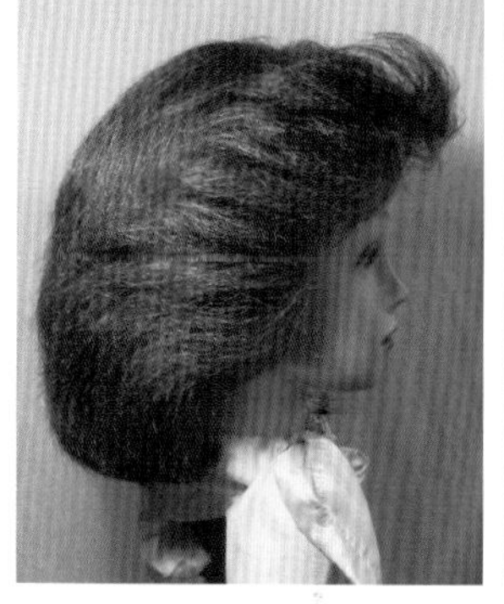

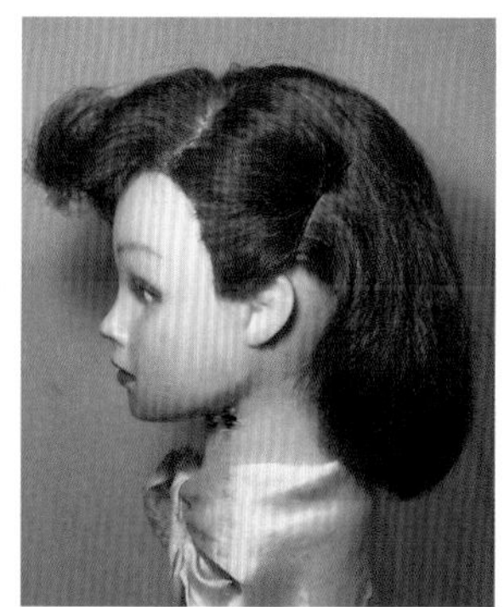
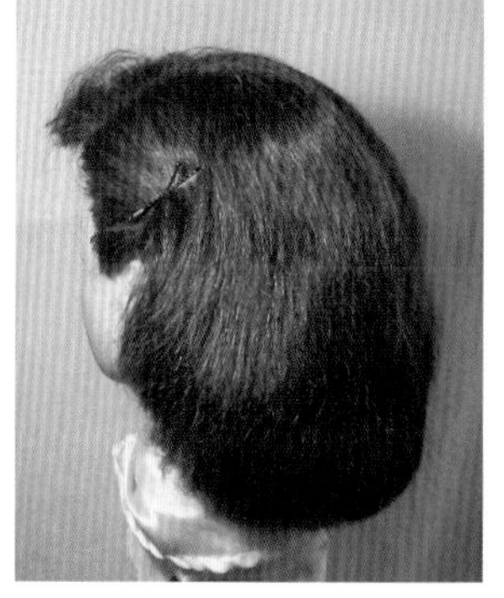

- 造型6（Page 52）

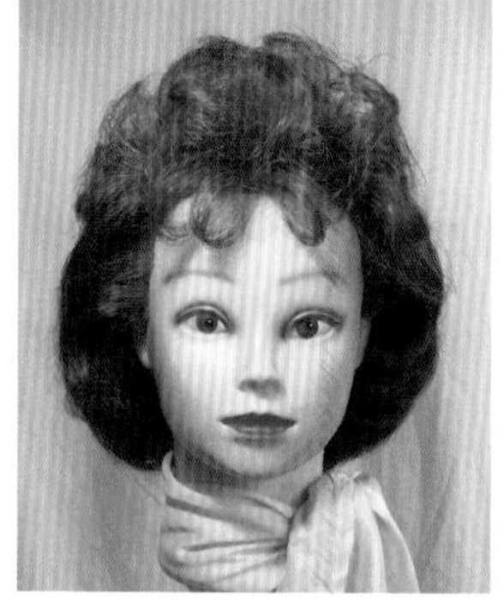

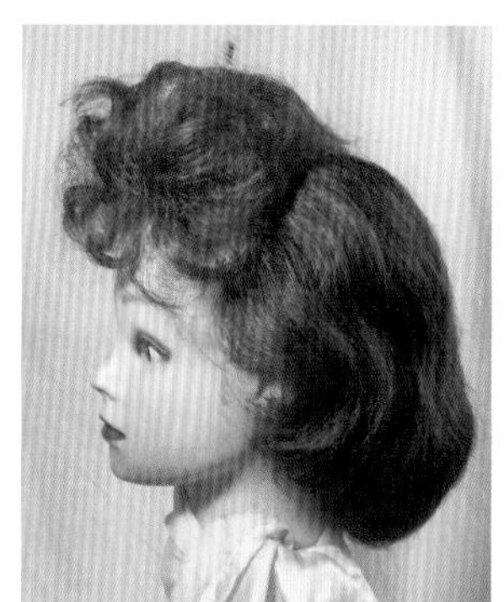

- 造型7（Page 53）

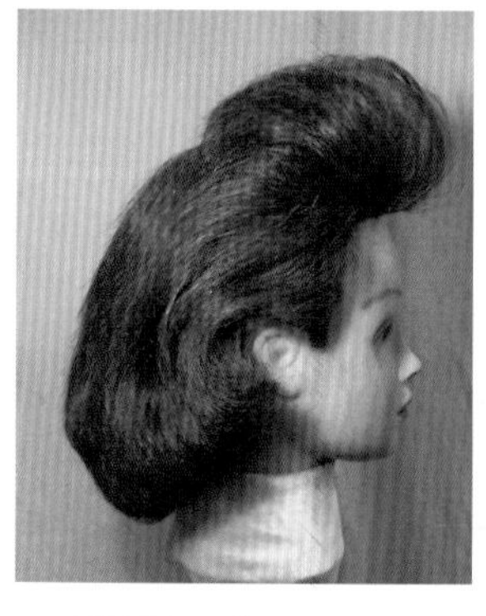

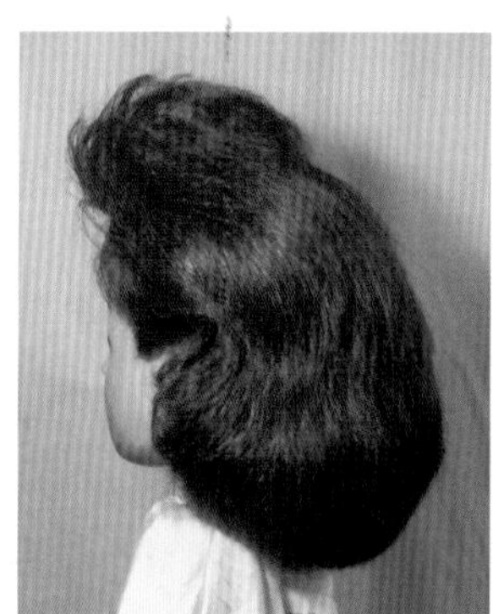
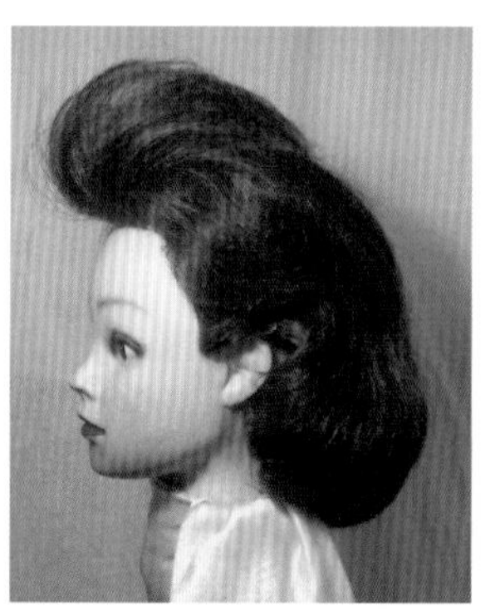

- 造型8（Page 54）

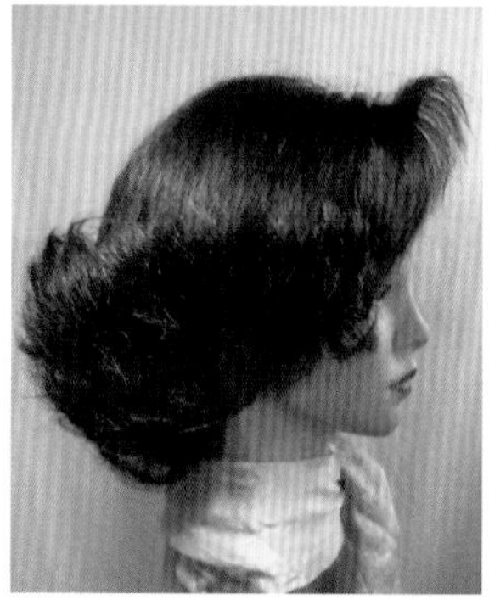
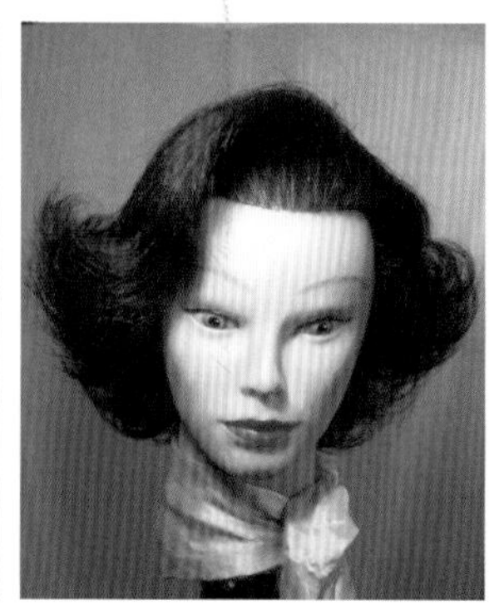
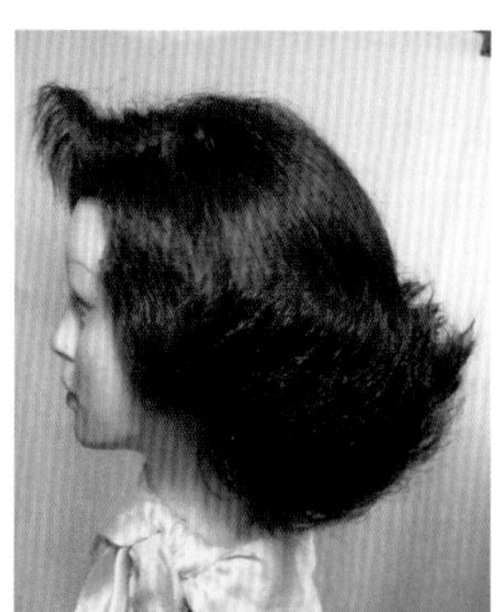

◆ 造型9（Page 55）

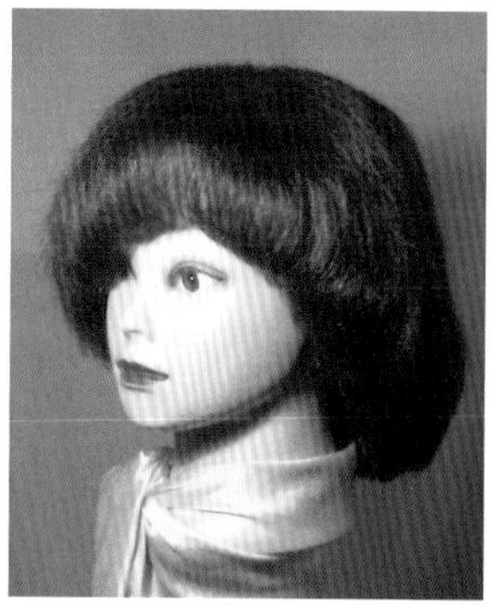
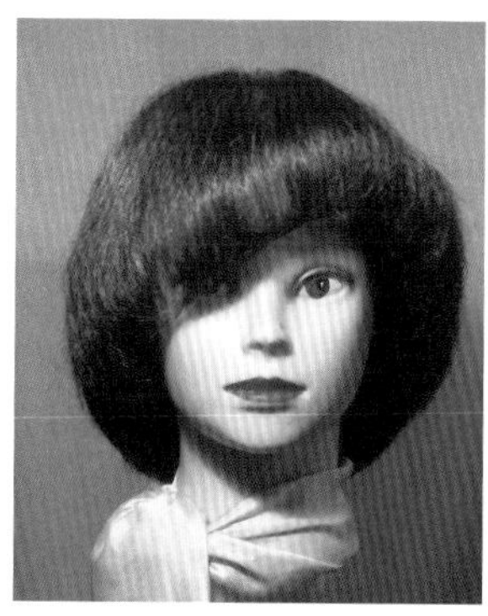
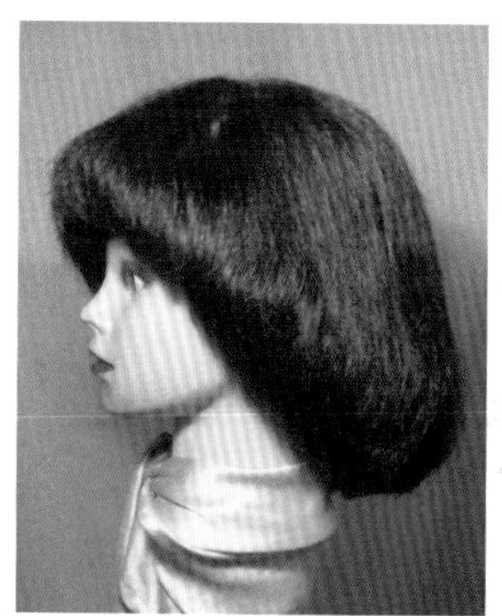

◆ 造型10（Page 56）

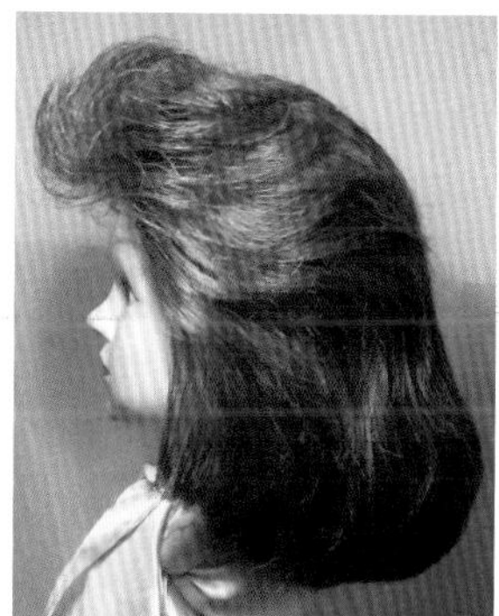

◆ 造型11（Page 57）

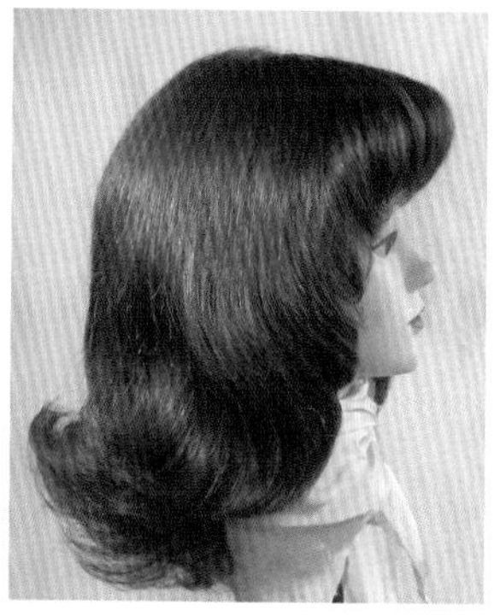

塑料卷曲发造型

短曲发塑料卷造型

◆ 造型1（Page 59）

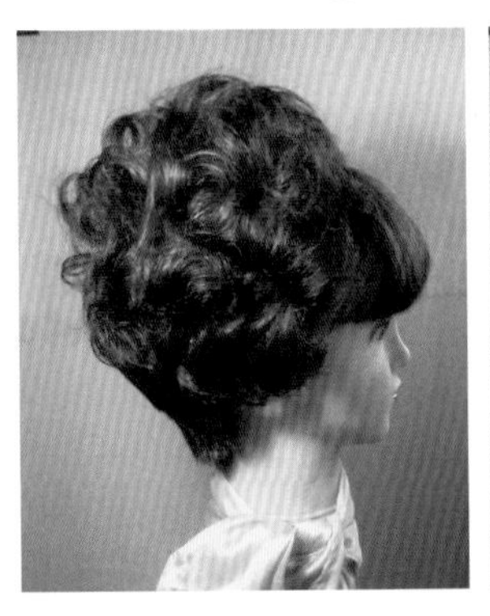
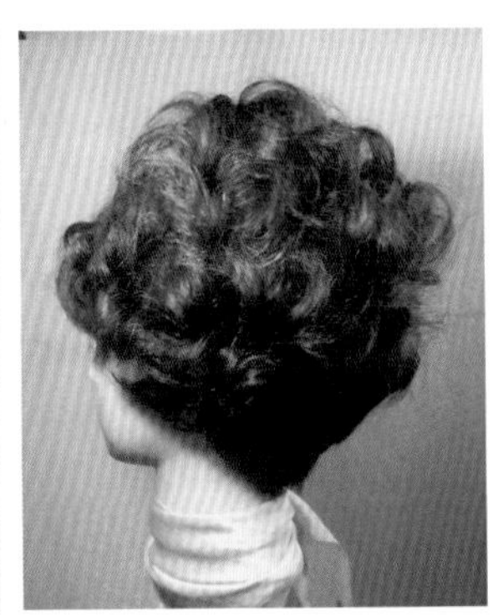
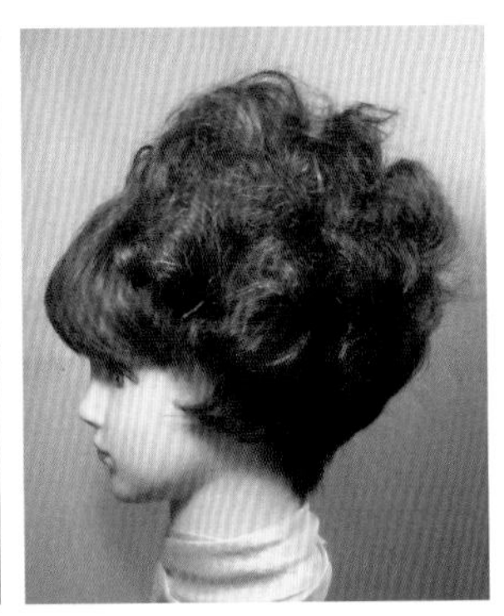
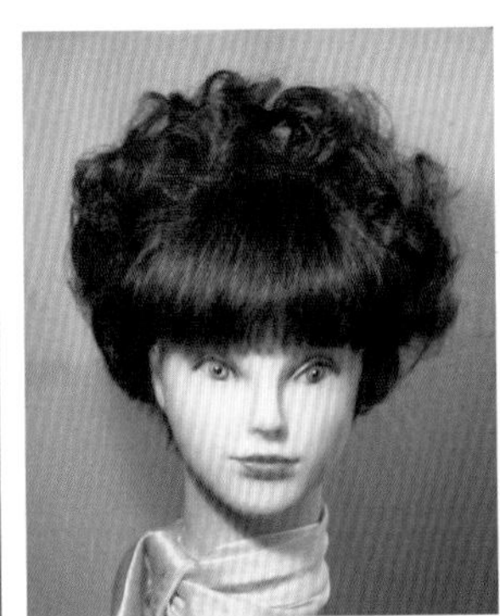

◆ 造型2（Page 62）

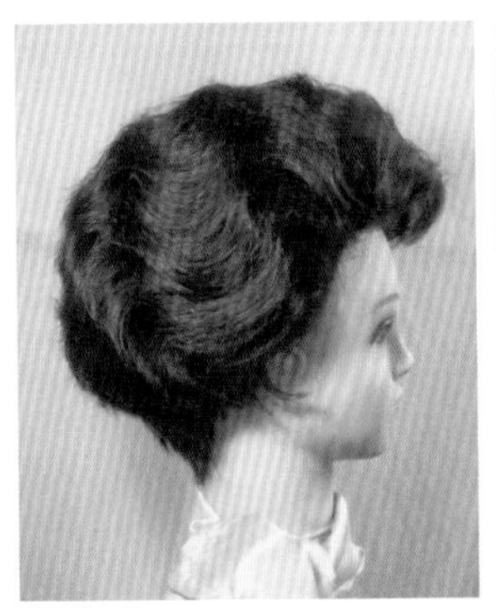
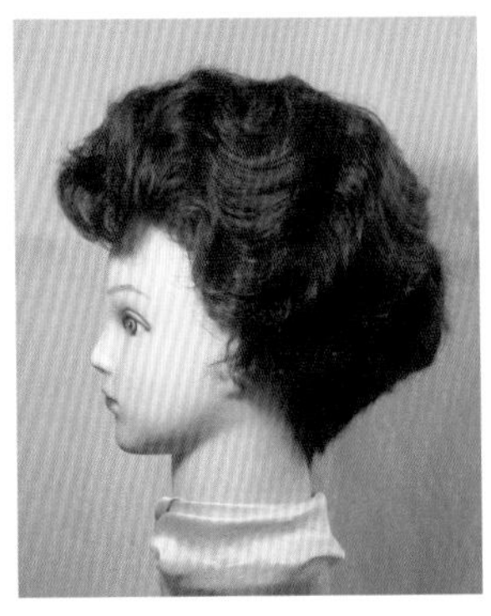
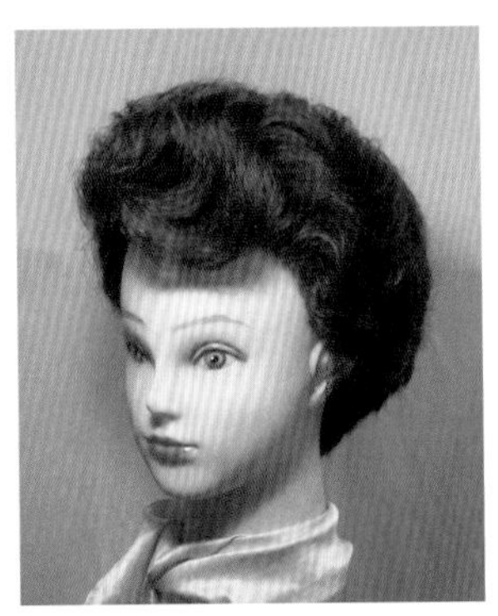
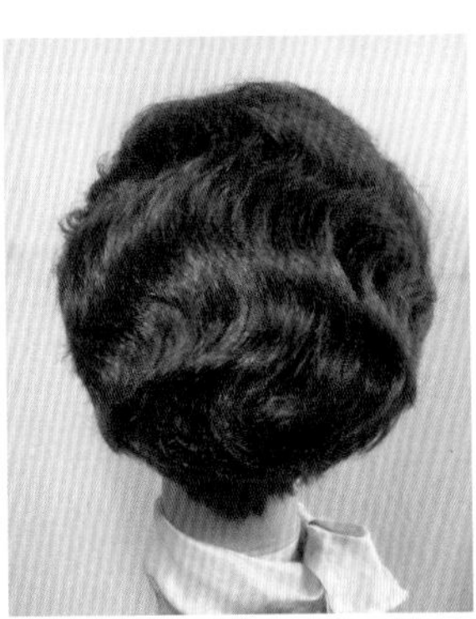

◆ 造型3（Page 63）

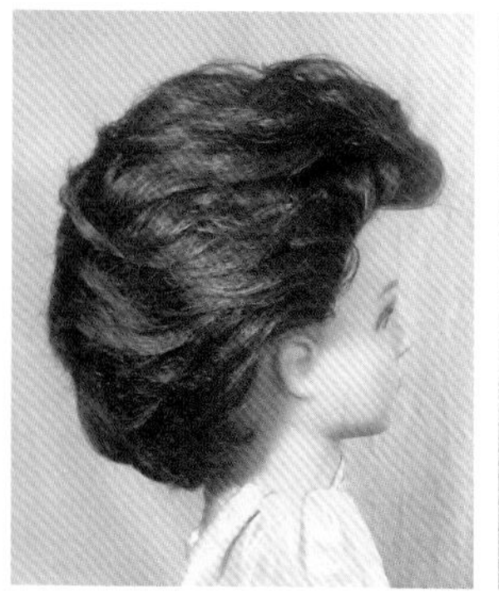
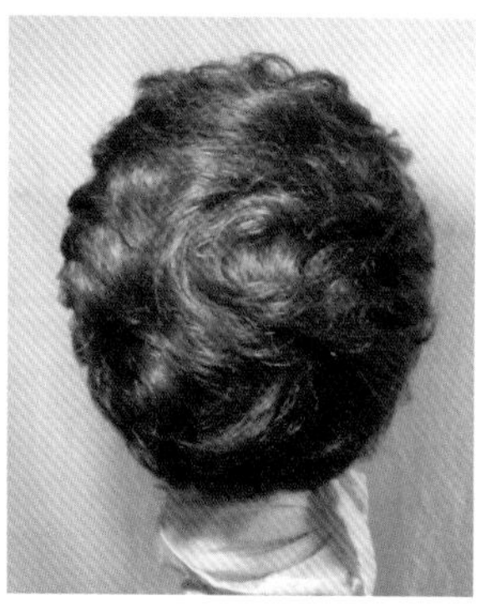
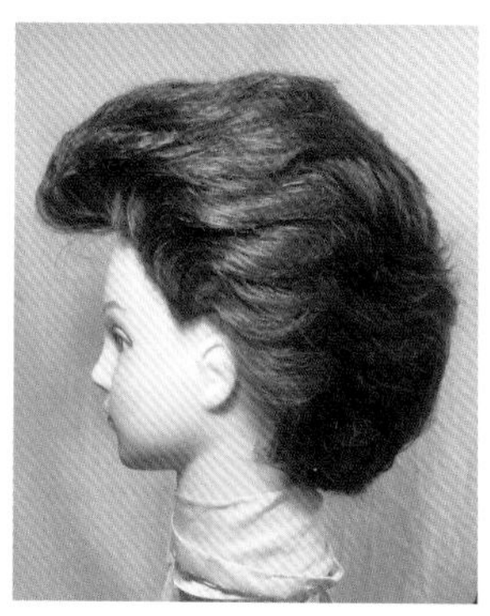

◆ 造型4（Page 66）

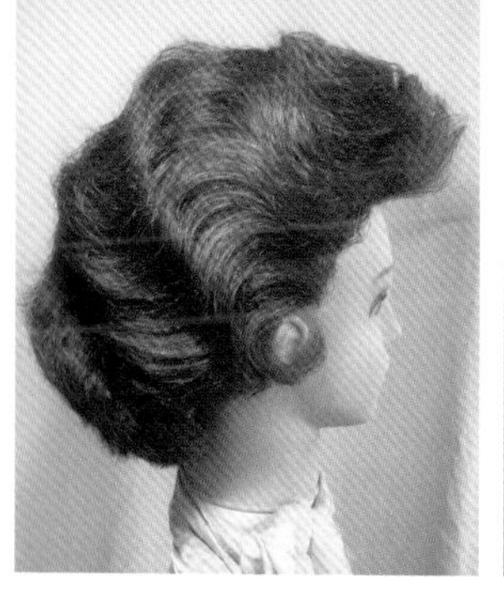

◆ 造型5（Page 66）

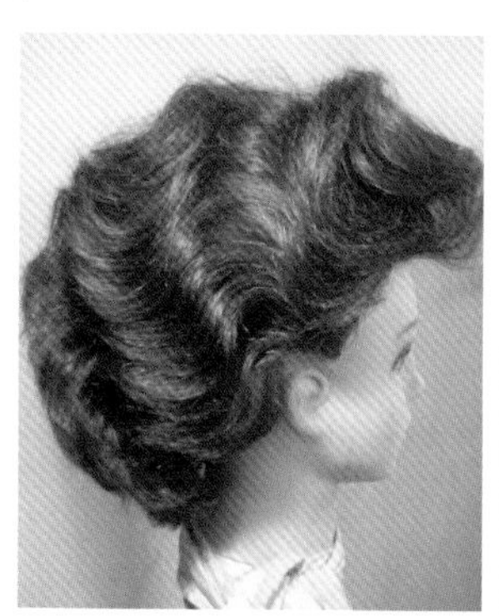

◆ 造型6（Page 67）

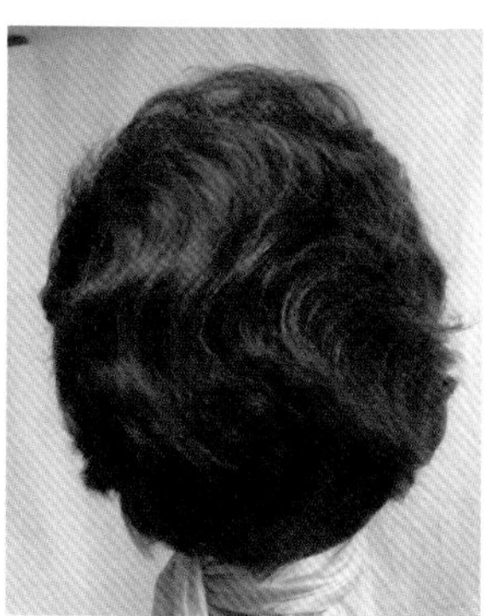

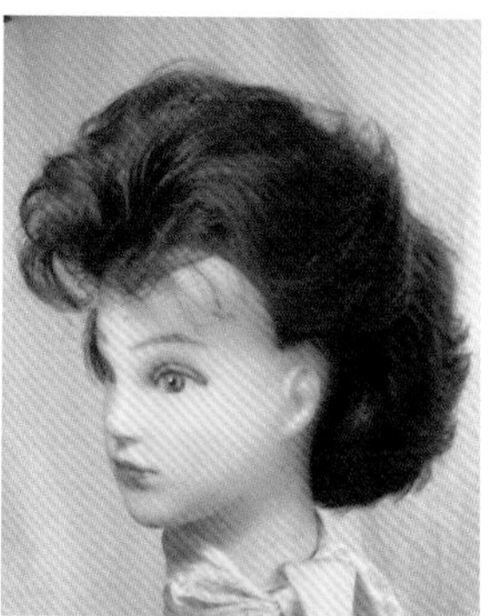

◆ 造型7（Page 68）

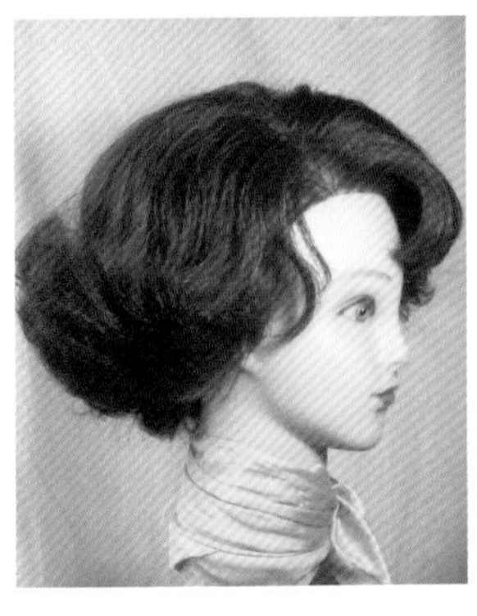

◆ 造型8（Page 70）

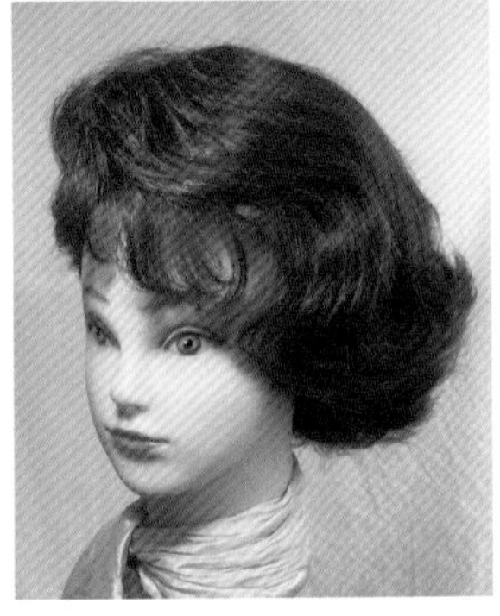
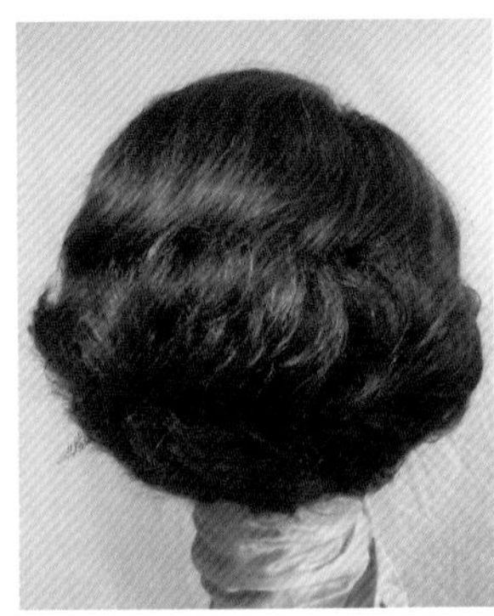
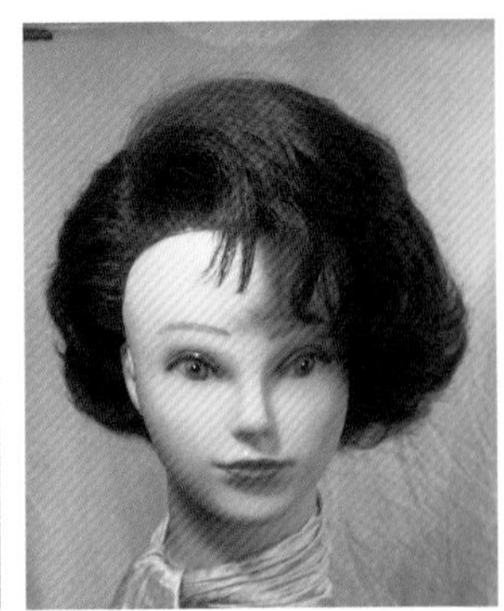

◆ 造型9（Page 71）

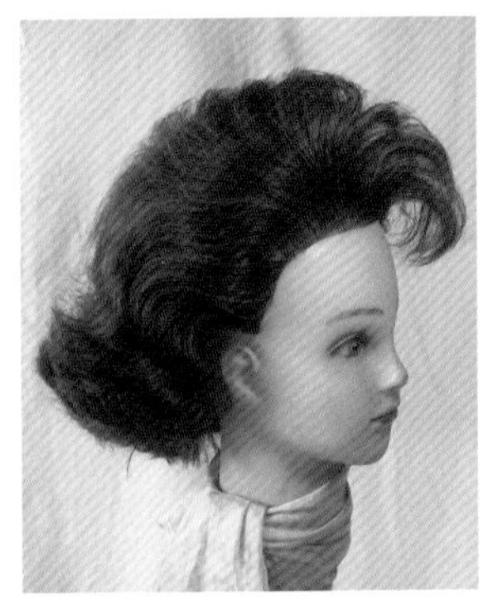
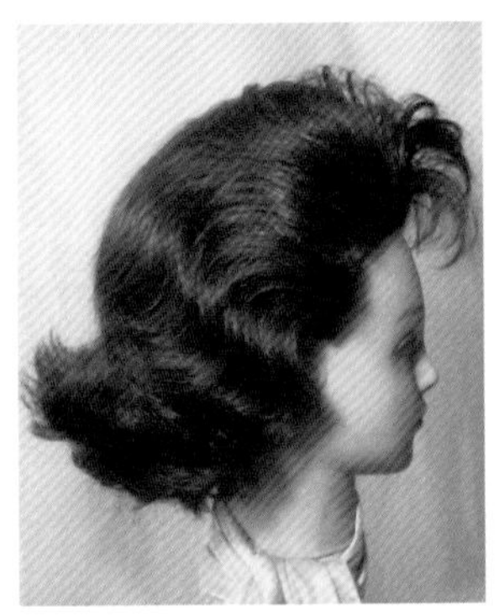

◆ 造型10（Page 72）

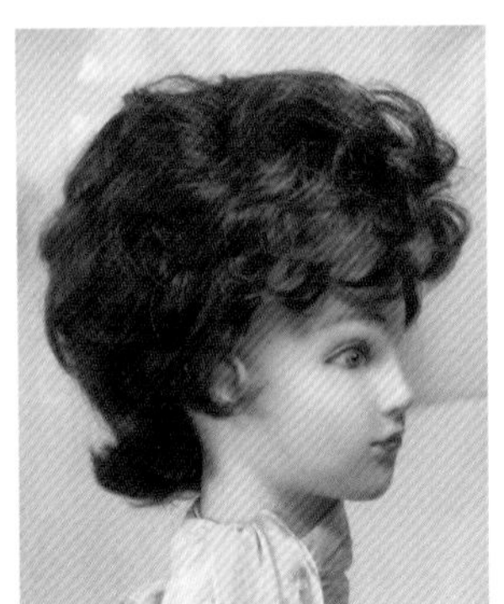
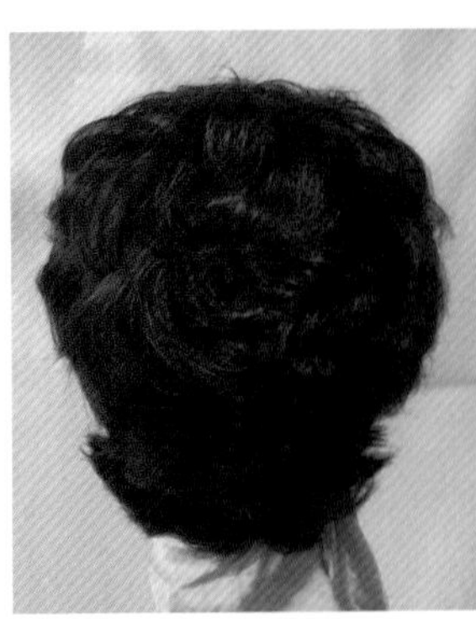

- 造型11（Page 73）

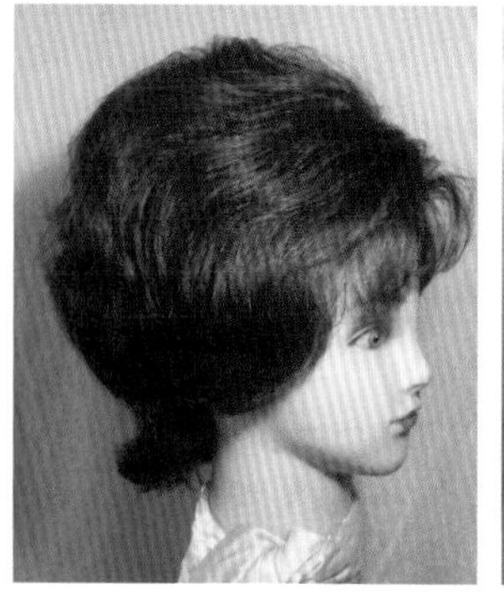
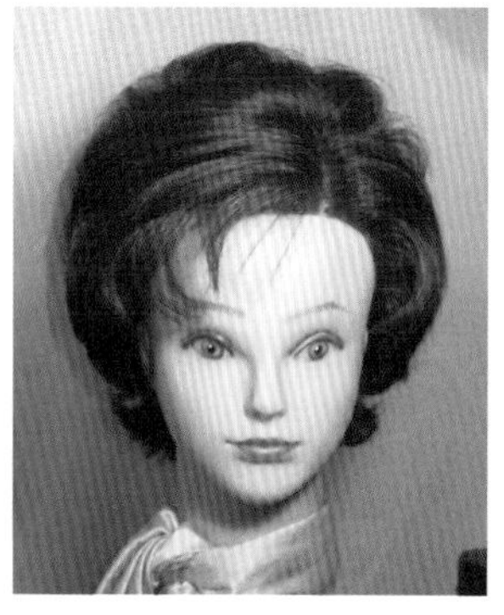
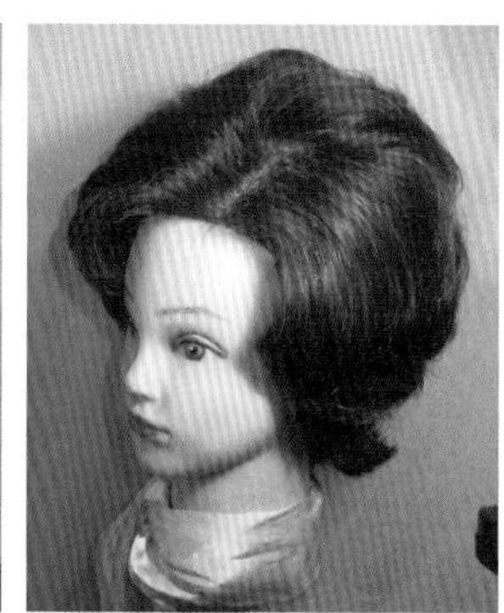
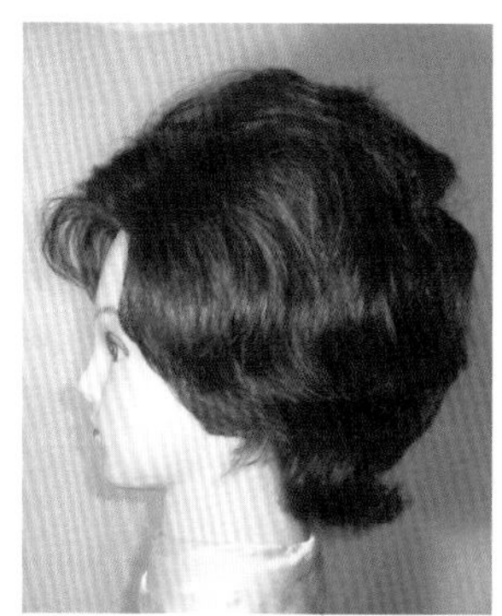

- 造型12（Page 74）

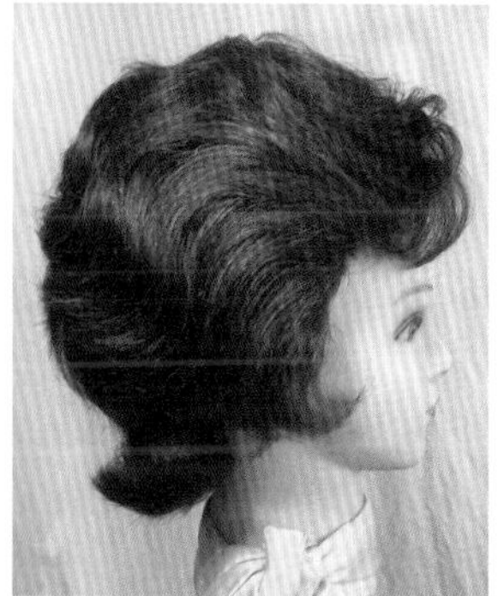

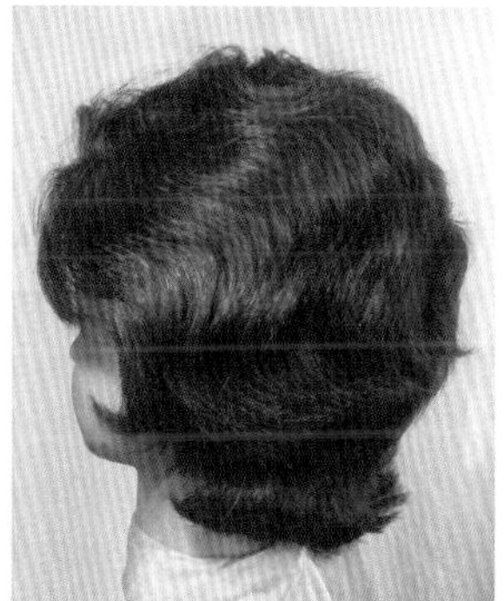
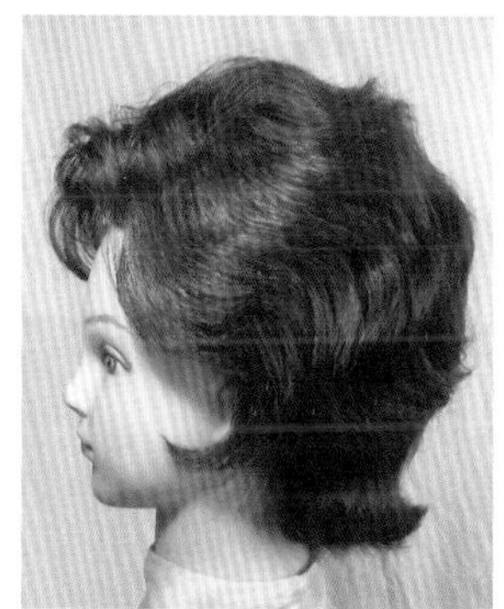

- 造型13（Page 74）

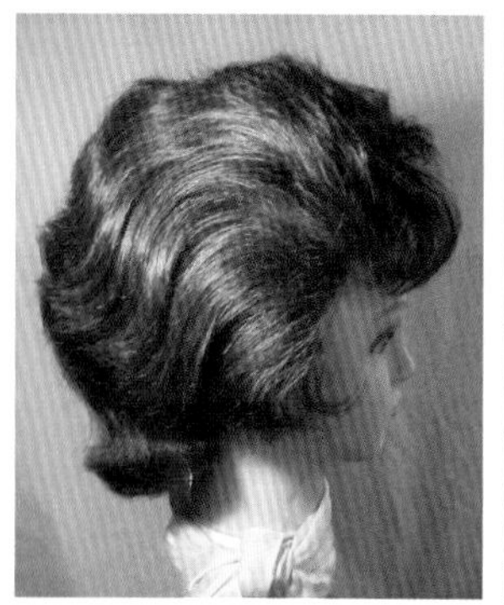
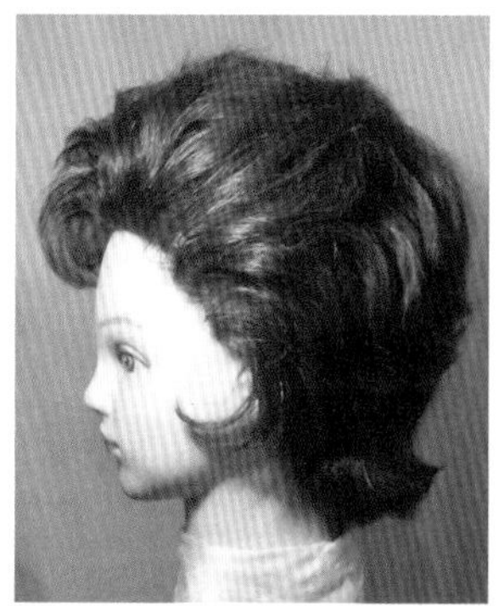
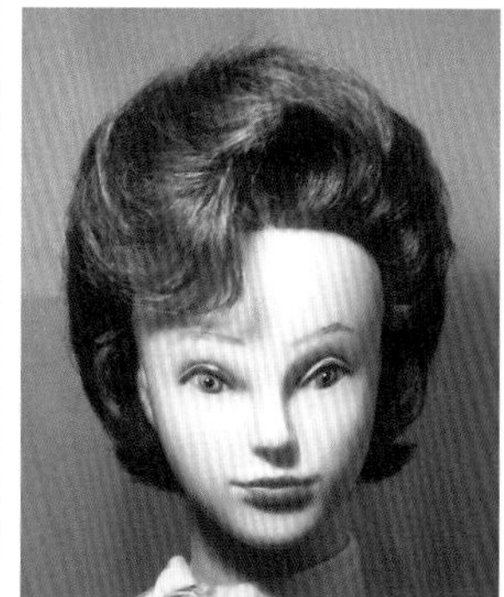
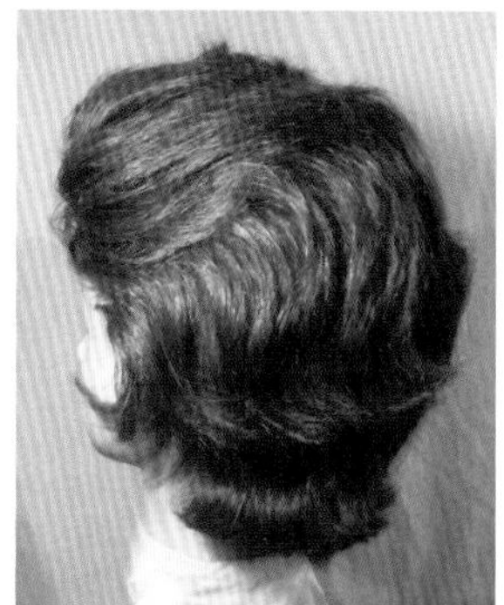

- 造型14（Page 75）

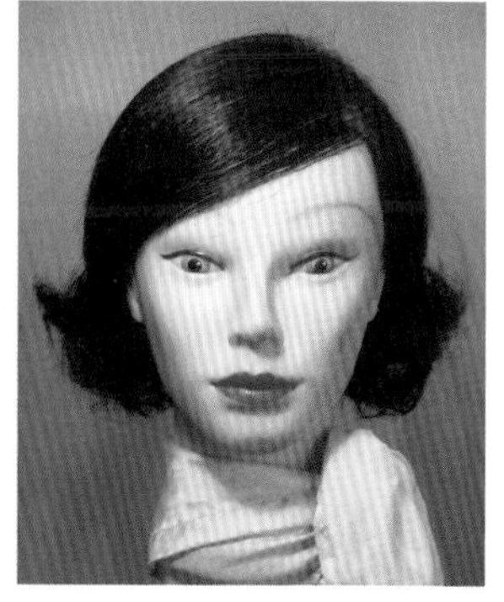
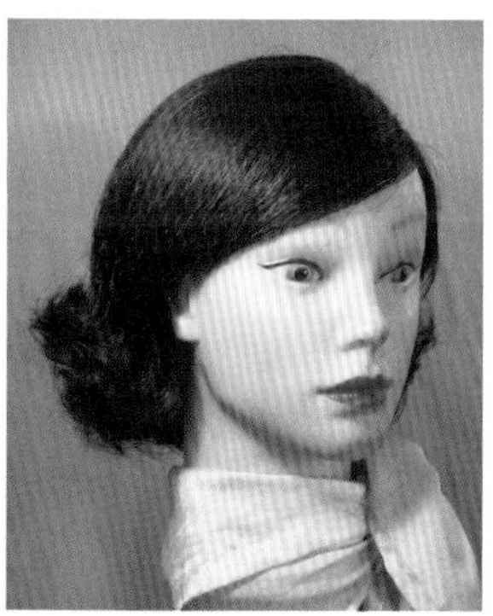
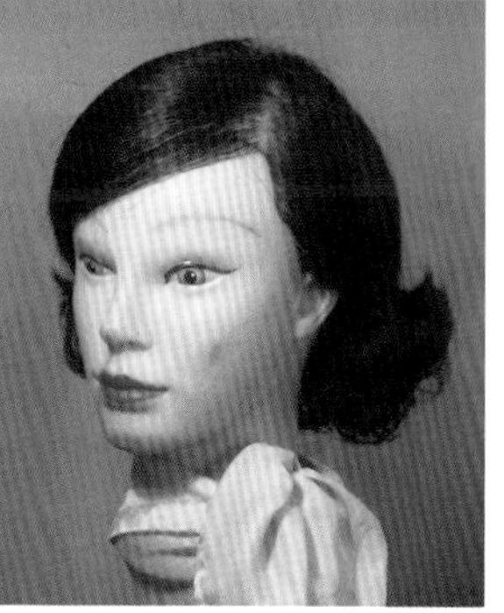
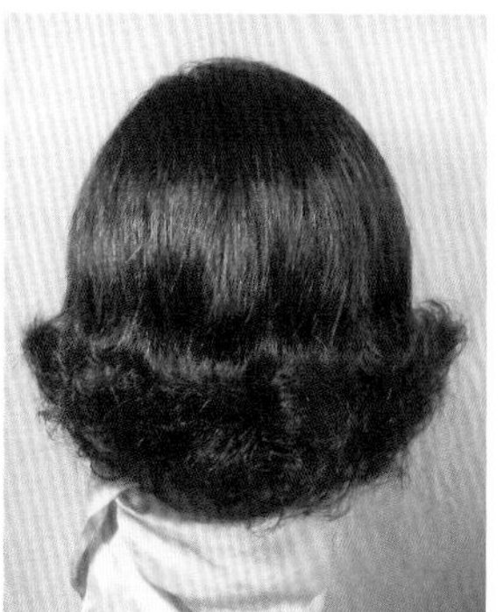

◆ 造型15（Page 77）

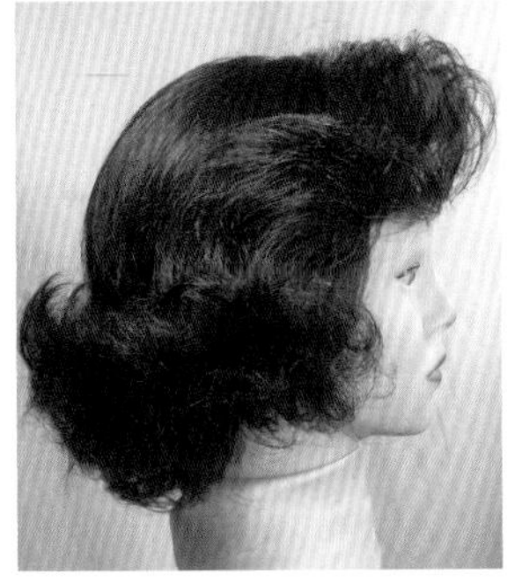

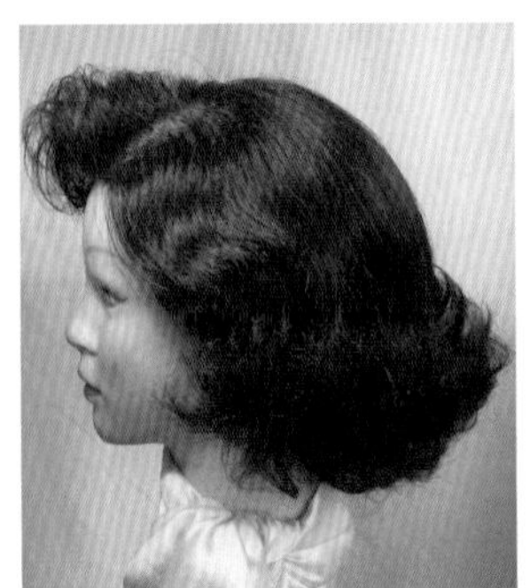
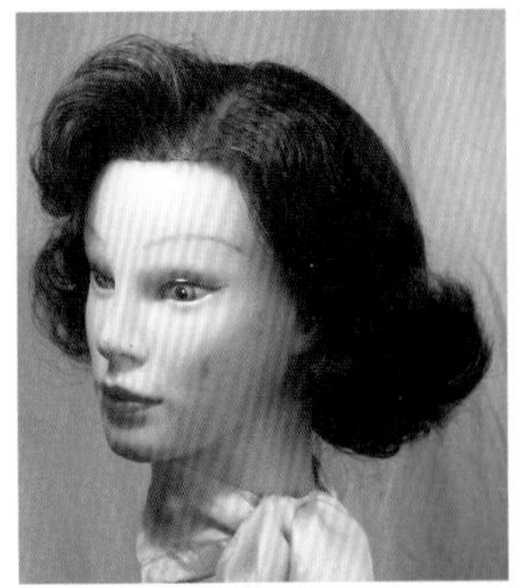

◆ 造型16（Page 78）

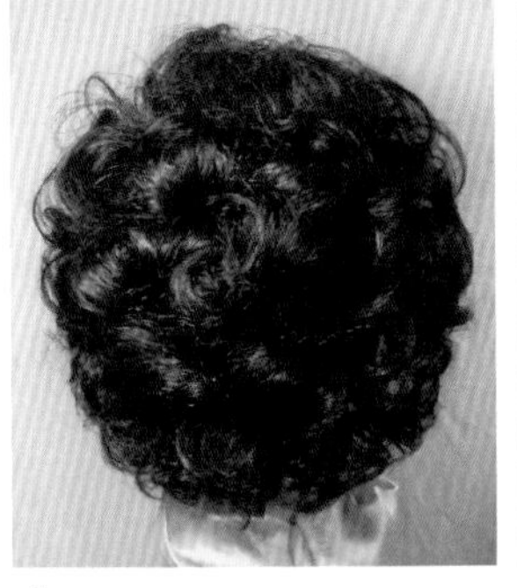
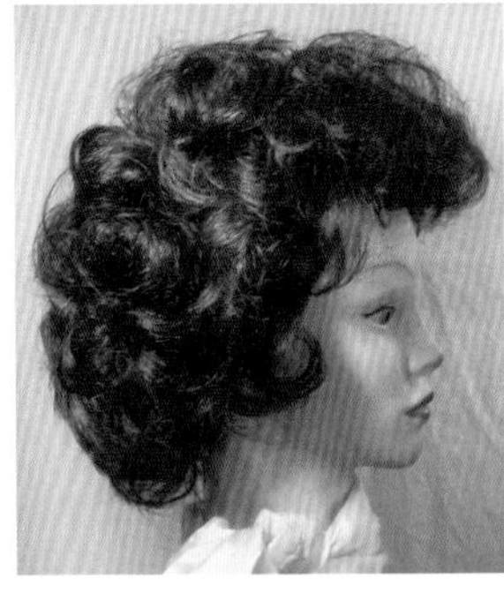

中长曲发塑料卷造型

◆ 造型1（Page 80）

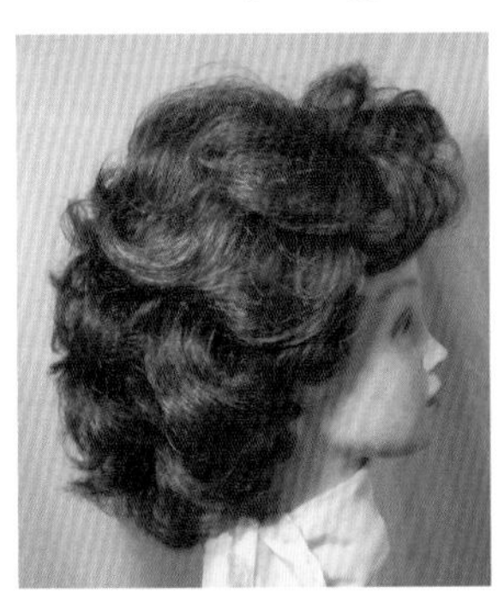
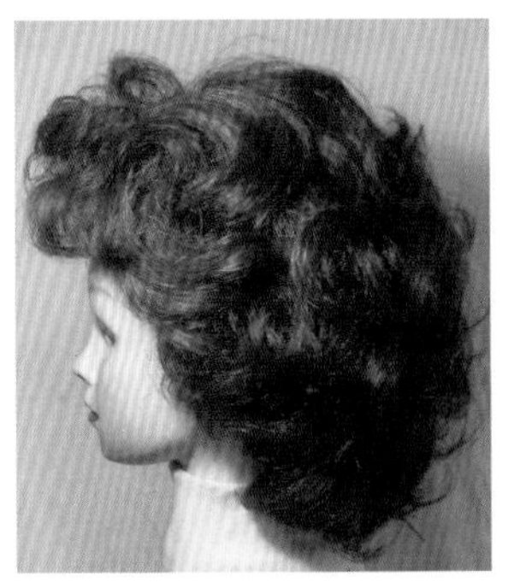
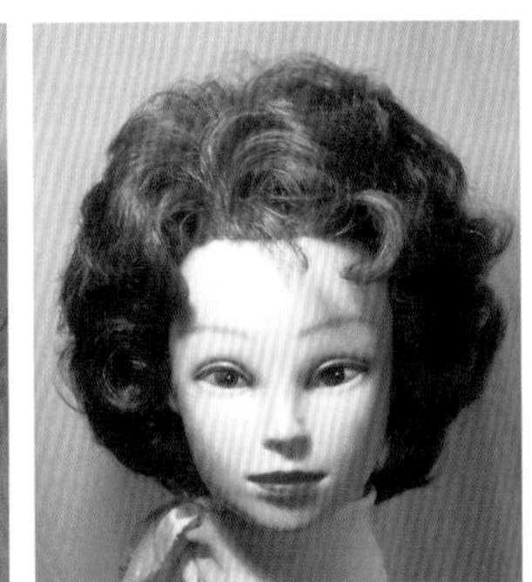

◆ 造型2（Page 82）

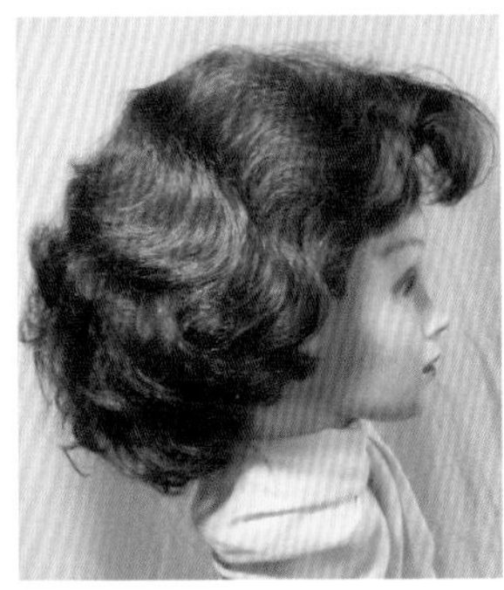
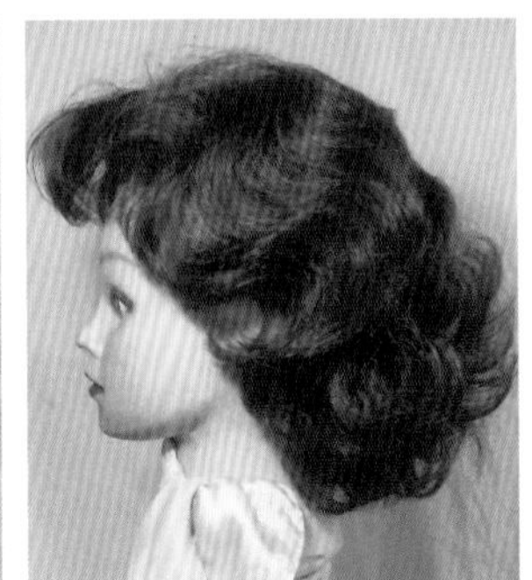
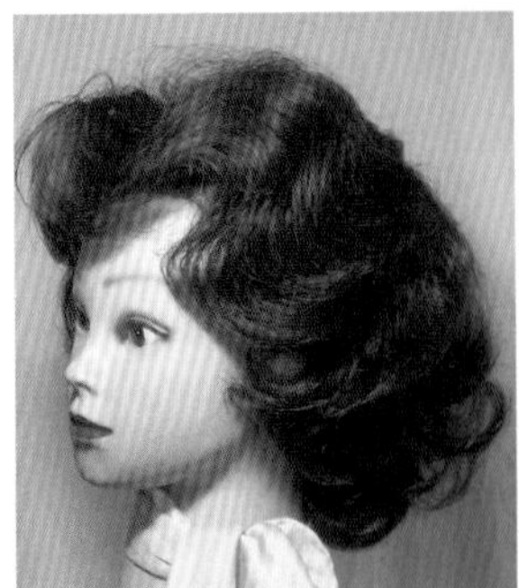

◆ 造型3（Page 83）

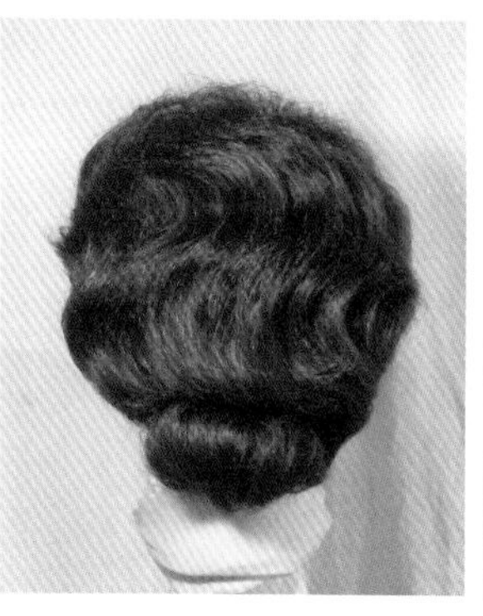
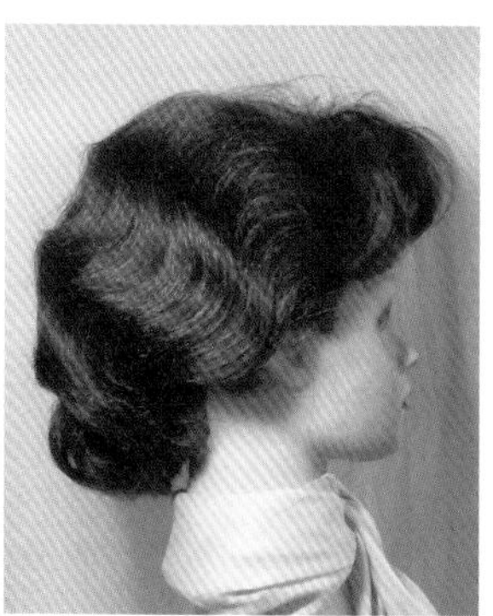
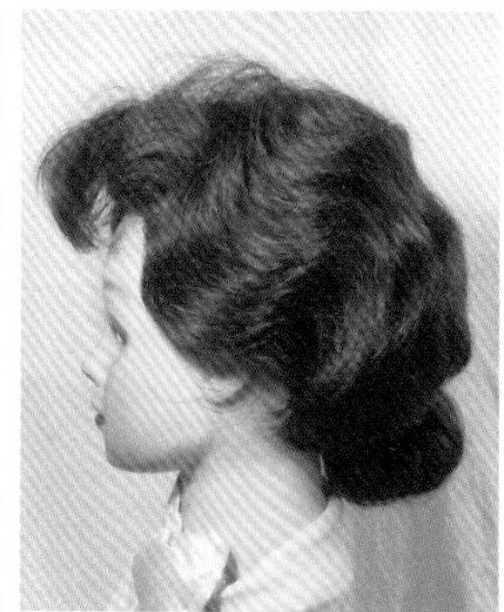

◆ 造型4（Page 84）

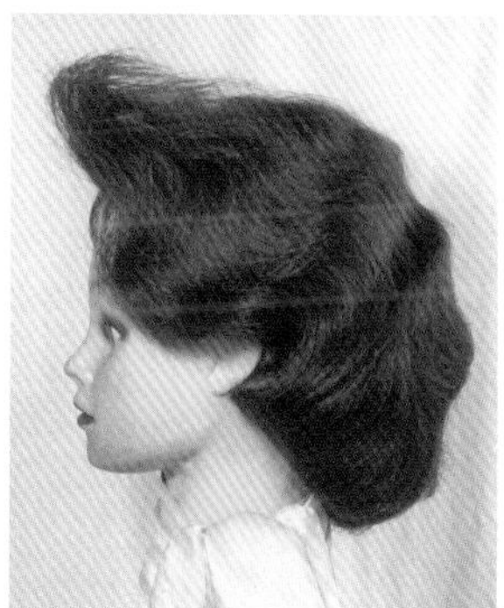
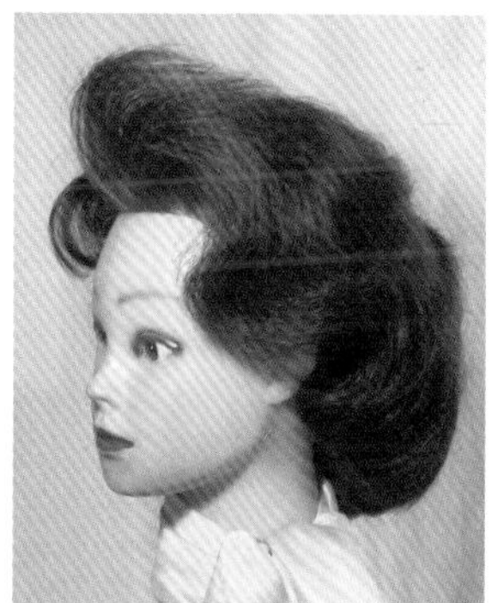

◆ 造型5（Page 85）

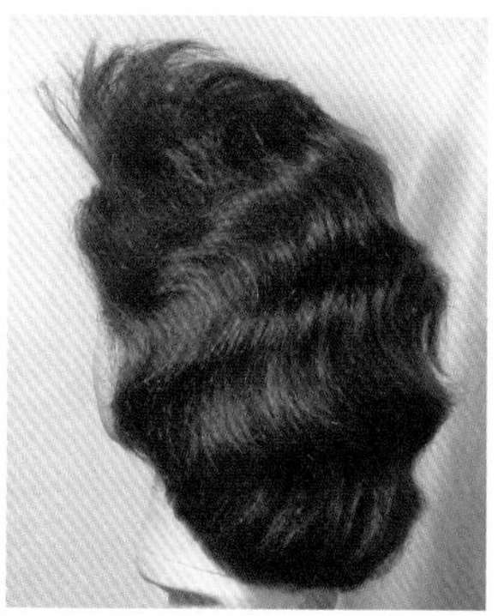
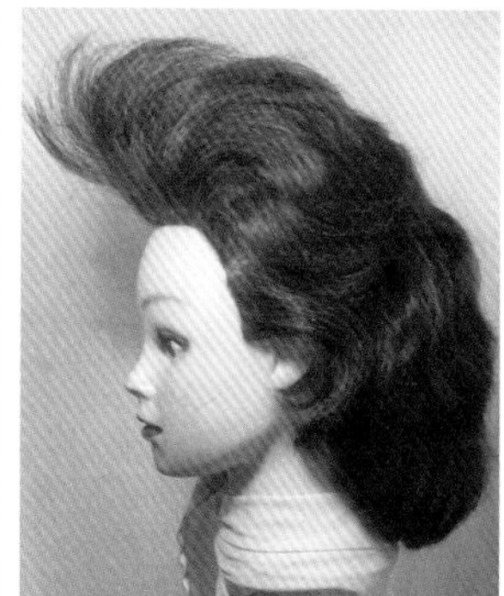
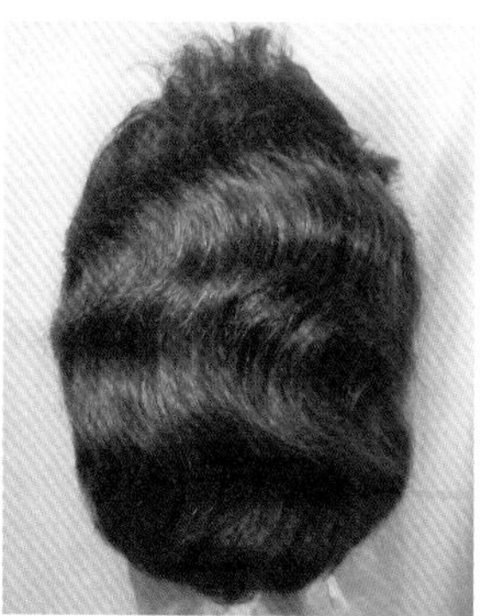

◆ 造型6（Page 85）

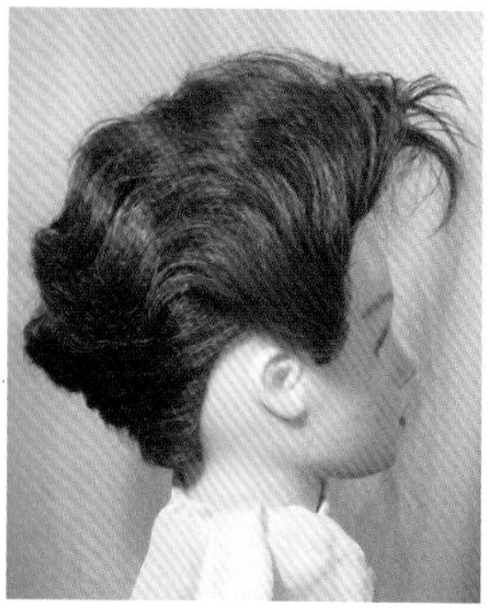
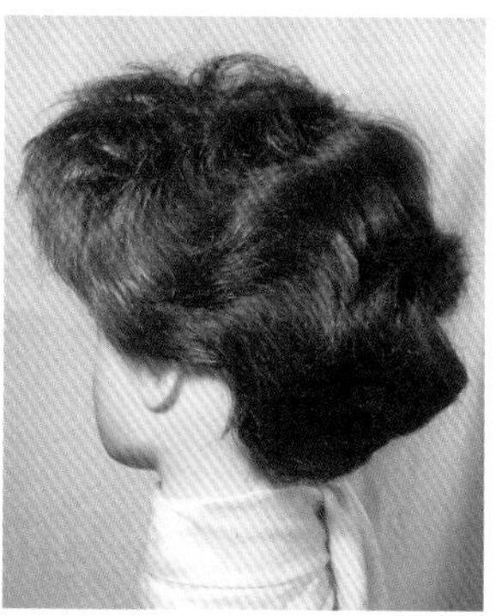
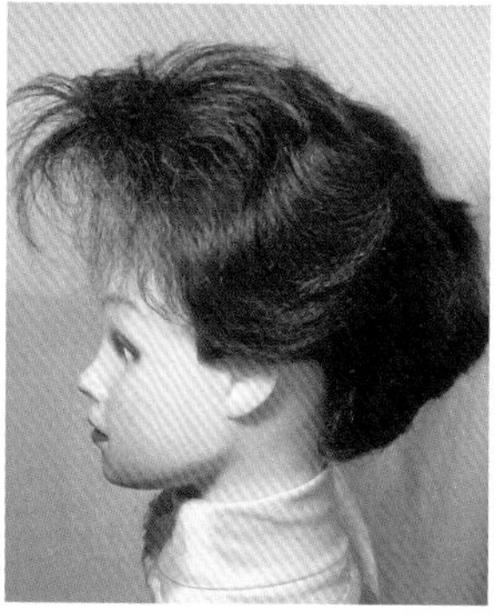
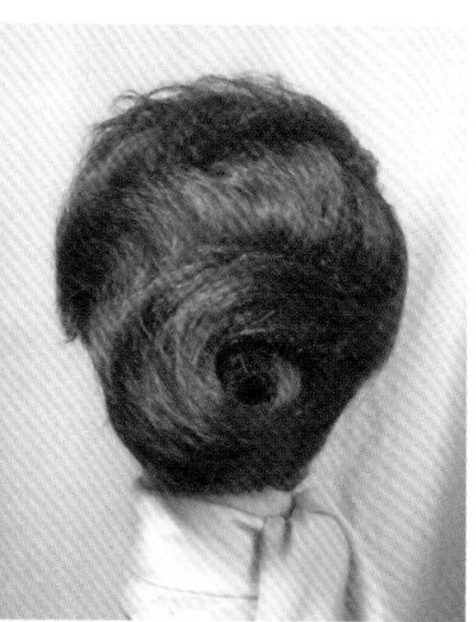

◆ 造型7（Page 86）

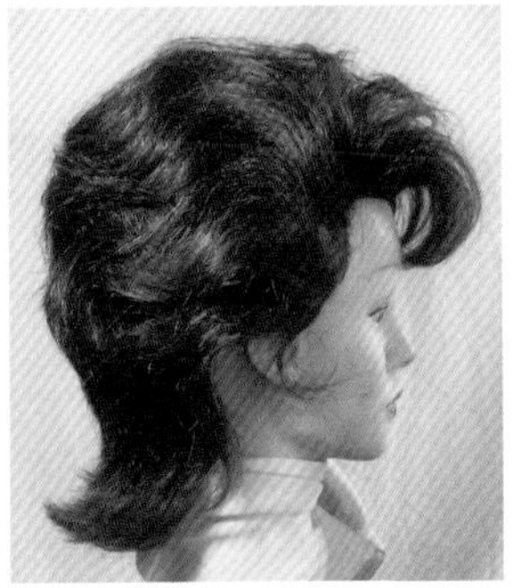
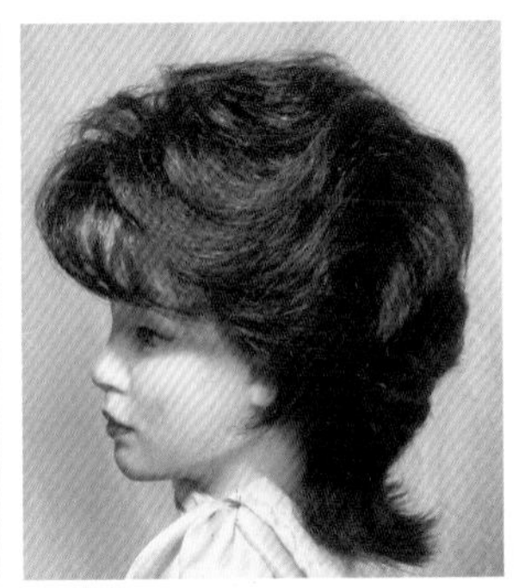

◆ 造型8（Page 88）

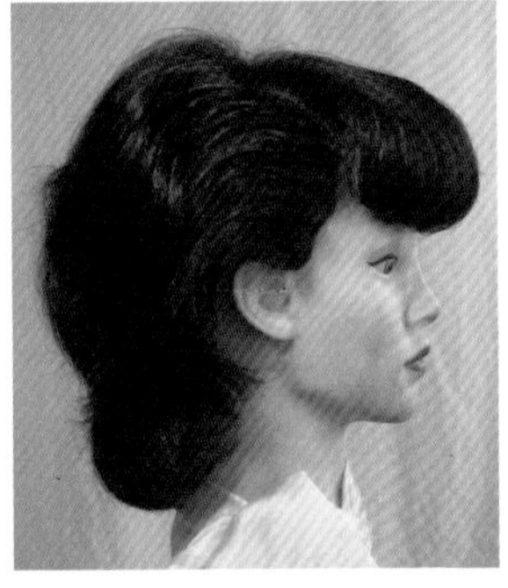
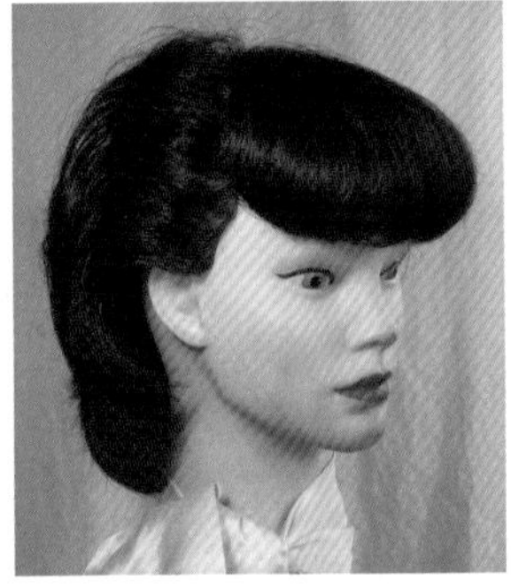

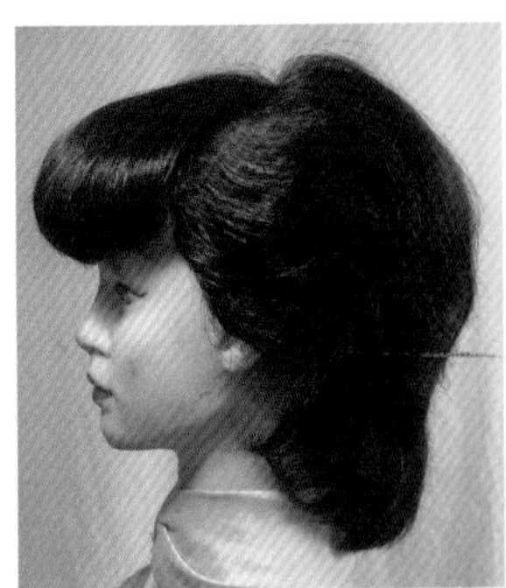

◆ 造型9（Page 88）

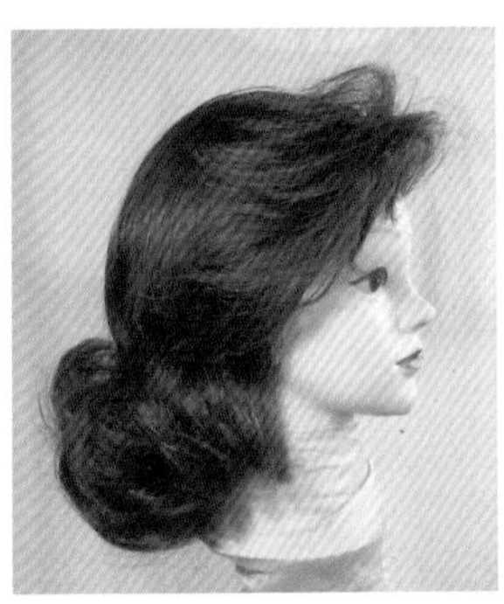
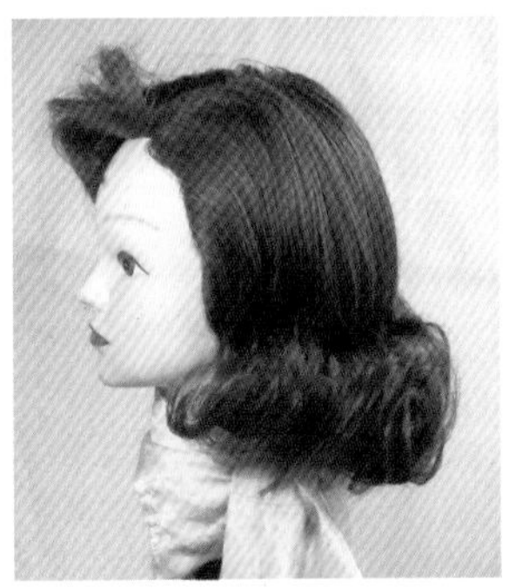

长曲发塑料卷造型

◆ 造型1（Page 90）

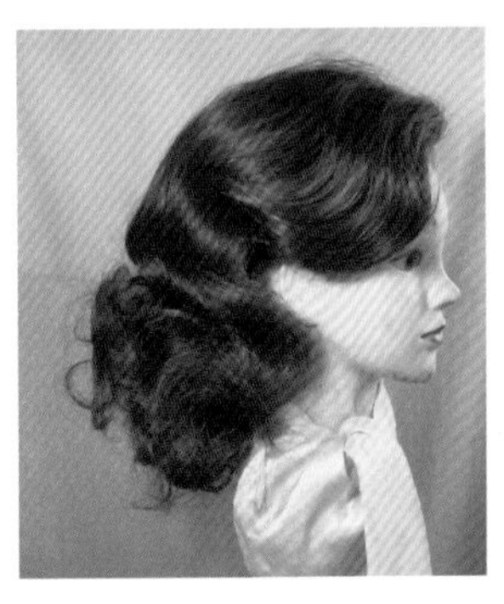

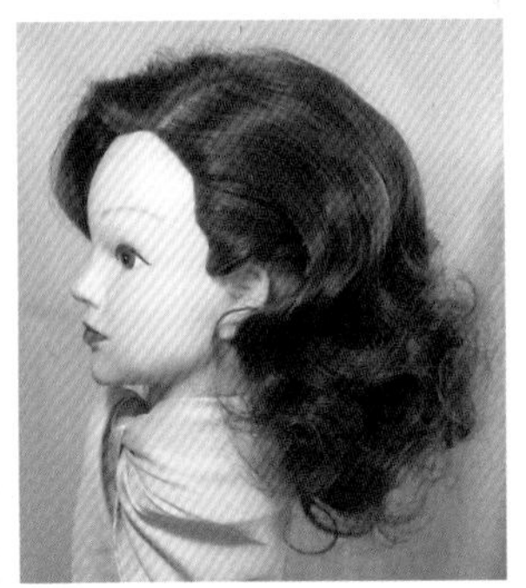

◆ 造型2（Page 92）

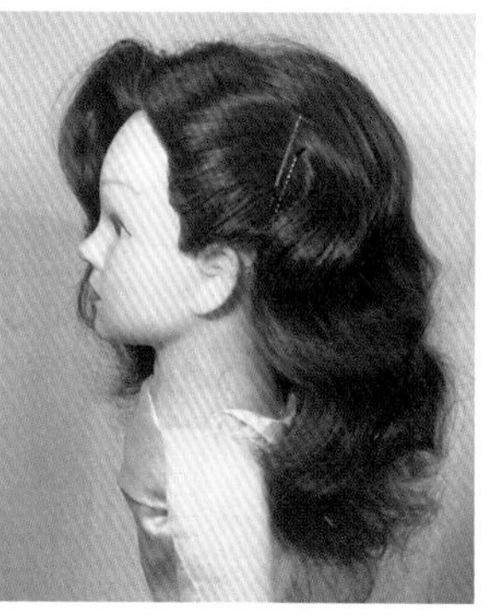

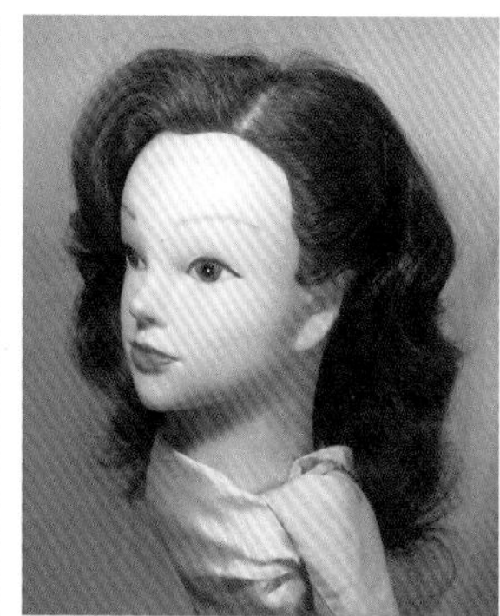

◆ 造型3（Page 93）

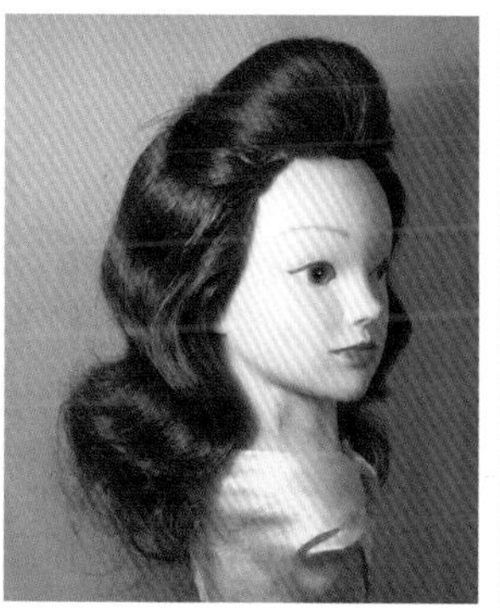
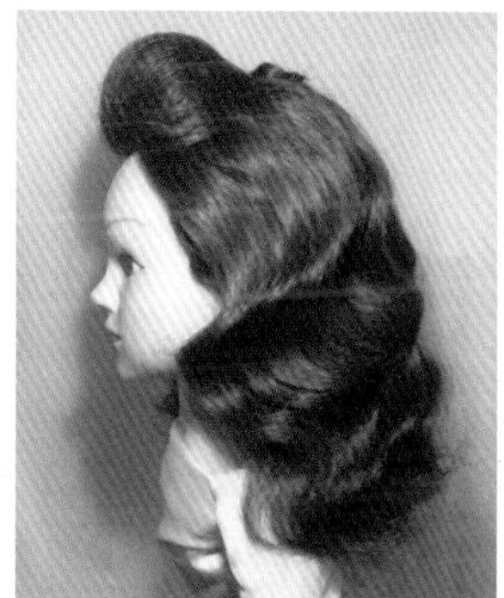
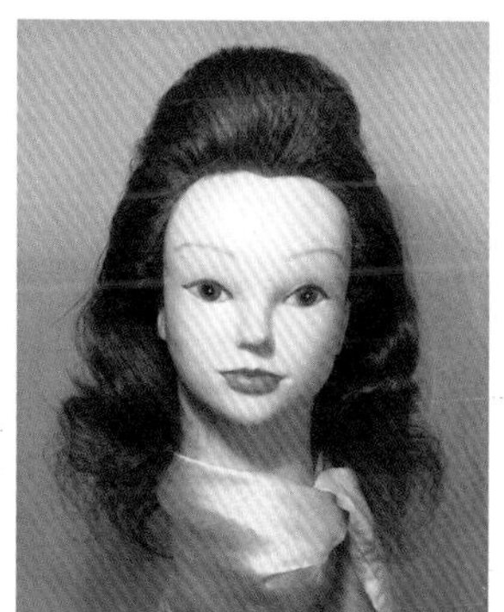

◆ 造型4（Page 94）

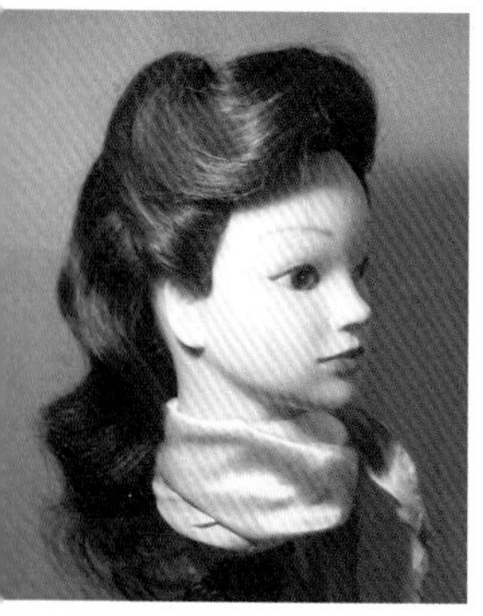
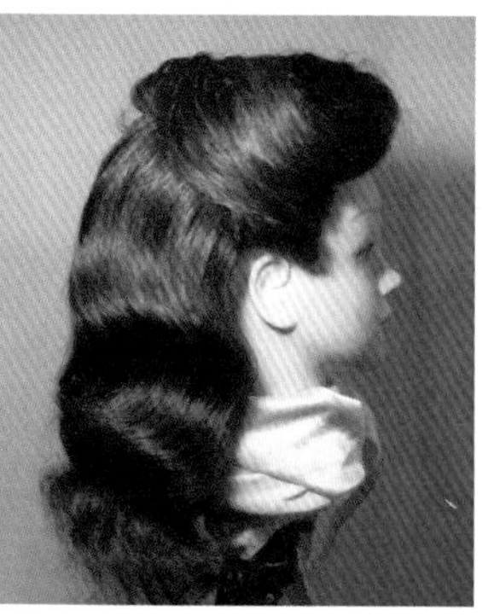
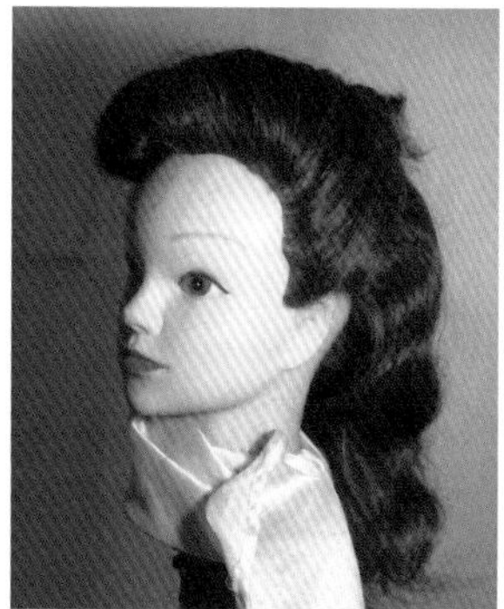

◆ 造型5（Page 95）

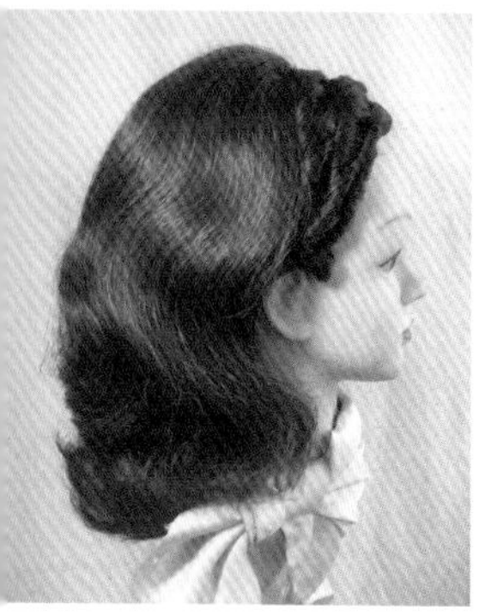

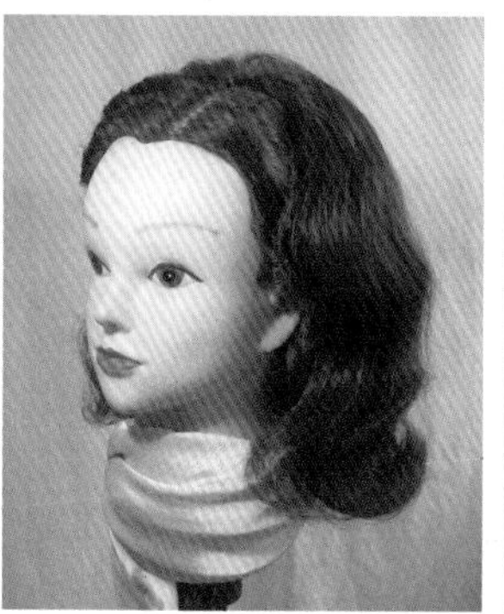
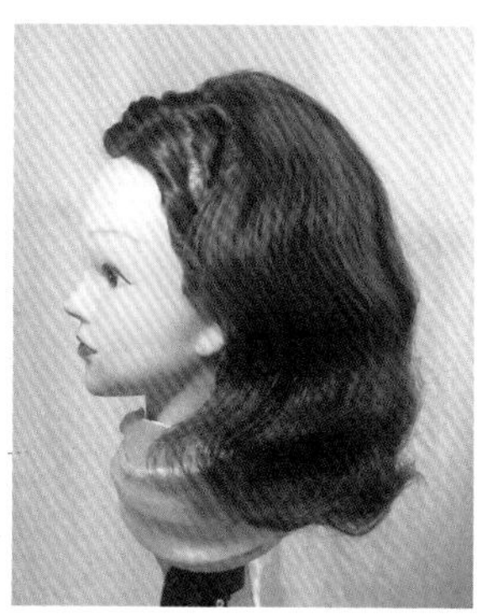

◆ 造型6（Page 96）

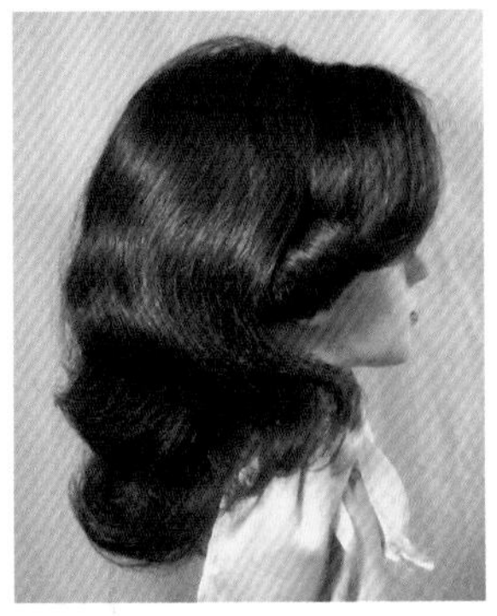

◆ 造型7（Page 97）

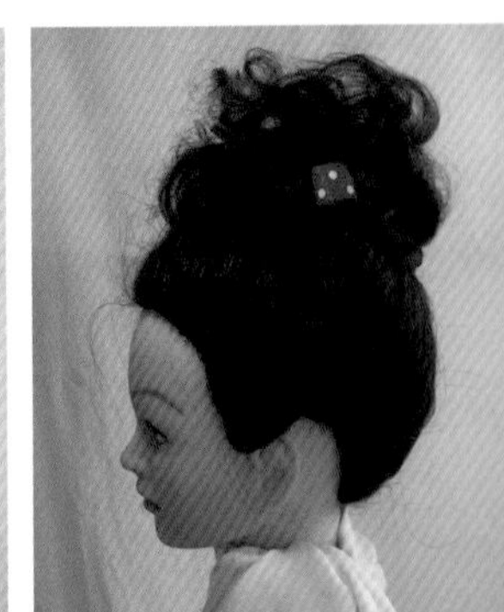

◆ 造型8（Page 98）

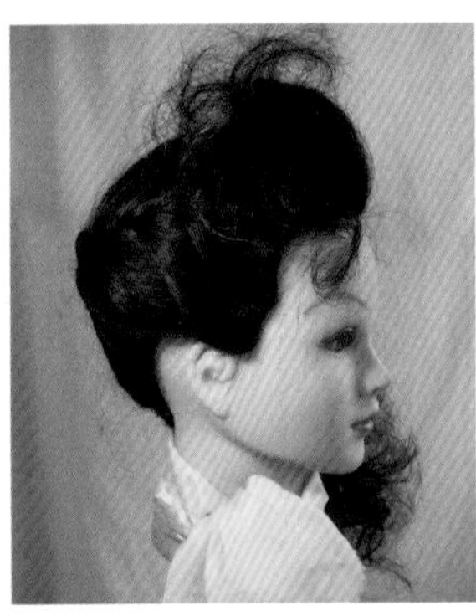

指盘筒卷曲发造型

短曲发指盘筒卷造型

◆ 造型1（Page 100）

◆ 造型2（Page 102）

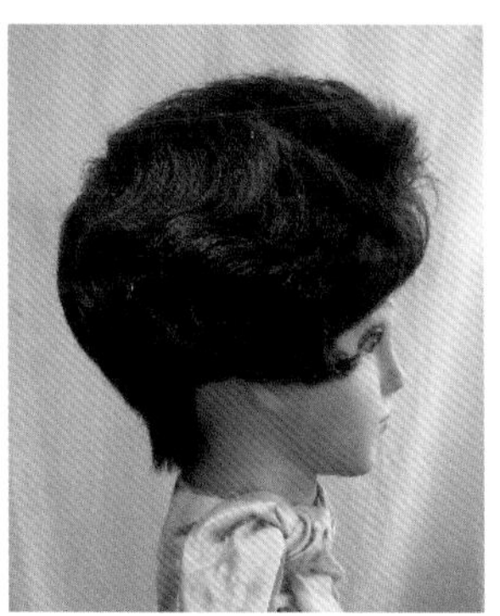

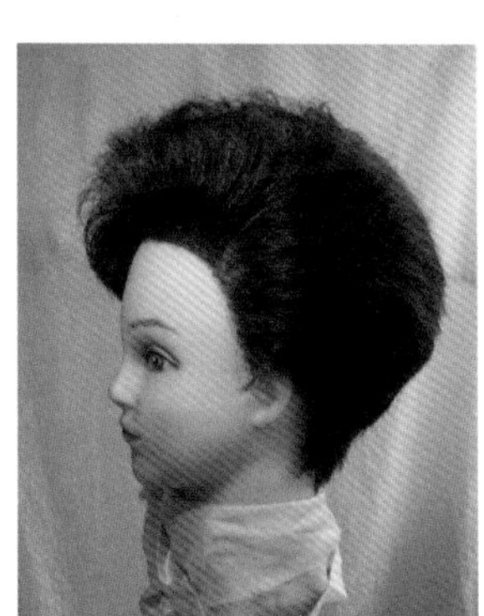

◆ 造型3（Page 103）

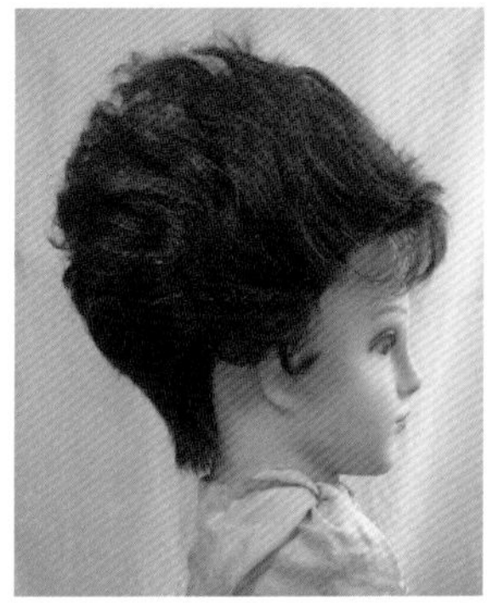

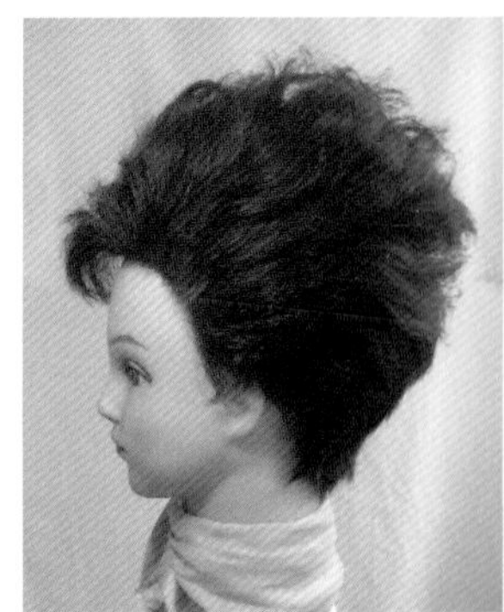

◆ 造型4（Page 104）

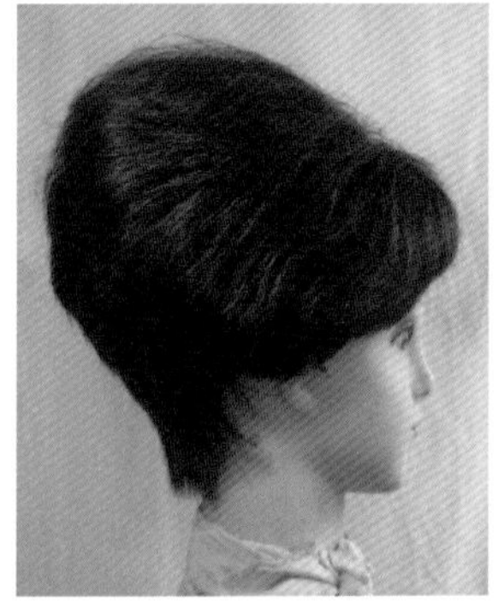

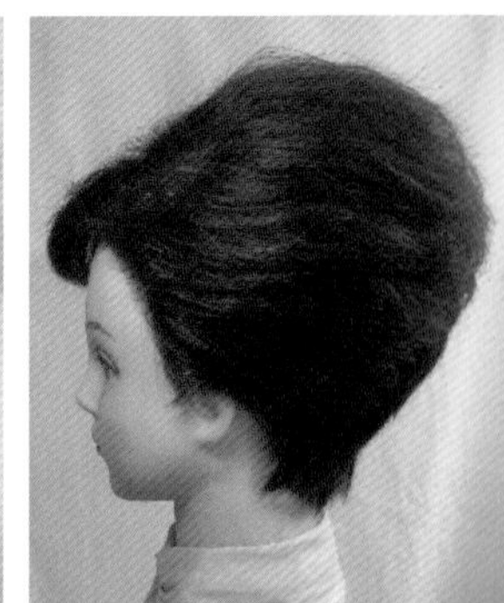

◆ 造型5（Page 104）

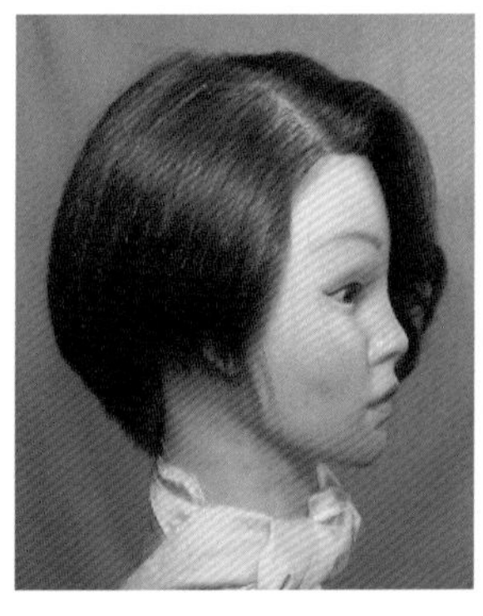
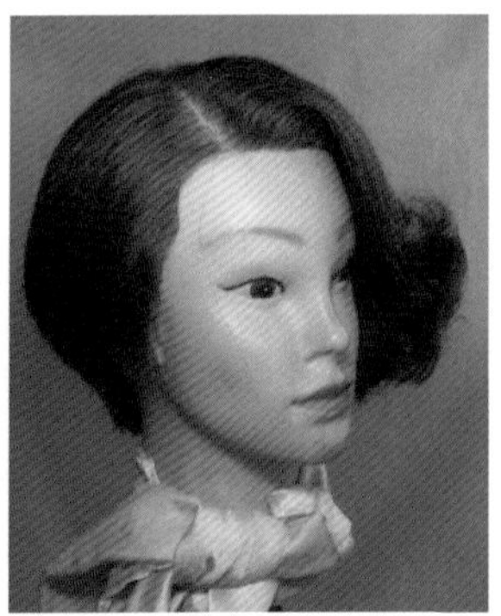
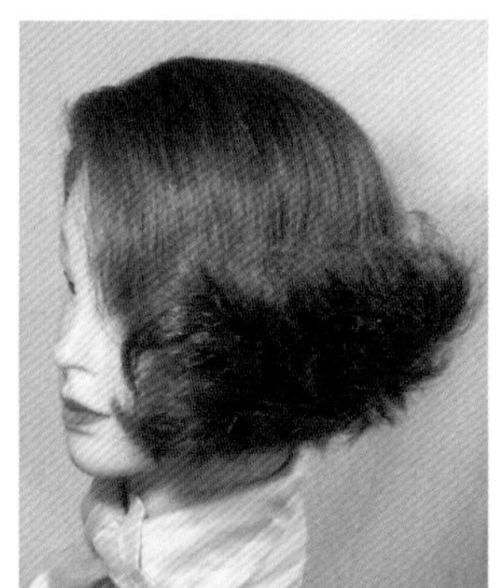

◆ 造型6（Page 106）

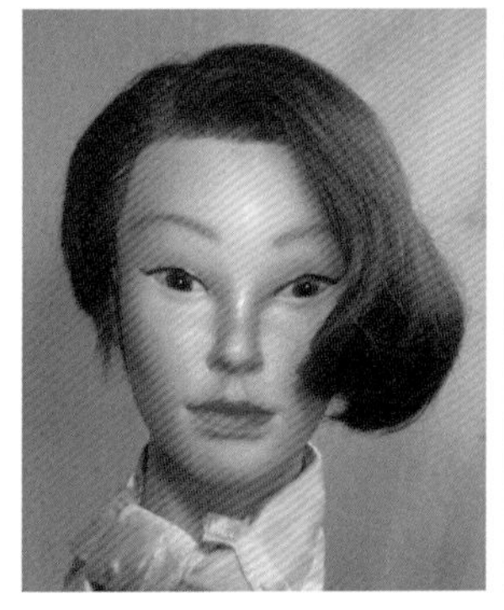
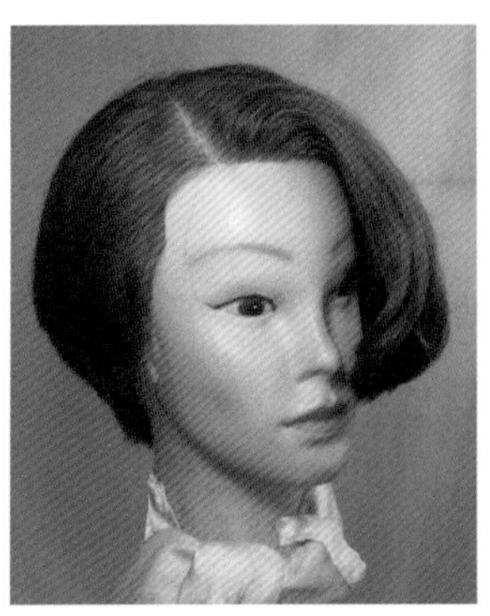
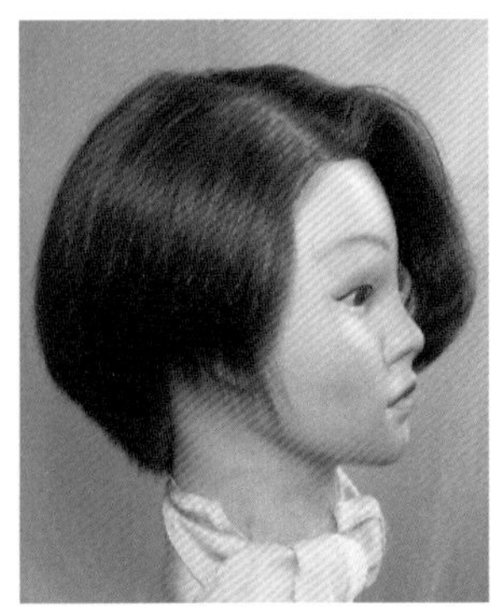
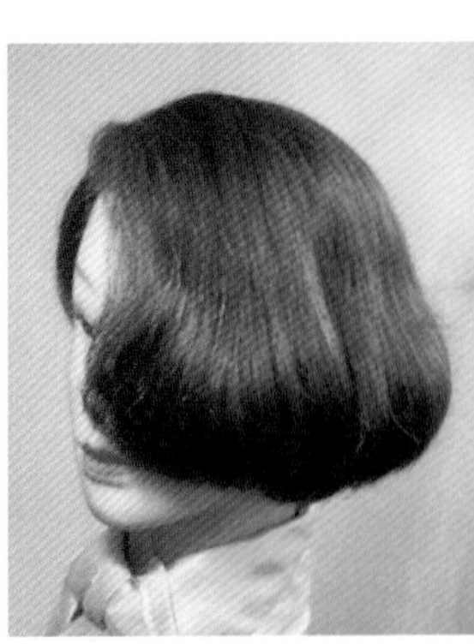

中长曲发指盘筒卷造型

◆ 造型1（Page 107）

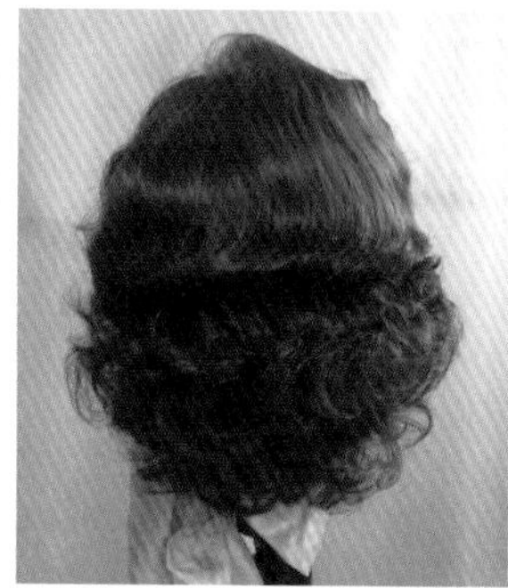
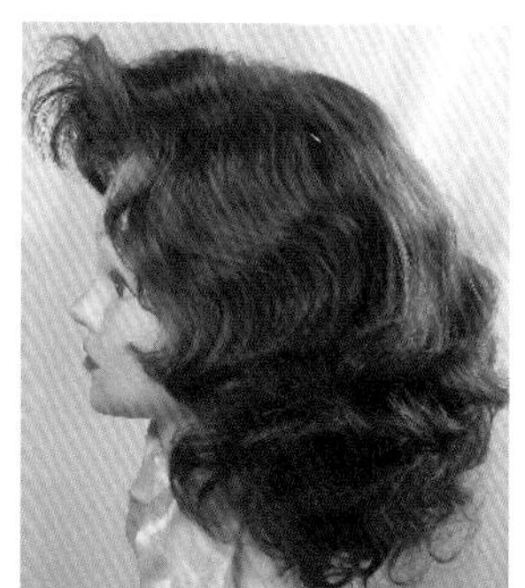

◆ 造型2（Page 108）

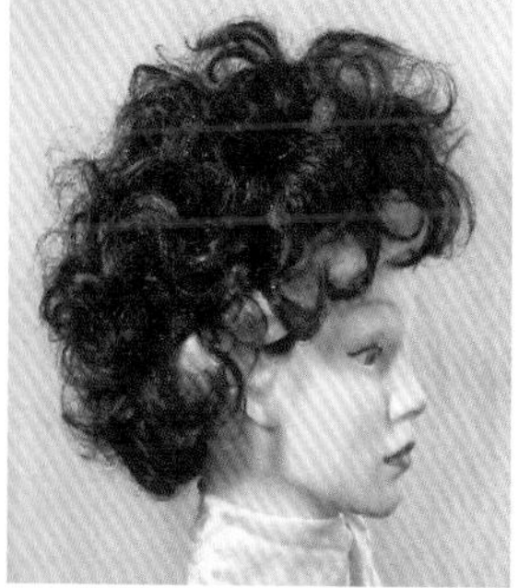

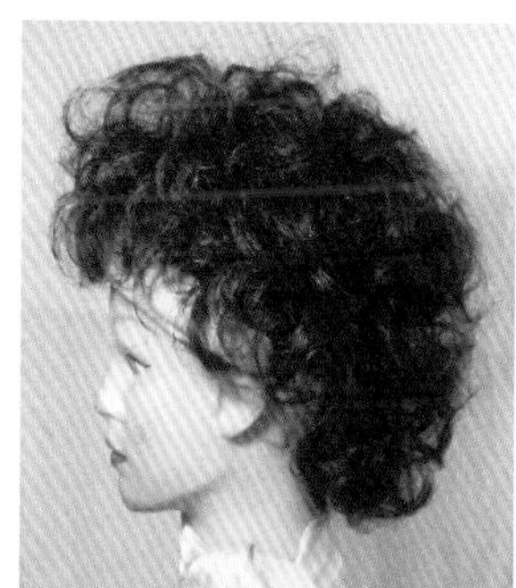

◆ 造型3（Page 110）

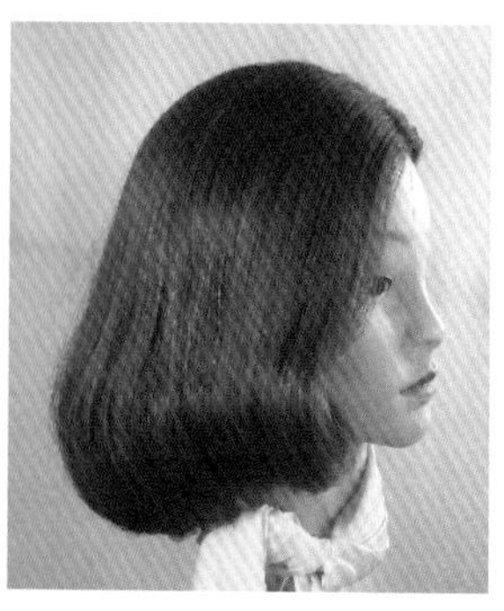

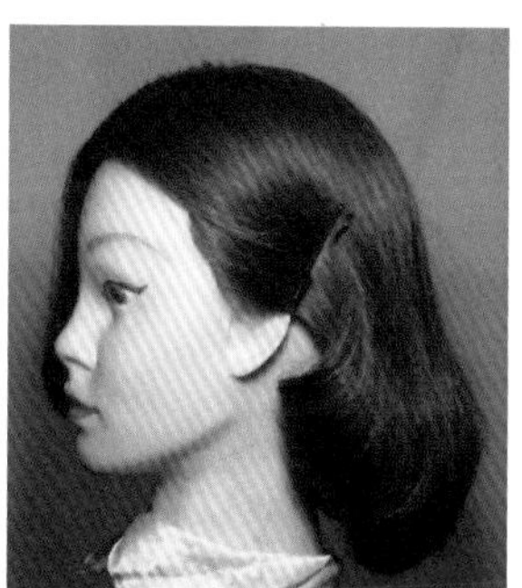
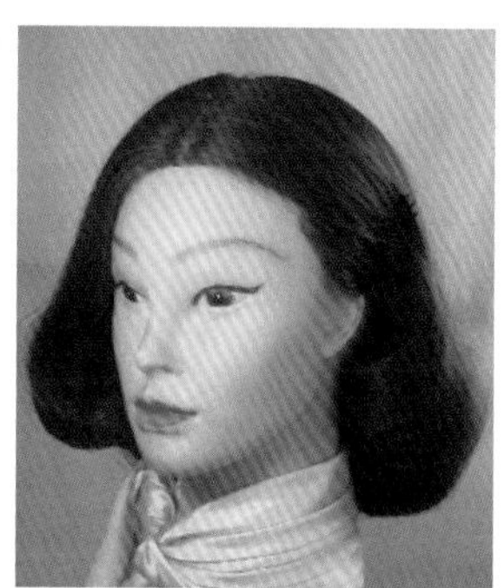

◆ 造型4（Page 112）

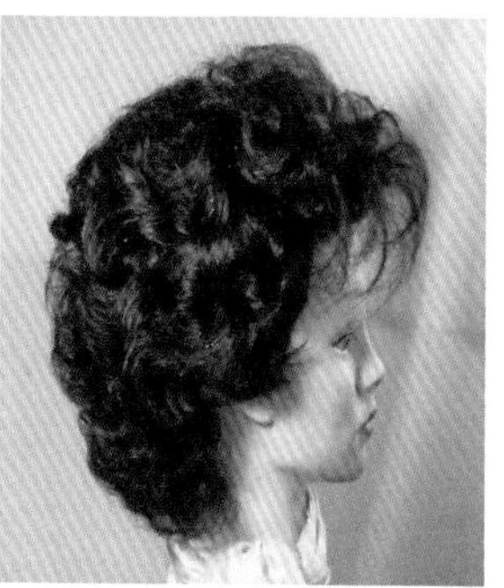
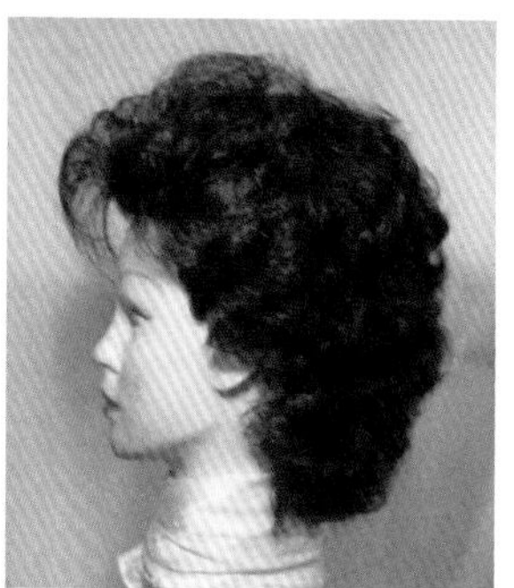
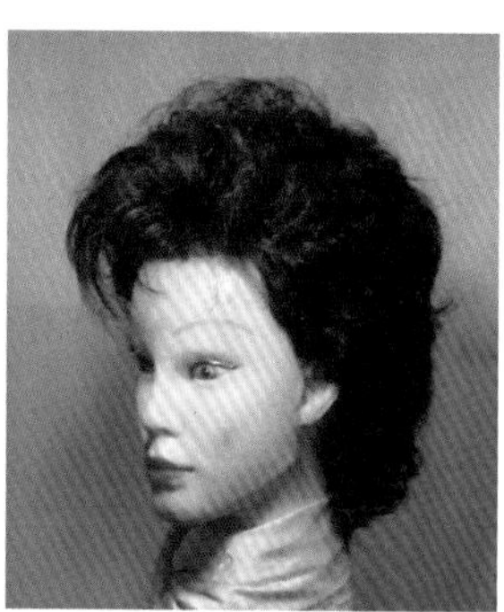

◆ 造型5（Page 113）

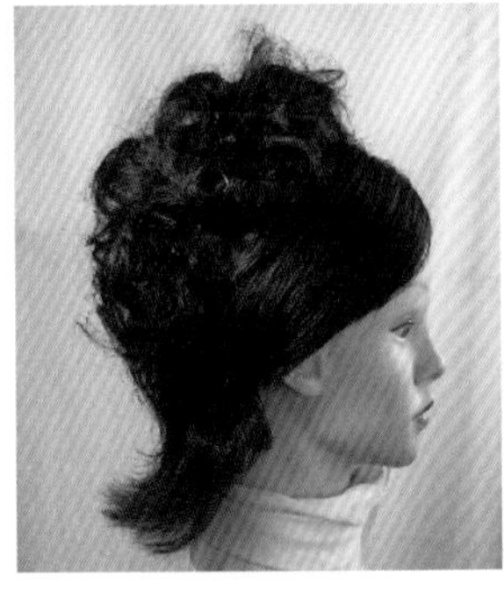 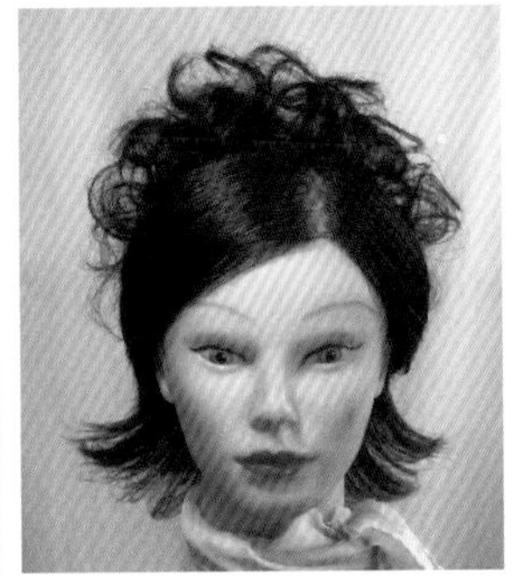 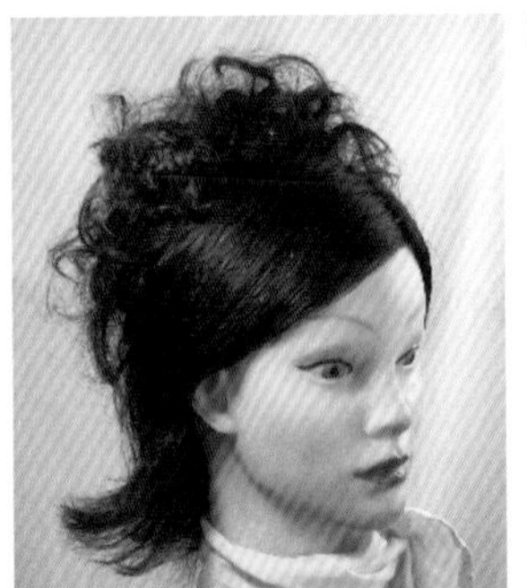 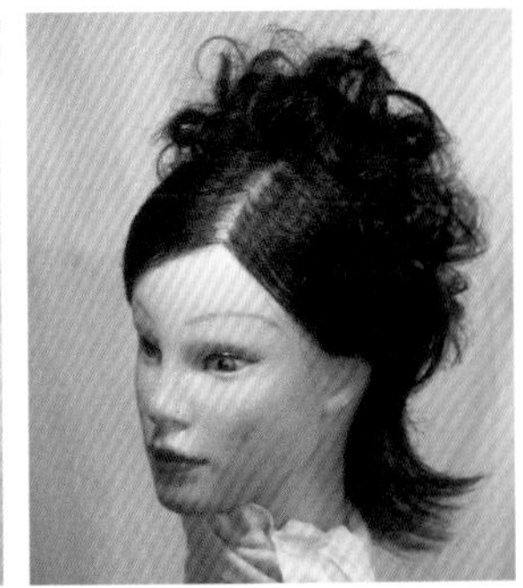

◆ 造型6（Page 115）

 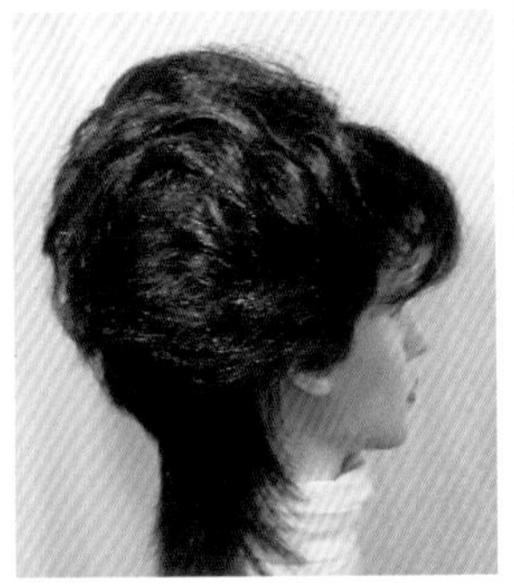  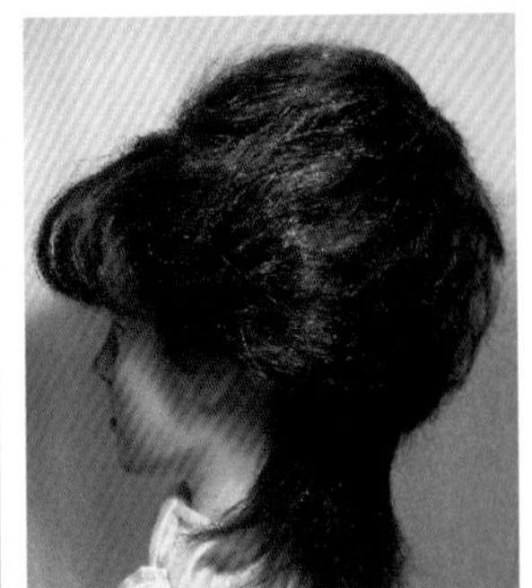

长曲发指盘筒卷造型

◆ 造型1（Page 116）

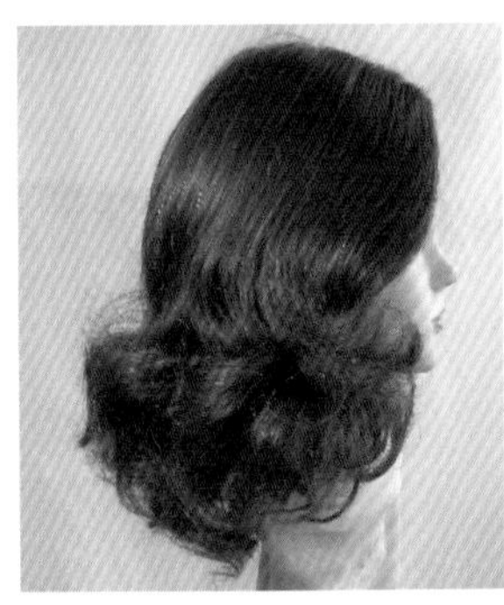  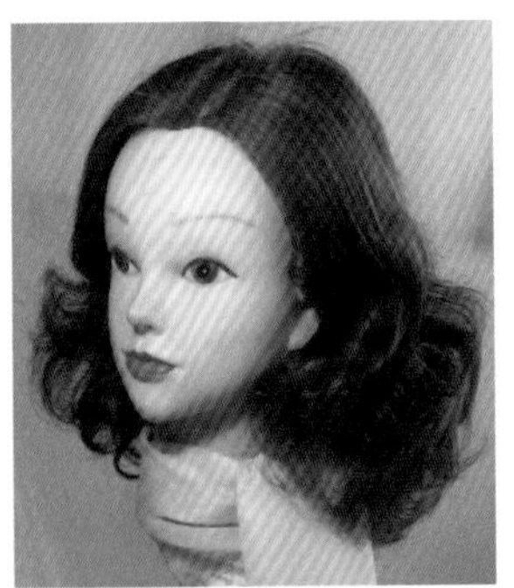 

◆ 造型2（Page 118）

  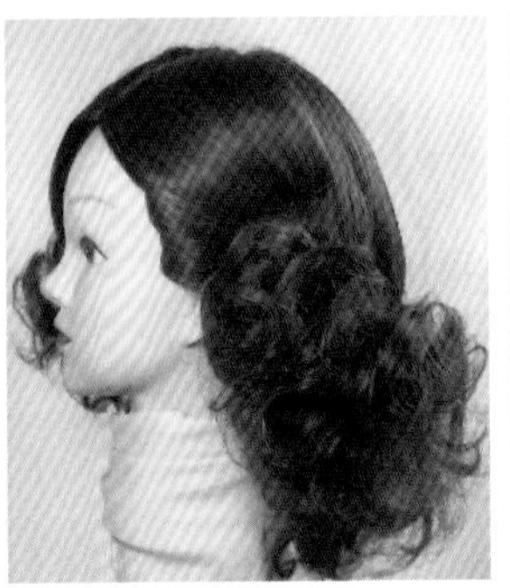 

◆ 造型3（Page 119）

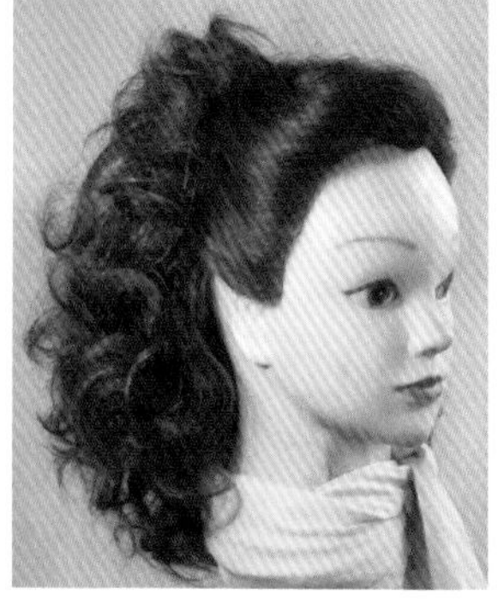
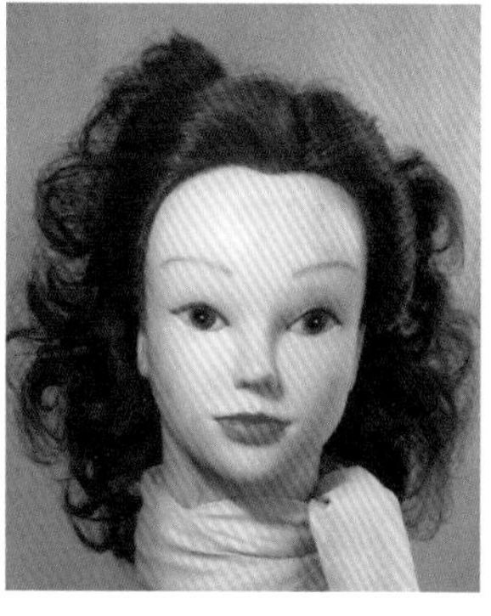

◆ 造型4（Page 120）

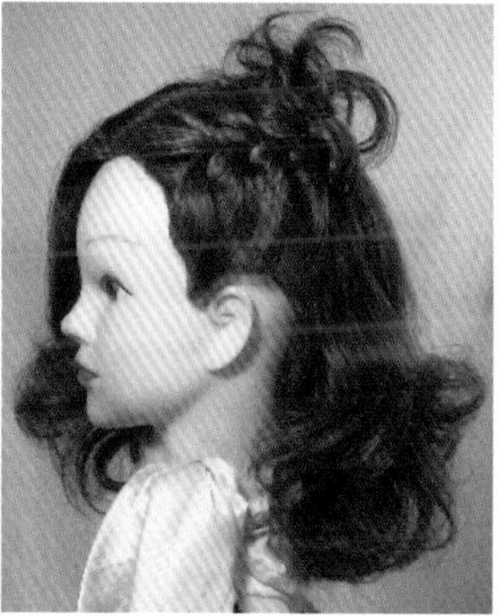

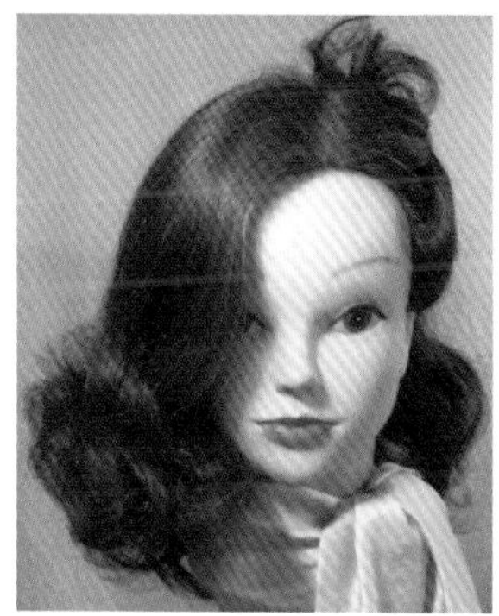

◆ 造型5（Page 121）

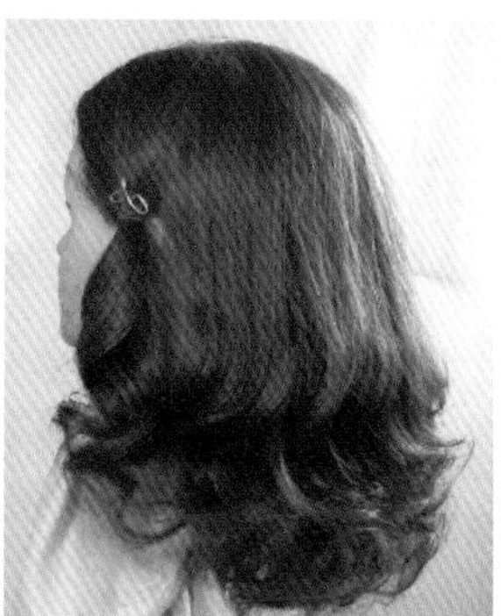
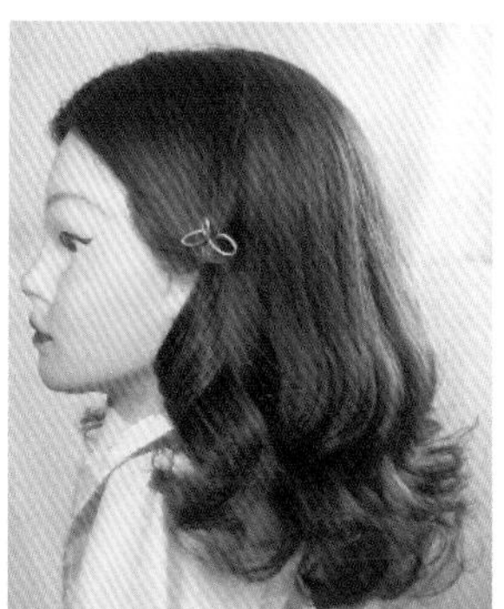
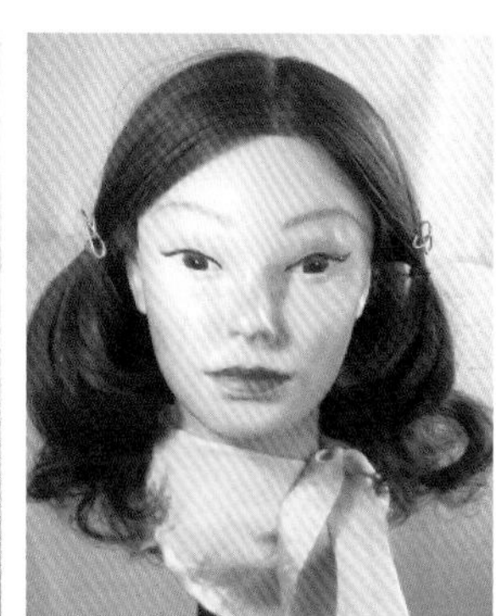

◆ 造型6（Page 122）

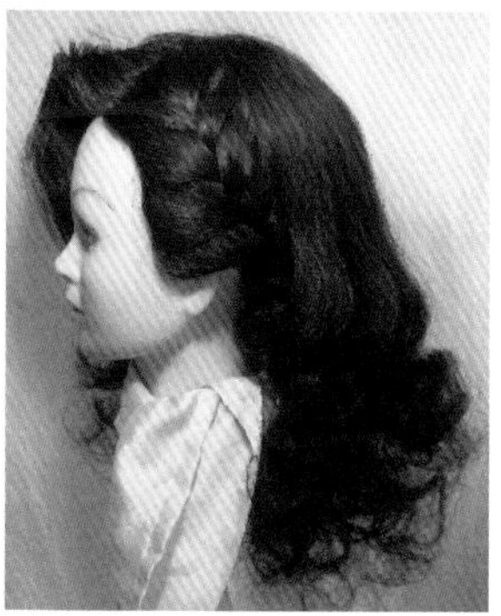

◆ 造型7（Page 124）

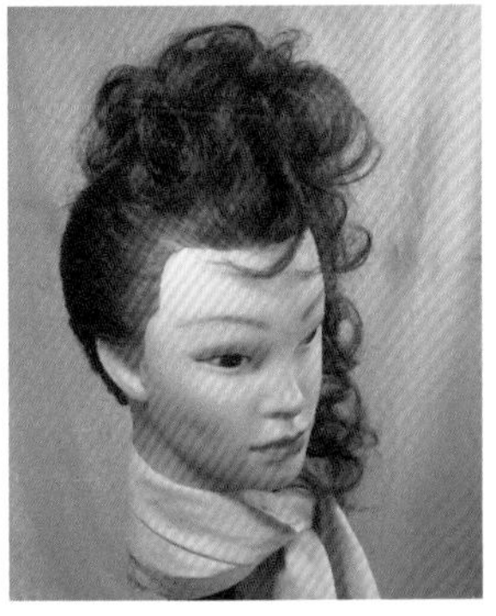
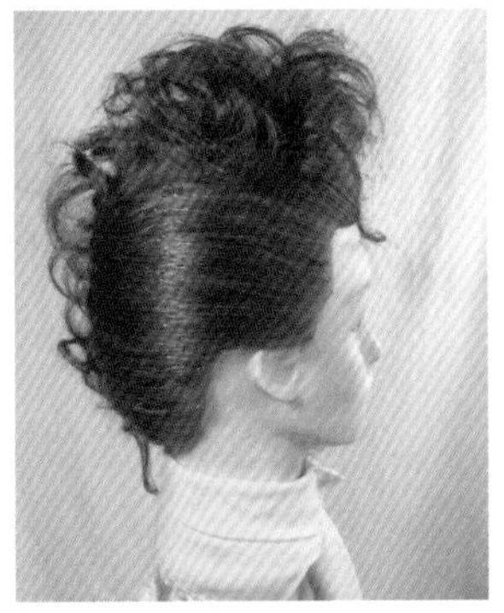

◆ 造型8（Page 125）

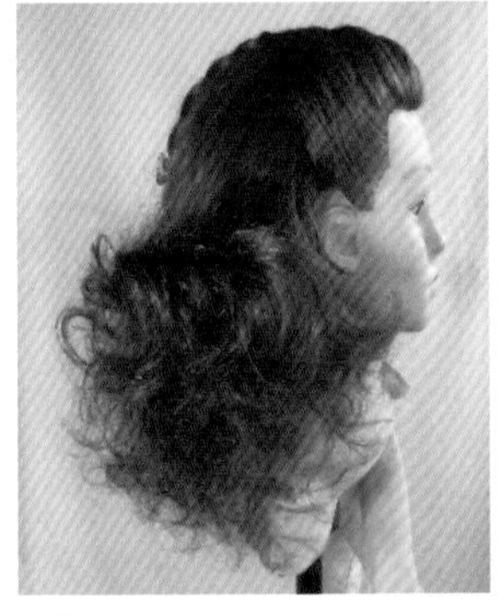
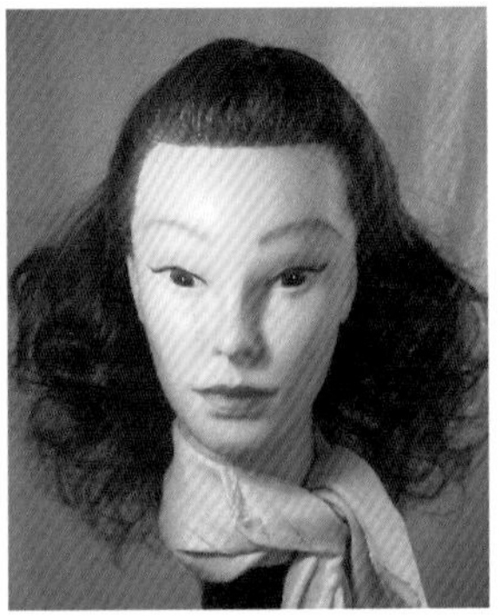
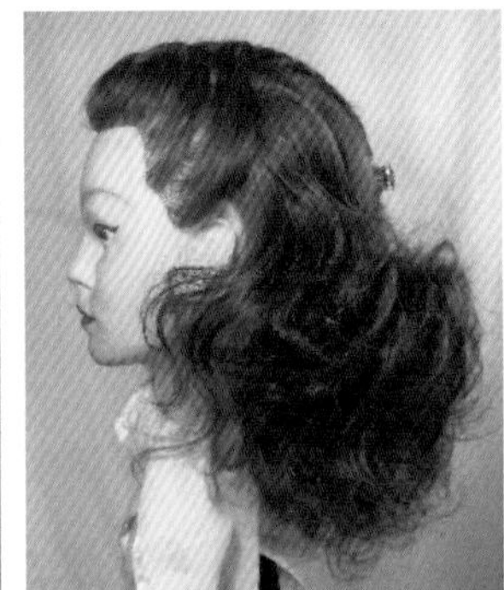

◆ 造型9（Page 126）

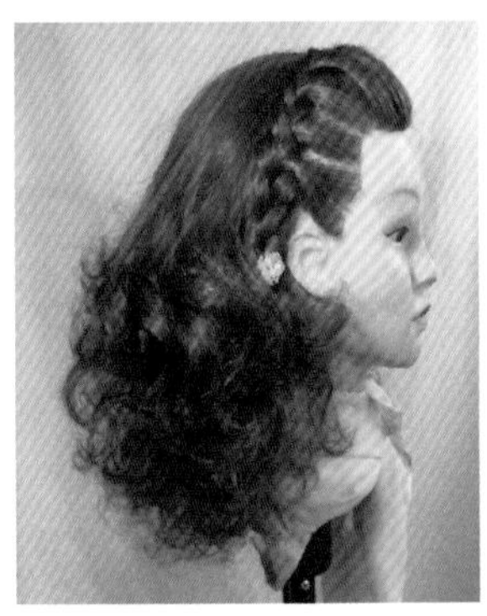

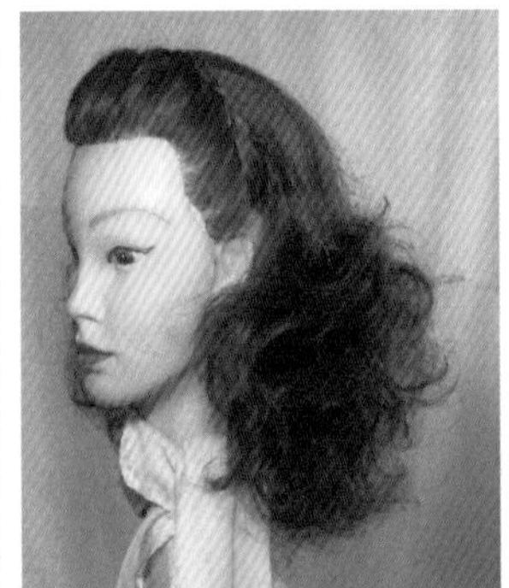

◆ 造型10（Page 127）

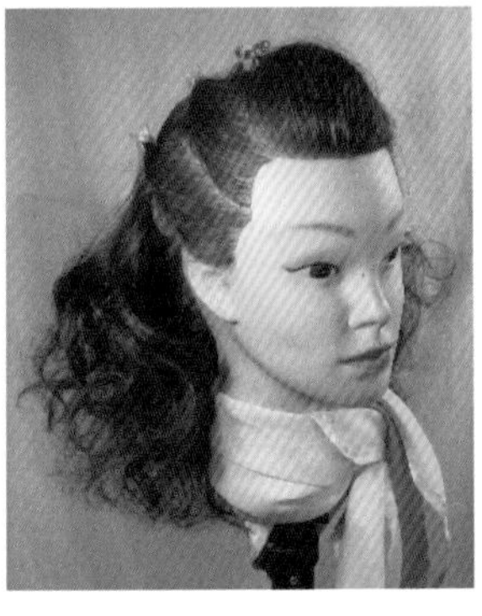

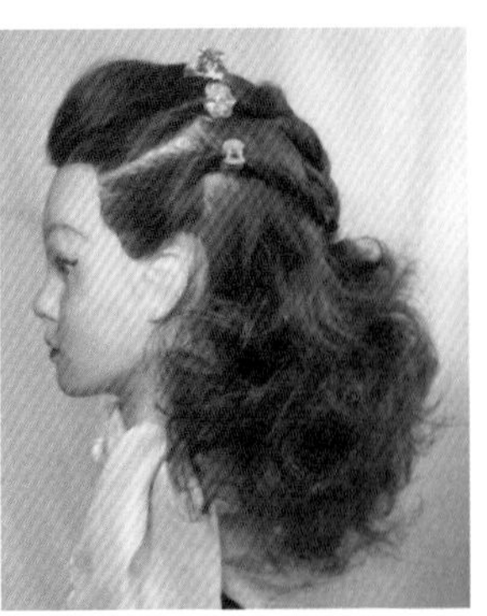

◆ 造型11（Page 128）

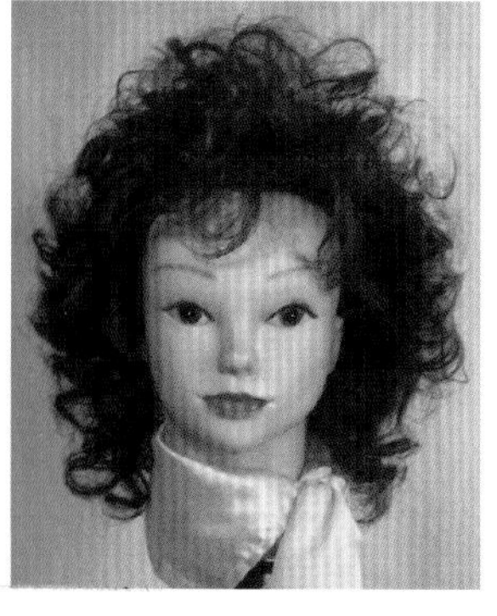

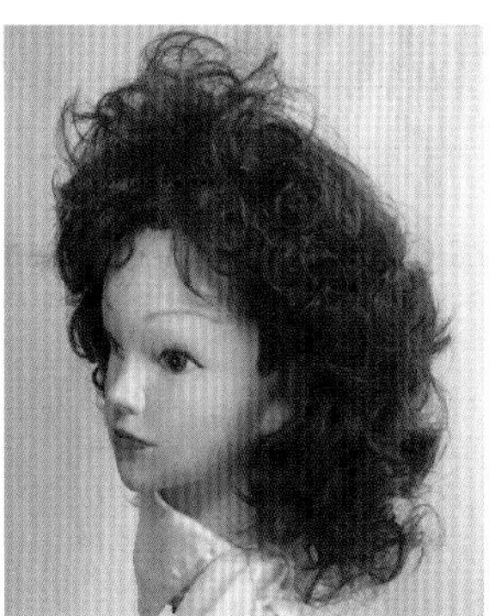
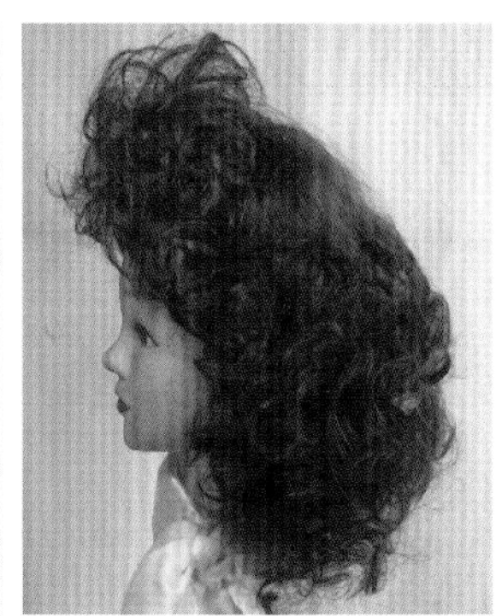

◆ 造型12（Page 130）

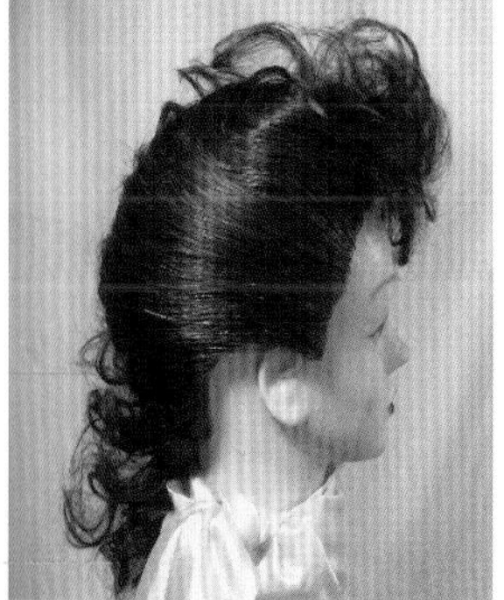

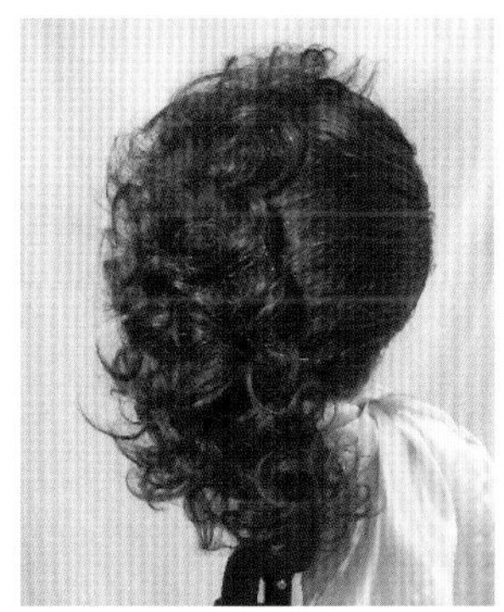
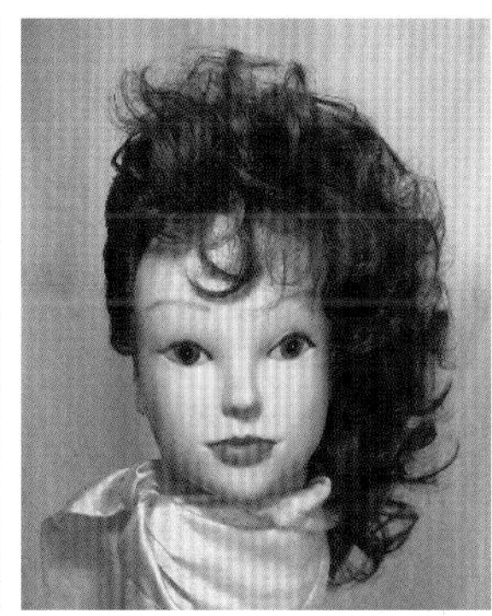

◆ 造型13（Page 131）

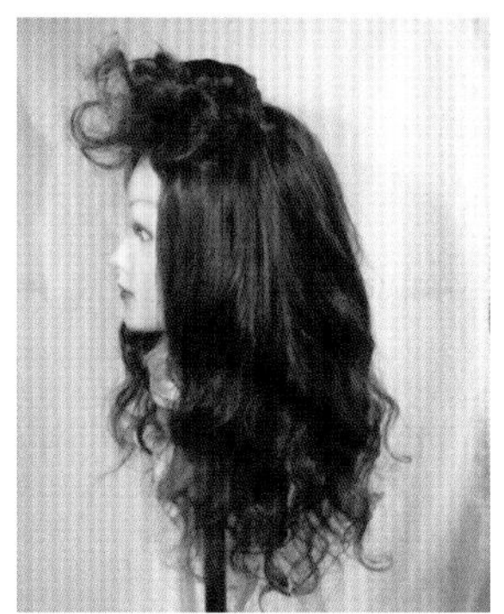

◆ 造型14（Page 132）

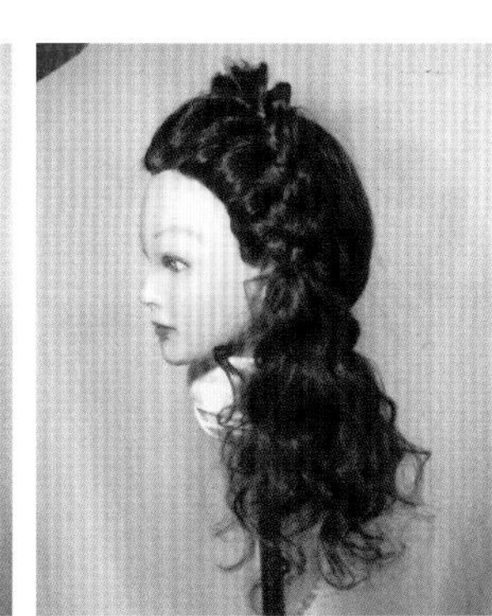

- 造型15（Page 133）

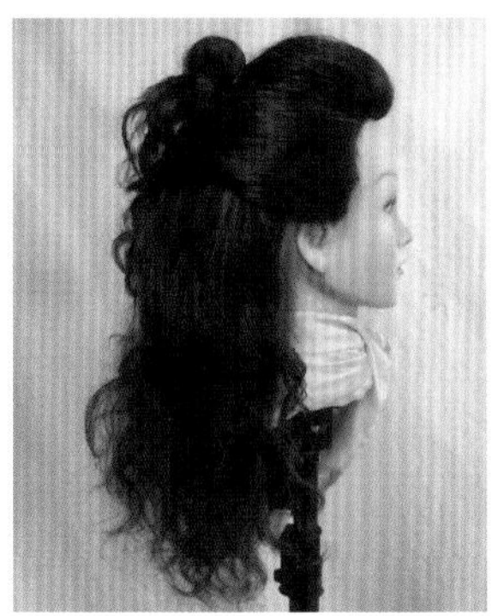

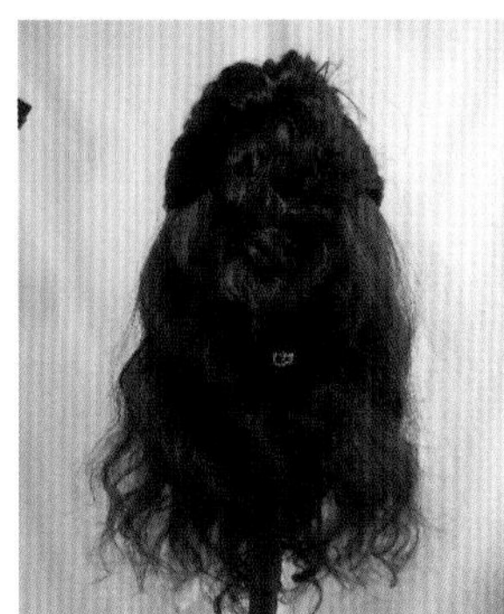
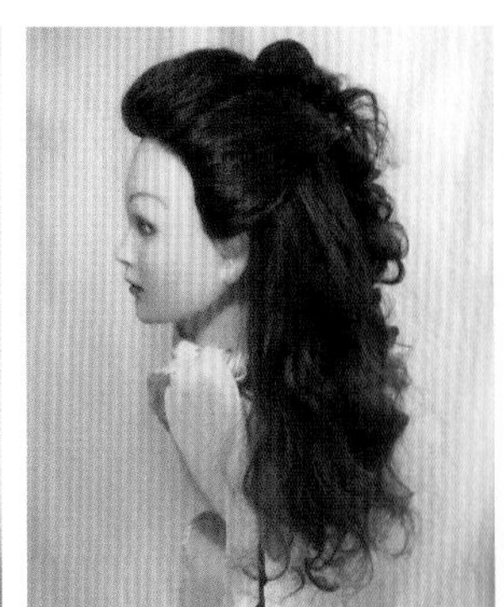

- 造型16（Page 134）

指盘扁卷曲发造型

短曲发指盘扁卷造型

◆ 造型1（Page 136）

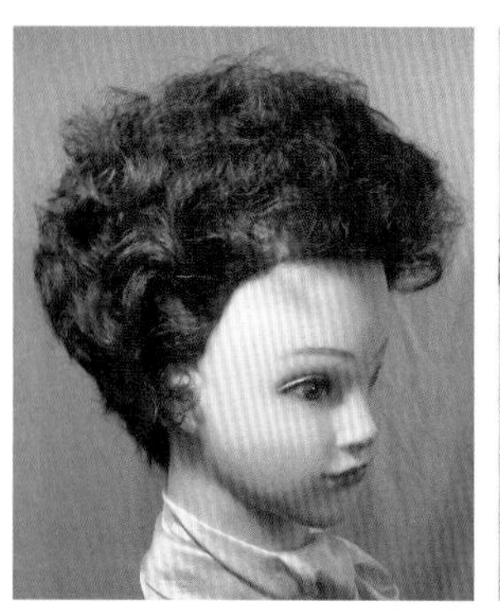
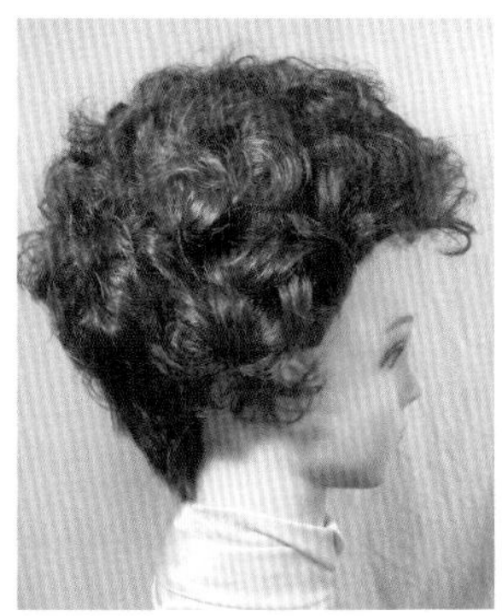

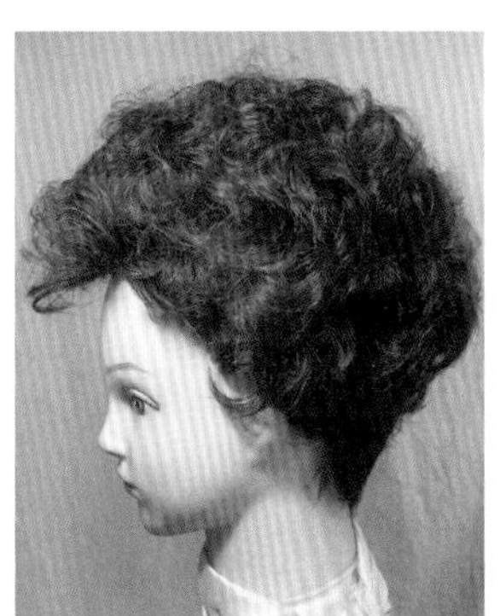

◆ 造型2（Page 138）

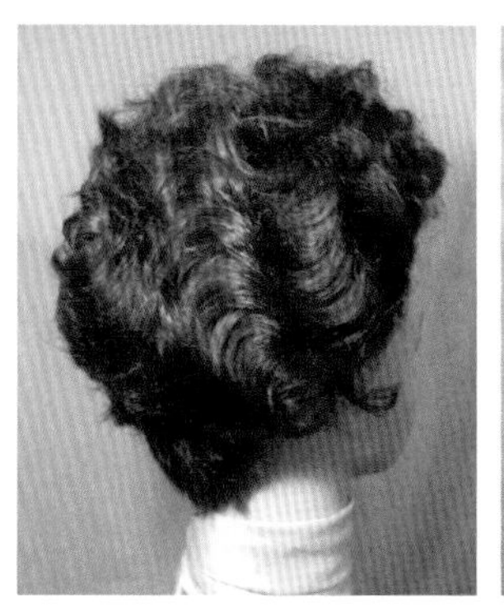
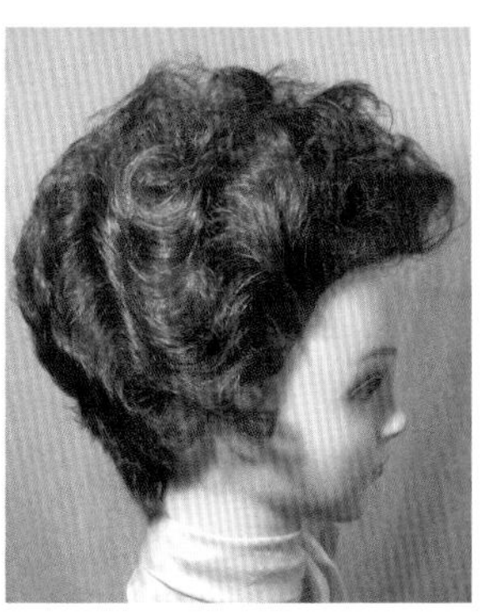
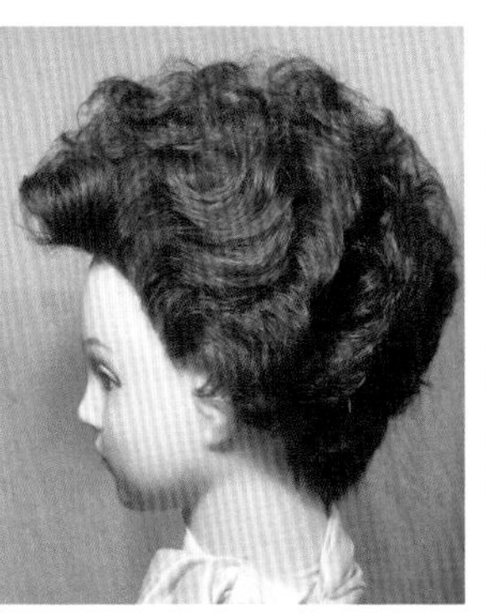
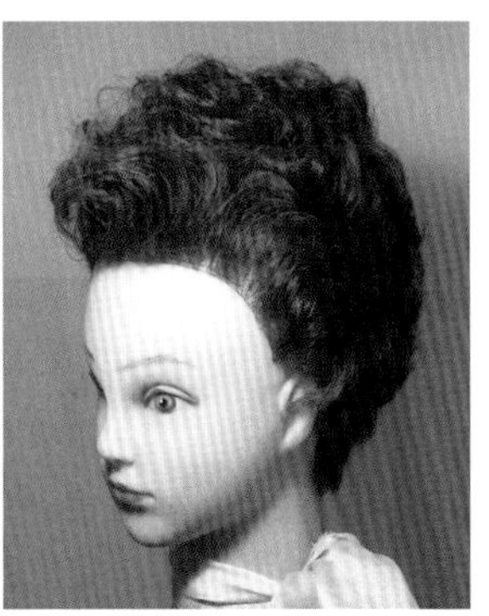

◆ 造型3（Page 139）

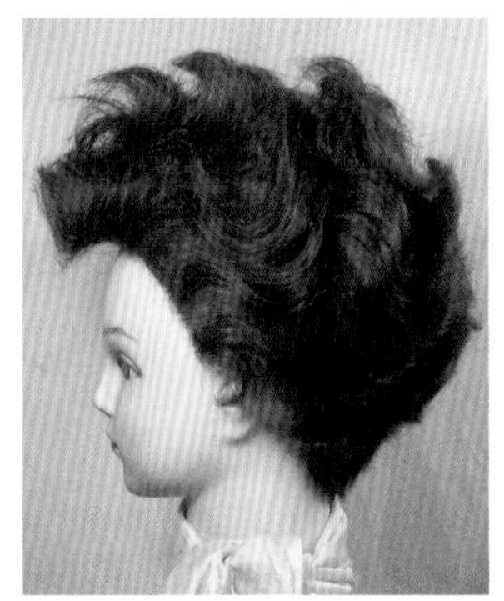

◆ 造型4（Page 140）

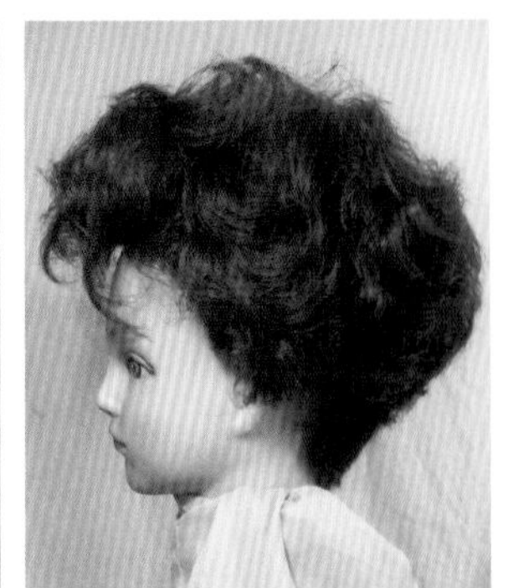

◆ 造型5（Page 141）

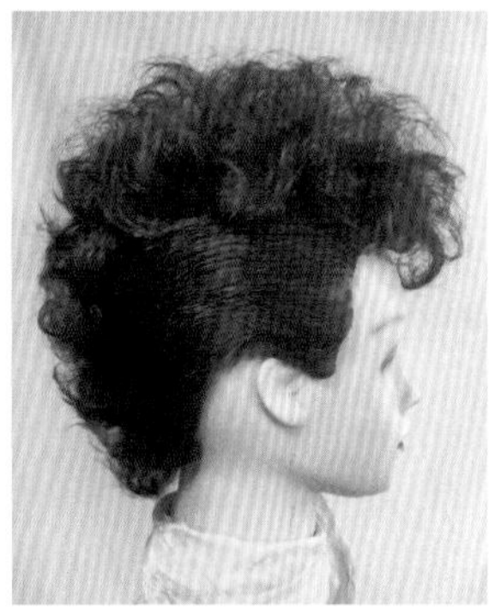

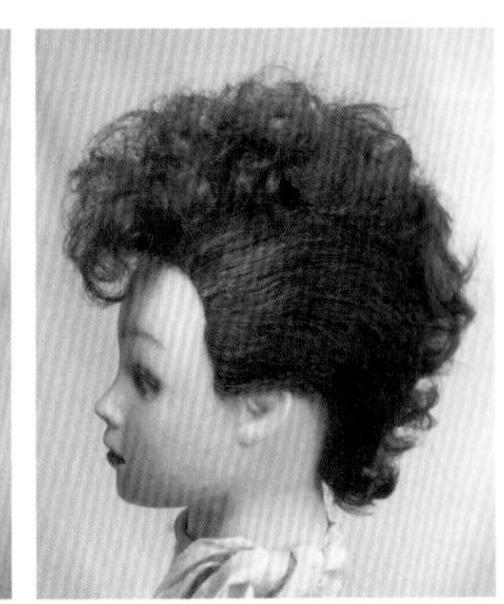

◆ 造型6（Page 142）

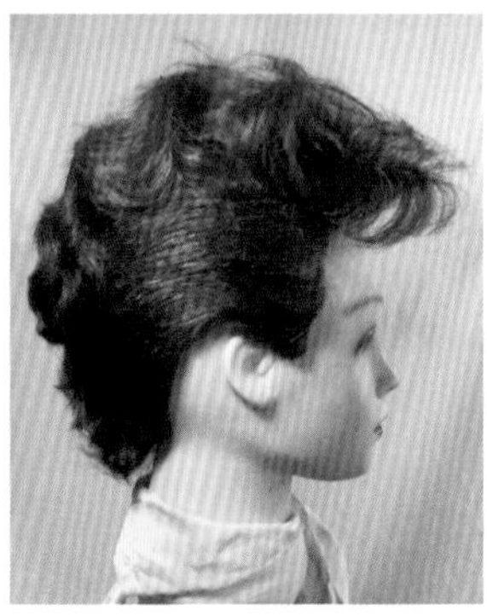
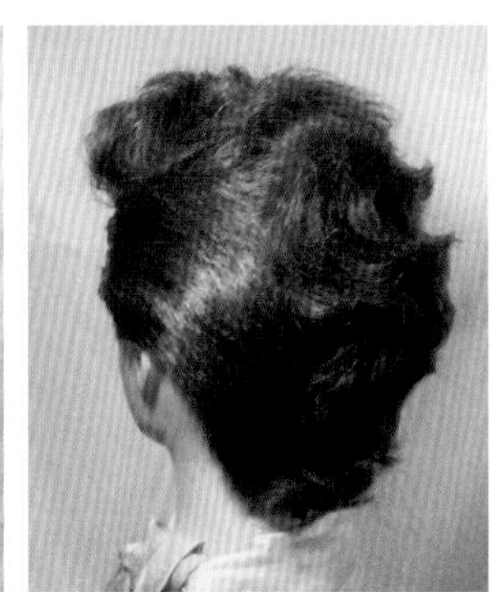

◆ 造型7（Page 143）

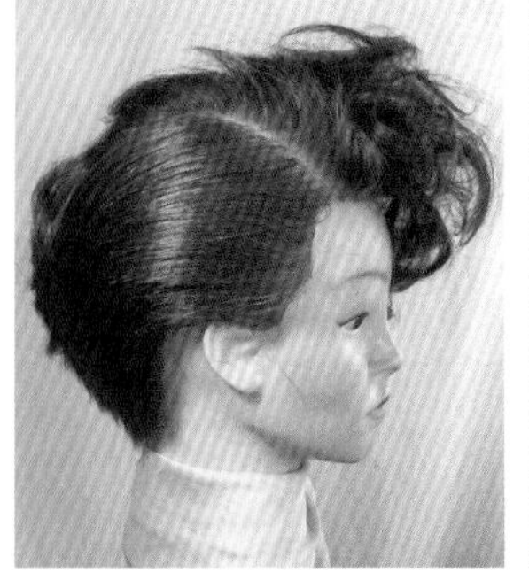

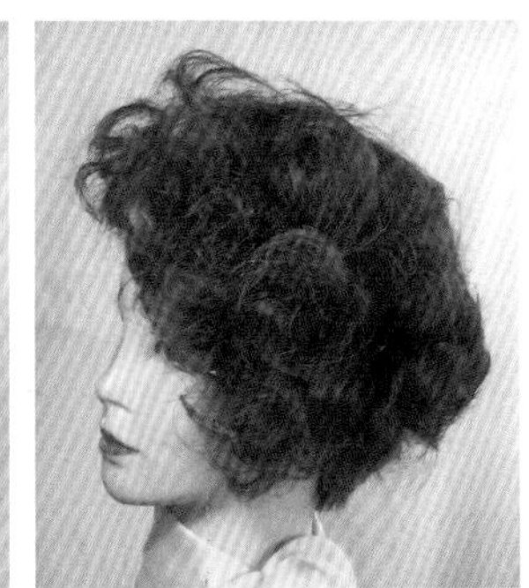

◆ 造型8（Page 145）

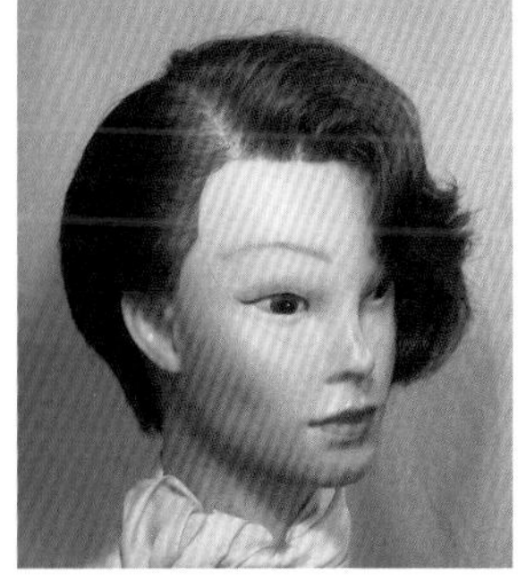
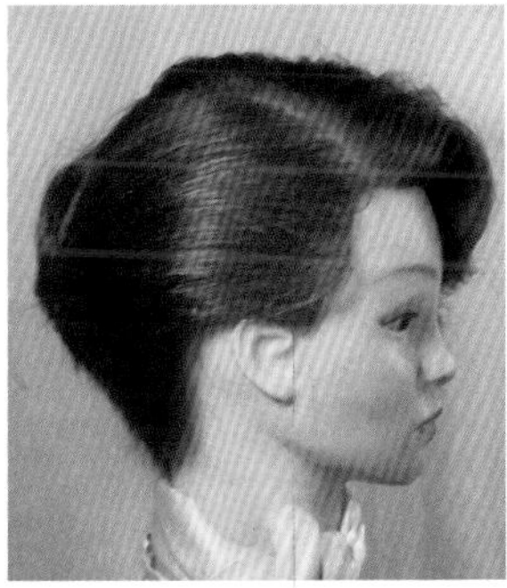
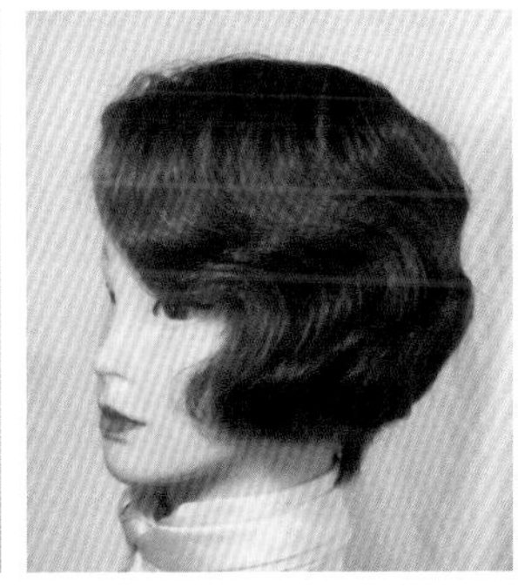
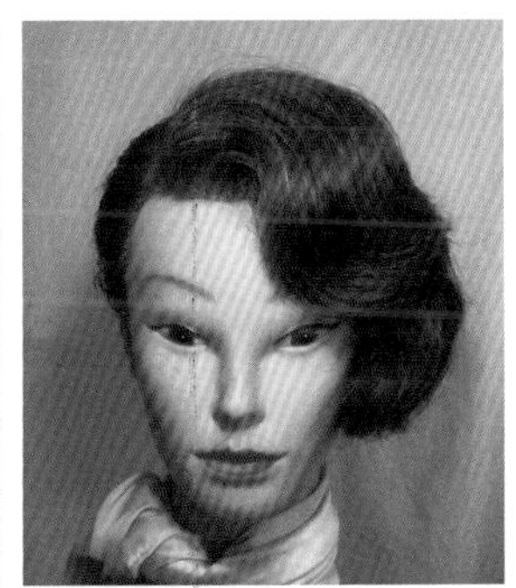

◆ 造型9（Page 145）

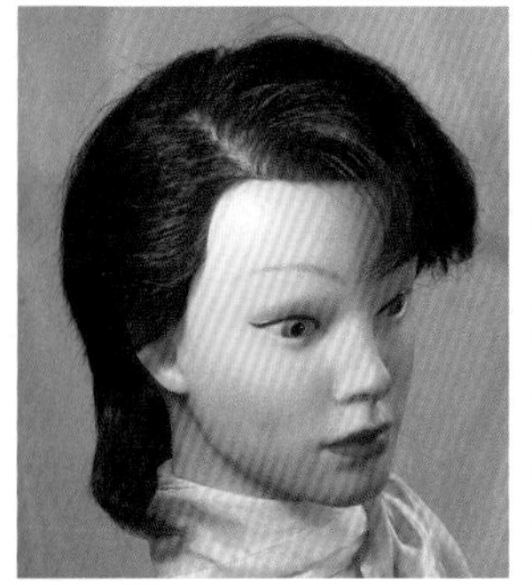
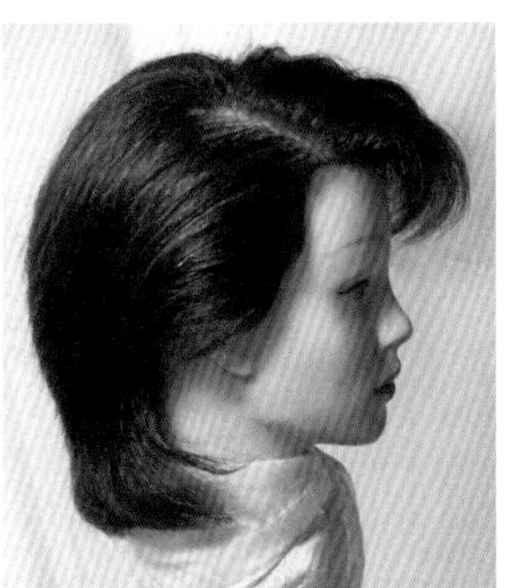
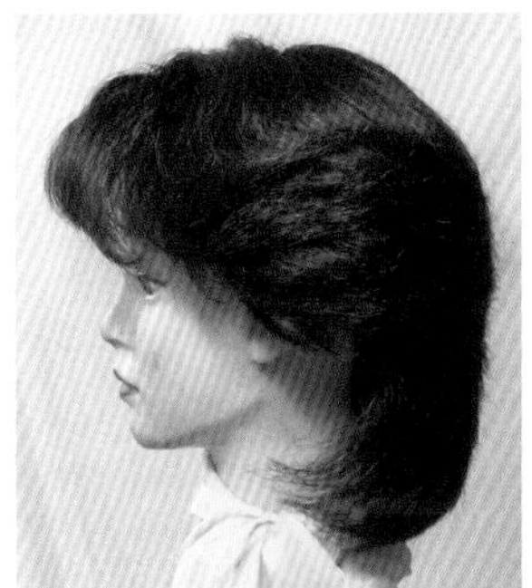

中长曲发指盘扁卷造型

◆ 造型1（Page 147）

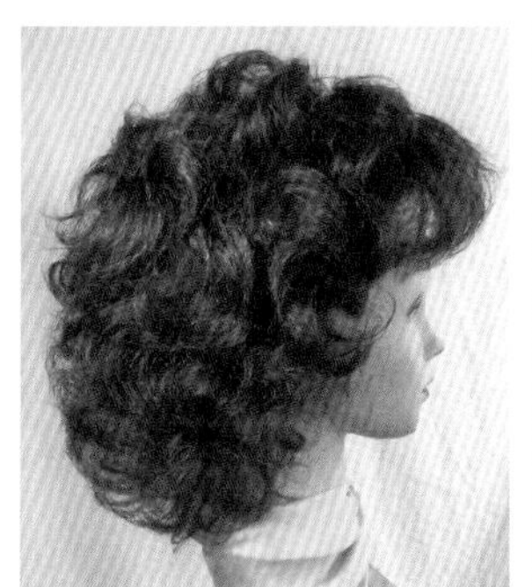
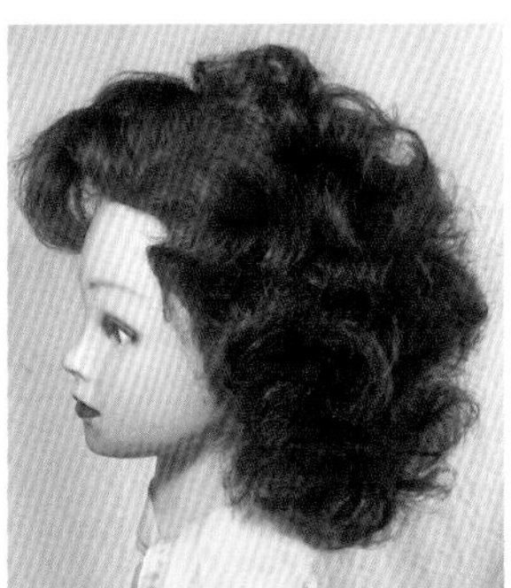
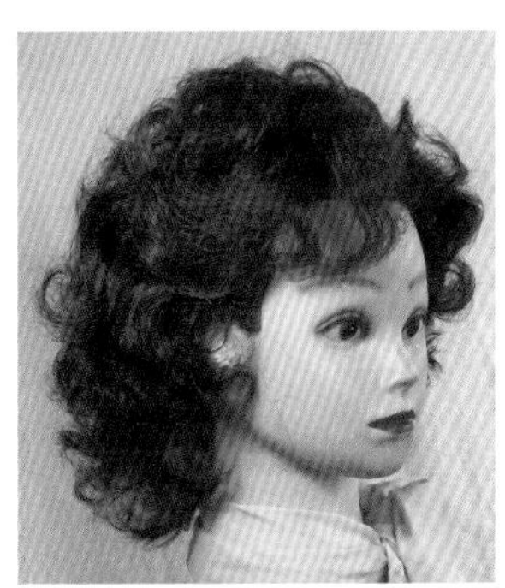
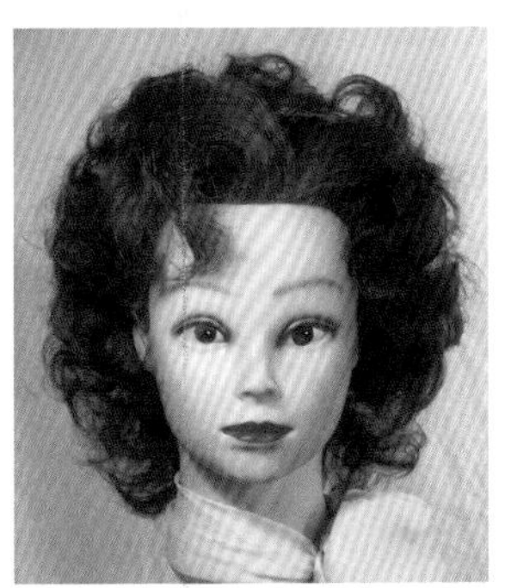

◆ 造型2（Page 149）

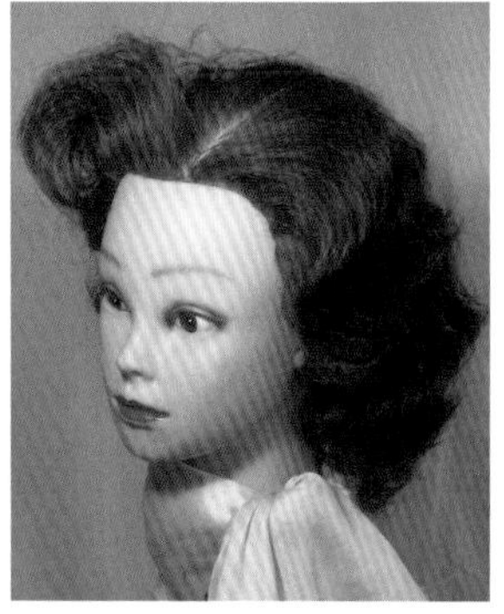
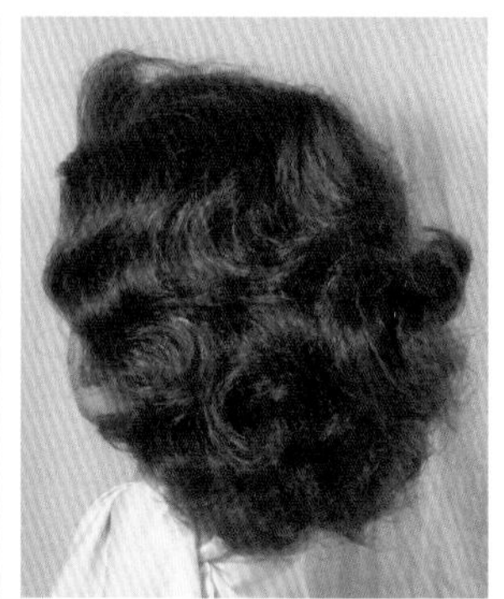

◆ 造型3（Page 150）

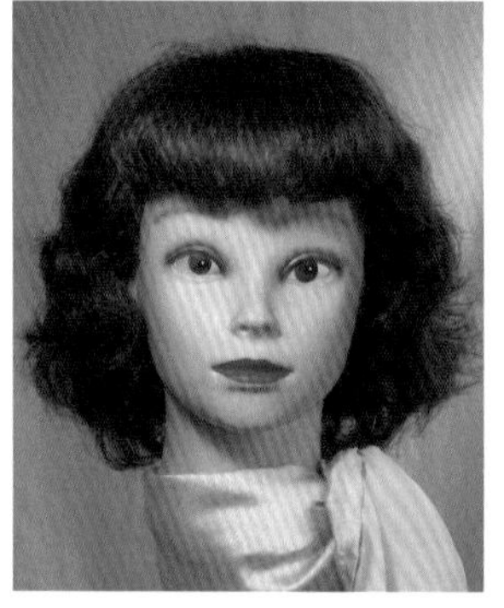

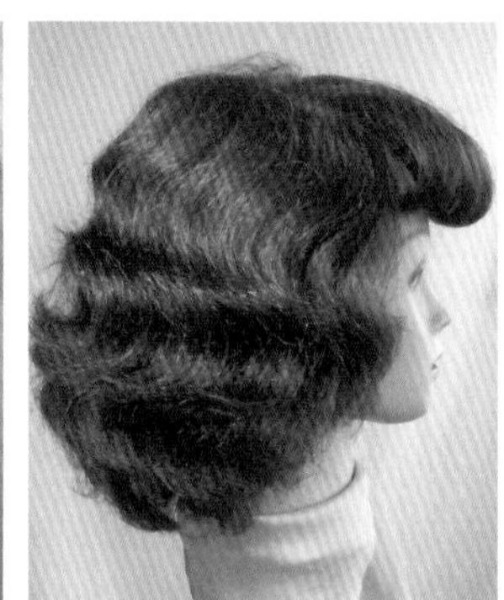
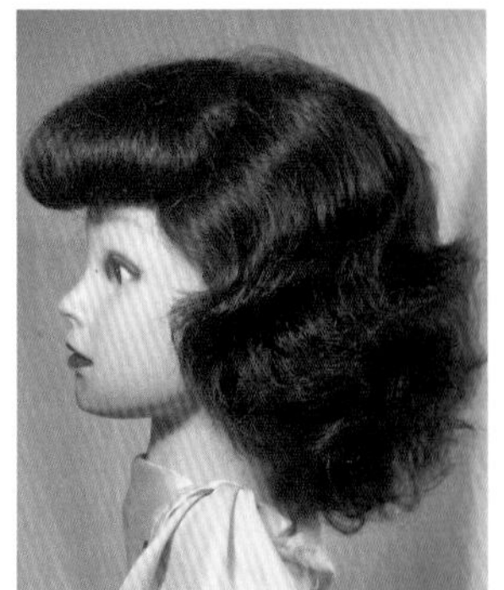

◆ 造型4（Page 151）

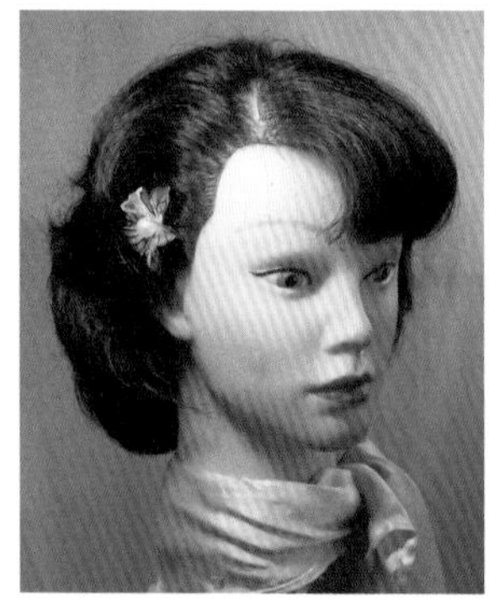
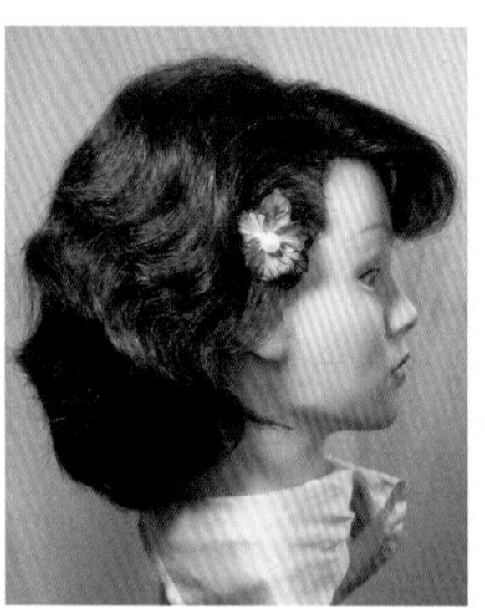
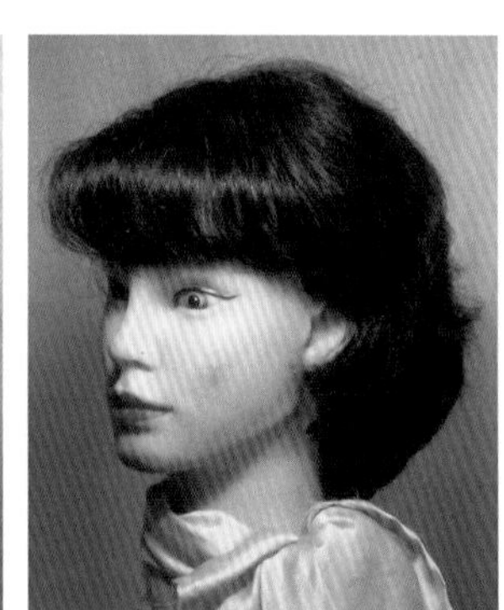
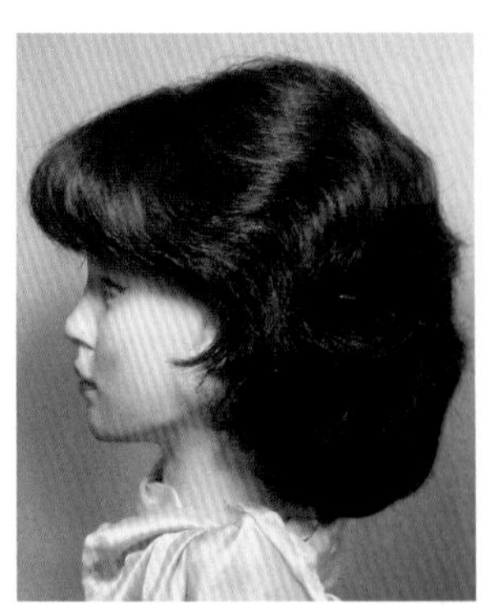

◆ 造型5（Page 152）

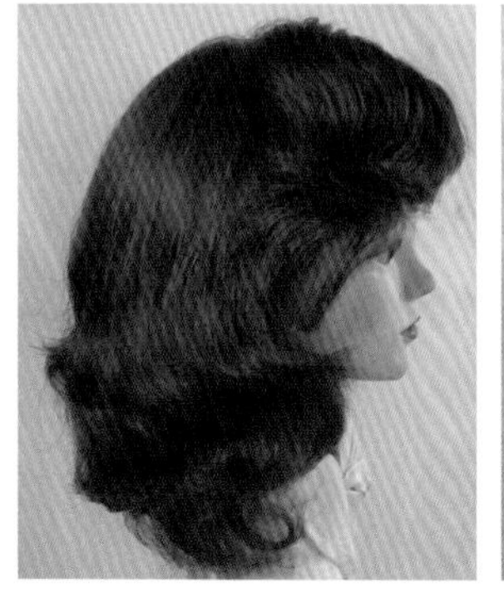

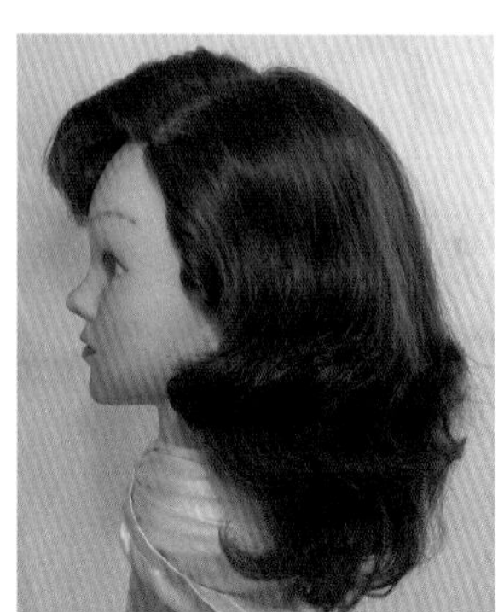
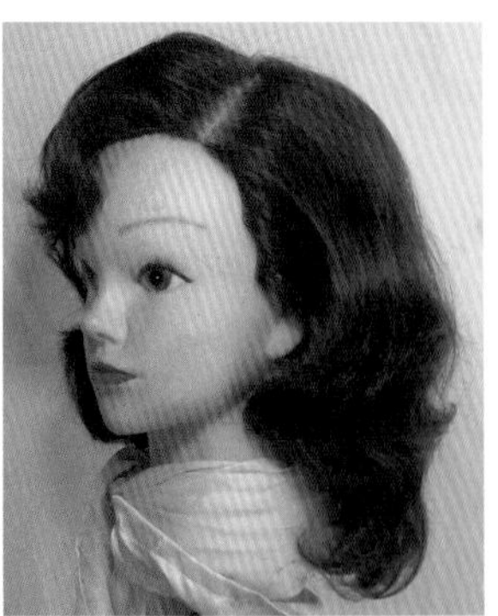

◆ 造型6（Page 155）

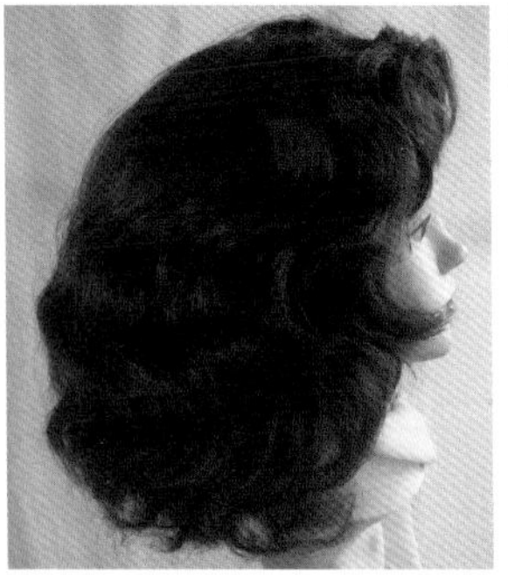

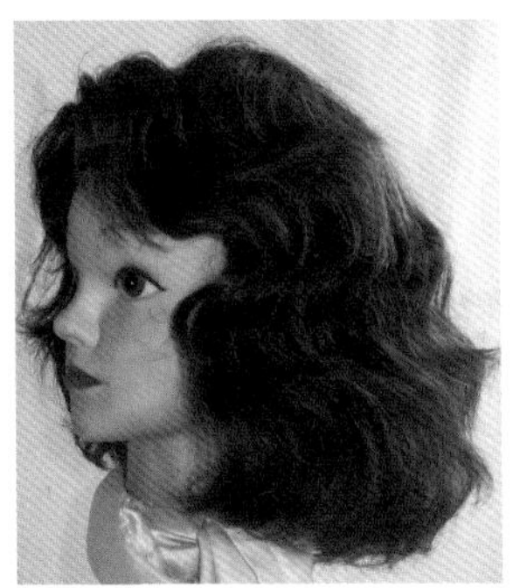
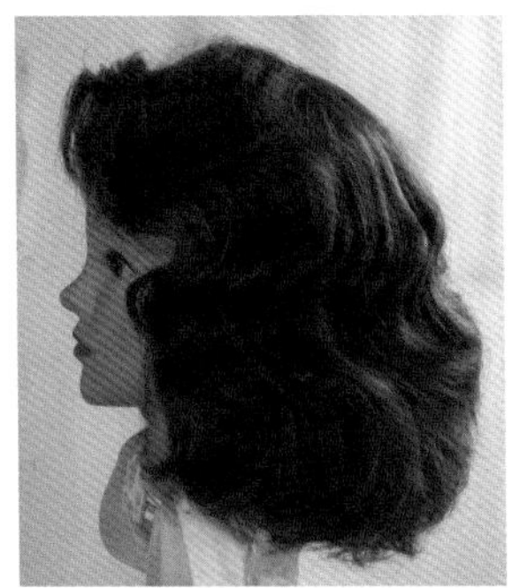

◆ 造型7（Page 157）

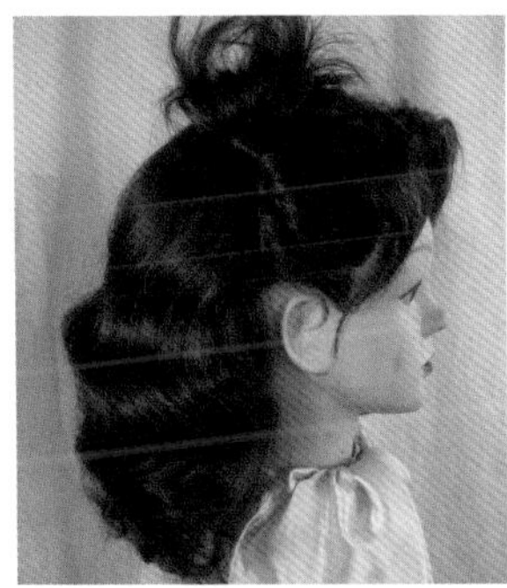

长曲发指盘扁卷造型

◆ 造型1（Page 158）

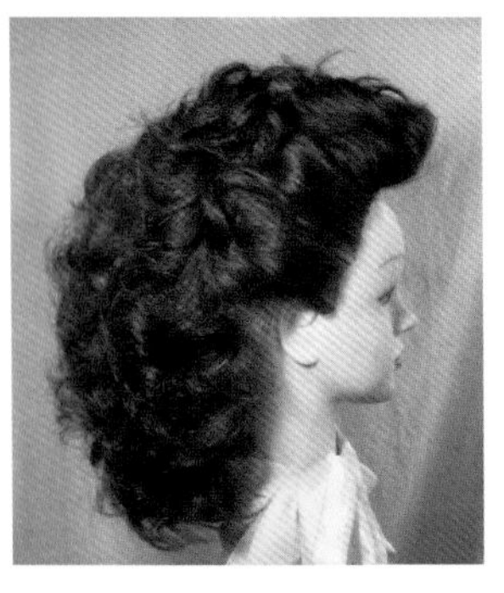

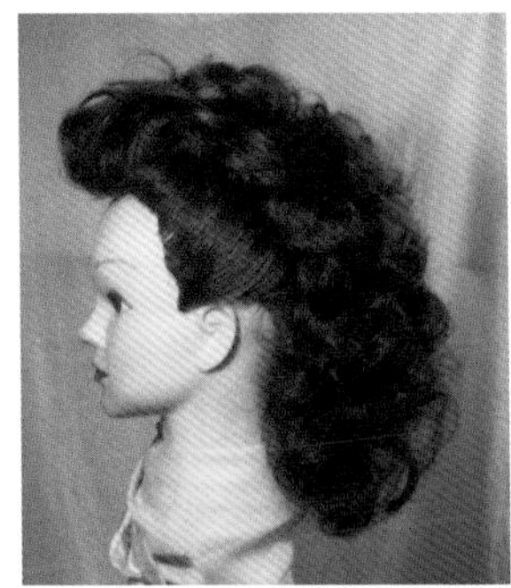

◆ 造型2（Page 160）

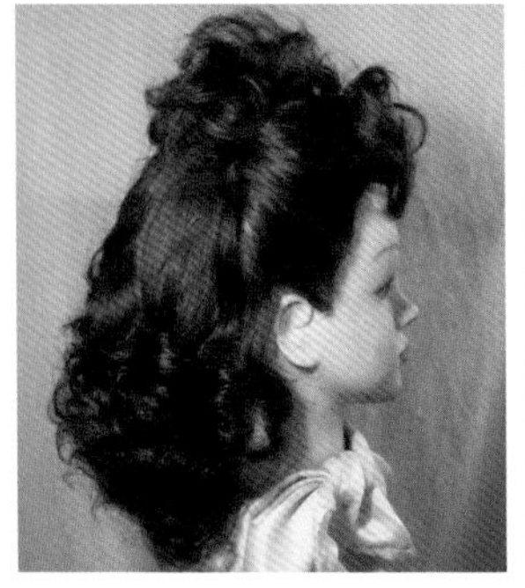
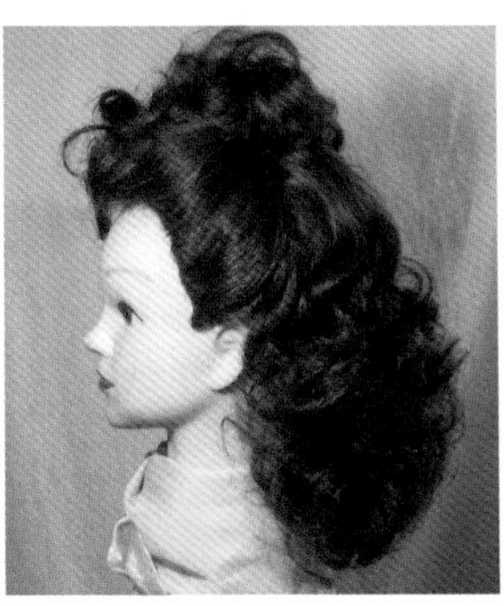

- 造型3（Page 161）

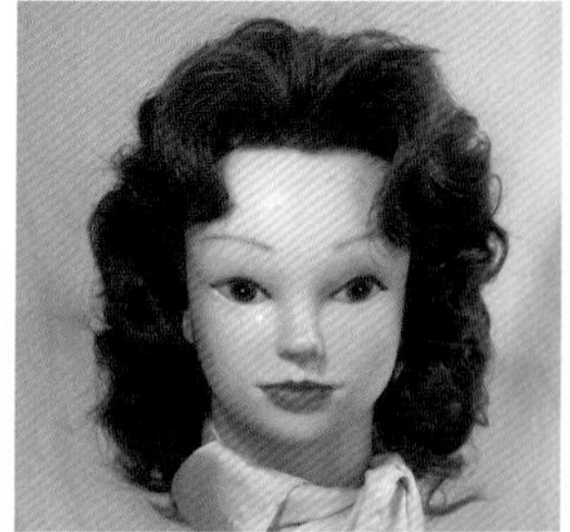

- 造型4（Page 162）

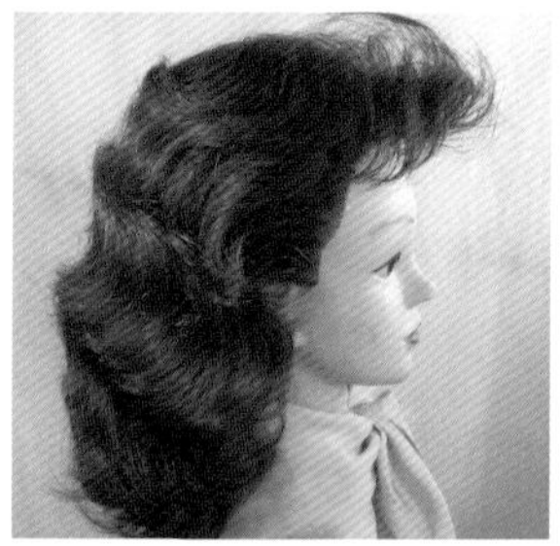

- 造型5（Page 163）

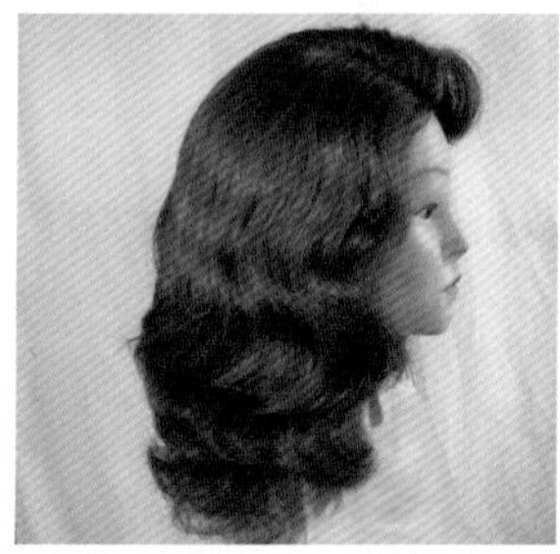

- 造型6（Page 165）

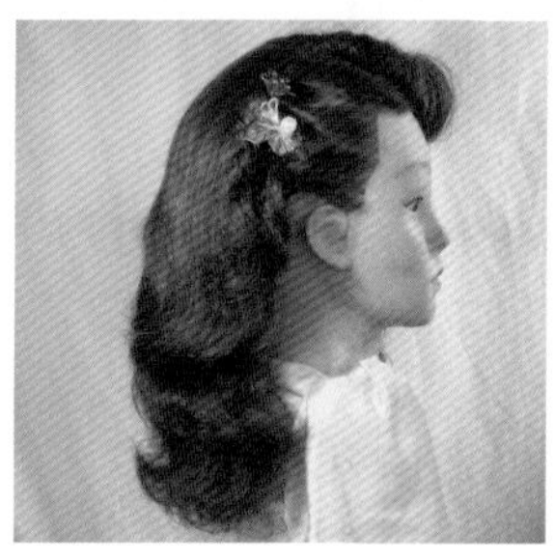

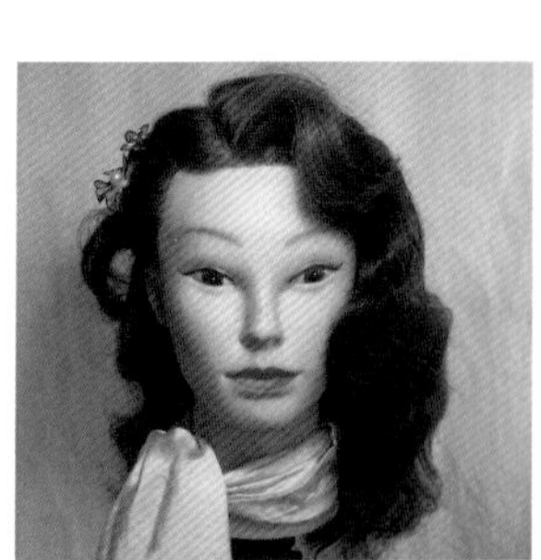

- 造型7（Page 166）

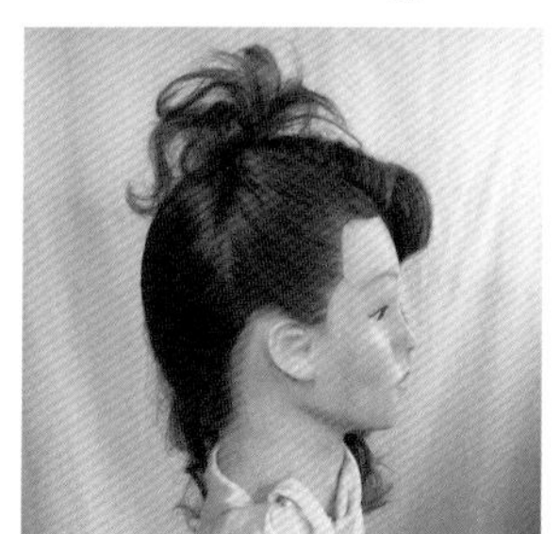

电卷棒造型

短直发电卷棒造型

◆ 造型1（Page 167）

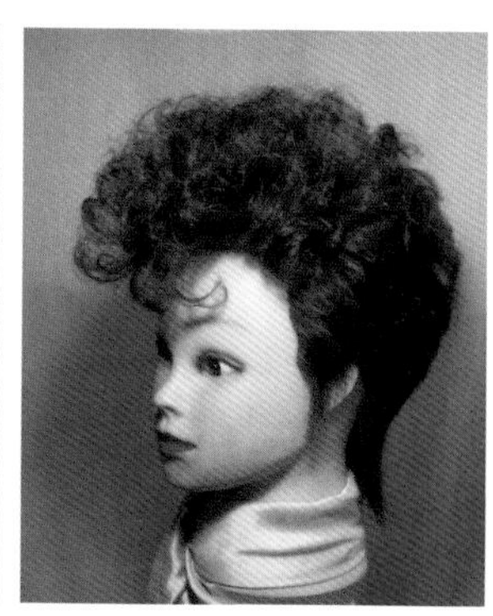
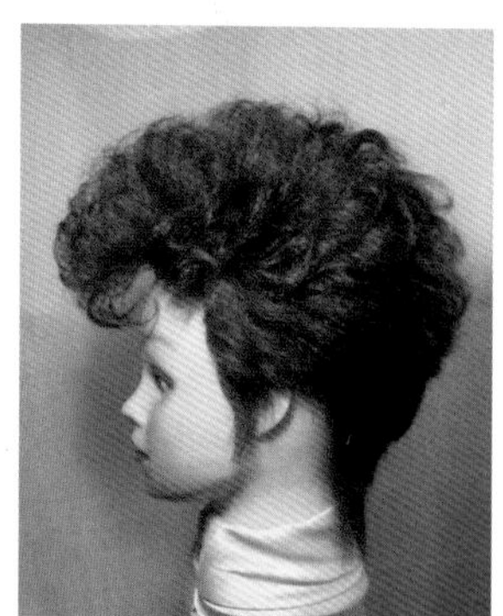

◆ 造型2（Page 169）

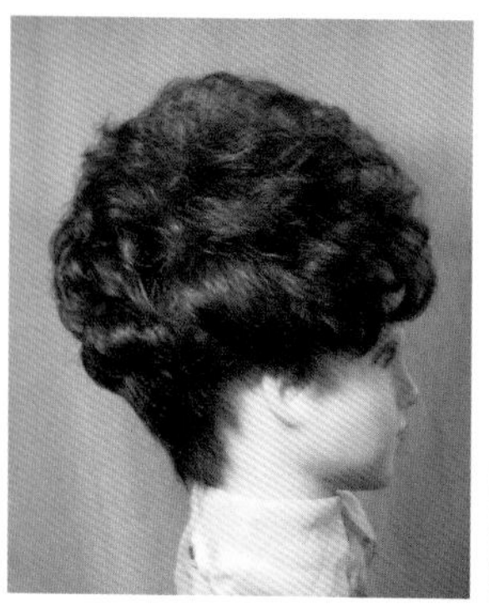

◆ 造型3（Page 170）

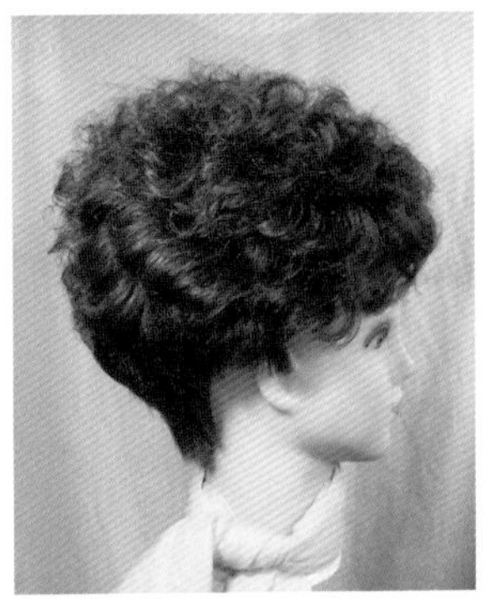

◆ 造型4（Page 171）

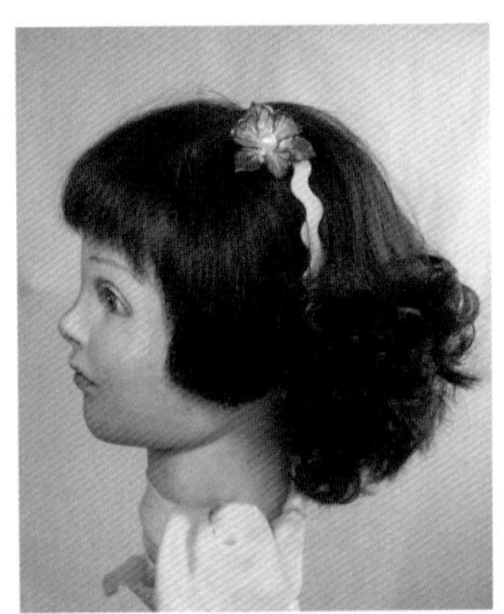

◆ 造型5（Page 173）

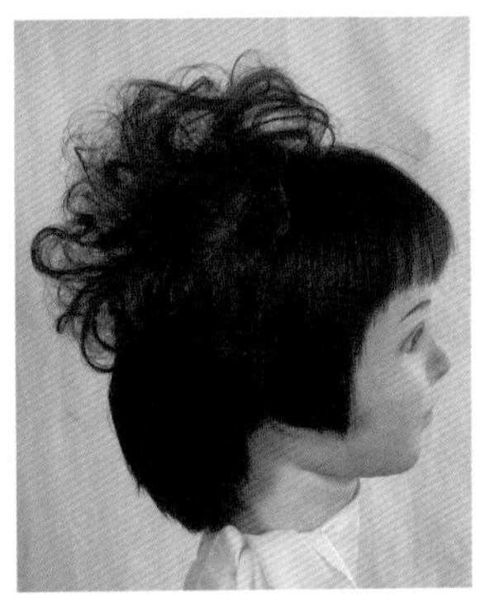
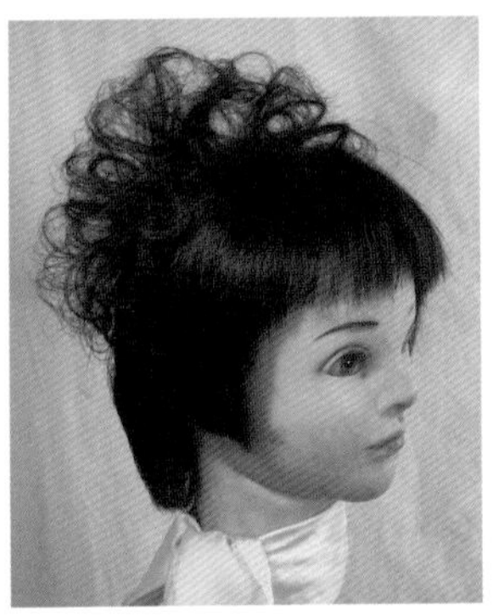

◆ 造型6（Page 174）

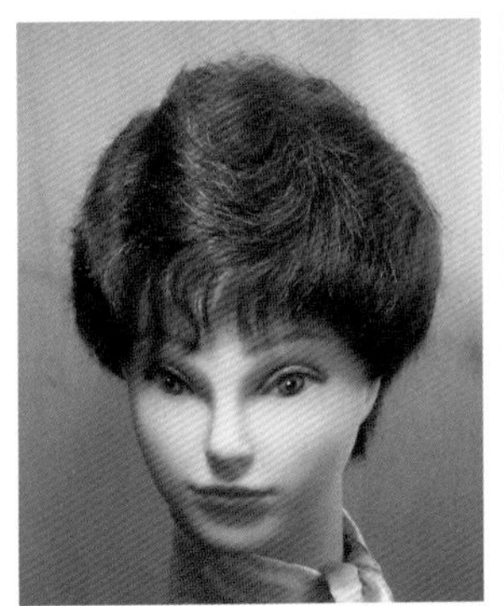

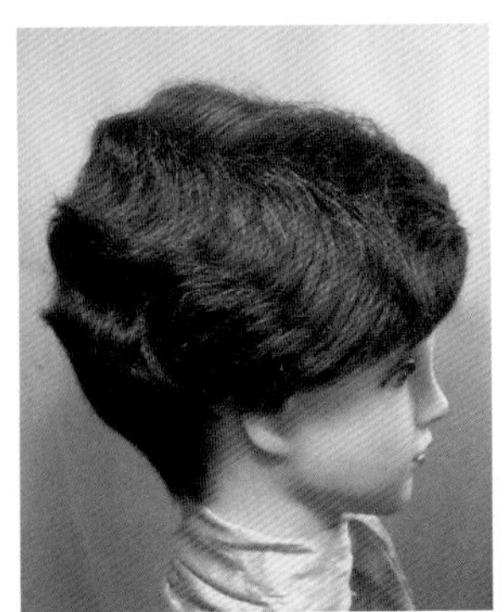

- 造型7（Page 175）

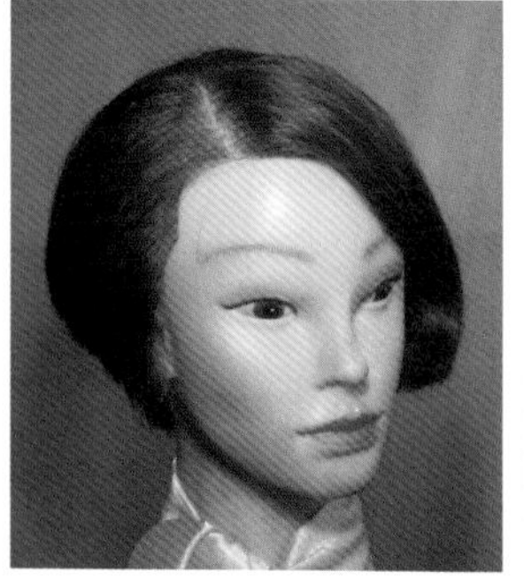
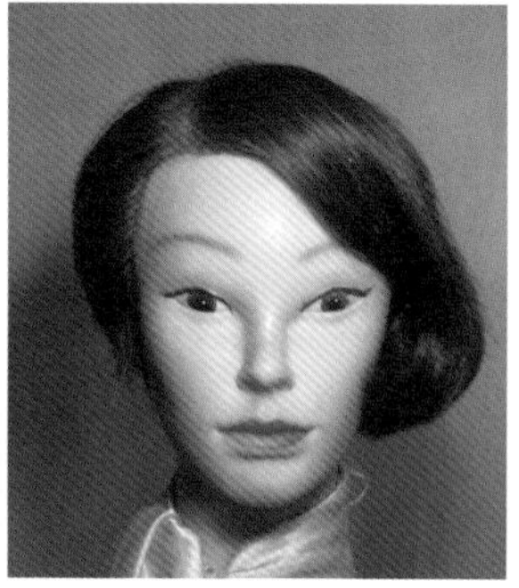
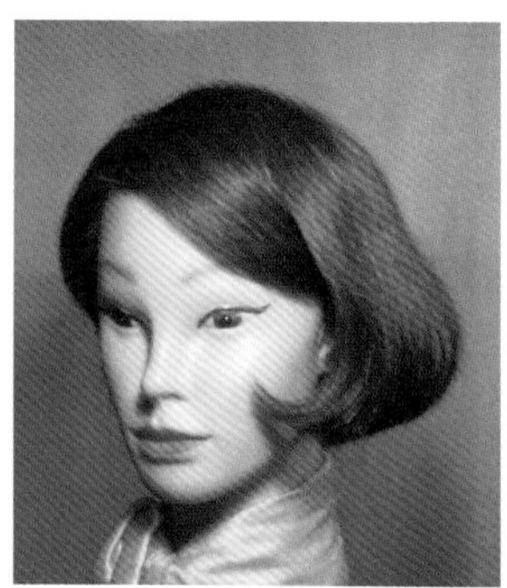
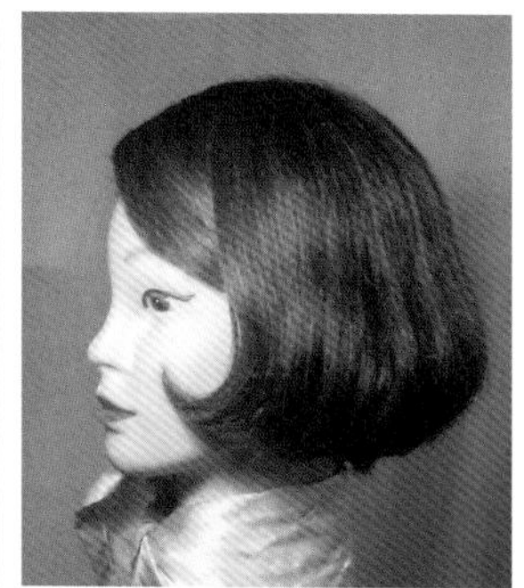

- 造型8（Page 176）

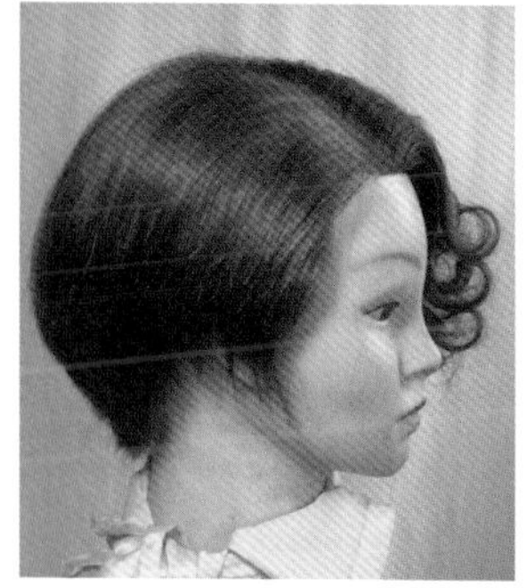

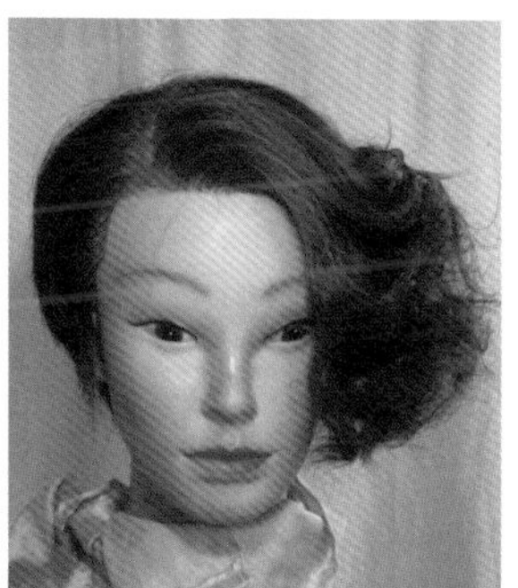

- 造型9（Page 177）

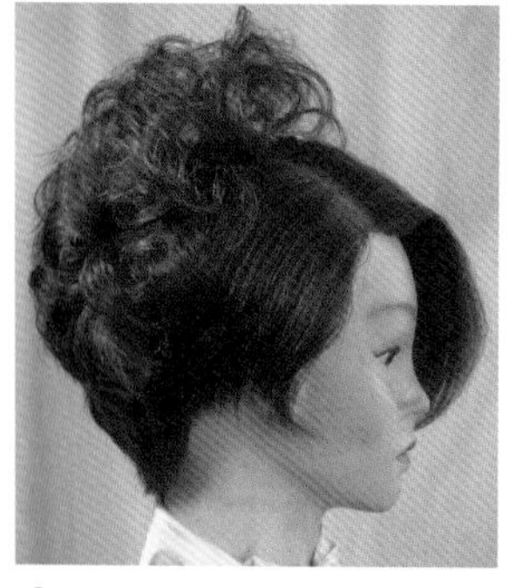

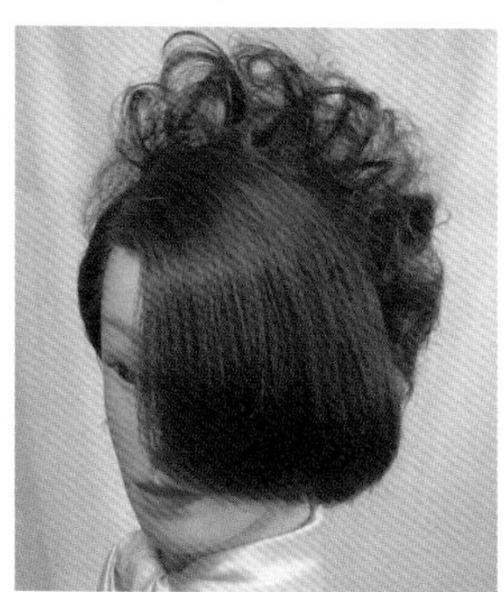

中长直发电卷棒造型

- 造型1（Page 178）

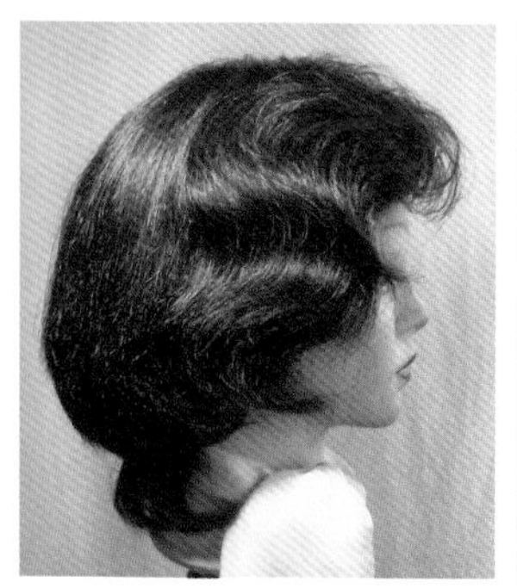
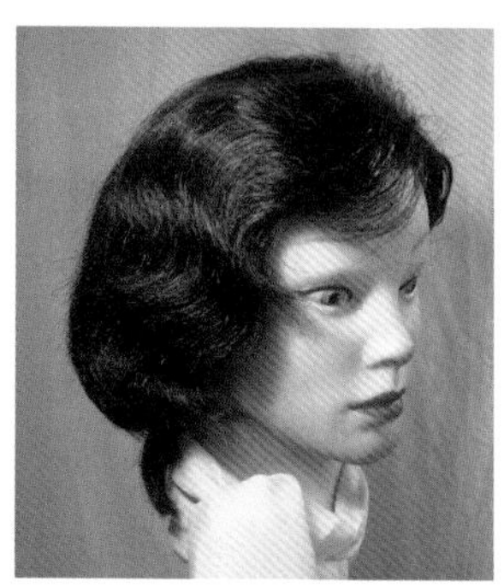
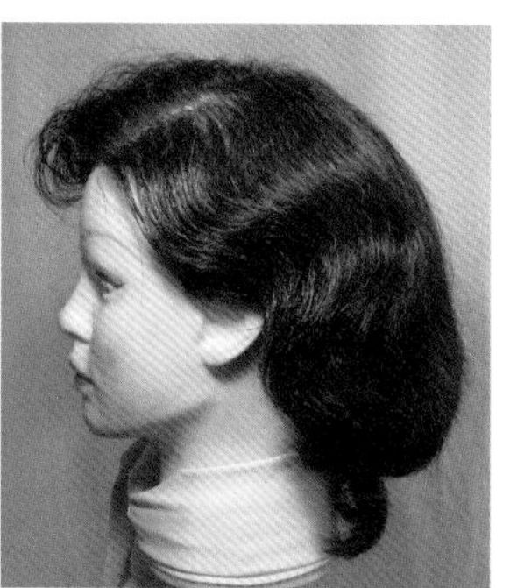
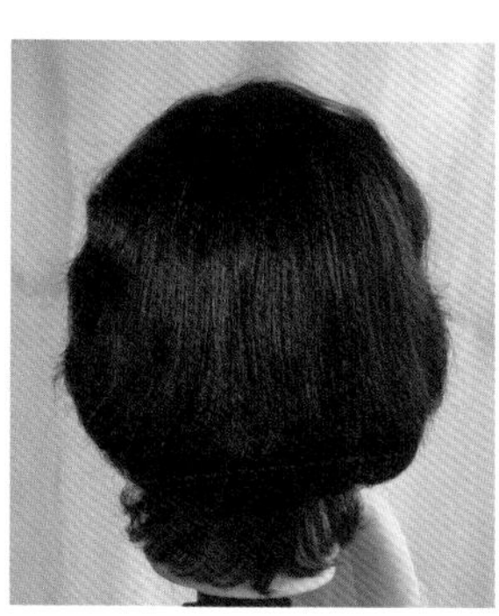

◆ 造型2（Page 179）

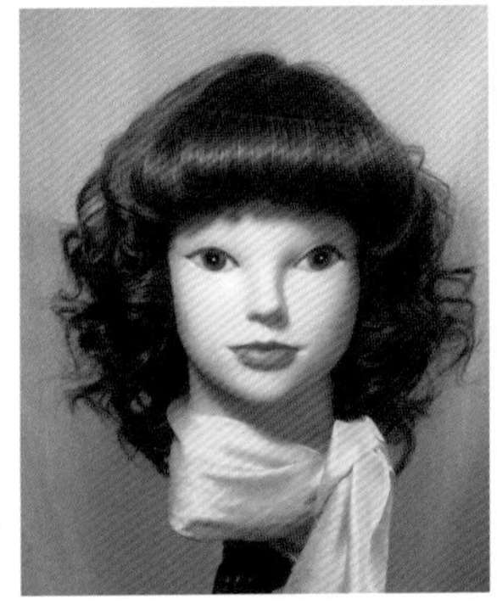

◆ 造型3（Page 181）

◆ 造型4（Page 182）

◆ 造型5（Page 183）

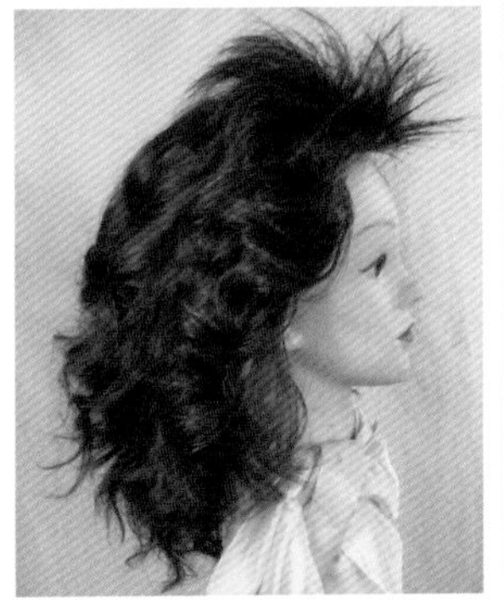

◆ 造型6（Page 184）

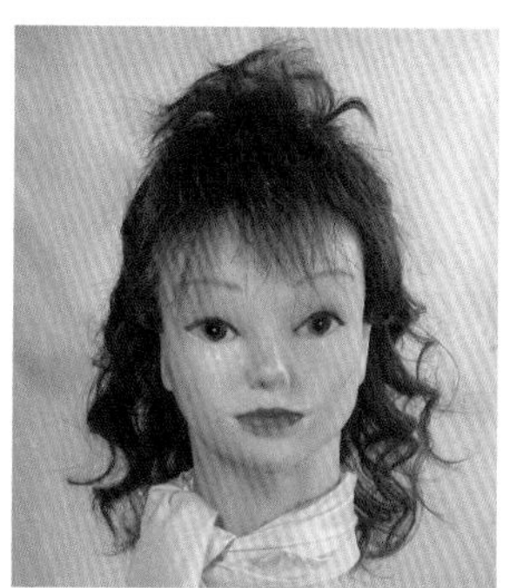

长直发电卷棒造型

◆ 造型1（Page 185）

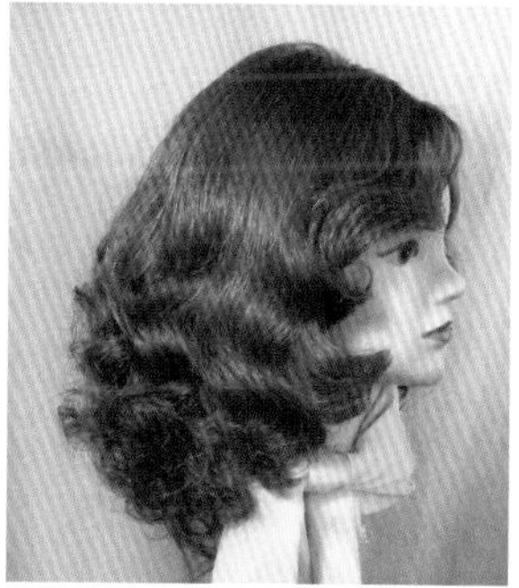

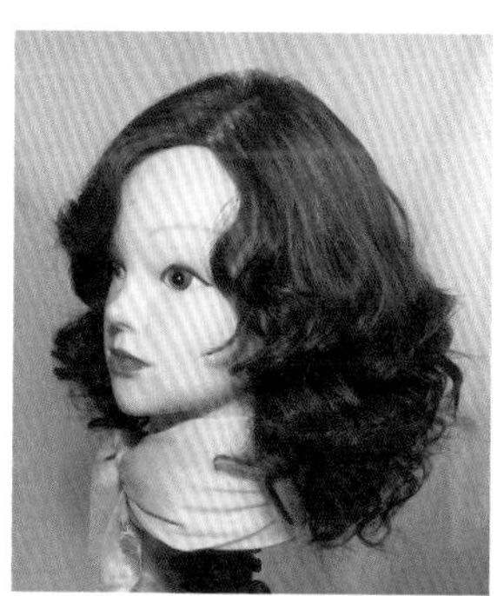

◆ 造型2（Page 186）

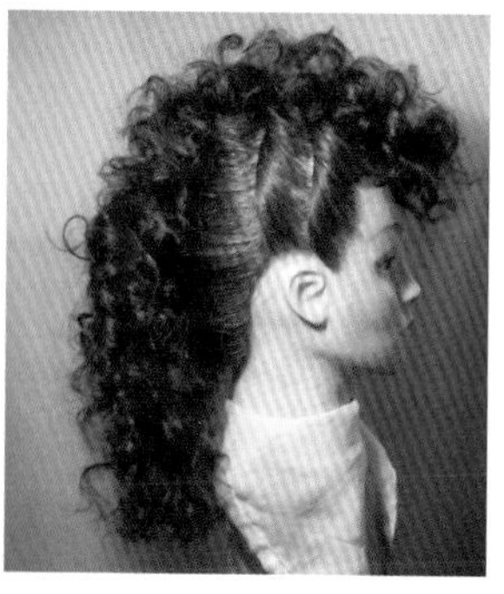

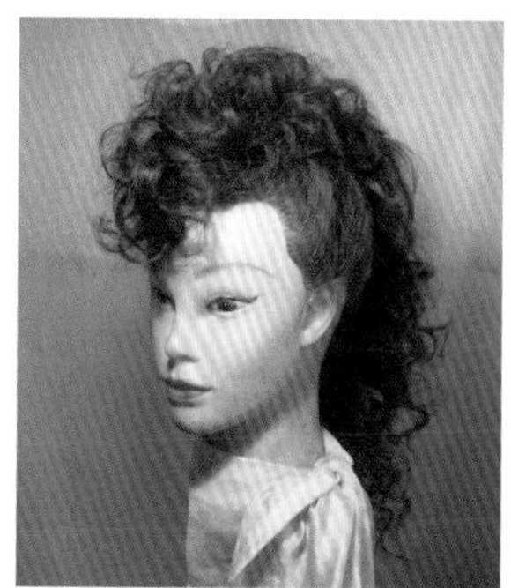

◆ 造型3（Page 188）

◆ 造型4（Page 189）

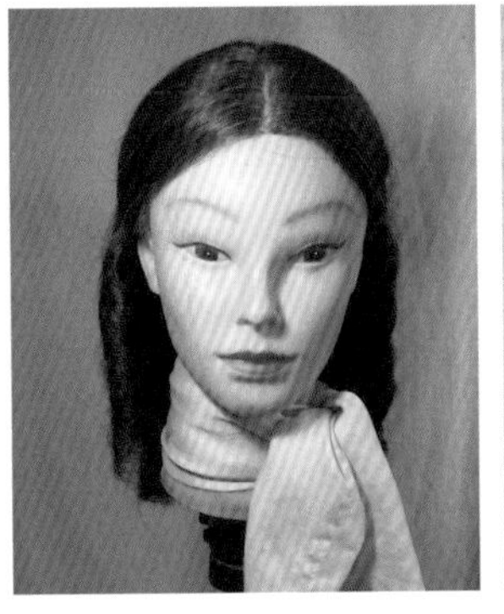
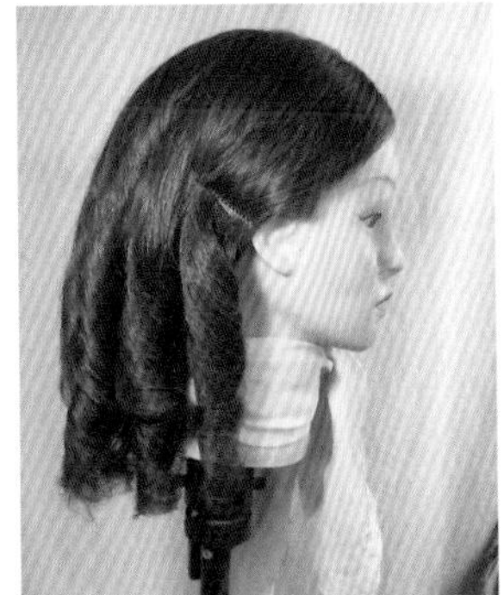
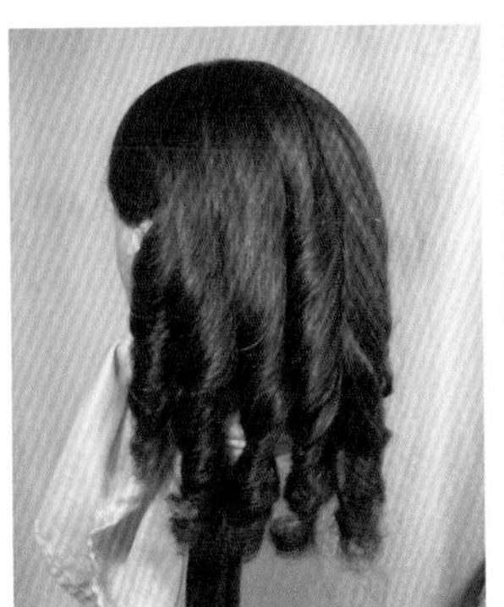
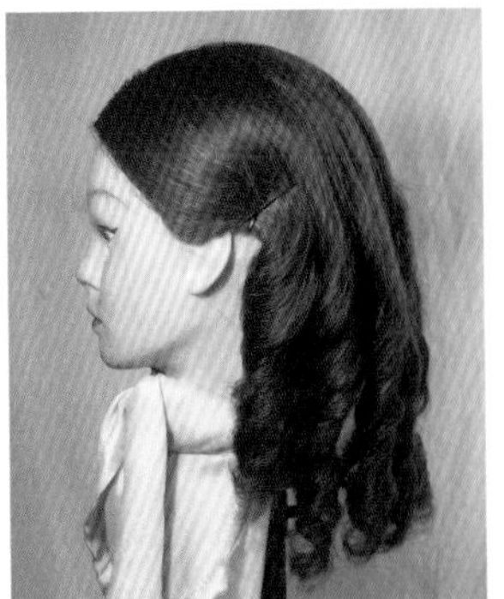

◆ 造型5（Page 190）

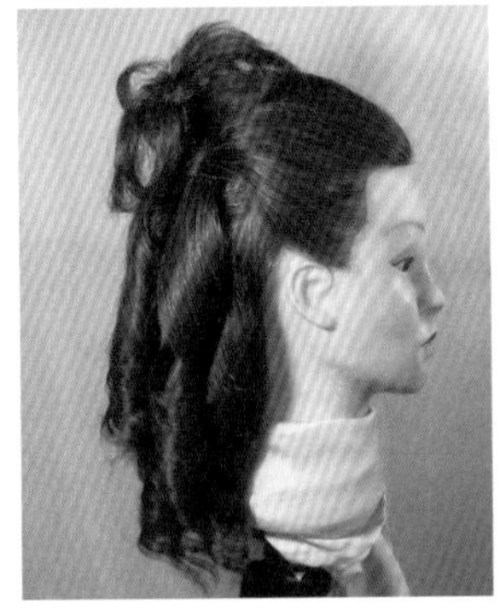

◆ 造型6（Page 191）

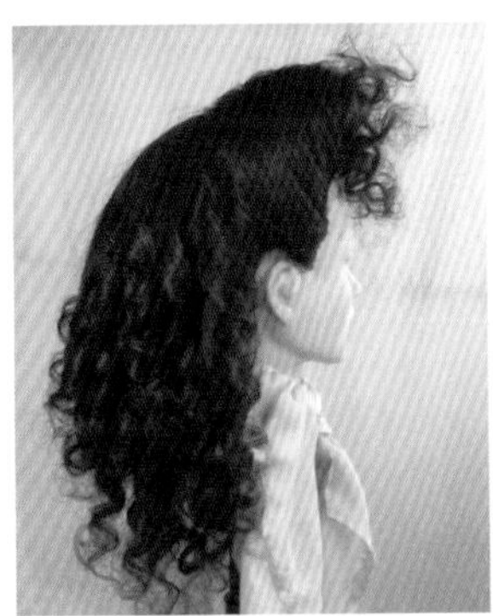

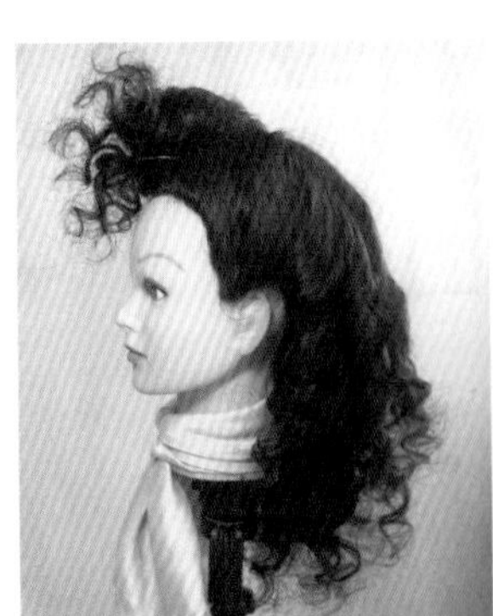

◆ 造型7（Page 192）

◆ 造型8（Page 193）

◆ 造型9（Page 193）

◆ 造型10（Page 194）

◆ 造型11（Page 196）

◆ 造型12（Page 197）

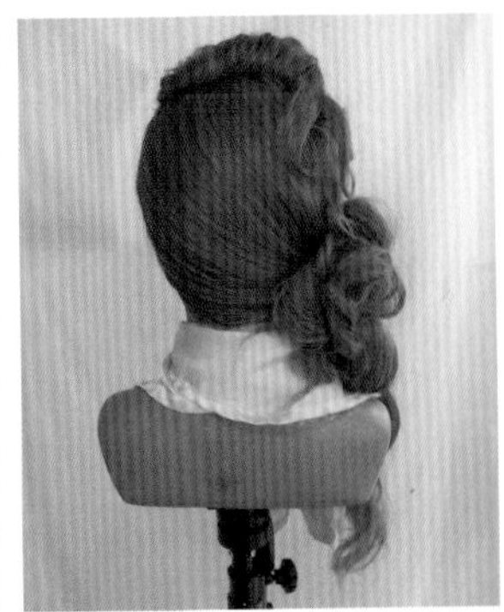

◆ 造型13（Page 198）

◆ 造型14（Page 199）

从零开始学造型

FASHION STYLING

时尚卷(曲)发全图解

刘文华　张　玲　主编
安计莲　副主编

化学工业出版社
·北京·

图书在版编目（CIP）数据

时尚卷（曲）发全图解 / 刘文华，张玲主编. —北京：化学工业出版社，2017.11
ISBN 978-7-122-30636-4

Ⅰ. ①时… Ⅱ. ①刘… ②张… Ⅲ. ①发型 - 设计 - 图解 Ⅳ. ① TS974.21-64

中国版本图书馆 CIP 数据核字（2017）第 227970 号

责任编辑：贾　娜　　　　装帧设计：王晓宇
责任校对：宋　夏

出版发行：化学工业出版社（北京市东城区青年湖南街 13 号　邮政编码 100011）
印　　装：北京云浩印刷有限责任公司
787mm×1092mm　1/16　印张 13　彩插 20　字数 295 千字　2017 年 11 月北京第 1 版第 1 次印刷

购书咨询：010-64518888（传真：010-64519686）　售后服务：010-64518899
网　　址：http://www.cip.com.cn
凡购买本书，如有缺损质量问题，本社销售中心负责调换。

定　　价：59.80 元

前 / 言

卷（曲）发造型是传统发型之一。随着社会的发展，人们生活水平不断提高，对发型的要求也出现了非常大的变化。卷（曲）发由之前古老简单的形式，逐渐发展为如今各种顺应潮流、凸显个性、自然靓丽的卷发样式。美发师在长期实践的过程中，把卷（曲）发技艺中的发花、扣边、波浪、外翻、竖立卷、指盘卷等形式相互结合，创造出了许多受人喜爱的发型。

本书是作者多年从事美发工作实践经验的总结，希望对传统美发技艺中的卷（曲）发技艺进行传承发展，也希望本书能对热爱卷（曲）发技术的美发师有所帮助。

本书采用图文并茂的形式，以大量的图片 + 适量的文字，对卷（曲）发的操作技法做了详细讲解。内容包括：吹梳曲发造型、塑料卷曲发造型、指盘筒卷曲发造型、指盘扁卷曲发造型、电卷棒烫发造型等。总结列举操作范例造型近 150 款，总结的操作技法易用易记，便于读者练习与掌握。

本书很形象地讲解了卷（曲）发造型的技能，内容通俗易懂，实践性和可操作性强，可为美发行业从业人员提供有益帮助，也可供美发职业学校、大专院校形象设计专业及美发专业师生学习参考。

本书由刘文华、张玲任主编，安计莲任副主编，刘杰、胡保强主审，参与编写的人员还有：高振云、蔡红芳、范丽鹏、何新、田学英、明胜利、田文涛、李胜强、刘春蕊。本书在撰写过程中，得到了各界同仁和朋友的大力支持、鼓励和帮助，在此表示衷心的感谢！

由于作者水平所限，书中所有的讲述与绘图，难免有不足和疏漏之处，敬请广大专家与读者批评指正。我们会继续努力，同大家一起为美发行业的技术发展贡献力量。

编 者

目 / 录

第 1 章 曲发造型基础

1.1 曲发的形成

（1）曲发的形成

曲发有自然曲发、药水烫曲发、电卷棒烫曲发三种基本形成方法。

- **自然曲发：**天生的弯曲头发，俗称绞花头。
- **药水烫曲发：**用化学药剂通过加工烫成弯曲的头发，称为冷烫。
- **电卷棒烫曲发：**通过电卷棒加工形成的造型称为电卷棒烫曲发。

（2）曲发造型分类

曲发造型分为一次造型、二次造型两种。

- **一次造型：**烫发后直接吹风梳理成型。
- **二次造型：**烫发后经过塑料卷、手卷等的加工，吹干发卷后再吹风梳理成型，其形状有：发花型、波浪型、外翻型、扣边型、竖卷型、组合型。

（3）曲发造型长度分类

曲发造型按长度分为以下三种。

- **短发：**肩以上为短发。
- **中长发：**与肩齐为中长发。
- **长发：**肩以下为长发。

1.2 曲发造型分缝与分区

（1）头缝线

头缝线由九条缝线构成［图1-1（a）］，常用的头缝与位置为：一九缝对准眉梢［图1-1（b）］、二八缝对准眉峰［图1-1（c）］、三七缝对准眉中［图1-1（d）］、四六缝对准眉头［图1-1（e）］、中缝对准两眉头正中［图1-1（f）］。双缝其中一条，在对面的相同位置，不论分一条缝还是同时分两条缝，均是上述称谓，它的长度，最长与耳尖相对应。

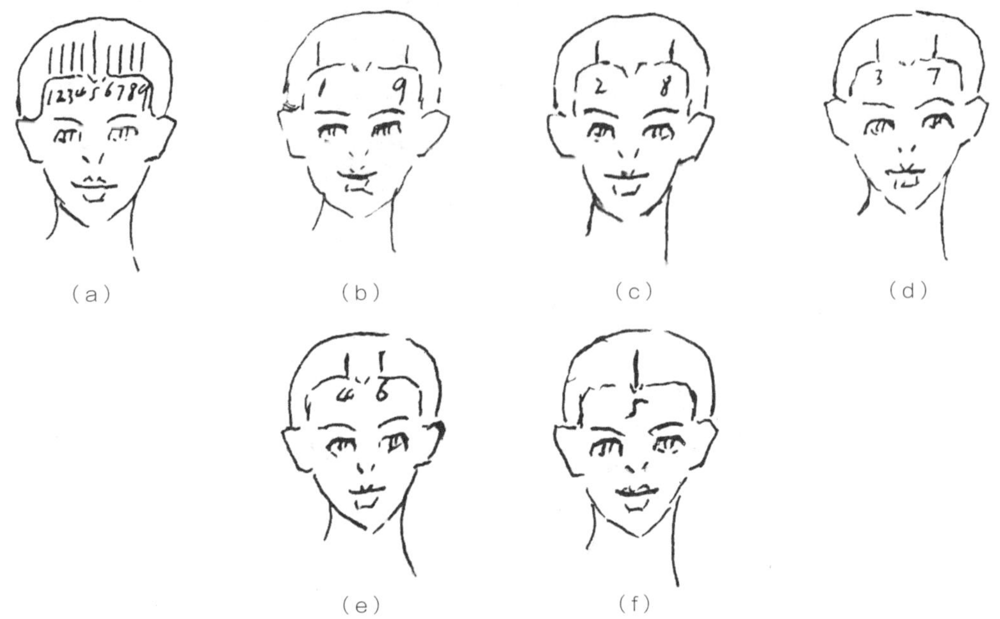

图 1-1　头缝线

（2）发区作用

耳上垂直线（简称耳上线）、头缝线（简称缝线）、后中线等将头发分割成大小块面，称之为发区。发区对发型有便于操作、保证质量、保证发型新颖的作用。

耳上线（图1-2）：由一侧耳尖向另一侧耳尖分出一条线为耳上线，它距前发际线一般宽度为10cm，最宽为13cm。

图 1-2　耳上线

（3）发区构成

在以上分线造型中，常构成的发区有：三发区、四发区、五发区。发区构成如下（分发区方法以耳上线、三七缝为例）。

① 三发区分法（图1-3）：分耳上线，然后分三七缝，形成左右大小侧发区和后发区，形成三发区。

图 1-3　三发区

② 四发区分法（图1-4）：分耳上线，然后分中线，形成左右侧发区、左右后发区，共分四发区。

③ 五发区分法（图1-5）：分耳上线，然后分三七缝，形成前发区、左右侧发区，后面分中线形成左右后发区，共五发区。

（4）区间构成

在发区内再分长短线，在线内重新形成大小块面，这些块面称为小区间（图1-6）。目的是有步骤而方便地操作造型，从而提高发型美观度。

图 1-4　四发区

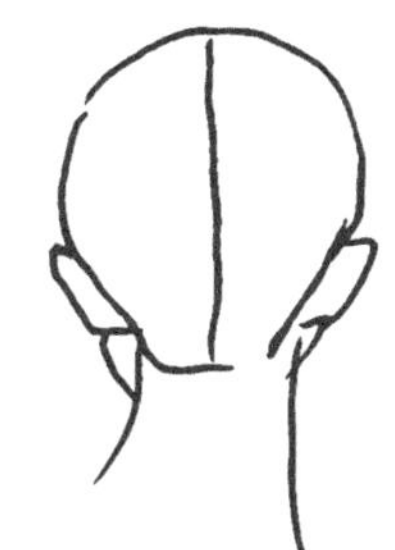

图 1-5　五发区

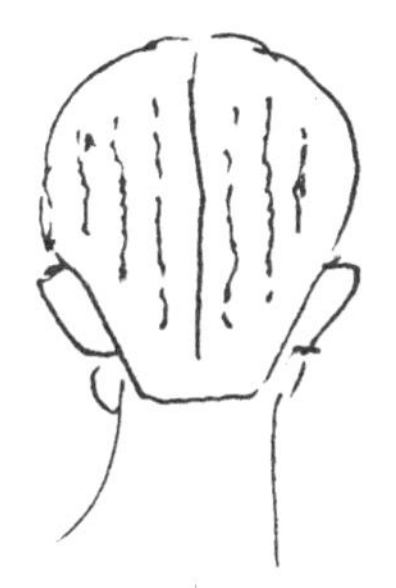

图 1-6　小区间

1.3　曲发造型的层次

曲发造型的层次分为：内层次、零度层次、低层次、高层次、参差层次、组合层次。

① 内层次（图1-7）：头发里短外长，为内层次，常用于发丝内扣。

② 零度层次（图1-8）：底部里外发丝在一条水平线上，为零度层次，常用于发丝向下的垂直发型。

图 1-7　内层次

图 1-8　零度层次

③ 低层次（图1-9）：提拉发束的发根角度与头皮成高于0°、低于90°角所形成的发式均称为低层次。0°~15°角为最低层次［图1-9（a）］，15°~45°角为中低层次［图1-9（b）］，45°~90°角为高低层次［图1-9（c）］。

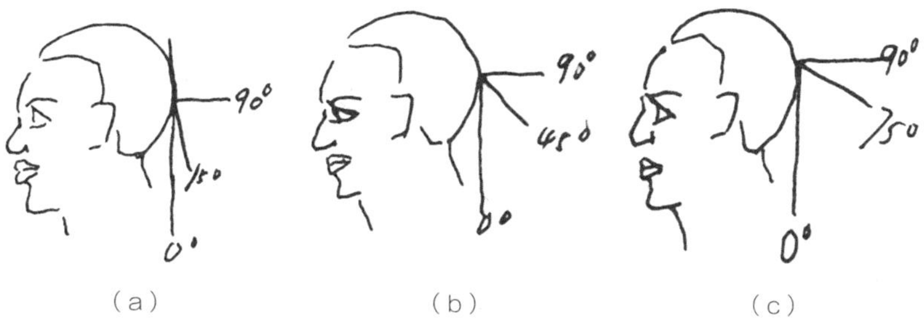

图 1-9　低层次

④ 高层次（图1-10）：前短后长的发式为高层次［图1-10（a）］。发根与头皮全呈90°角所构成的发式称为均等层次，属高层次范畴［图1-10（b）］。

⑤ 参差层次（图1-11）：长短发丝在一个层次中体现，不论哪个层次因造型需要均可运用。

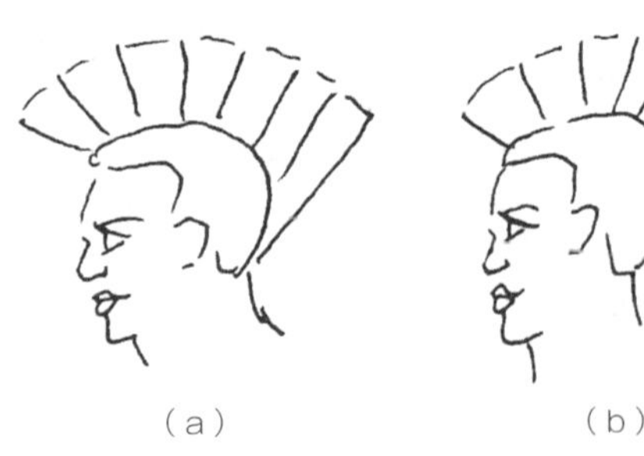

(a)　(b)

图 1-10　高层次

(a)

(b)

图 1-11　参差层次

⑥ 组合层次（图1-12）：两种层次以上（包括两种层次）所构成的发式，均为组合层次，是发型创意的基础之一。

图 1-12　组合层次

1.4　曲发造型发型设计

发型设计有被动设计与主动设计两个方面。以他人意志为转移的设计，为被动设计；以操作者意志为转移的设计，为主动设计。不论哪种设计，都要依据人的外在和内在来设计。

1.4.1　外在条件与发型配合

外在条件有：脸型、头型、身材、年龄以及客观环境。

脸型分为：椭圆形、圆形、方形、长方形、菱形、正三角形、倒三角形，如图1-13所示。头型分为阔、扁、圆三种。身材分为高、矮、胖、瘦。年龄分为童年、青年、中年、老年几种。客远观环境依据场合不同分为生活、喜庆、晚宴、表演、比赛等。

(a) 椭圆形

(b) 圆形

(c) 方形

(d) 长方形

(e) 菱形

(f) 正三角形

(g) 倒三角形

图 1-13　脸型

1.4.2　发型配合外在条件技法

配合外在条件的技法主要是轮廓，分为发型轮廓和总体轮廓。

（1）发型轮廓

发型轮廓主要有三种。梯形轮廓，设计在顶部，适合圆形脸，如图1-14（a）所示；设计由顶部向下扩展，适合反三角和菱形脸，如图1-14（b）所示。圆形轮廓，适合方形脸和正三角形脸，如图1-14（c）所示。阔形轮廓，适合长方形脸，如图1-14（d）所示。

图1-14　发型轮廓

（2）总体轮廓的构成（见图1-15）

① 圆形总体轮廓构成　以两唇的合缝处至前额发际线为半径，向四周放射所形成的圆，为最大的总体圆形轮廓，见图1-15（a）。

② 椭圆形总体轮廓构成　顶部为最高点、颞部为下高点、腮部为上低点、下巴为低点，所构成的椭圆形即是椭圆形总体轮廓，见图1-15（b）。

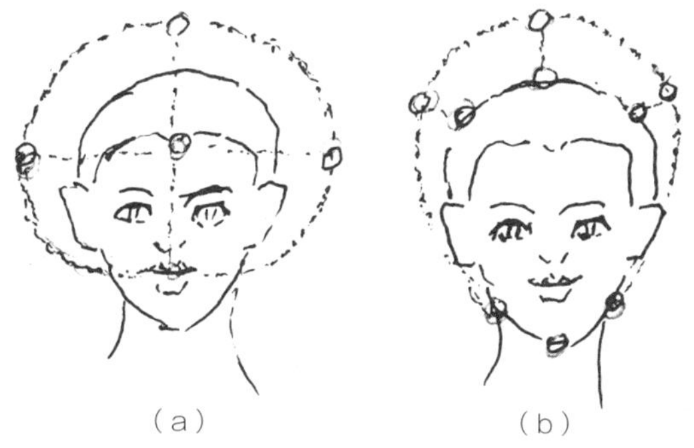

图1-15　总体轮廓的构成

造型时以上两个总体轮廓都能起到配合各种脸形的作用，是专业人士常用的配合技法。

1.4.3　内在与发型配合

内在：指的是人的个性，是天生气质与后天性格的总和，表现在外面的是爱好。发型与内在配合的方法是：不论做传统发型还是时尚发型，都以自己的想法为准，不以之他人意愿为转移。因此，内在发型设计能体现出各种与现实不同的风格，因为它抛弃了客观条件的存在，只凭自己主观所想而定。与内在相配合的发型不但能尽情地表现自己的特点，而且是发型创新的基础，也是促进美发业向前发展的动力。

1.5 曲发造型主要工具及辅助用品

1.5.1 造型工具

造型工具包括疏齿梳、分发梳、排骨刷、空气刷、滚刷、无声吹风机、有声吹风机、电卷棒等。

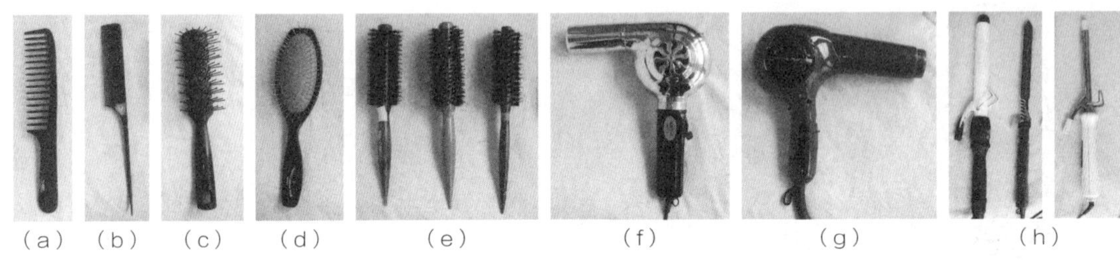

（a）（b）（c）（d）（e）（f）（g）（h）

图 1-16 造型工具

（1）疏齿梳［见图1-16（a）］

比一般发梳梳齿稀，有顺发丝梳和逆发丝梳两种梳理方法。主要作用：因齿稀疏便于将发花梳通，常见于梳通发丝；配合发刷梳理波浪等。

（2）分发梳［见图1-16（b）］

分发梳由发梳、发杆两部分组成。

① 分发梳技法与作用

a. 抹梳　发梳放在发丝上成15°~45°角，在发丝表面直线顺发梢运动为抹梳，作用是使发丝表面光而顺。

b. 正梳　顺发根梳为顺梳，作用是梳通发丝。

c. 反梳（又称逆梳）：由发干向发根梳为反梳。作用：将下面发丝打乱，给上面发丝以支撑。

② 梳杆技法与作用

a. 分　即分线，在头发上分长短、曲直头缝即分线，作用是分出大小发区，形成发量布局。

b. 挑　顺发丝上滑为挑，作用是使发丝上升，增加高度。

c. 拨　将厚的发丝左右分开为拨，作用是使发丝量按预想布局。

d. 按　用力向下为按，作用是降低发丝高度。

e. 卷　梳杆尾部与手指配合在发丝中环绕，作用是做空心卷和扁卷。

（3）排骨刷［见图1-16（c）］

① 梳刷　分为正梳与反梳。正梳是顺发根梳，主要起使发丝通顺作用；反梳是逆发根梳，主要起使发丝蓬松作用。

② 提刷　发刷放在发丝表层，刷齿向下叉入发丝翻转向上，将发丝上拉为提刷，作用是使发根站立，增加发型高度。

③ 带刷　刷齿向下带发丝前拉为带刷，向前带一、带二或带三为一带刷，作用是使发根站立大于头皮90°角发干弯曲，多用于前发区的前探造型。

④ 别刷　刷齿向下带发丝半翻转向上，连续翻转向上为别刷。作用是使发根站立、发干弯曲，多用于短发部位。

⑤ 翻刷　刷齿向下带发丝翻转向上为翻刷。作用是使团形发花发型自然饱满。

⑥ 推刷　分为外推刷和内推刷两种技法。

a. 外推刷　发刷横向放在发丝外面，向前用力为外推刷，作用是推起浪峰，降低波谷。

b. 内推刷　又称顶刷，把发刷横向放在发丝里面，向前用力为内推刷，作用是使发根站立，造型蓬松。

（4）空气刷［见图1-16（d）］

空气刷又称钢丝刷，是梳理波浪的主要工具，它的技法有如下几种。

① 拉刷　分为以下两种。

a　发刷放在发丝下面，向发梢左右C形摆动发刷，作用是调整波浪宽度与弹力。

b　发刷放在发丝下面，直向发梢运动，作用是将头发拉直拉顺。

② 转刷　在发梢下面不停转动为转刷，作用是使发梢通顺流畅。

③ 推刷　与排骨刷⑥技法相同。

④ 提刷　与排骨刷②技法相同。

（5）滚刷［见图1-16（e）］

滚刷又称圆刷，有行动滚动法和固定滚动法两种技法。

① 行动滚动法（简称行滚）是指滚刷上缠绕发丝不到一周，进行不停地转动，作用是使发丝具有光泽而通畅或使发丝自然外翘。

② 固定滚动法（简称定滚）是指滚刷缠上发丝一周半以上停住不动，直到发丝冷却后再撤出滚刷，作用是在扩大原烫发花基础上不失其弹力。

（6）无声吹风机［见图1-16（f）］

风力小热力大，吹发根时风口与头皮的倾斜度角为15°，主要起造型中的定型作用。

（7）有声吹风机［见图1-16（g）］

风力大热力小。使用吹风机造型时，它与头皮的倾斜度角为15°；使用吹风机吹干时，要顺发根方向吹风，它的倾斜度角为45°。作用：对头发造型和吹干。

（8）电卷棒［见图1-16（h）］

电卷棒主要是对短、中长、长直发进行发花、波浪、扣边、竖卷等造型，是现代主要造型工具之一，深受大家欢迎。

1.5.2　曲发造型辅助用品

曲发造型主要用品有：塑料发卷、发夹、皮筋、发卡、发胶、水壶、发网等，如图1-17所示。

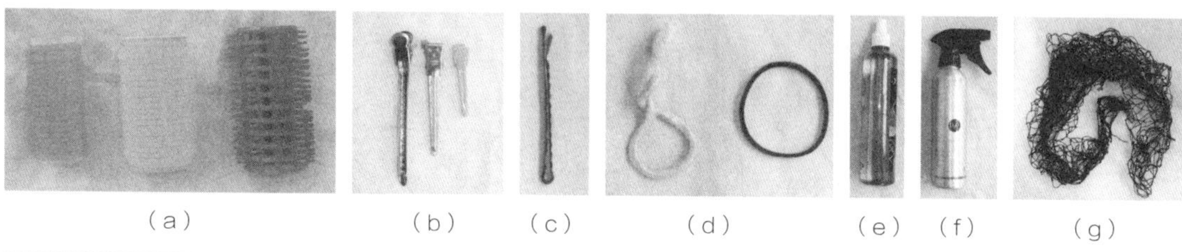

（a）　（b）　（c）　（d）　（e）　（f）　（g）

图1-17　曲发造型主要用品

（1）塑料发卷［见图1–17（a）］

圆形筒状塑料制品，主要是给烫后再加工的发型打基础，常用于扣边、外翻、波浪、发花等造型的加工。它的直径决定了头发曲线的大小与波浪的宽窄度，直径大发花大，波浪宽；直径小发花小，波浪窄。

（2）发夹［见图1–17（b）］

大多数发夹由金属制成，做形状各异造型时，起临时固定头发的作用。

（3）发卡［见图1–17（c）］

发卡由金属制成。与发夹相比，发卡细而小、色黑，主要起固定散发、做各种发卷和长发造型的作用。它的技法有直平卡、交叉卡、连接卡等。

① 直平卡　用发卡在一点上别住头发为直平卡，起固定作用，如图1–18（a）所示。

② 交叉卡　两个发卡相互卡在一起为交叉卡，起加强固定作用，如图1–18（b）所示。

③ 连接卡　发卡连串上卡为连接卡，多用于大面积发丝固定，如图1–18（c）所示。

图 1–18　发卡技法

（4）皮筋［见图1–17（d）］

皮筋有大小、色彩之分，主要起束发作用。皮筋有单独束发、挂单卡束发、挂双卡束发等技法。

① 单束发　用一根皮筋扎成发束，是生活中常用的一种束发方法，如图1–19（a）所示。

② 挂单卡　皮筋挂一个发卡。使用方法：发卡放在发束下面，皮筋从发束上面经过，再分别挂在发卡两头，反复挂在发卡两头。作用是：使发束成为扁平状，平放于头部，如图1–19（b）所示。

③ 挂双卡　是一个皮筋挂上两个发卡。使用技法：将部分头发握在手上，一个发卡插入发丝内，另一个发卡随着皮筋环绕头发，待皮筋绕尽后，将发卡插入皮筋下面的头发中，捆扎成竖立发束，如图1–19（c）所示。

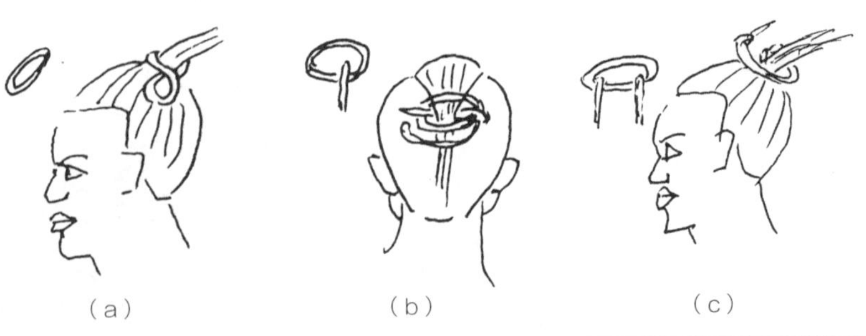

图 1–19　皮筋技法

（5）发胶［见图1-17（e）］

发胶属化学用品类，其常见形式有喷雾胶、啫喱、摩丝、发蜡、发乳等，主要起固定发型形体的作用。

（6）喷壶［见图1-17（f）］

造型时起润湿头发的作用。

（7）发网［见图1-17（g）］

发网属针织品，常将发网罩在做有发卷的头发上，如图1-20（a）所示，作用是防止在吹风时将发卷吹散，在发网罩外围再围一条毛巾，以免刺激耳朵与颈项皮肤，如图1-20（b）所示。

（a）

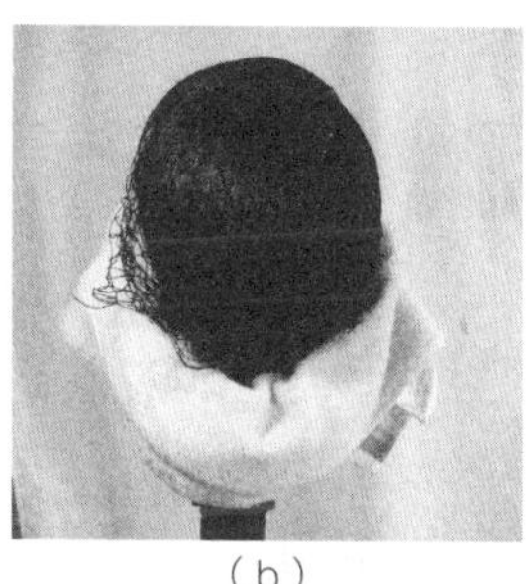
（b）

图1-20　发网

1.5.3　发饰及选用

发饰是不可缺少的美化用品，尤其是在喜庆或隆重的场合，更显其华丽风采。

（1）发饰的种类

饰品一般分为发卡类、花类、工艺品类等。

① 发卡类　其类型很多，有大小之分，颜色各异，形态有别，多用于生活和工作范畴。

② 花类　分真花、假花两种，真花多用于喜庆场合，假花多用于晚宴和舞台。

③ 工艺品类　做工精细，艺术性强，历史悠久，多用于隆重场合。

（2）依年龄选发饰

① 童年发饰　要多而艳丽。

② 青年发饰　要少而艳丽。

③ 中年发饰　要少而淡。

④ 老年发饰　要少而暗淡。

（3）依服饰选用发饰

服饰色彩繁多，质地各异，选用方法如下。

① 同色系选配发饰。

② 对比色选配发饰。

③ 一般质地服饰，选用发饰不要过分华丽，免得脱离群体，给大家造作之感。

④ 高贵质地服饰，选择发饰要质地优良，精美亮丽，这样才能相映成趣，呈现美感。

第 2 章 曲发造型技法

2.1 手的技法

手的技法包括分、提、拉、捏、挑、滑、推等，在造型技法中主要起辅助修饰作用。

① 分法。将一束头发分成两束或以上。作用：调整发量。

② 提法。将发丝牵引向上。作用：增加形体高度。

③ 拉法。将发丝牵引向下。作用：降低形体高度。

④ 捏法。将两束发丝用手合为一体。作用：增加发量。

⑤ 挑法。将发丝从下向上分开。作用：均衡发量。

⑥ 滑法。由发杆向发根下梳。作用：产生根部支撑。

⑦ 推法。手指或小鱼际下按后向上适当用力。作用：降低波谷，抬高浪峰，短发梢内弯或帖服于皮肤。

2.2 塑料发卷技法

（1）塑料发卷常规技法

烫发后常用塑料卷进行造型，其常规技法如下。

① 基本技法。横线不超发卷，竖线不超卷直径［见图2-1（a）］，将发片向上提拉，发根与头皮成90°角或大于90°角梳理通顺，由发梢卷至发根［见图2-1（b）］。

② 长发卷发卷技法。一般以小于90°的角，不论头发长短，每个发卷必须把头发卷进发卷内一周半以上，如图2-1（c）所示。低层次、长发可以缩小角度。

（2）塑料卷排列技法

先用三七缝将头发分成大小侧发区和后发区，以头缝为界，大小侧发区各自向下方卷，后发区采用砌砖法，由上向下卷，即：第一排发卷排完，第二排每个发卷要排在第一排两个发卷中间，俗称砌砖法。以此类推向下排列，直到设计部位，如图2-1（d）、（e）所示。

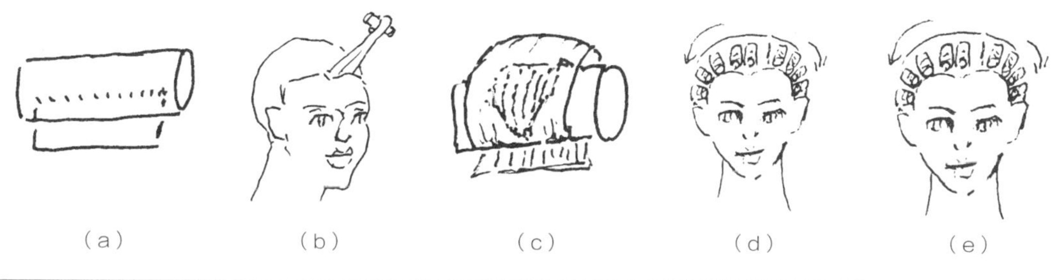

图2-1　塑料发卷技法

2.3　波浪造型技法

（1）梳理初步波浪

将卷发洗后擦去多余水分，用发刷将卷发由后、向上、向前逐步将发花梳通，排骨刷与疏齿梳配合梳理波浪，其技法是：疏齿梳插入发丝后，梳齿带发丝上翘，挑起头发形成第一道波峰［见图2-2（a）］，排骨刷横向从波峰向下，呈半圆形梳理。形成第一道波浪后［见图2-2（b）］，疏齿梳从波峰撤出再插入下方波谷［见图2-2（c）］，疏齿梳从波谷挑起第二道波峰，发刷再横向半圆形下梳，形成第二道波浪［见图2-2（d）］。排骨刷与疏齿梳左右反复梳理，配合到设计位置。两者反复梳理波浪时，为了波浪的形成，只能一种工具离开头部，发梳上挑时发刷可离开头部，发刷下梳后发梳可离开头部，发刷与发梳不能同时离开头部。

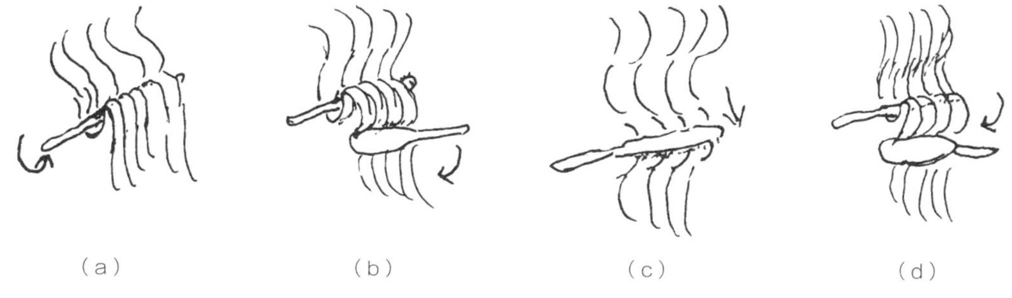

图2-2　梳理初步波浪

（2）固定初步波浪

初步波浪梳成后，用排骨刷的推刷技法与吹风机配合，由上至下，固定全部波浪（见图2-3）。

图2-3　固定初步波浪

（3）调整波浪

在固定波浪的基础上，用吹风机与空气刷的配合，采用内推刷（顶刷）、外推刷、拉刷、

滚刷、翻刷等技法调整波浪（见图2-4）。

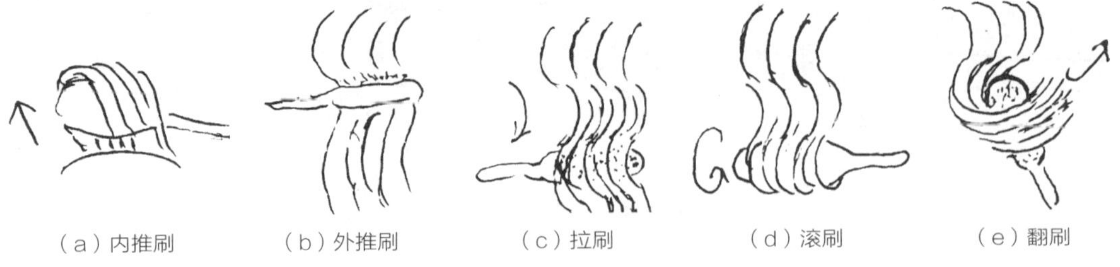

图 2-4　调整波浪

（4）波浪造型的组成与特点

波浪是由波谷、波壁、波峰组成，分为一次造型和二次造型。

一次造型波谷较浅，弹性较弱，称之为波纹。

二次造型做筒卷、卷塑料卷，梳理的波谷较深，弹性适中，称之为波浪；二次造型做扁卷，梳理出的波谷深，弹性强，可做成波涛。

波浪造型的特点：在形体中牢固持久、便于护理；给人庄重、大方、高贵、典雅之感。

2.4　外翻造型技法

（1）发梢向后外翻技法

① 先将湿发用发刷由后部下面向上、向前梳理通顺，分耳上线、分头缝，形成大小侧发区和后发区。

② 从大侧发区上面头缝开始，用排骨刷的内推法，使发根立起［见图2-5（a）］，再用排骨刷的别、推技法，使前面发丝蓬起形成波峰，后面发丝降低形成波谷，前高后低构成了单波刘海［见图2-5（b）、（c）］。

图 2-5　外翻造型技法

③ 外翻造型滚刷运用技法。用吹风机与滚刷配合，先把后发区头发采用拉刷技法，拉直上面头发，把下面头发用内滚技法吹成内弯，再从侧发区后面，用滚刷技法中的竖立固定滚动技法，用两至三个滚刷，交替逐步向侧发区前面滚动，最后将发刷滚动到刘海的单波下面［见图2-5（d）~（f）］。

④ 外翻造型梳理技法。撤去定滚发刷，再用排骨刷将大侧发区的后掠发梢向下梳理，使发梢向下出现C形效果［见图2-5（g）］，然后由前再向后梳理，多重复一两次使后掠发梢形成自然流畅的外翻形状［见图2-5（h）］。

小侧发区的操作技法：除单波刘海外，小侧发区的其他部位操作技法与大侧发区操作技法相同，前发区、大小侧发区造型完成后，审视后面发丝内扣效果，必要时再调整定型。

（2）发梢向上外翻技法

① 前面滚刷技法。从大侧发区上面头缝开始，用滚刷将发梢向下卷，经过吹风使发丝形成向下弯曲，再用排骨刷将向下弯曲的头发向上梳，形成S形单波外翻［见图2-6（a）~（c）］。

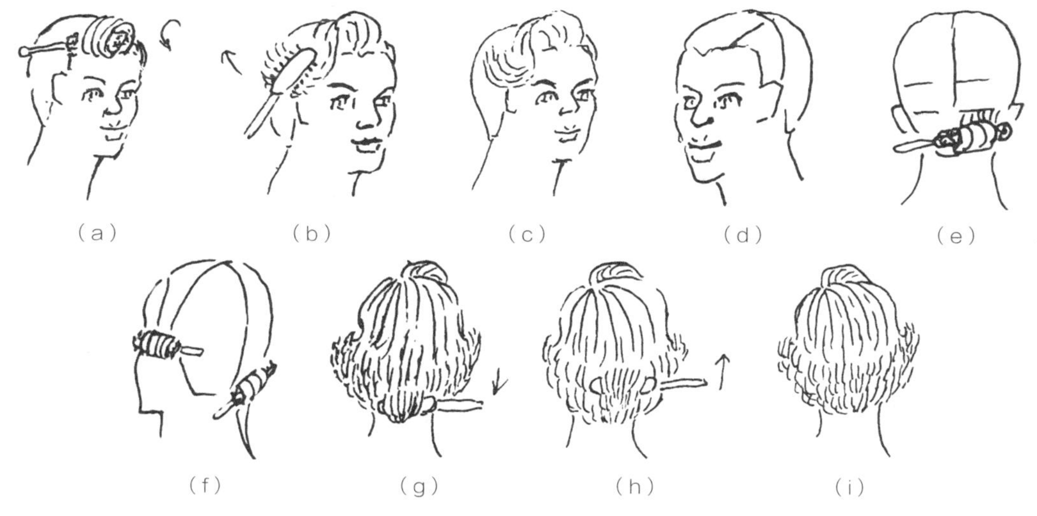

图 2-6　发梢向上外翻技法

② 后面滚刷技法。分耳上线，分三七头缝，形成大小侧发区和后发区［见图2-6（d）］。操作前先将后发区分中线，形成左右后发区，从后面一侧发区的下面向上分区间，一般分两层或三层区间即可，用滚刷从下一层区间开始，将发丝通顺地向上卷，吹风定型后，滚刷采用定滚技法停下不动［见图2-6（e）］，发丝要卷到滚刷上一周半以内，滚刷定滚时间一般不超10s，来达到发梢上翘的目的。

③ 后面交换滚刷技法。在后面滚刷固定的时间内，两侧发区各分成上下两区间，用滚刷上卷后吹风定型，滚刷暂停不动，撤下后面发刷，再第二次向上滚，形成两侧发区和后发区，采用交替定滚法［见图2-6（f）］，直到外翻部位全部初步完成。

④ 上梳外翻技法。把外翻发丝用排骨刷由上向下把几层外翻连接起来，刷齿向下一梳到底［见图2-6（g）］，然后再把刷齿翻转向上，用排骨刷的提拉刷法，使几层外翻发梢连接一起向上梳，直到外翻效果达到设计要求为止［见图2-6（h）、（i）］。

2.5 竖卷造型技法

（1）塑料筒竖卷造型技法

将湿曲发擦去过多水分，分耳上直线，然后分三七头缝形成左右侧发区和后发区，后发区分中线形成左右后发区［见图2-7（a）、（b）］和后面左右后发区，各分出三条竖线形成三区间［见图2-7（c）］，从区间上面分出一束发丝，手指与分发梳尖端配合，在手指中上下环绕，卷成竖卷用发卡固定［见图2-7（d）］，其方向是：由后面中间缝为界，左边向左卷，右边向右卷［见图2-7（e）］，两侧发区左右侧发卷与后发区左右发卷卷法相同。

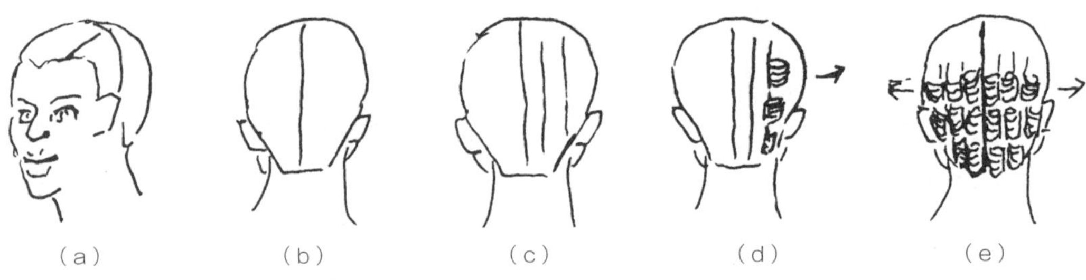

（a）　（b）　（c）　（d）　（e）

图2-7　塑料筒竖卷造型技法

（2）竖卷梳理技法

后发区间的六行竖卷，为了发卷之间发量的均衡，先把左右发卷各梳理成一个竖卷［见图2-8（a）］，然后再把每个竖卷分成两个竖卷［见图2-8（b）］，右侧发区两行竖卷梳成一个竖立卷［见图2-8（c）、（d）］，左侧和右侧梳理技法相同。也可依据设计要求，重新梳理竖卷数量与竖卷方向。

（a）

（b）

（c）

（d）

图2-8　竖卷梳理技法

2.6 电卷棒造型技法

（1）电卷棒烫发花技法

① 分出一片发丝梳理通顺，电卷棒夹住发丝拉向发梢［见图2-9（a）］，在卷发梢时用分发梳尖端将发梢拨进电卷棒内［见图2-9（b）］。如果烫短发，电卷棒把头发卷至距发根约1.5cm时停下，在停留的几秒钟时间内，把发梳垫在电卷棒下面来保护皮肤，然后撤出电卷棒，形成烫成的发卷［见图2-9（c）、（d）］。

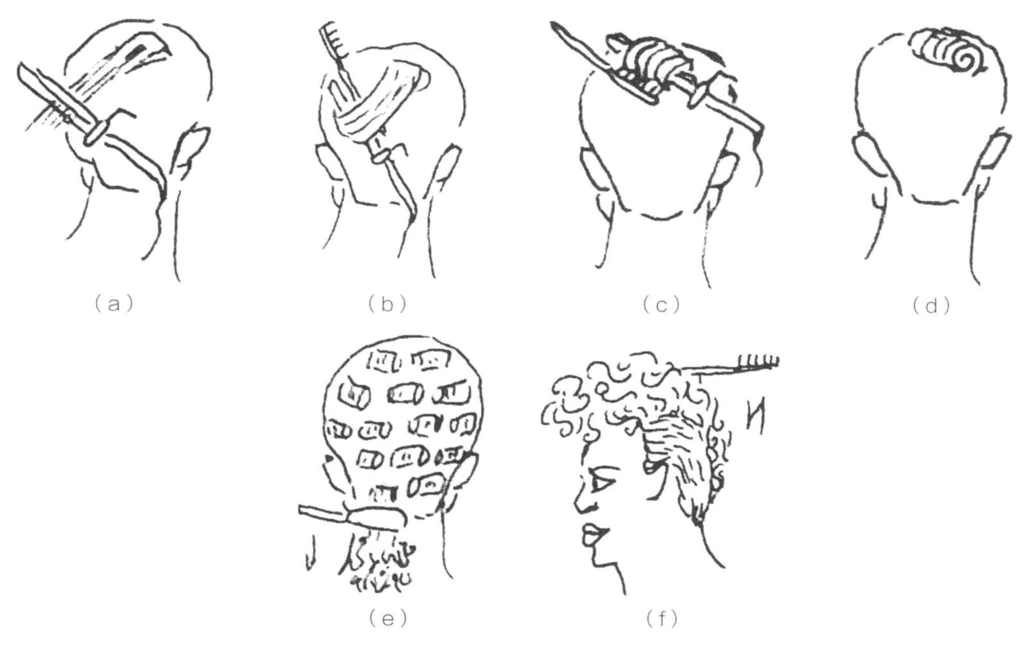

图 2-9 电卷棒烫发花技法

② 用排骨刷从头部下面逐个向上梳理发卷［见图2-9（e）］，直到全部发卷梳开梳通，然后在手和分发梳的相互配合下，梳理成前高后低的发花造型［见图2-9（f）］。

（2）电卷棒烫波浪技法

① 电卷棒烫左曲波浪。电卷棒棍放在发片上面，夹住发片向右拉，发梳向左拉，使发丝呈现C形状［见图2-10（a）］，电卷棒夹住发丝向下滑约1cm左右［见图2-10（b）］，再向上卷一周或一周半［见图2-10（c）］，来加深加宽波浪间距。

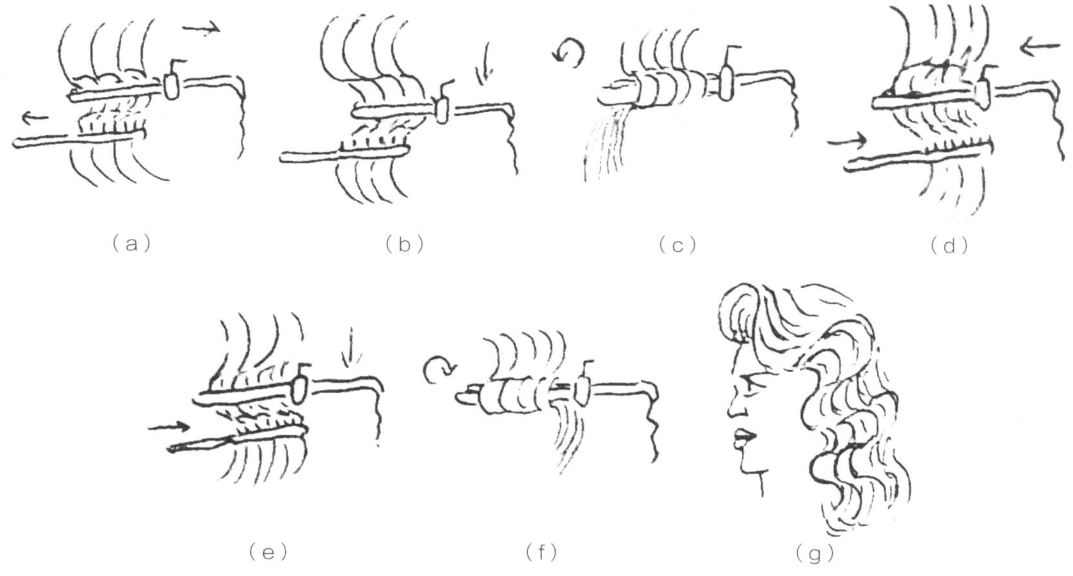

图 2-10 电卷棒烫波浪技法

② 电卷棒烫右曲波浪。电卷棒棍放在发片上面，夹住发片向左推，发梳向右推，使发丝呈现C形状［见图2-10（d）］，电卷棒夹住发丝向下滑约1cm左右［见图2-10（e）］，再向上卷一周或一周半［见图2-10（f）］，来加深加宽波浪间距。

反复以上左右电卷棒烫波浪技法直到设计完成［见图2-10（g）］。

2.7　指盘扁卷造型技法

（1）指盘扁卷技法

分1~2cm方形或菱形基面，将基面头发梳成发束，向一方提拉15°~45°角［见图2-11（a）、（b）］，在手指与分发梳相互配合下，由发梢盘至发根［见图2-11（c）］，用发卡固定。指扁卷技法有正、反之分，顺时针卷为正卷［见图2-11（d）］，逆时针卷为反卷［见图2-11（e）］，要注意指扁卷形体大小，它对发花的大小与波浪的宽窄等，都起着重要作用。

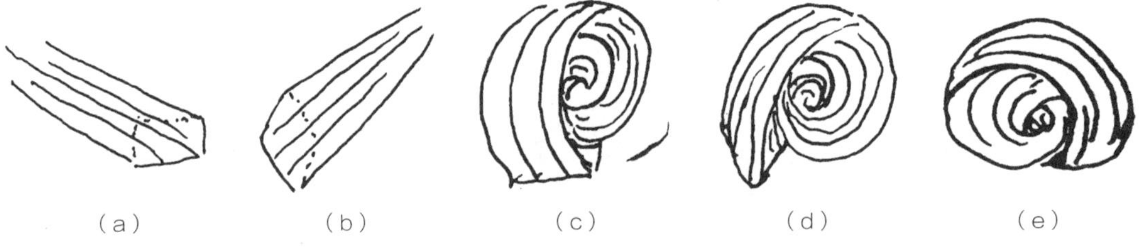

图 2-11　指盘扁卷技法

（2）指盘扁卷排列

分三七缝［见图2-12（a）］，形成大小两侧发区和后发区，从大侧发区上面开始，第一排卷两个正卷［见图2-12（b）］，第二排卷反卷［见图2-12（c）］，以此一排正、一排反地向后排列，直到设计部位［见图2-12（d）］。

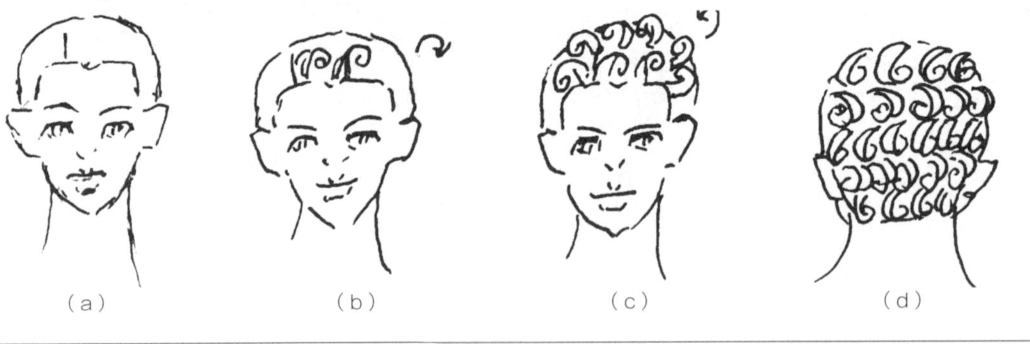

图 2-12　指盘扁卷排列

2.8　指盘筒卷造型技法

（1）指盘筒卷技法

分出横线不超2cm、竖线不超1cm发束，将发片向上提拉成发根与头皮成90°角或大于90°角，梳理通顺，用分发梳与手指配合，两者上下环绕［见图2-13（a）］，由发梢卷至发根，用发卡固定发卷底部［见图2-13（b）］，每个发卷必须把头发卷进手指内一周半以上，低层次、长发可以缩小发根与头皮角度。

（a）　（b）

图 2-13　指盘筒卷技法

（2）指盘筒卷排列

先分三七缝，形成大小侧发区和后发区，以头缝为界，大小侧发区各自向各自下方卷，后发区采用砌砖法（由上向下卷，第一排发卷排完，第二排每个发卷要排在第一排两个发卷中间）。以此类推向下排列，直到设计部位（见图2-14）。

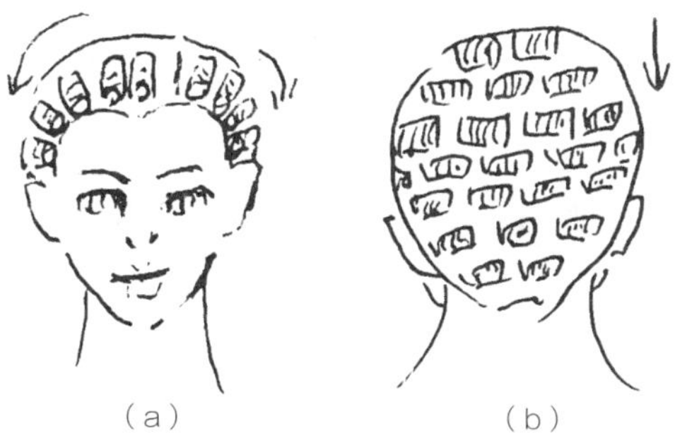

（a）　（b）

图 2-14　指盘筒卷排列

第3章 吹梳曲发造型范例及技法

3.1 短曲发吹梳造型范例及技法（22例）

3.1.1 造型1（见图3-1）

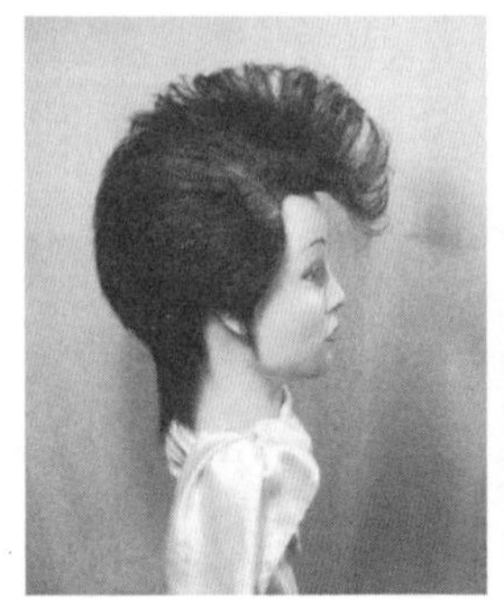

图3-1 造型1

（1）分发区

从一侧耳尖向另一侧耳尖分一条线，此线称为耳上线，它把头发分成前后两块面，如图3-2（a）所示。

前块面分三七缝，形成长方形前发区和左右侧发区，如图3-2（b）所示。

后块面分中线，形成后部左右发区，如图3-2（c.）所示。

（2）修剪边线导线

如图3-2（d）、（e）所示，由前发际线上面至两耳尖上面2cm，向后枕骨下沿分一条斜线，这条线称为导线，导线上面的头发按发区向上固定，导线下面的头发向下梳理。

图3-2 造型1技法

如图3-2（f）、（g）所示，导线下面的头发向上提起与头皮成90°角修剪，长度是：前发区10cm、侧发区2cm、后发区枕骨下沿4cm，形成发式导线。

（3）修剪顶部导线

如图3-2（h）、（i）所示，后块面上部用一个直径6cm的圆形形成顶部导线区，把顶部导线区头发向上梳理，确定长度后用滑剪将头发剪断，散布四周为上面导线，其长度为12cm。

（4）修剪高层次

① 修剪。如图3-2（j）~（l）所示，从前发区左侧开始向整个发区分纵线，形成纵向区间，每区间纵向提起发丝与头皮成90°角，采用夹剪技法修剪，顺序是：由前发区左边起，经右侧发区、后发区至左侧发区，再回到起点与其连接。

② 检查。如图3-2（m）~（p）所示，从前发区开始向左右侧发区、后发区分横线形成横向区间，每区间提起发片与头皮成90°角进行检查修剪，顺序是：a. 前发区、右侧发区、后右侧发区；b. 左侧发区、后左侧发区；c. 后中间发区并与左右后侧发区连接成半圆，用夹剪技法剪去不规范发丝形成发式，将发式烫成大花。

（5）吹梳造型

把湿发吹成约七成干，采用吹风机与发刷配合，一侧：从下面向后吹梳、上面向上吹梳，使前发区发丝倒向另一侧，如图3-2（q）、（r）所示；另一侧：将下面头发用排骨刷向后上面吹梳，把前发区头发用滚刷向上滚吹，使其形成上翻，如图3-2（s）、（t）所示，最后梳理审视修饰定型。

3.1.2 造型2（见图3-3）

 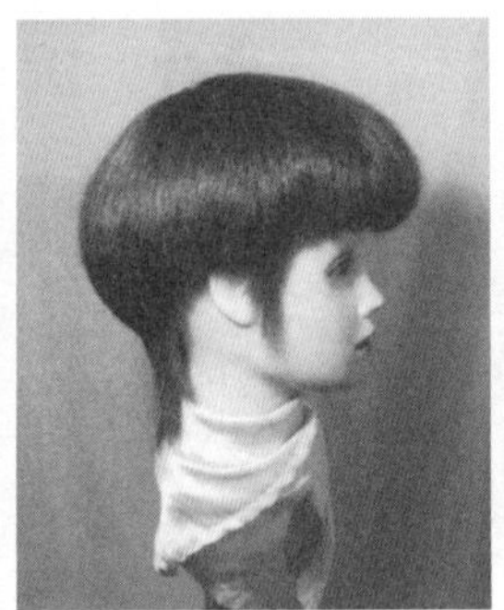 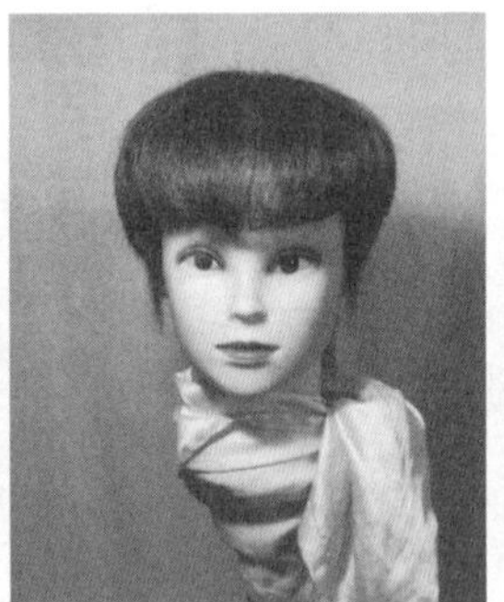 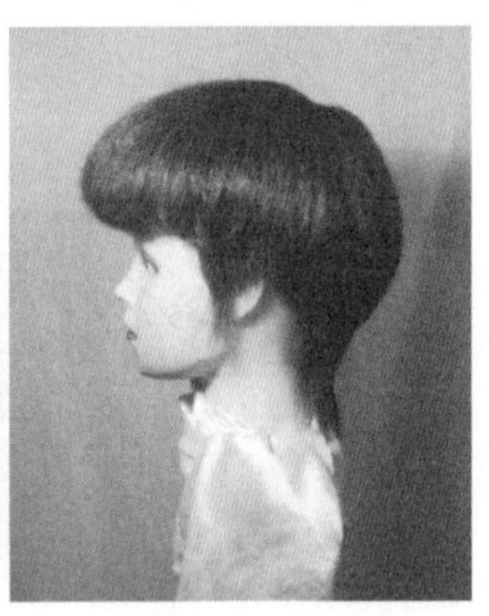

图3-3 造型2

（1）分发区

与短曲发吹梳造型1中“分发区”的技法相同。

（2）修剪边线导线

与短曲发吹梳造型1中“修剪边线导线”的技法（Page19）相同，不同之处在于导线下

面头发向上提起与头皮成90°角，距头皮2cm处用锯齿剪法剪断发丝，形成发式导线，其长度为：前发区11cm，侧发区2cm，后发区枕骨下沿4cm，如图3-4（a）、（b）所示。

（3）修剪顶部导线

后块面上部用一个直径6cm的圆形形成顶部导线区，把顶部导线区头发向上梳理，确定长度后用滑剪将头发剪断，散布四周为上面导线，其长度为13cm，如图3-4（c）、（d）所示。

图 3-4　造型 2 技法

（4）修剪低层次

① 修剪。如图3-4（e）~（h）所示，从前发区开始向左右侧发区、后发区分横线形成横向区间，每区间提起发丝与头皮成45°角，进行锯齿形修剪，顺序是：a. 前发区、右侧发区、后右侧发区；b. 左侧发区、后左侧发区；c. 后中间发区并与左右后侧发区连接成半圆。

② 检查。如图3-4（i）~（k）所示，从前发区左侧开始向全发区分纵线，形成纵向区间，每区间提起发片与头皮成45°角检查修剪，顺序是：由前发区左侧起，经右侧发区、后发区至左侧发区，采用锯齿形修剪，剪去不规范发丝形成发式，将发式烫成大花。

（5）吹梳造型

把湿发吹成约七成干，将吹风机与空气刷配合，挑起一束发丝将发刷放入发根部，再将梳齿由下翻转向上，于发丝上面吹风，从前发区开始吹发式一周，使发丝向内弯曲，如图3-4（l）~（n）所示必要时可使用滚刷的行滚技法使发丝内弯。

如图3-4（o）所示，将后部下面头发按压后帖服于颈后，最后审视修饰定型。

3.1.3　造型3（见图3-5）

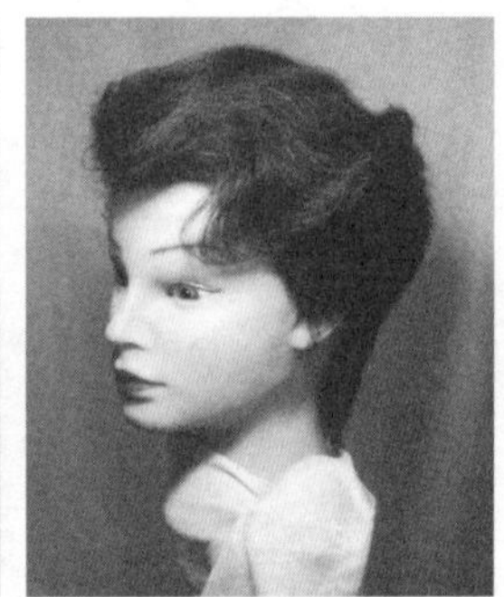
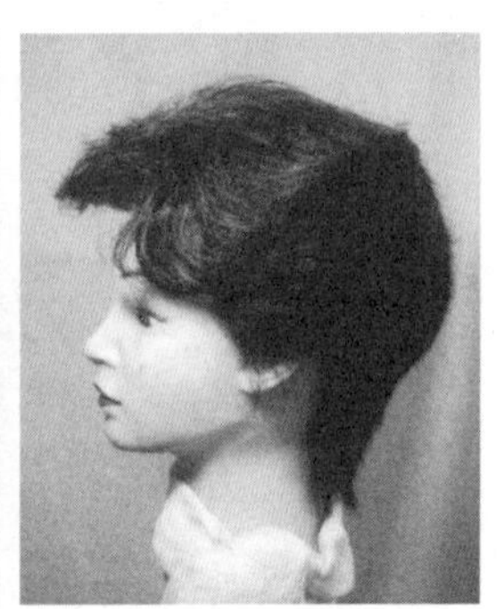

图3-5　造型3

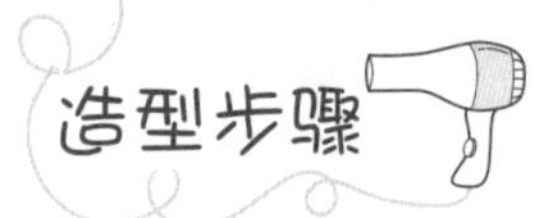

（1）分发区

与短曲发吹梳造型1中“分发区”的技法（Page18）相同。

（2）修剪边线导线

与短曲发吹梳造型1中“修剪边线导线”的技法（Page19）相同，不同之处在于导线下面的头发向上提起与头皮成90°角，用锯齿剪法剪断发丝，形成发式导线，其长度为：前发区10m，侧发区3cm，后发区枕骨下沿4cm。

（3）修剪顶部导线

与短曲发吹梳造型2中“修剪顶部导线”的技法（Page21）相同。

（4）修剪参差高层次

① 修剪。如图3-6（a）~（c）所示，从前发区右侧开始向整个发区分纵线，形成纵向区

间，每区间纵向提起发丝与头皮成90°角，由前发区右边开始，经左侧发区、后发区至右侧发区和起点相连，用滑剪技法修剪，使发式形成参差层次。

② 检查。如图3-6（d）~（g）所示，从前发区开始向左右侧发区、后发区分横线形成横向区间，每区间提起发片与头皮成90°角，锯齿形检查修剪，顺序是：a. 前发区、右侧发区、后右侧发区；b. 左侧发区、后左侧发区；c. 后中间发区并与左右后侧发区连接成半圆发式，将发式烫成大花。

（5）吹梳技法

用吹风机与空气刷配合，将一侧头发向后向上吹梳，直到把头发梳向另一侧，在发丝通顺的基础上，疏齿梳向前插入发丝推出第一道波峰和波谷。如图3-6（h）、（i）所示。

如图3-6（j）、（k）所示，把疏齿梳从波谷内撤出，再把疏齿反向45°角插入第一道谷，然后梳齿翻转向上挑起第二道波峰，发刷从波峰上的半圆下梳形成第二道波浪。

如图3-6（l）所示，发梳从第一道波谷撤出，插入第二道波谷，挑起第三道波峰，发刷再从波峰上的半圆下梳形成第三道波浪，反复挑梳直到设计部位。

用吹风机将波浪吹干，然后用发梳将波浪梳理通顺，不符合设计的部位用拉刷、推刷等技法调整定型。

图3-6 造型3技法

3.1.4 造型4（见图3-7）

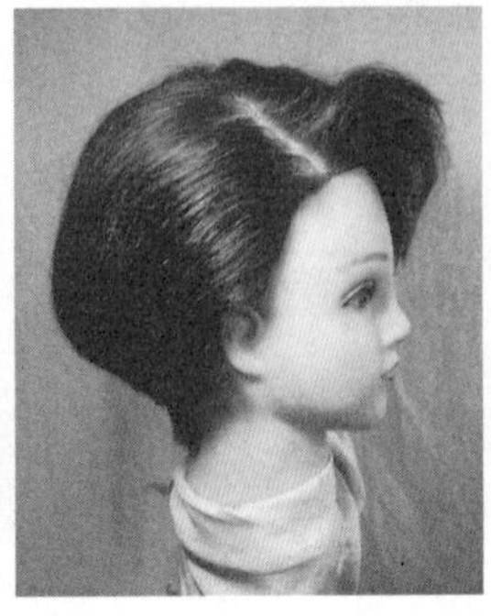
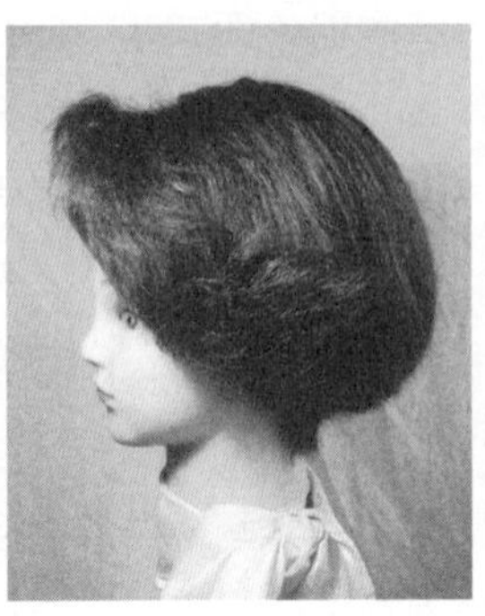

图3-7 造型4

（1）分发区

与短曲发吹梳造型1中“分发区”的技法（Page18）相同。

（2）修剪边线导线

与短曲发吹梳造型1中“修剪边线导线”的技法（Page19）相同，不同之处在于导线下面的头发向上提起与头皮成90°角剪断，形成发式导线，发长为：侧发区一侧6cm、另一侧13cm，前发区14m，后发区枕骨下沿5m。

（3）修剪顶部导线

与短曲发吹梳造型1中“修剪顶部导线”的技法（Page20）基本相同，所不同的是：顶部导线区头发长度为15cm。

（4）修剪低层次

① 修剪。如图3-8（a）~（c）所示，从右侧发区开始向后、左侧、前发区分横线，形成横形区间，把每区间发丝提起与头皮成45°角，从右侧发区起，向后发区、左发区、前发区用夹剪技法修剪。

② 检查。如图3-8（d）~（f）所示，从右侧发区开始向整个发区分纵向区间，每区间纵向提起发束与头皮成45°角，由右侧发区开始，向后发区、左侧发区、前发区进行夹剪检查修剪，将左侧发区下面烫成大花。

（5）吹梳造型

小侧发区用发刷向后吹梳，后发区向下吹梳，使发丝形成内弯。如图3-8（g）、（h）所示。

前发区向上推梳，形成发根立发干弯的单波刘海，如图3-8（i）所示。

大侧发区用滚刷全部向后斜向卷吹，再用排骨刷向后梳理通顺形成自然外翻，调整修饰定型，如图3-8（j）~（l）所示。

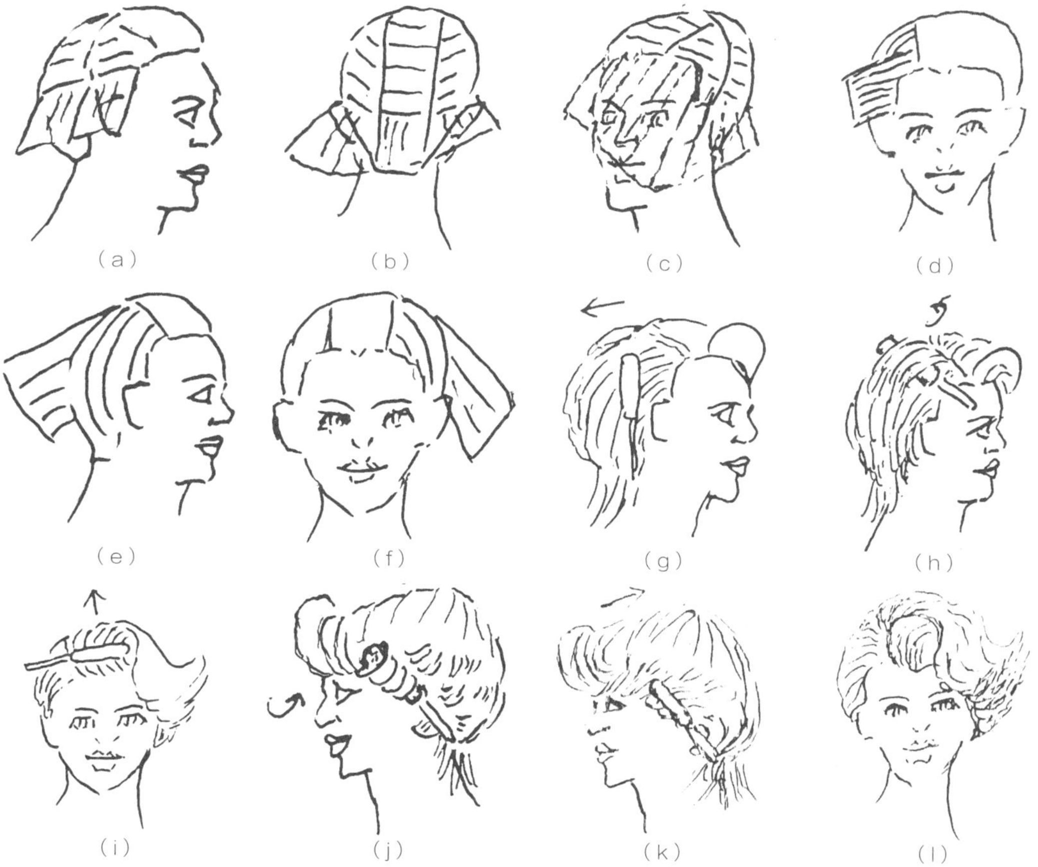

(a)
(b)
(c)
(d)
(e)
(f)
(g)
(h)
(i)
(j)
(k)
(l)

图3-8 造型4技法

3.1.5 造型5（见图3-9）

图3-9 造型5

造型步骤

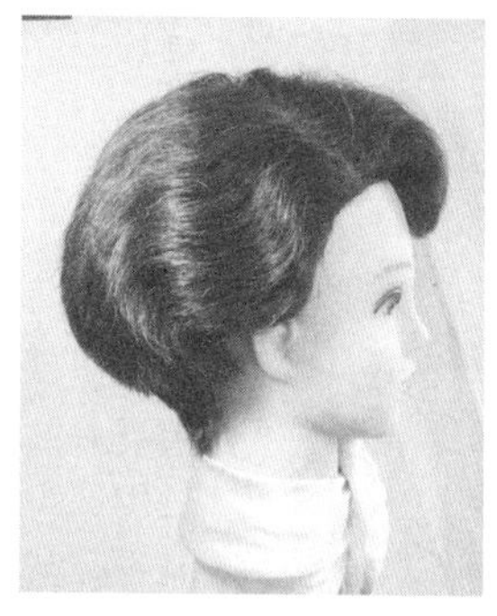

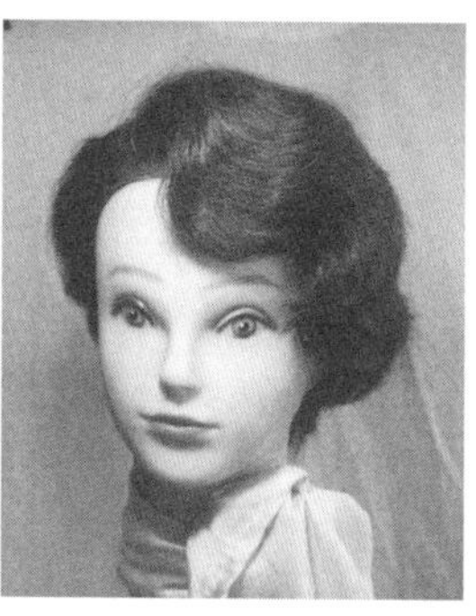

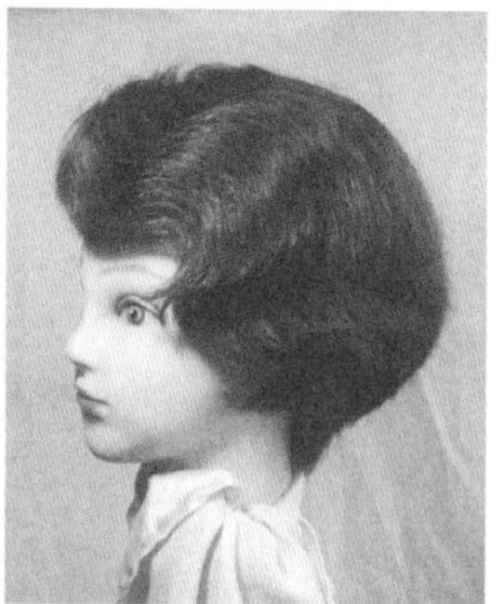

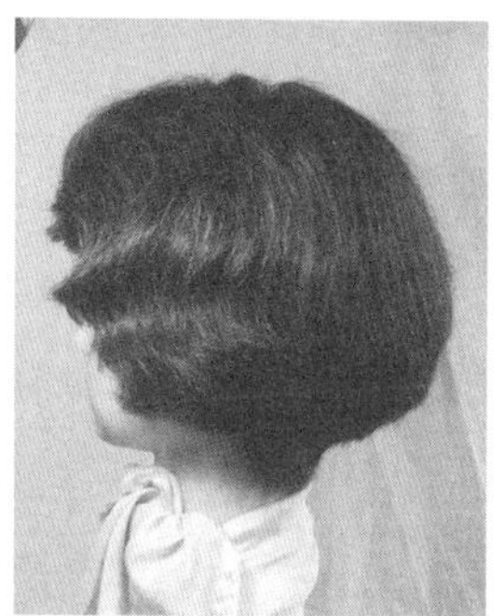

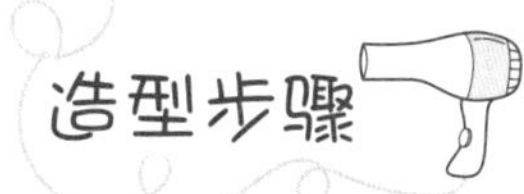

（1）分发区

与短曲发吹梳造型1中“分发区”的技法（Page18）相同。

（2）修剪边线导线

与短曲发吹梳造型1中“修剪边线导线”的技法（Page19）相同，不同之处在于导线下面的头发向上提起与头皮成45°角，采用锯齿形剪法，剪断下面发区的边线头发，形成发式导线，发长：侧发区一侧6cm、另一侧10cm，前发区12cm，后发区枕骨4cm，后边际线下2cm，如图3-10（a）~（c）所示。

（3）修剪顶部导线

与短曲发吹梳造型4中“修剪顶部导线”的技法（Page24）相同。

（4）修剪参差低层次

① 修剪。如图3-10（d）~（f）所示，从前发区开始向左右侧发区、后发区分横线形成横向区间，把每区间发丝横向提起与头皮成45°角修剪，顺序是：从右侧发区开始，向后发区、左侧发区、前发区采用锯齿形技法修剪。

② 检查。如图3-10（g）~（i）所示，从右侧发区开始，向整个发区分纵向区间，将每区间发束向上提起与头皮成45°角，采用锯齿形修剪进行检查修剪，顺序是：右侧发区、后发区、左侧发区、前发区，剪后将大侧发区烫成大花。

（5）吹梳造型

分三七缝，把烫后湿发吹成七成干，疏齿刷与排骨刷配合，把大侧发区用疏齿梳插入第一道波谷挑起波峰，如图3-10（j）所示。

发刷反向第一道波浪走向弧线往下梳，形成第二道波浪，如图3-10（k）所示。

把疏齿梳插入第二道波谷挑起第二道波峰，发刷反第二道波浪走向，进行弧线下梳，形成第三道波浪，如图3-10（l）所示，反复向下挑梳直到设计部位。

图3-10 造型5技法

小侧发区波浪的梳理方法与大侧发区相同。

吹风机与发刷配合，运用发刷的推按技法稳定每道波浪。用空气刷的拉刷、推刷技法与吹风机配合，调整大小侧发区波浪间距与深浅。把后发区上部头发用发刷吹成蓬松状，下部头发吹成内弯形状，后边下面的头发帖服于颈部，如图3-10（m）所示。

审视修饰定型，如图3-10（n）所示。

3.1.6 造型6（见图3-11）

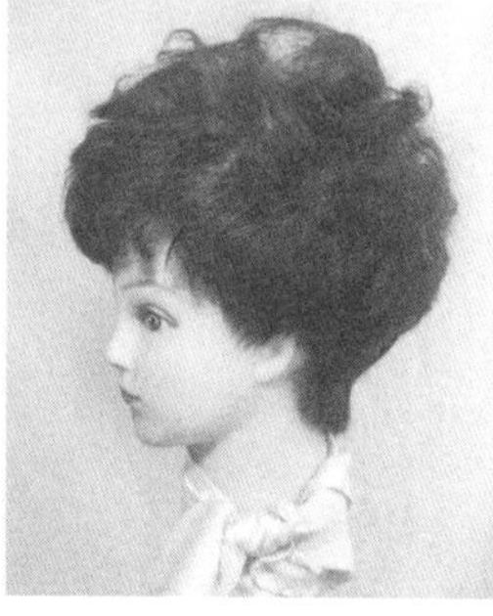

图3-11 造型6

（1）分发区

与短曲发吹梳造型1中“分发区”的技法（Page18）相同。

（2）修剪边线导线

与短曲发吹梳造型1中“修剪边线导线”的技法（Page19）相同，不同之处在于导线下面头发向上提起与头皮成90°角，剪断形成发式导线，其发长为：前发区左侧5cm、右侧8cm，后发区3cm。

（3）修剪顶部导线

后块面上部用一个直径6cm的圆形形成顶部导线区，把顶部导线区头发向上梳理，确定长度后用滑剪将头发剪断，散布四周为上面导线，其长度为12cm。

（4）修剪高层次

① 修剪。如图3-12（a）~（c）所示，从前发区左侧开始，向整个发区分纵线形成纵向区间，每区间提起发束与头皮成90° 角，采用夹剪技法修剪，顺序是：从前发区左侧起，经右侧发区、后发区、左侧发区回到起点。

② 检查。如图3-12（d）~（f）所示，从前发区开始向左右侧发区、后发区分横线形成横向区间，每区间提起发束角为90°检查修剪，顺序是：前发区、右侧发区、后发区、左侧发区，然后回到起点形成发式。将发式烫成大花，后发区下边短发不烫。

（5）吹梳造型

将烫发后的湿曲发吹至七成干，中型滚刷运用定滚法在吹风机的配合下，把大花卷成发

卷，如图3-12（g）所示。

从小侧发区开始，用排骨刷将打大的发卷向前发区、大侧发区梳拢，使发花转向前发区和大侧发区，在排骨刷与吹风机的配合下，使后发区上面的发花蓬松自然，下面发丝帖服于颈部。

审视修饰定型，如图3-12（h）所示。

图3-12　造型6技法

3.1.7　造型7（见图3-13）

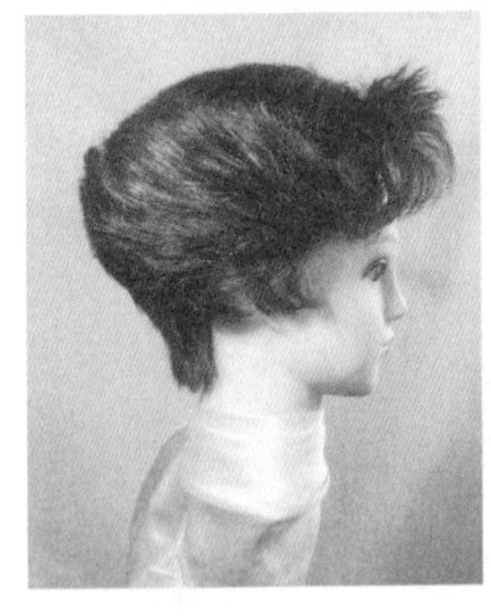

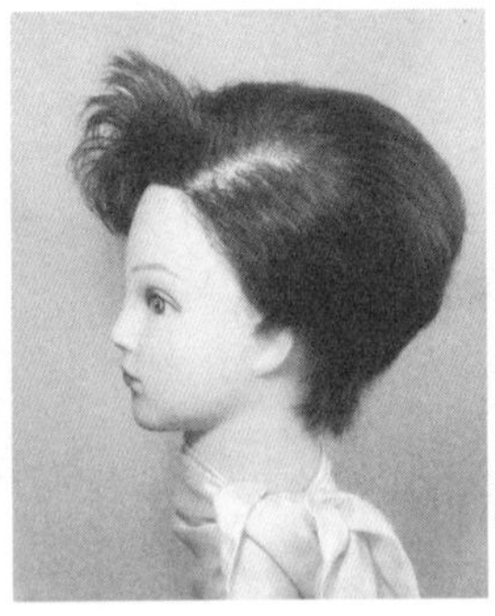

图3-13　造型7

分发区、修剪导线、修剪高层次的技法与短曲发吹梳造型6（Page27）相同。

下面介绍吹梳造型技法。

分三七缝，前发区在吹风机与排骨刷推刷技法的配合下，使前部发根站立，后部头发在滚刷作用下使发丝向内卷成发卷，如图3-14（a）、（b）所示。

如图3-14（c）所示，用滚刷将大侧发区发丝分别向后卷成内弯发卷。用排骨刷把前发区、大侧发区发卷从前向后梳理通顺，前发区梳成单波，大侧发区梳理成自然外翻。

如图3-14（d）~（f）所示，将侧发区上面的头发用发刷吹成向下内弯，用按压法使发丝帖服于颈后，审视修饰定型。

图3-14　造型7技法

3.1.8　造型8（见图3-15）

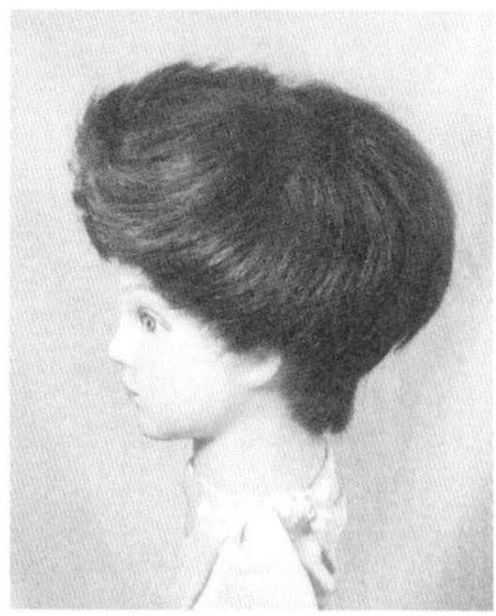
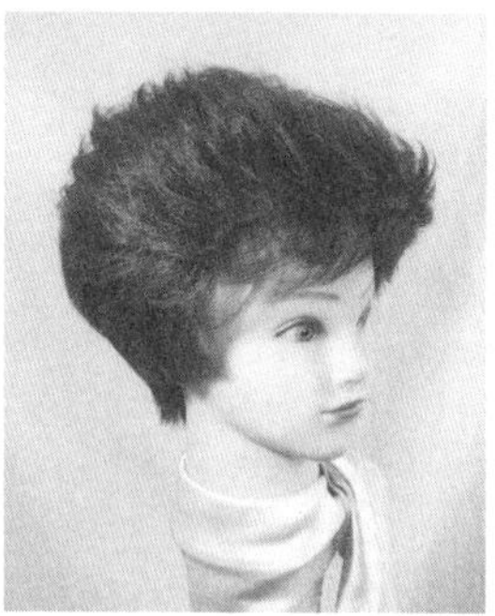

图3-15　造型8

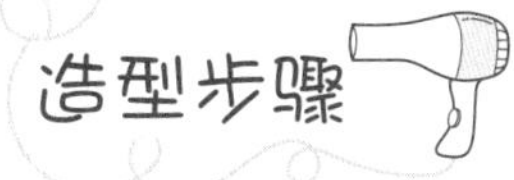

分发区、修剪导线、修剪高层次的技法与短曲发吹梳造型6（Page27）相同。

下面介绍吹梳造型技法。

将小侧发区和后侧头发由顶部梳向四周，用发刷由上向下采用拉刷技法进行扣吹，如图

3-16（a）所示。

前发区和大侧发区，运用滚刷的上卷技法与吹风机配合，从刘海一侧开始，把发丝逐渐上卷，直到大侧发区卷完，图3-16（b）、（c）所示。

把上翻发丝用排骨刷由上向下全部梳通梳顺，如图3-16（d）所示。

如图3-16（e）、（f）所示，在发丝梳理通顺的基础上，再用排骨刷向后斜上梳理，使发型达到向上外翻自然流畅有弹力的效果，后发区下面将发丝吹梳服帖，整体审视调整定型。

图 3-16　造型 8 技法

3.1.9　造型9（见图3-17）

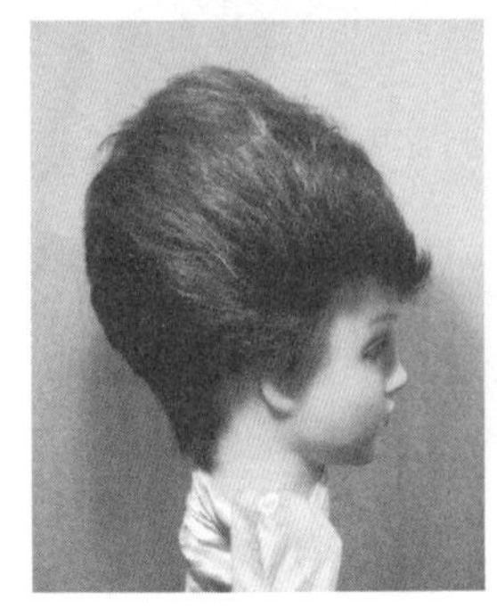

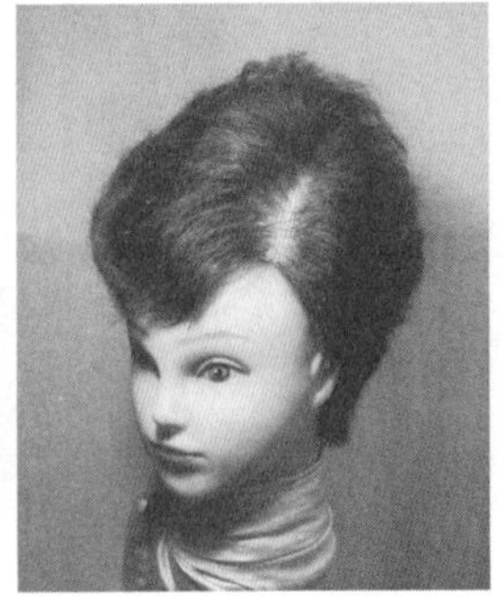
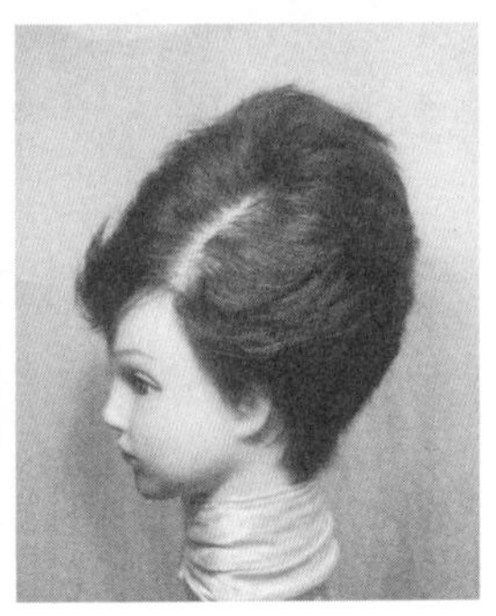

图 3-17　造型 9

分发区、修剪导线、修剪高层次的技法与短曲发吹梳造型6（Page27）相同。

下面介绍吹梳造型技法。

将头发喷湿，分三七缝，排骨刷与吹风机配合，运用排骨刷的推、别技法，把小侧发区头发向后吹梳，如图3-18（a）所示。

用排骨刷的内推刷和外推刷技法与吹风机配合，把大侧发区分缝处头发的发根立起使其吹蓬，发干吹梳成低平的刘海，发梢上翘，如图3-18（b）、（c）所示。

用滚刷与吹风机配合，把大侧发区发丝向后上方滚吹，形成向后的发卷。如图3-18（d）所示。

如图3-18（e）所示，用排骨刷向后把滚成的发卷梳理通顺使其上翘。

如图3-18（f）所示，后发区上面吹篷下面吹成服帖状，审视修饰定型。

图 3-18　造型 9 技法

3.1.10　造型10（见图3-19）

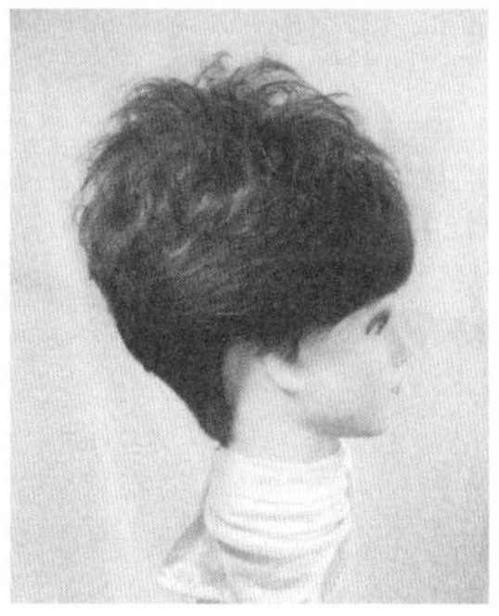
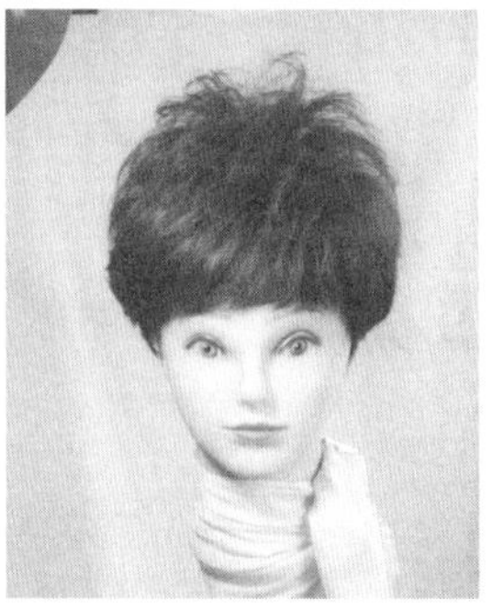
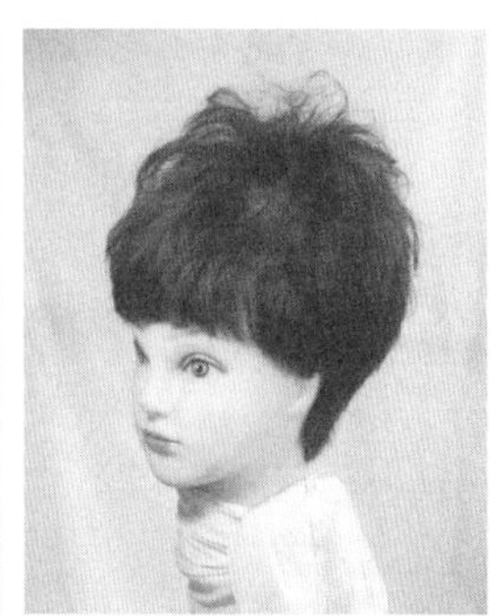

图 3-19　造型 10

分发区、修剪导线、修剪高层次的技法与短曲发吹梳造型6（Page27）相同。

下面介绍吹梳造型技法。

将头发喷湿，由顶发区把头发梳向四周，用滚刷的定滚法与吹风机配合，把顶部吹成发卷，如图3-20（a）所示。

如图3-20（b）所示，把前发区、小侧发区、后发区头发吹向内弯。

如图3-20（c）所示，大侧发区用发刷将头发吹向后方，下方吹至帖服于颈后，然后将顶部发卷和其他部位用发刷重新梳理，使顶发区发花蓬松，其他部位发丝自然流畅，如图3-20（d）所示。

（a）

（b）

（c）

（d）

图3-20　造型10技法

3.1.11　造型11（见图3-21）

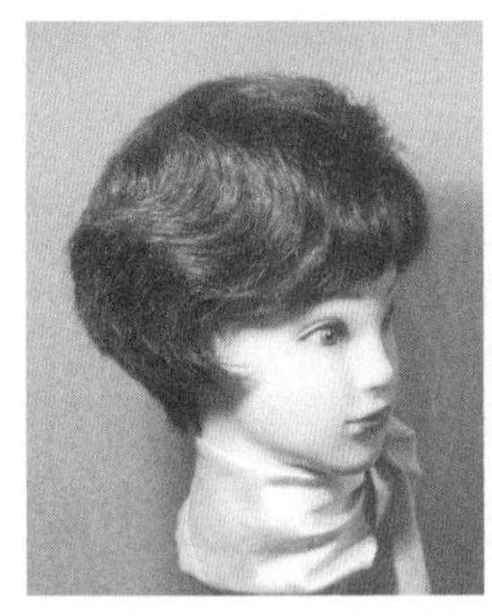

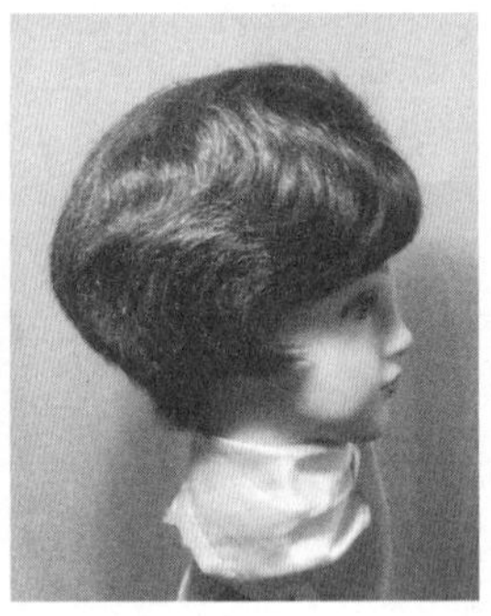

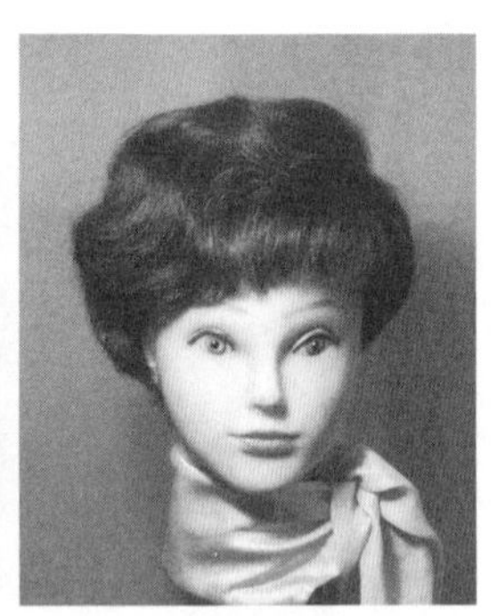

图3-21　造型11

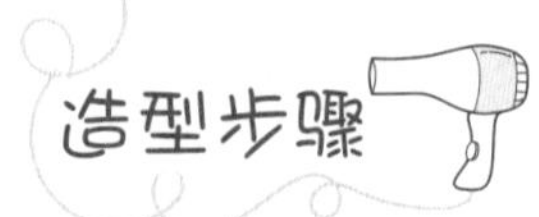

分发区、修剪导线、修剪高层次的技法与短曲发吹梳造型6（Page27）相同。

下面介绍吹梳造型技法。

将曲发喷湿分二八缝，使头发形成大小侧发区与后发区，大侧发区用排骨刷与疏齿梳配合，从上向下梳出波浪，技法是：先将发梳插入上面第一道波谷挑起第一道波峰。发刷从第一道波峰向下半弧形下梳，形成第二道波浪与波峰，反复向下方操作至设计部位，如图3-22（a）~（c）所示。

用吹风机与排骨刷配合，采用排骨刷推起波峰、按压波谷的技法稳定波浪，如图3-22（d）所示。

如图3-22（e）~（g）所示，后发区和小侧发区、前发区边缘短发吹成内弯，审视修饰定型。

图 3-22 造型 11 技法

3.1.12 造型12（见图3-23）

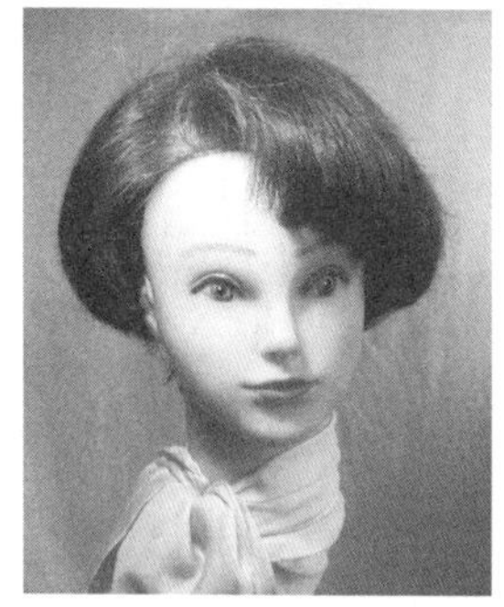

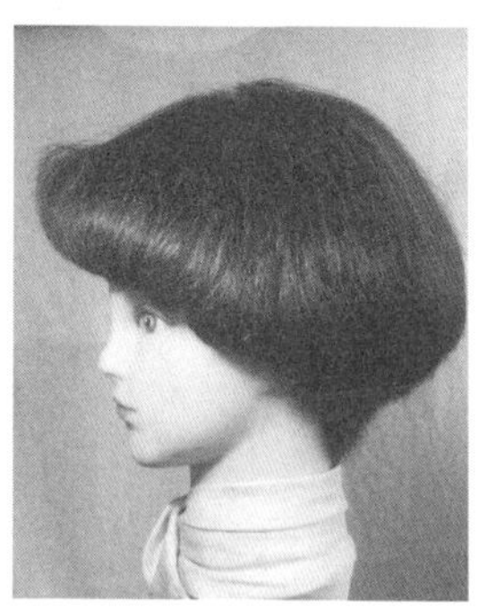

图 3-23 造型 12

（1）分发区

与短曲发吹梳造型1中“分发区”的技法（Page18）相同。

（2）修剪边线导线

与短曲发吹梳造型1中“修剪边线导线”的技法（Page19）相同，不同之处在于从前发际线向上2cm至后发区枕骨下沿，将导线发丝向上提拉45°角进行修剪，形成引导线发丝围头一周，其发长为：前面8m，侧面5cm，后面枕骨下沿5cm。

（3）修剪顶部导线

后块面上部用一个直径6cm的圆形形成顶部导线区，把顶部导线区头发向上梳理，确定长度后用滑剪将头发剪断，散布四周为上面导线，其长度为13cm。

（4）修剪低层次

① 修剪。由前发区开始向右侧发区、后发区、左侧发区分横向区间，将每区间发束横向提起与头皮成45°角，从右侧发区开始，经后发区、左侧发区，前发区连接右侧起点，修剪成低层次。

② 检查。从前发区左侧起，将发区分成纵向区间，每区间发丝向上提起与头皮成45°角检查修剪，顺序是：从前发区左侧起，经右侧发区、后发区、左侧发区，剪去不规范发丝形成发式，将发式下面烫成大花。

（5）吹梳造型

分三七缝，形成大小侧发区和后发区，吹风机与排骨刷的推刷技法配合，将大侧发区前面发根吹梳立起，如图3-24（a）所示。

吹风机与滚刷的形滚技法配合，将前发区发丝滚成内弯，形成垂扣刘海，如图3-24（b）所示。

侧发区与后发区在风温与发刷的作用下把发丝吹成内弯，如图3-24（c）、（d）所示。

小侧发区用排骨刷的推刷技法，在风温的作用下把发根吹向后面，如图3-24（e）所示。然后在滚刷与风温的作用下，把小侧发区发梢发丝吹成内弯，如图3-24（f）所示。

整体造型完成后审视修饰定型，如图3-24（g）所示。

图3-24　造型12技法

3.1.13　造型13（见图3-25）

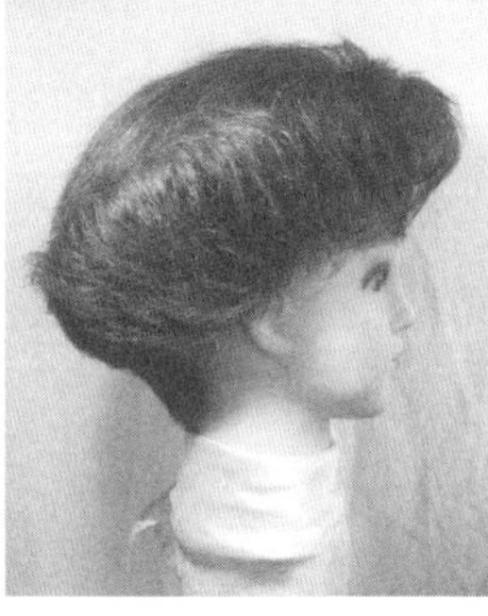
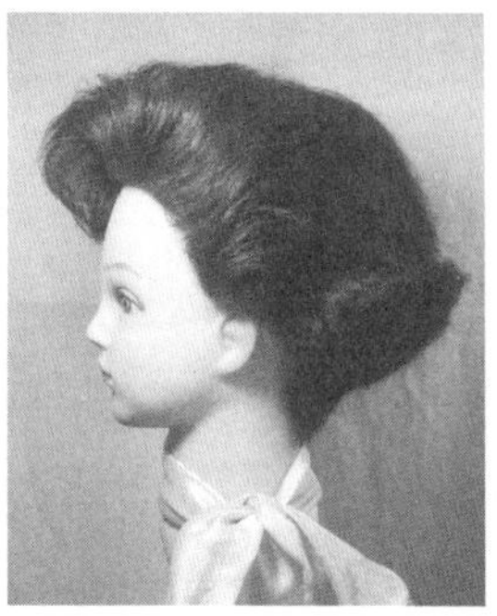
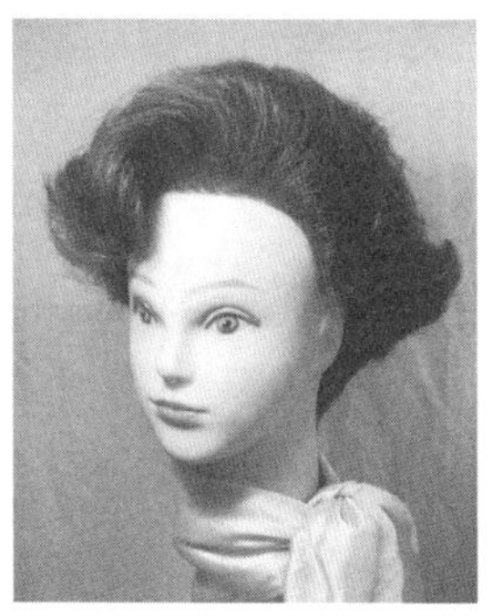

图 3-25　造型 13

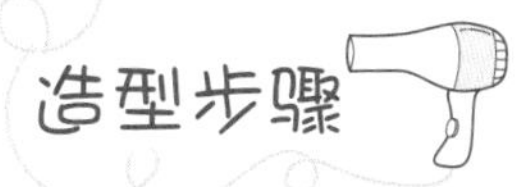

分发区、修剪导线、修剪低层次的技法与短曲发吹梳造型12（Page33、34）相同。

下面介绍吹梳造型技法。

把湿曲头发吹成七成干，在吹风机与滚刷的定滚技法配合下，把大侧发区下面1/2头发向上定滚吹，形成向上卷曲的发卷，如图3-26（a）所示。

利用排骨刷把大侧发区发卷向上吹梳成外翻状，如图3-26（b）所示。

在风温和滚刷的配合下，使小侧发区下面的发梢向后滚翻，然后用排骨刷的推梳技法，使发丝与发梢外翻后移，如图3-26（c）、（d）所示。

如图3-26（e）~（g）所示，前发区用排骨刷的推、梳等技法在吹风机的配合下，吹梳成无缝单波浪刘海，后发区头发吹梳成内扣形状，边沿头发帖服于颈后，审视修饰定型。

图 3-26　造型 13 技法

3.1.14 造型14（见图3-27）

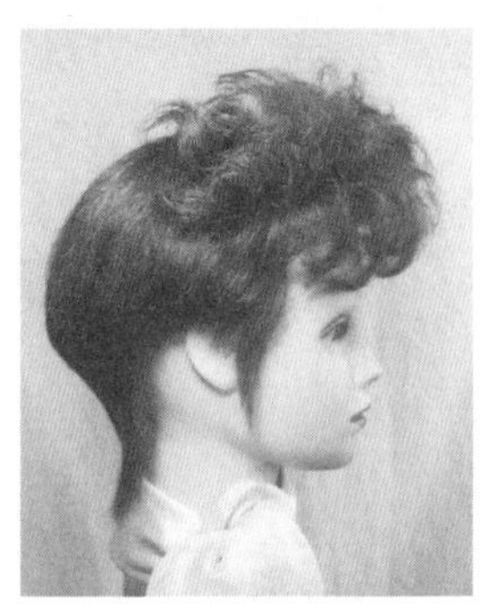

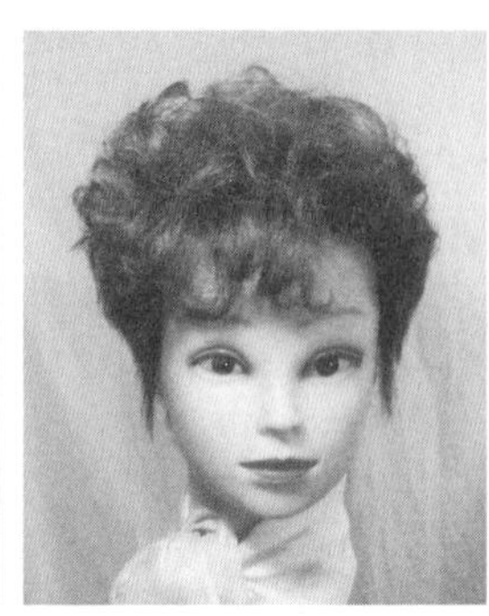
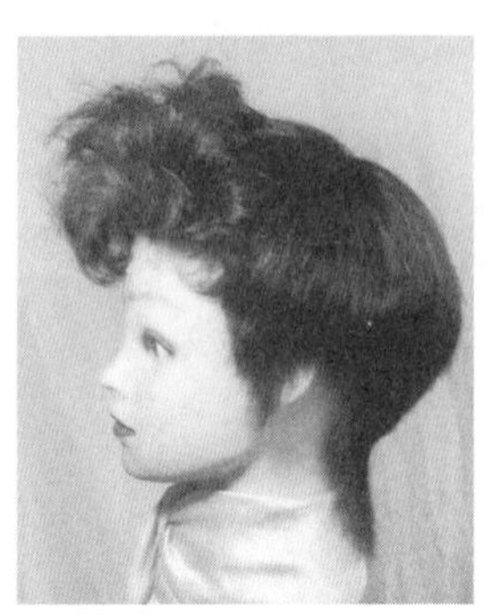

图 3-27 造型 14

（1）分发区

与短曲发吹梳造型1中“分发区”的技法（Page18）相同。

（2）修剪边线导线

与短曲发吹梳造型1中“修剪边线导线”的技法（Page19）相同，不同之处在于从前发际线向上2cm至后发区枕骨下沿，将导线发丝向上提拉90°角进行修剪，形成引导线发丝围头一周，其发长为：前面12cm、侧面2cm、后面枕骨下沿4cm。

（3）修剪顶部导线

后块面上部用一个直径6cm的圆形形成顶部导线区，把顶部导线区头发向上梳理，确定长度后用滑剪将头发剪断，散布四周为上面导线，其长度为12cm。

（4）修剪高层次

① 修剪。如图3-28（a）~（c）所示，全头分纵向区间，将区间发束纵向提起与头皮成90°角，从前发区左侧开始，经右侧发区、后发区、左侧发区，再回到前发区起点，把发式修剪成高层次。

② 检查。从前发区正中向后分横线，形成中部区间和左右侧区间，每区间提起发丝与头皮成90°角，进行检查修剪，顺序是：a. 前发区、右侧发区、后右侧发区；b. 左侧发区、后左侧发区；c. 后中间发区并与左右后侧发区连接成半圆，用锯齿形剪法剪去不规范发丝形成发式，将前发区烫成大花。

（5）吹梳造型

在空气刷的拉刷技法与吹风机的配合下，将除前发区之外的其他发区头发吹弯包于头部，枕骨下面头发帖服于颈后，如图3-28（d）所示。

用滚刷尾部或手指挑起前发区一束头发，用滚刷的定滚技法将头发卷成发卷，如图3-28（e）所示，直到前发区头发卷完并吹干。

前发区头发吹完后，用排骨刷将发卷梳开，然后用手指或分发梳尖端把弯曲发花调整到预先设计成的形状，审视修饰定型，如图3-28（f）所示。

图3-28 造型14技法

3.1.15 造型15（见图3-29）

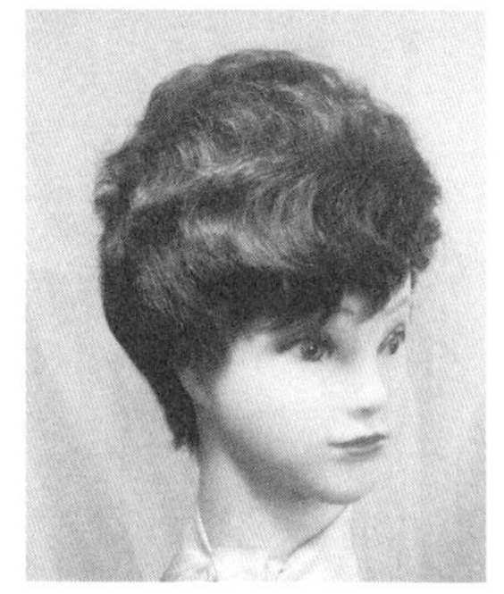
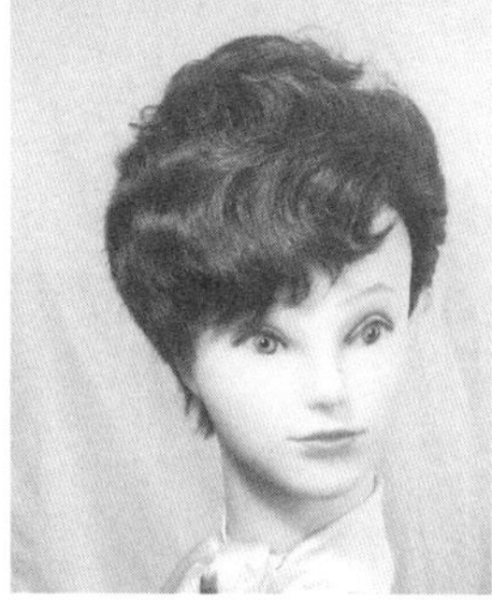
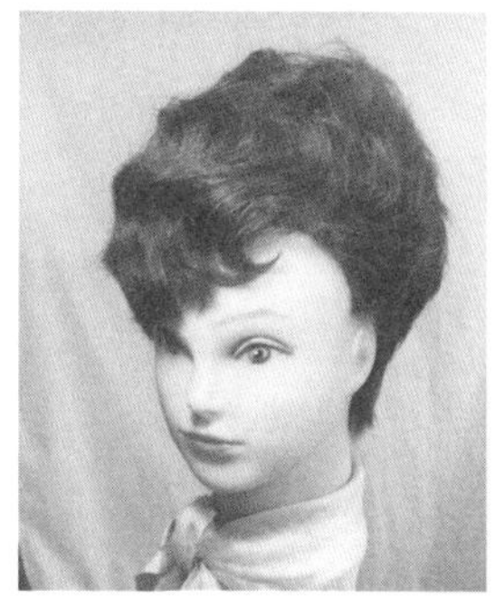
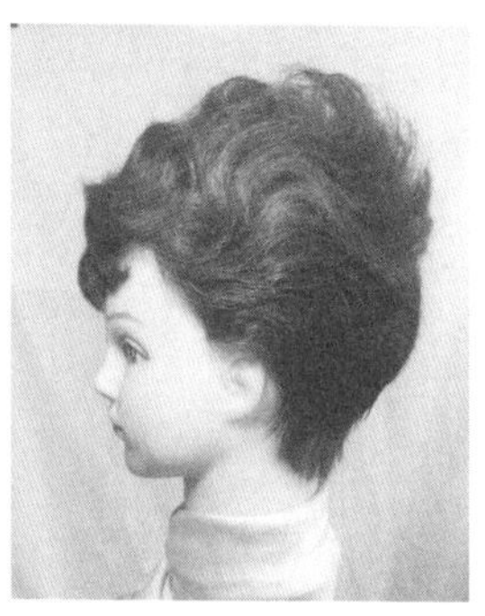

图3-29 造型15

（1）分发区

与短曲发吹梳造型1中“分发区”的技法（Page18）相同。

（2）修剪边线导线

与短曲发吹梳造型1中“修剪边线导线”的技法（Page19）相同，不同之处在于从前发际线向上2cm至后发区枕骨下沿，将导线发丝向上提拉45°角进行修剪，形成围头一周的引导线发丝，发长：前面右侧发长9cm，前面左侧发长6cm，后面4cm。

（3）修剪顶部线导线

后块面上部用一个直径6cm的圆形形成顶部导线区，把顶部导线区头发向上梳理，确定长

度后用滑剪将头发剪断，散布四周为上面导线，其长度为10cm。

（4）修剪参差高层次

① 修剪。全发区分纵线，形成多个纵向区间，每区间纵向向上提起与头皮成90°角，比导线进行滑剪，如图3-30（a）~（c）所示。顺序是：从前发区右侧开始，经左侧发区、后发区、右侧发区再回到起点位。

② 检查。从前发区正中向后分横线，形成中部区间和左右侧区间，每区间提起发丝与头皮成90°角，进行检查修剪，顺序是：a. 前发区、右侧发区、后右侧发区；b. 左侧发区、后左侧发区；c. 中间发区并与左右后侧发区连接成半圆，用锯齿形剪法剪去不规范发丝形成发式，将发式烫成大花。

（5）吹梳造型

分耳上线，形成前后两块面，前块面顶部最宽处，距前发际线13cm，如图3-30（d）所示。

如图3-30（e）、（f）所示，分二八缝形成梯形前发区和左右发区与后发区。

如图3-30（g）所示，用排骨刷将前发区头发向右微斜向前梳。

13cm

（a）（b）（c）（d）

（e）（f）（g）（h）

（i）（j）（k）（l）

图3-30 造型15技法

如图3-30（h）所示，用疏齿梳的梳齿插入第一道波谷前推，形成第一道波峰。

如图3-30（i）所示，将疏齿梳撤出，向后反向插入第一道波谷上挑，形成第二道波峰。

如图3-30（j）所示，用空气刷在第二道波峰处向下，运用弧形梳刷技法，梳出第二道波浪。

如图3-30（k）所示，疏齿梳再插入第二道波谷上挑，发刷向下梳出第三道波浪，反复下梳直到设计部位。

小侧发区用发刷的左右推刷技法，斜向后梳理形成波浪，与大侧发区波浪连接。也可将小侧发区向前吹梳成波浪，与大侧发区波浪连接。用发刷调整后，审视修饰定型，如图3-30（l）所示。

3.1.16 造型16（见图3-31）

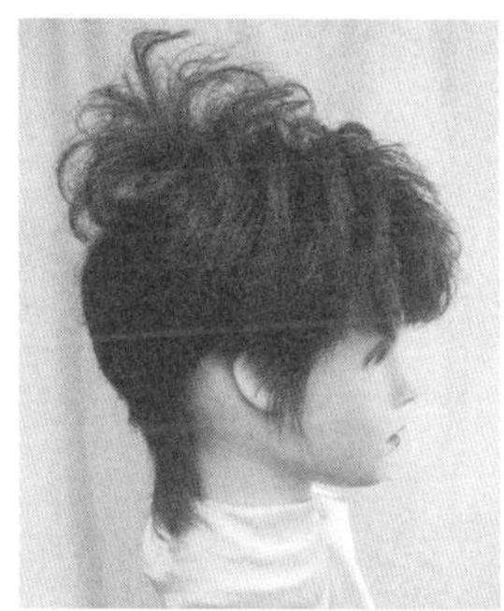

图 3-31 造型 16

（1）分发区

与短曲发吹梳造型1中“分发区”的技法（Page18）相同。

（2）修剪边线导线

与短曲发吹梳造型1中“修剪边线导线”的技法（Page19）相同，不同之处在于从前发际线向上2cm至后发区枕骨下沿，将导线发丝向上提拉90°角进行修剪，形成围头一周的引导线发丝，其长度为：前面9cm，侧面1cm，后面4cm。

（3）修剪顶部导线

后块面上部用一个直径6cm的圆形形成顶部导线区，把顶部导线区头发向上梳理，确定长度后用滑剪将头发剪断，散布四周为上面导线，其长度为11cm。

（4）修剪参差高层次

① 修剪。全发区分纵线，形成多个纵向区间，从前发区右侧开始，经左侧发区、后发区、右侧发区再回到起点位。每区间纵向向上提起与头皮成90°角进行滑剪。

② 检查。从前发区正中向后分横线，形成中部区间和左右侧区间，每区间提起发丝与头皮成90°角，进行检查修剪，顺序是：a. 前发区、右侧发区、后右侧发区；b. 左侧发区、后左

侧发区；c. 后中间发区并与左右后侧发区连接成半圆，用锯齿形剪法剪去不规范发丝形成发式，将发式烫成大花。

（5）吹梳造型

在空气刷的拉刷技法与吹风机的配合下，把前发区曲发吹成大的弧形弯曲，如图3-32（a）所示。

用空气刷把侧发区和后发区头发吹滚成自然内弯，如图3-32（b）所示。

采用滚刷的定滚技法与吹风机配合，将顶发区头发卷成发卷，用排骨刷将发卷梳开，然后用手指或分发梳尖端，把弯曲的发花调整到预先设计成的形状，如图3-32（c）所示。

用疏齿梳把前发区头发再向右侧梳通顺，行成片发纹样，如图3-32（d）所示。

如图3-32（e）、（f）所示，用手指把纹样捋成几个立体片状，垂于前额形成刘海，审视修饰完成喷适量发胶定型。

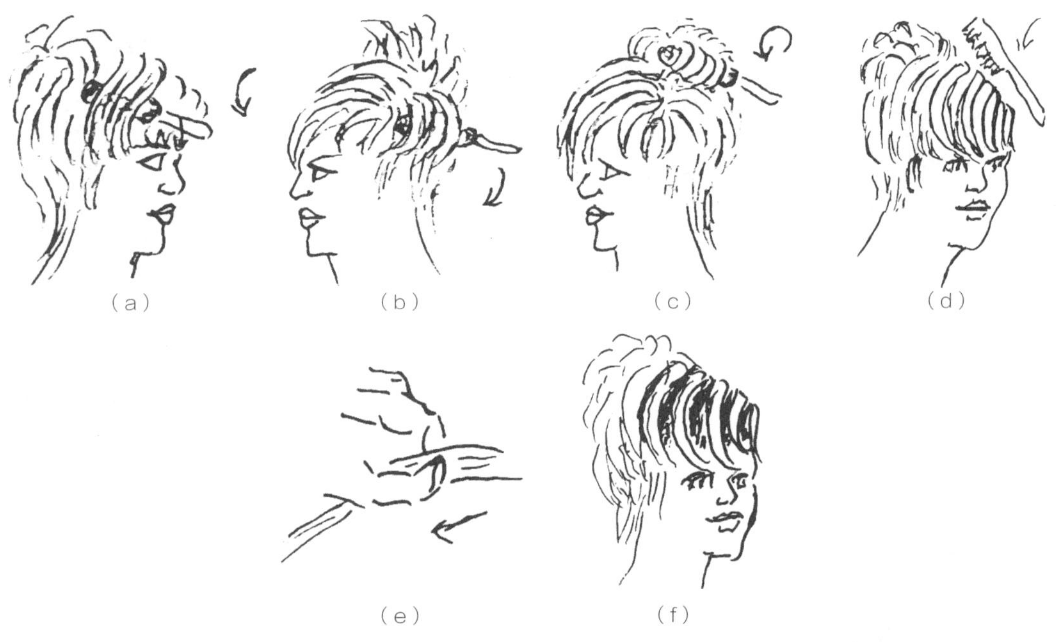

（a） （b） （c） （d）

（e） （f）

图 3-32　造型 16 技法

3.1.17　造型17（见图3-33）

图 3-33　造型 17

造型步骤

分发区、修剪导线、修剪参差高层次的技法与短曲发吹梳造型16（Page39）相同。

下面介绍吹梳造型技法。

吹风机与排骨刷配合，将两侧发区向前发区中间吹梳成尖形，如图3-34（a）所示。

如图3-34（b）所示，用手指提起发尖上拉，形成多个微向前弯曲的笔尖形状。

如图3-34（c）所示，采用吹风机与滚刷配合将顶发区曲发吹卷成大的圆环形。

把顶发区的发卷用排骨刷梳开形成大的发花，再用分发梳或用手指，把发花挑拨得更为自然，整体审视修饰定型，如图3-34（d）所示。

（a）　（b）　（c）　（d）

图 3-34　造型 17 技法

3.1.18　造型18（见图3-35）

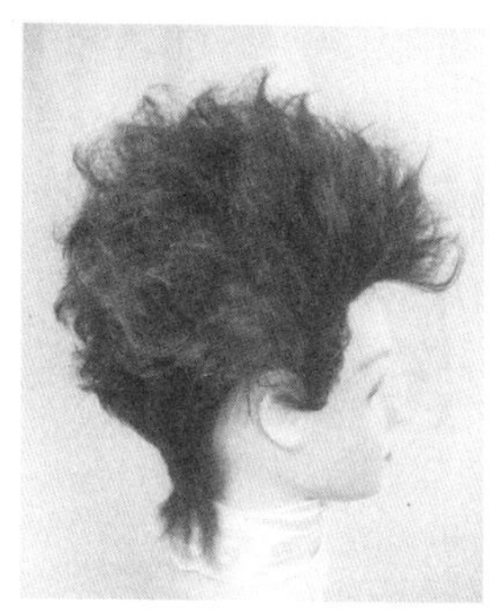

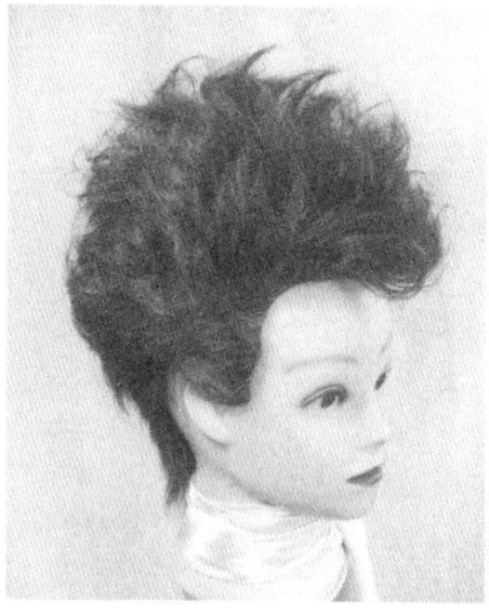

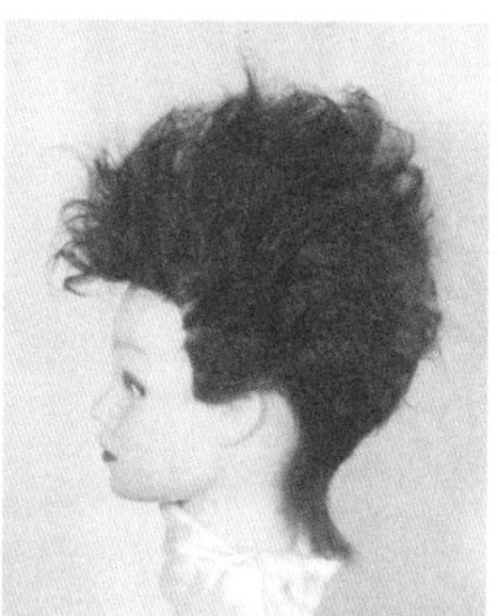

图 3-35　造型 18

造型步骤

分发区、修剪导线、修剪参差高层次的技法与短曲发吹梳造型16（Page39）相同。

下面介绍吹梳造型技法。

用吹风机将湿发吹至七成干，然后用吹风机与滚刷的定滚技法配合，将全部头发吹成发卷，如图3-36（a）所示。

用排骨刷把发卷逐渐向上向前梳开，形成蓬松的发花，如图3-36（b）所示。再用分发梳尖端向上挑起卷曲的发花，使其蓬松而自然，必要时可用手指的提、分、挑等技法，加强发花的蓬松效果，审视修饰定型，如图3-36（c）所示。

图3-36　造型18技法

3.1.19　造型19（见图3-37）

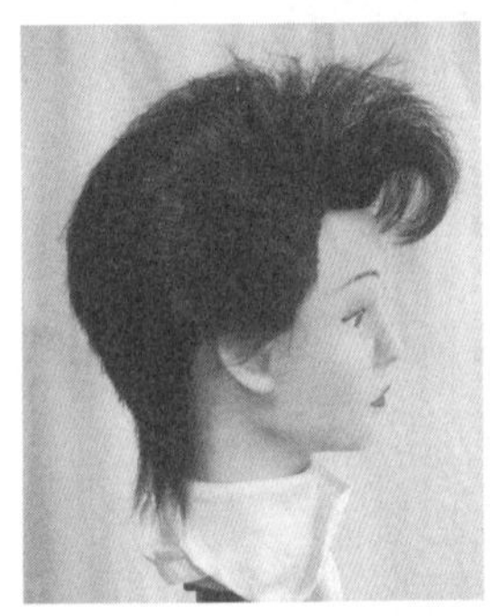

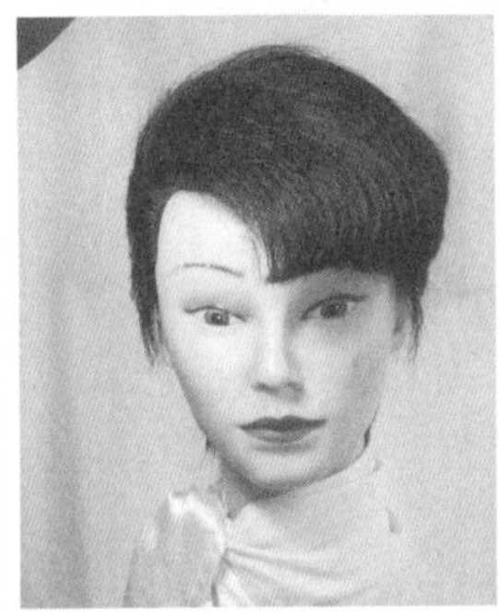
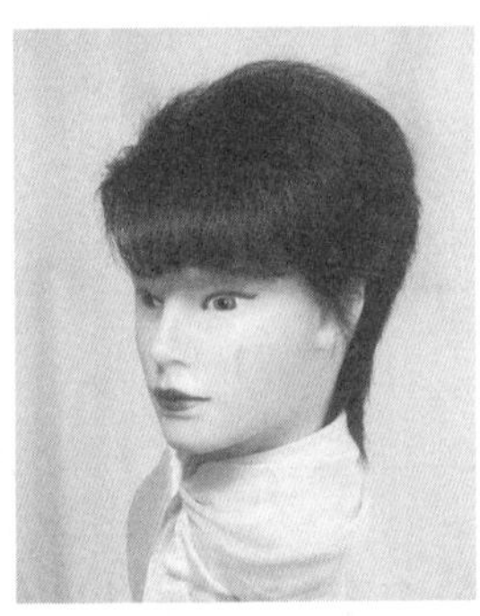

图3-37　造型19

（1）分发区

与短曲发吹梳造型1中“分发区”的技法（Page18）相同。

（2）修剪边线导线

与短曲发吹梳造型1中“修剪边线导线”的技法（Page19）相同，不同之处在于从前发际线向上2cm至后发区枕骨下沿，将导线发丝向上提拉90°角进行修剪，形成围头一周的引导线发丝，其长度为：前面9cm，侧面1cm，后面4cm。

（3）修剪顶部导线

后块面上部用一个直径6cm的圆形形成顶部导线区，把顶部导线区头发向上梳理，确定长度后用滑剪将头发剪断，散布四周为上面导线，其长度为11cm。

（4）修剪参差高层次

① 修剪。从前发区开始全头分纵线，形成小区间，每小区间的头发向上提起与头皮成90°角，比导线长度采用滑剪技法修剪，顺序是：从前发区右侧起，经左侧发区、后发区、右侧发

区，再回到起点。

② 检查。从前发区正中向后分横线，形成中部区间和左右侧区间，每区间提起发丝与头皮成90°角，进行检查修剪，顺序是：a. 前发区；b. 右侧发区、后右侧发区；c. 侧发区、后左侧发区；d. 后中间发区并与左右后侧发区连接成半圆，用锯齿形剪法剪去不规范发丝形成发式，将发式烫成大花。

（5）吹梳造型

擦去发花上的水分，从一侧发区用吹风机与排骨刷梳、别、拉、推等技法配合，向高点定位处吹风并梳理，如图3-38（a）所示。

吹风机与滚刷技法配合，把前发区头发吹成内弯，形成垂扣刘海，如图3-38（b）所示。

后发区头发用排骨刷的推刷技法，把上面吹高、下面吹扣，如图3-38（c）所示。另一侧发区下面与后发区技法与上相同，周围短发吹梳成帖服于皮肤。

审视修饰定型，如图3-38（d）所示。

（a）

（b）

（c）

（d）

图3-38 造型19技法

3.1.20 造型20（见图3-39）

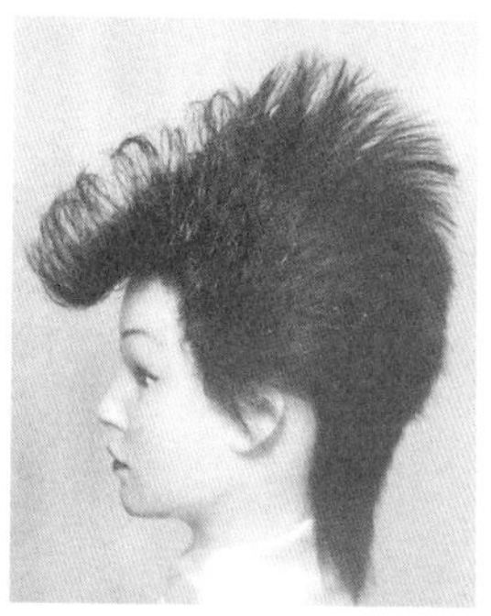

图3-39 造型20

造型步骤

分发区、修剪导线、修剪参差高层次的技法与短曲发吹梳造型19（Page42）相同。

下面介绍吹梳造型技法。

侧发区和后发区，在吹风机与排骨刷的别、推、梳等技法配合下，把左侧头发向顶发区高

点定位处吹梳，使发梢在顶部形成外翘，如图3-40（a）所示。

右侧发区向上面吹梳，使前发区发丝外翘，形成单波外翻刘海，顶发区左右片状合一高起，如图3-40（b）所示。

发刷从外翻里侧向上提拉，使外翻发梢高而自然，两侧发区和后发区下边发丝吹梳至与皮肤帖服，审视修饰确定型体，喷发胶定型，如图3-40（c）所示。

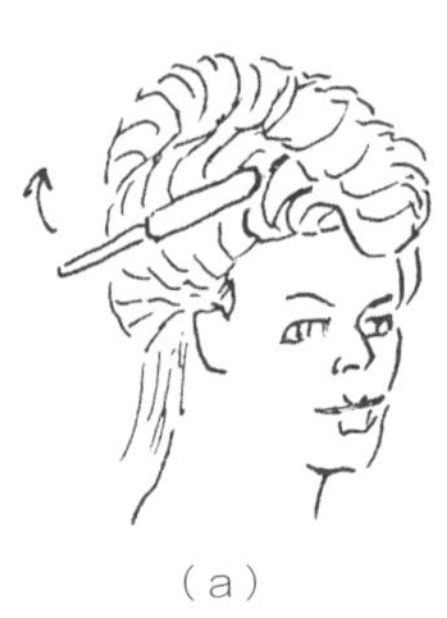
（a）

（b）

（c）

图3-40　造型20技法

3.1.21　造型21（见图3-41）

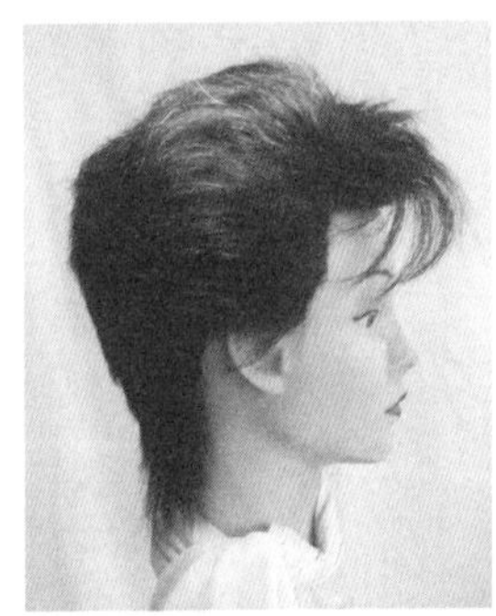

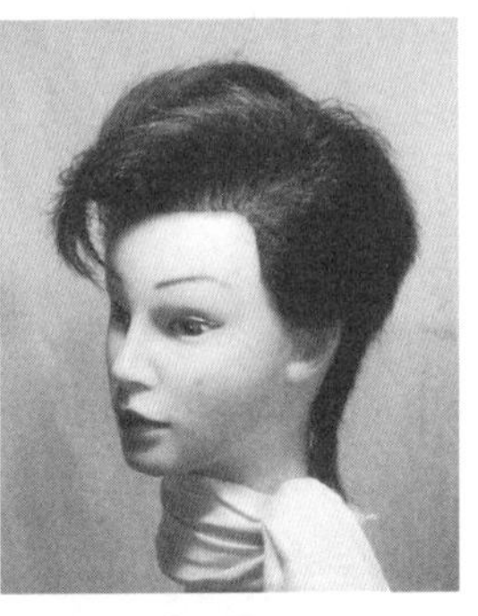

图3-41　造型21

造型步骤

分发区、修剪导线、修剪参差高层次的技法与短曲发吹梳造型19（Page42）相同。

下面介绍吹梳造型技法。

将湿曲发分二八缝，形成大小侧发区、后发区，吹风机配合排骨刷的推、别、拉、梳等技法，从分缝处将大侧发区斜向上45°角吹梳出前面第一道波浪，如图3-42（a）所示。

用发刷的推刷技法与吹风机配合，吹梳出第二道、第三道波浪，把前面少量发丝拉成下垂刘海，如图3-42（b）所示。

左右侧发区发丝向后吹梳，后发区下面发丝帖服于颈后，审视修饰定型，如图3-42（c）所示。

(a)

(b)

(c)

图3-42 造型21技法

3.1.22 造型22（见图3-43）

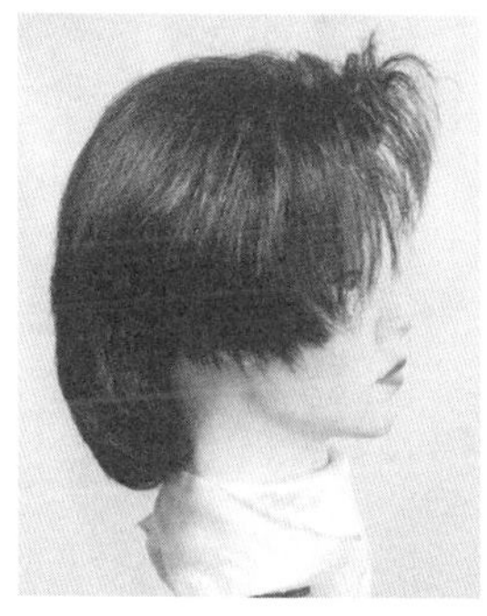

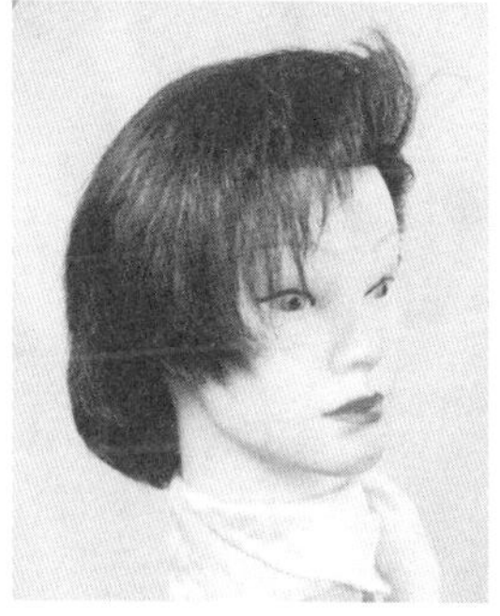

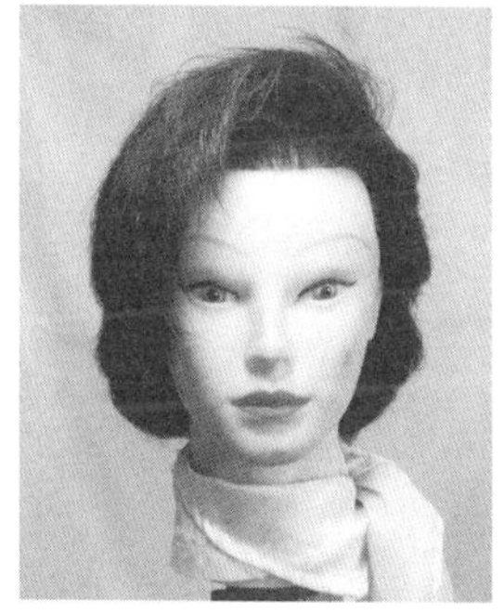

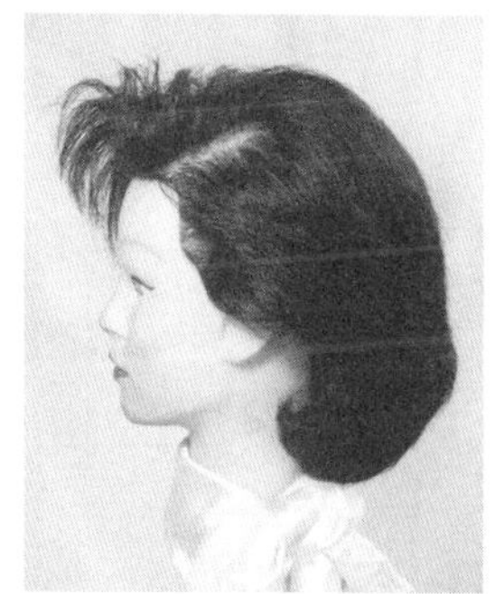

图3-43 造型22

造型步骤

（1）分发区

与短曲发吹梳造型1中“分发区”的技法（Page18）相同。

（2）修剪边线导线

与短曲发吹梳造型1中“修剪边线导线”的技法（Page19）相同，不同之处在于从前发际线向上2cm至后发区枕骨下沿，将导线发丝向上提拉90°角进行修剪，形成围头一周的引导线发丝，其长度为：前面10cm，侧面6cm，后面8cm。

（3）修剪顶部导线

后块面上部用一个直径6cm的圆形形成顶部导线区，把顶部导线区头发向上梳理，确定长度后用滑剪将头发剪断，散布四周为上面导线，其长度为13cm。

（4）修剪参差高层次

与短曲发吹梳造型19“修剪参差高层次”的技法（Page42）相同。

（5）吹梳造型

在湿发中分二八缝，形成大小侧发区和后发区。吹风机与发刷的推刷技法配合，把大侧发前面发根立起并且发梢向前探，形成高刘海，如图3-44（a）所示。

吹风机与发刷配合，将大侧发区头发向下吹梳，使边缘发梢微内弯垂于面部，如图3-44（b）所示。

小侧发区从前面向后方吹梳，如图3-44（c）所示。

后发区上面头发吹梳平伏，下面头发用滚刷吹梳成内扣形状，如图3-44（d）所示，审视修饰定型。

（a）（b）（c）（d）

图3-44　造型22技法

3.2 中长曲发吹梳造型范例及技法（11例）

3.2.1 造型1（见图3-45）

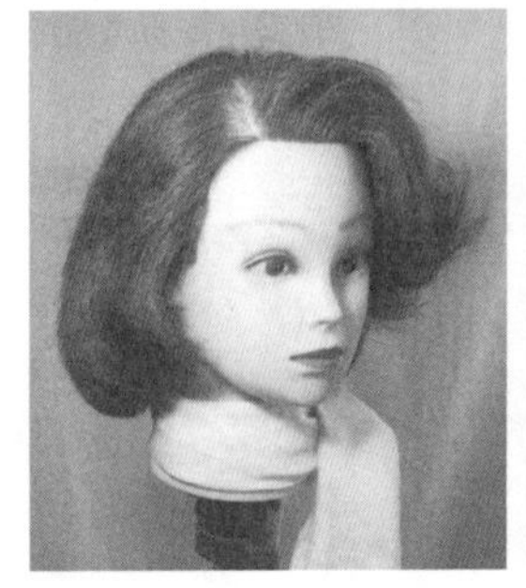
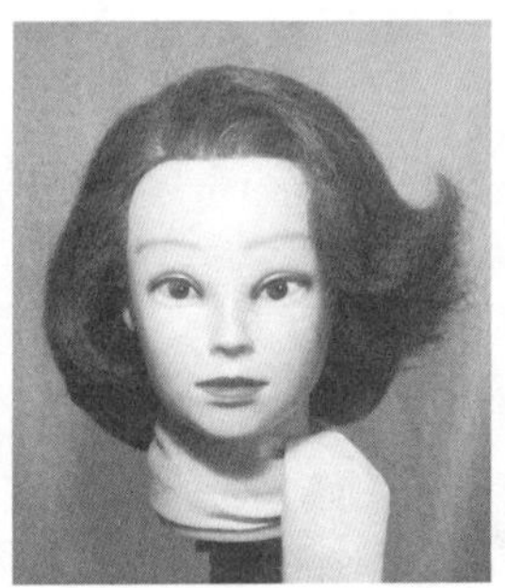
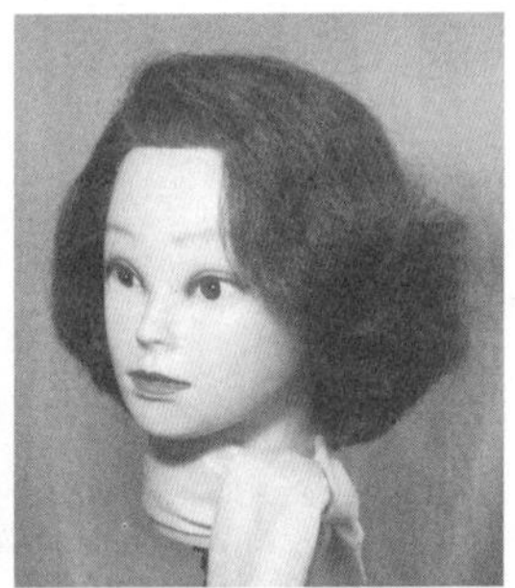
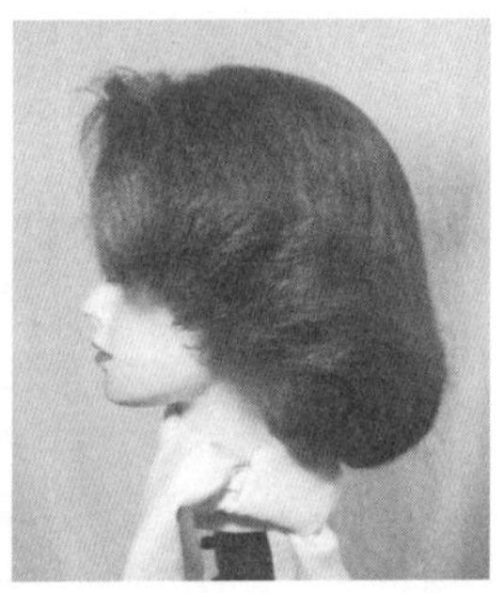

图3-45　造型1

（1）分发区

从一侧耳尖向另一侧耳尖分一条耳上线，把头发分成前后两块面。前块面分三七缝，形成长方形前发区和左右侧发区。后块面分中线，形成后部左右发区。

（2）修剪边线导线

由前发际线上面至两耳尖上面2cm，向后枕骨下沿分一条斜线，这条线称为导线，导线上面的头发按发区向上固定，导线下面的头发向下梳理。

从前发际线向上2cm至后发区枕骨下沿，将导线发丝向上提拉45°角进行修剪，形成围头

一周的引导线发丝，其长度为：前面12cm，侧面10cm，后面11cm，如图3-46（a）~（c）所示。

（3）修剪顶部导线

如图3-46（d）、（e）所示，后块面上部用一个直径6cm的圆形形成顶部导线区，把顶部导线区头发向上梳理，确定长度后用滑剪将头发剪断，散布四周为上面导线，其长度为20cm。

（a）（b）（c）（d）（e）（f）（g）（h）（i）（j）（k）（l）（m）（n）（o）（p）

图 3-46　造型 1 技法

（4）修剪低层次

① 修剪。如图3-46（f）~（i）所示，从前发区正中向后分横线，形成中部区间和左右侧区间，每区间提起发丝与头皮成45°角，进行检查修剪，顺序是：a. 前发区；b. 右侧发区、后右侧发区；c. 侧发区、后左侧发区；d. 后中间发区并与左右后侧发区连接成半圆，用夹剪技法修剪。

前发区与左右侧发区头发要连接成椭圆形，如图3-46（j）所示。

② 检查。如图3-46（k）~（m）所示，从前发区左侧分纵线，整个发区形成纵向区间，将每区间发束向上提起与头皮成45°角，进行层次检查修剪，检查顺序是：从前发区左侧起，经右侧发区、后发区、左侧发区，再回到起点，剪去不合格的发丝形成发式，将发式下面烫成大花。

（5）吹梳造型

把烫后湿发吹成七成干，分三七缝，形成大、小侧发区和后发区，滚刷与吹风机配合，把小侧发区和后发区上面的头发拉直，下面头发滚吹成内扣发式，如图3-46（n）所示。

发刷与吹风机配合，将大侧发区前面发根吹梳立起，发梢形成单波状，如图3-46（o）所示。

将大侧发区上面发丝吹直，下面采用定滚技法将全部发梢吹成外翻发卷，如图3-46（p）所示。

用排骨刷将外翻发卷统一向后梳理，使其外翻发丝通顺自然流畅，审视调整适当喷些发胶定型。

3.2.2 造型2（见图3-47）

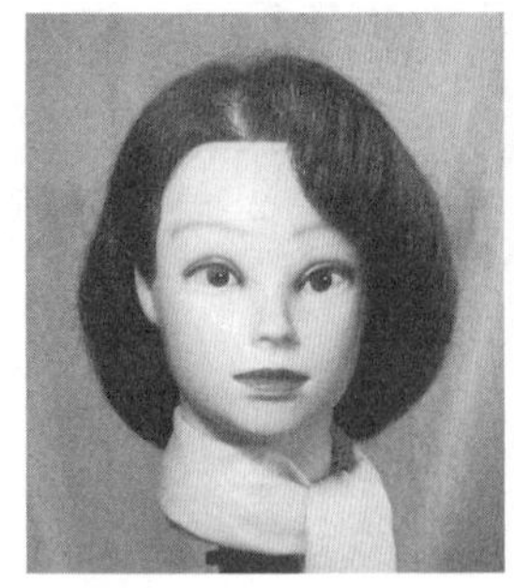

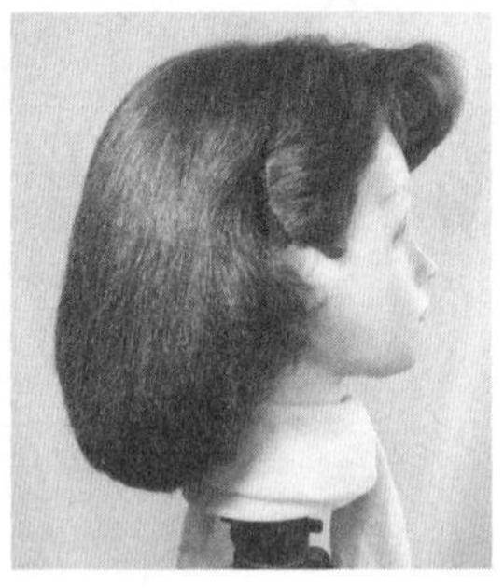
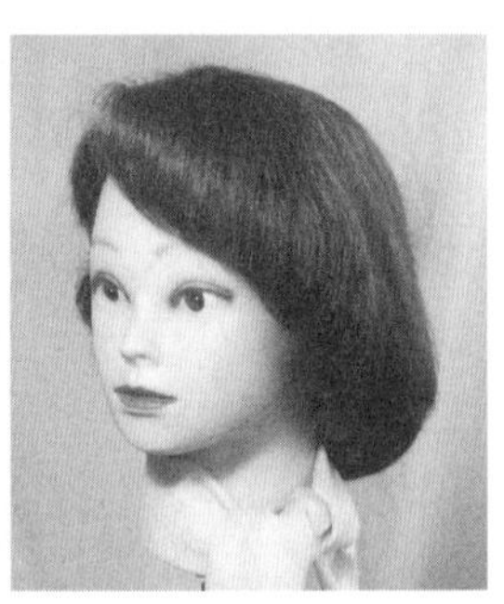

图3-47 造型2

分发区、修剪导线、修剪低层次的技法与中长曲发吹梳造型1（Page46）相同。

下面介绍吹梳造型技法。

头发喷湿后分三七缝，形成大小侧发区和后发区，把头发向下面梳理，在小侧发区采用吹

风机与滚刷配合，把上面发干拉直，下面发梢吹滚向内扣，如图3-48（a）所示。

以小侧发区技法延续后发区，如图3-48（b）所示。

从大侧发区前面吹卷成内扣刘海，后面吹滚成扣边并与后发区扣边连接，其技法与小侧发区技法相同，如图3-48（c）所示。

如图3-48（d）所示，小侧发区扣边用发卡向耳后上卡，使发型产生不对称之美感，审视调整定型。

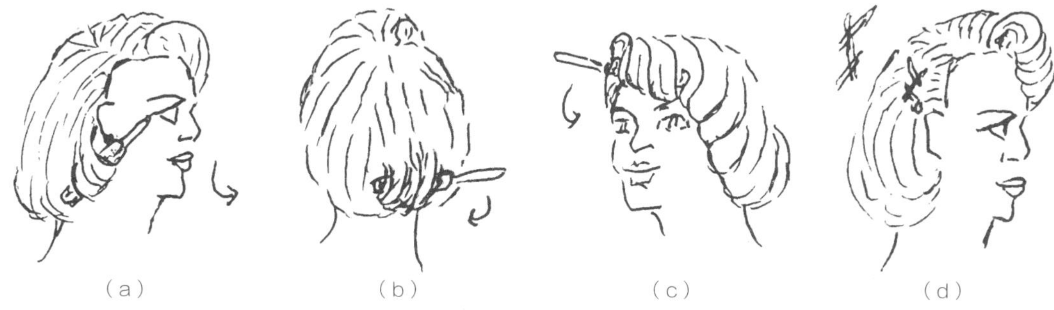

（a）　（b）　（c）　（d）

图 3-48　造型 2 技法

3.2.3　造型3（见图3-49）

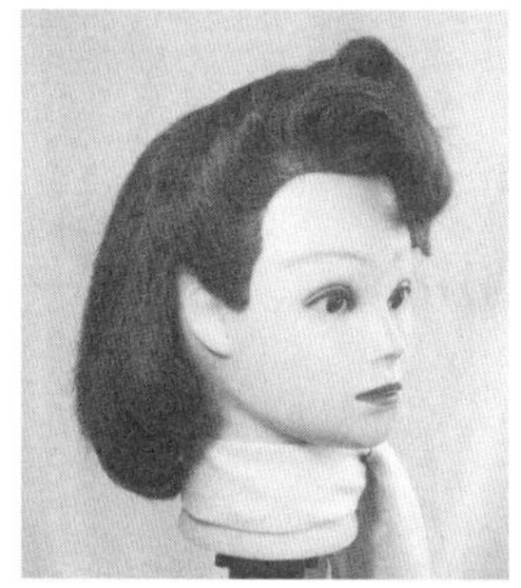
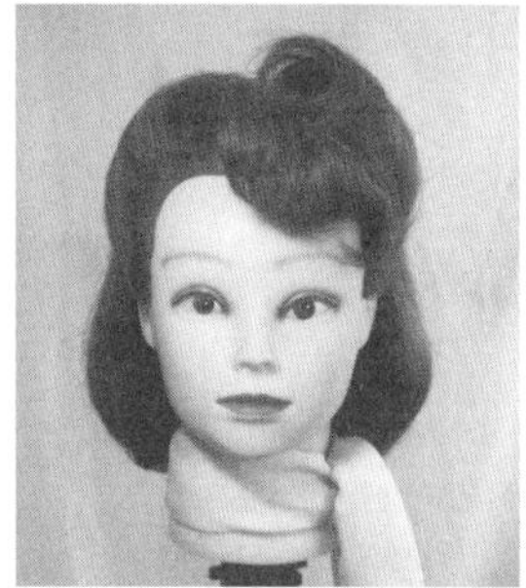
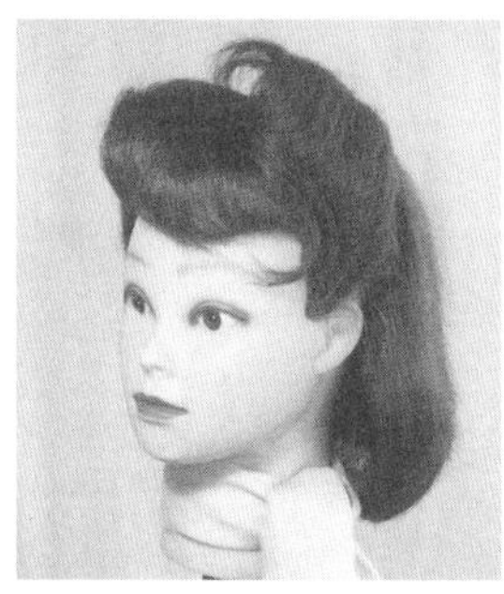
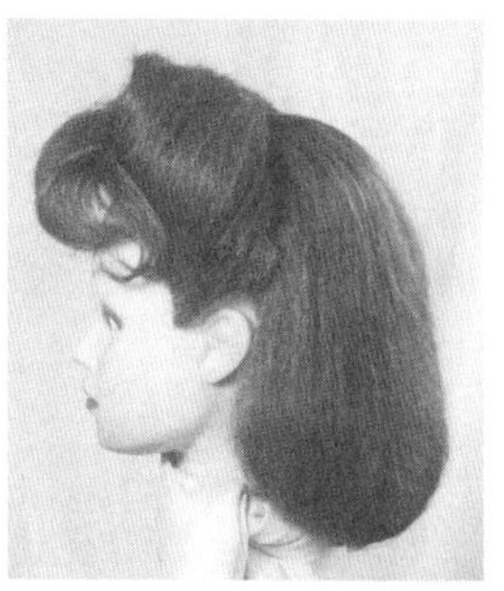

图 3-49　造型 3

造型步骤

分发区、修剪导线、修剪低层次的技法与中长曲发吹梳造型1（Page46）相同。

下面介绍吹梳造型技法。

以中长曲发吹梳造型2为基础，分耳上线，分三七缝形成三角前发区、左右侧发区和后发区，如图3-50（a）、（b）所示。

后发区形体不变，前发区内扣刘海不变，右侧发区向上梳一个锥形卷用发卡固定，发卷上面与前发区刘海相连，如图3-50（c）所示。

如图3-50（d）、（e）所示，左侧发区向上梳拢，发丝中下部做成锥形卷与刘海相连，上面发尾在刘海上沿做一个空心发卷，以体现立体效果，审视调整定型。

图 3-50　造型 3 技法

3.2.4　造型4（见图3-51）

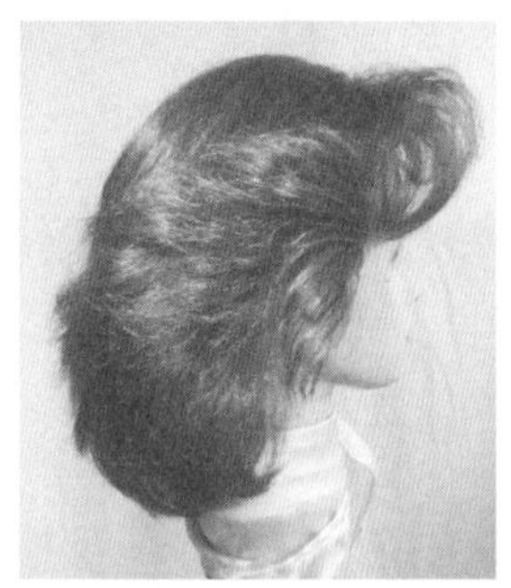
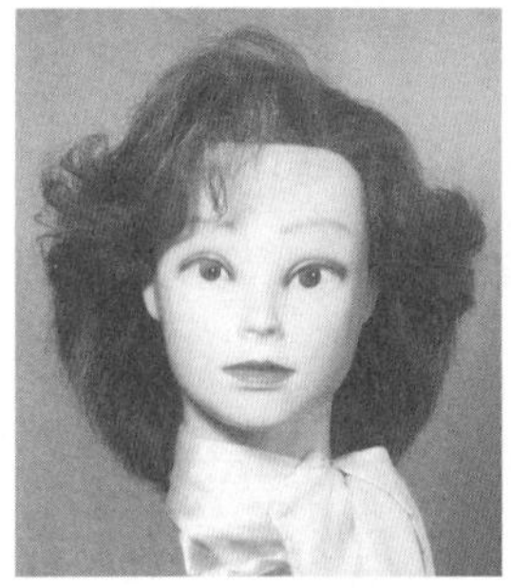
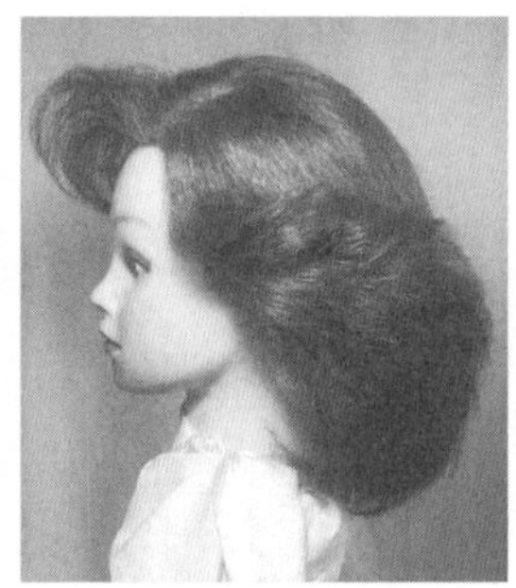
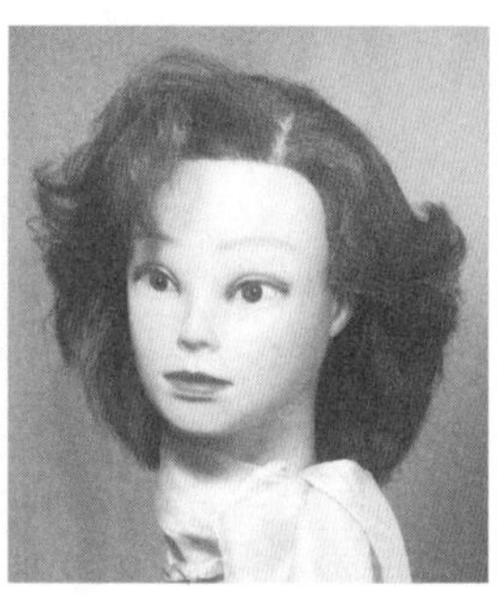

图 3-51　造型 4

造型步骤

（1）分发区

与中长曲发吹梳造型1中“分发区”的技法（Page46）相同。

（2）修剪边线导线

与中长曲发吹梳造型1中“修剪边线导线”的技法（Page46）相同，不同之处在于引导线发丝的长度为：前面12cm，侧面12cm，后面13cm。

（3）修剪顶部导线

后块面上部用一个直径6cm的圆形形成顶部导线区，把顶部导线区头发向上梳理，确定长度后用滑剪将头发剪断，散布四周为上面导线，其长度为18cm。

（4）修剪低层次

与中长曲发吹梳造型1中“修剪低层次”的技法（Page48）相同。

（5）吹梳造型

把烫后湿发吹成七成干，分三七缝，形成大、小侧发区和后发区，用滚刷与吹风机配合，把大侧发区上面的头发滚吹成内扣状，如图3-52（a）所示。

用发刷与吹风机配合，将大侧发区前面发卷向斜上梳，达到发根立、发梢翘的效果，形成单波刘海，如图3-52（b）所示。

将大侧发区上面发丝吹直，下面采用定滚技法，将发梢全部吹成外翻发卷，如图3-52（c）所示。

用排骨刷将外翻发卷全部向后斜向上梳理，使其外翻发丝通顺自然流畅，如图3-52（d）所示。

后发区上面头发用滚刷吹拉直，下面头发吹滚成内扣状，如图3-52（e）所示。

小侧发区上面头发用发刷上推把发根弓起，发干成波纹形，如图3-52（f）所示。

小侧发区发梢用吹风机与滚刷配合，进行斜向上卷，如图3-52（g）所示。

小侧发区用排骨刷斜向上梳发，如图3-52（h）所示，审视调整，适当喷些发胶定型。

图3-52　造型4技法

3.2.5　造型5（见图3-53）

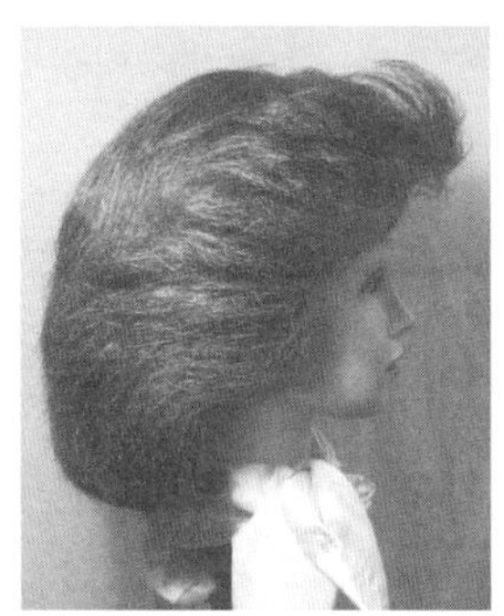

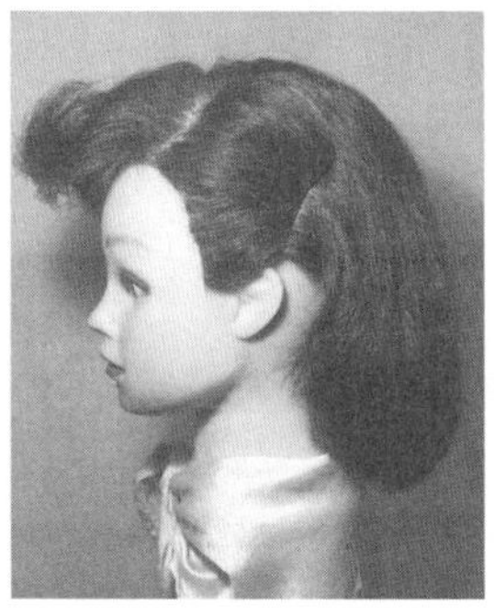
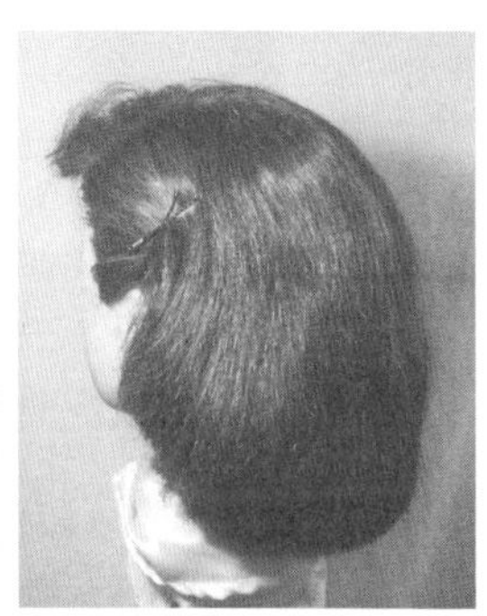

图3-53　造型5

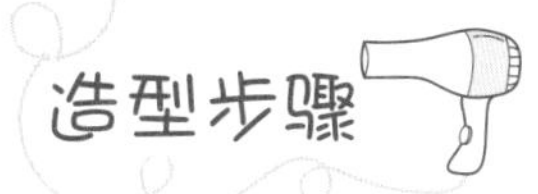

分发区、修剪导线、修剪低层次、烫发的技法与中长曲发吹梳造型4（Page50）相同。

下面介绍吹梳造型技法。

分耳上线形成前后两块面，后块面为后发区，前块面分三七缝，形成大小侧发区。从大侧发区上面的头缝处，用排骨刷推刷技法与吹风机配合，把发根吹梳立起。

用滚刷的拉刷与滚刷技法与吹风机配合，把大侧发区上部的发干拉直，下部的发梢吹滚成上翘形状，如图3-54（a）所示。外翻发丝用排骨刷先向下梳，然后再由前向后梳，使外翻发丝更显流畅自然。

采用滚刷的拉、推刷技法与吹风机配合，把小侧发区、后发区上面的头发拉直，下面的头发吹滚成扣边，如图3-54（b）所示。小侧发区用发卡将头发别向耳后，形成两侧不对称造型，如图3-54（c）所示。

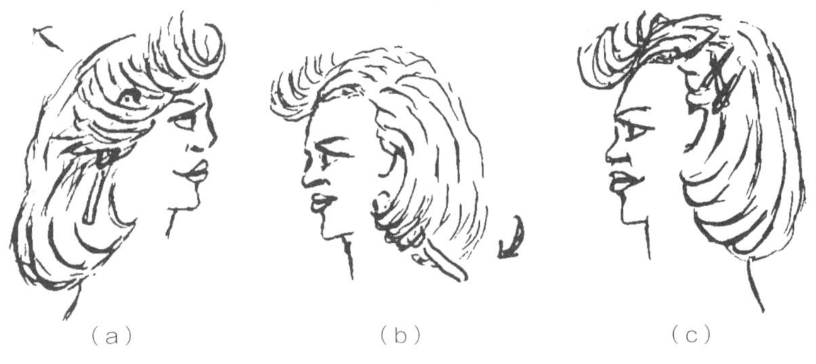

（a）（b）（c）

图3-54　造型5技法

3.2.6　造型6（见图3-55）

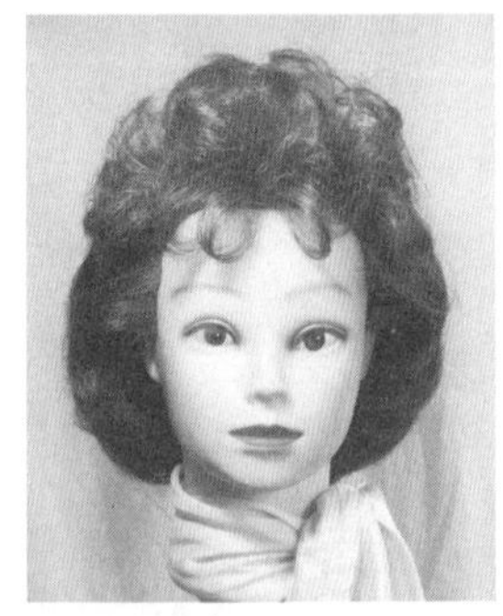
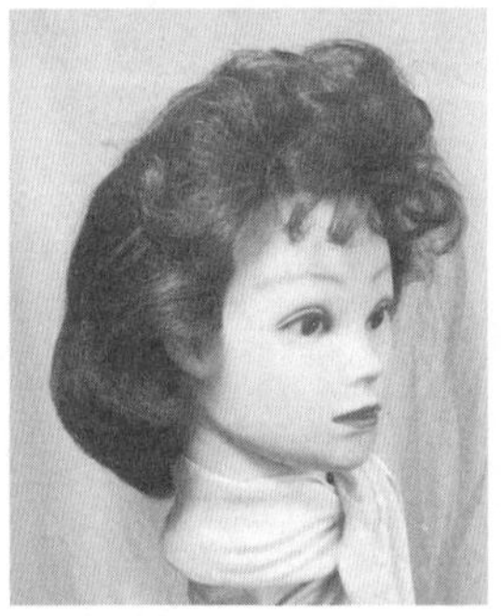
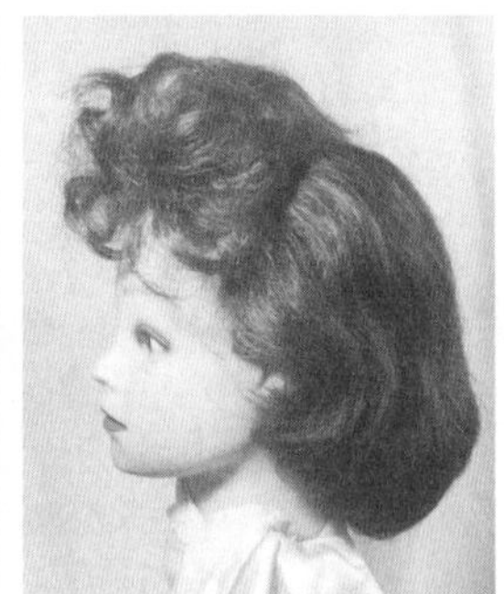

图3-55　造型6

分发区、修剪导线、修剪低层次、烫发的技法与中长曲发吹梳造型4（Page50）相同。

下面介绍吹梳造型技法。

以中长曲发吹梳造型5为基础，拆去发卡，分耳上线，形成前后两块面，把前块面头发喷湿，分三七缝形成三角前发区、左右侧发区，后块面扣边造型不变。

三角前发区采用滚刷的定滚法与吹风机配合，将前发区头发吹卷成发卷，如图3-56（a）

所示。

利用滚刷和风温将两侧发区和后发区头发吹梳成圆形内扣，如图3-56（b）所示。

用排骨刷将发卷梳理成大花，然后用分发梳尖端和手指的提、分、挑技法调整前发区发花，使之更蓬松自然，如图3-56（c）所示。整体审视修饰，喷少量发胶定型。

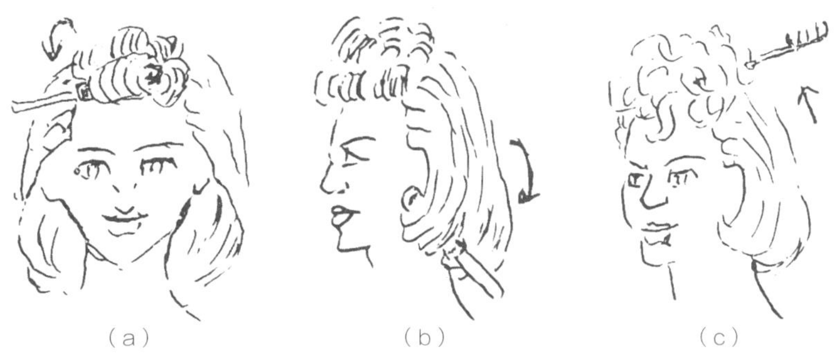

图 3-36　造型 6 技法

3.2.7　造型7（见图3-57）

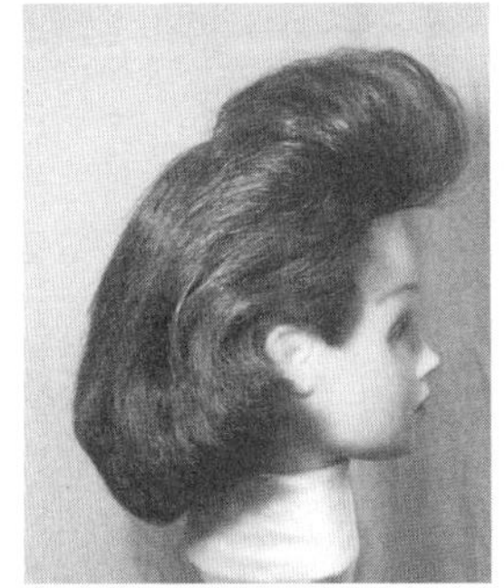
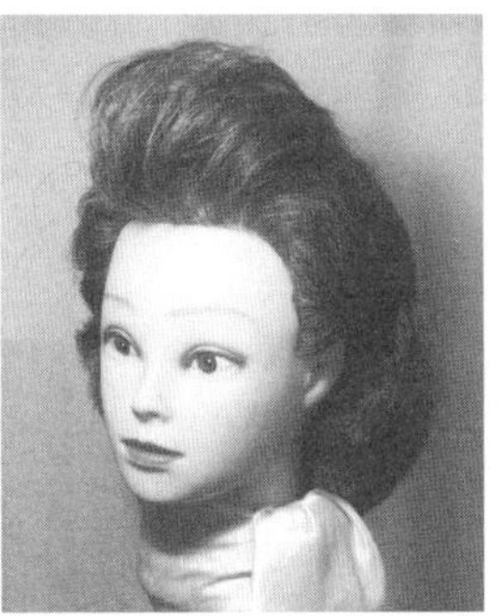
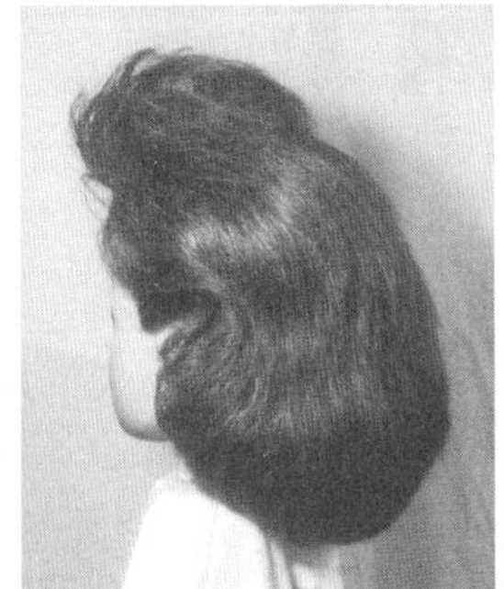
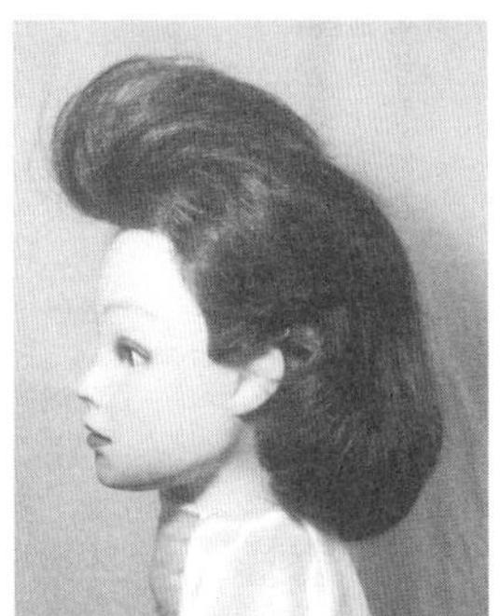

图 3-57　造型 7

造型步骤

分发区、修剪导线、修剪低层次、烫发的技法与中长曲发吹梳造型4（Page50）相同。

下面介绍吹梳造型技法。

用排骨刷与吹风机配合，采用排骨刷的带刷（前拉刷）技法，将前发区头发吹梳成向前探的蓬松刘海，前探幅度不要超过鼻尖，如图3-58（a）所示。

前发区吹刷完成后，为了更流畅更自然，用疏齿梳或排骨刷再由前向后梳理，以至达到最佳效果，如图3-58（b）所示。

两侧发区头发分别用滚刷定滚技法与吹风机配合，吹梳成内扣并于后面发区的内扣连接，如图3-58（c）所示。

如图3-58（d）所示，把两侧发区耳前的头发用暗卡卡到耳轮后面，也可在发卡处佩戴装饰品，然后把前发区喷些发胶固定，审视修饰定型。

(a)

(b)

(c)

(d)

图 3-58　造型 7 技法

3.2.8　造型8（见图3-59）

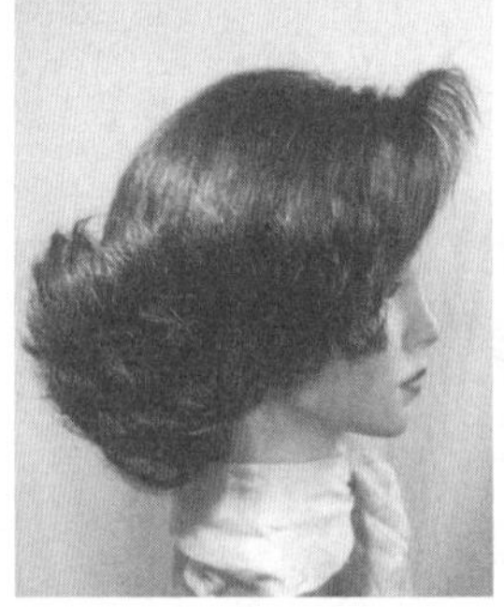
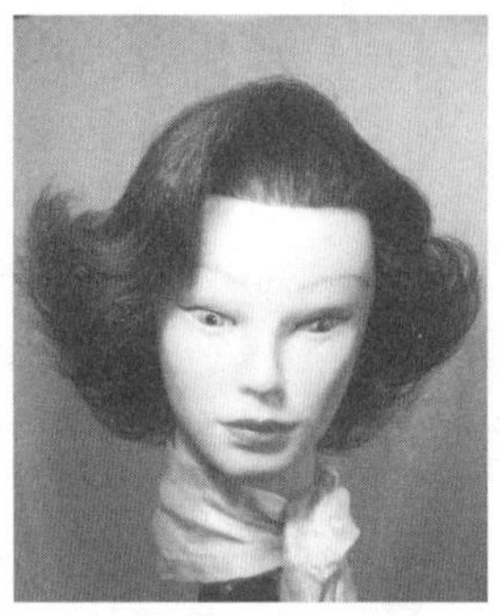
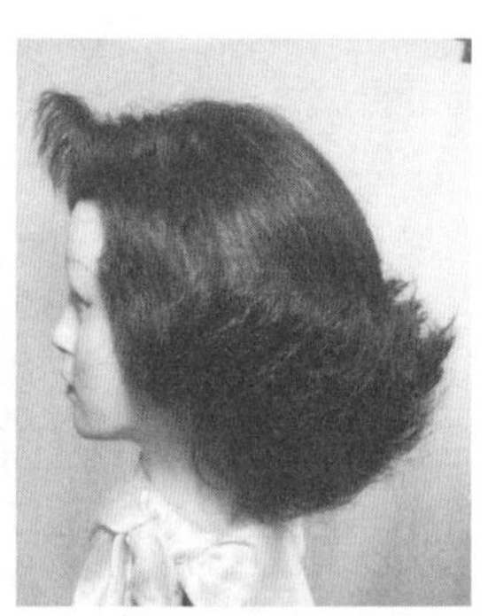

图 3-59　造型 8

分发区、修剪导线、修剪低层次、烫发的技法与中长曲发吹梳造型4（Page50）相同。

下面介绍吹梳造型技法。

先把湿发吹成七成干，分耳上线，分三七缝形成大、小侧发区和后发区。

用排骨刷与吹风机配合，将大侧发区上面的发根吹立形成单波刘海，如图3-60（a）所示。

小侧发区上面，吹风机与排骨刷推刷技法配合推成单波，如图3-60（b）所示。

两侧和后发区发梢，分别用滚刷和吹风机配合，将发丝采用向上卷的定滚法，把发梢吹卷成向上的外翻，如图3-60（c）、（d）所示。

发梢吹滚成向上的外翻以后，用排骨刷的梳、提、翻技法，使发丝形成较宽的自然外翻，如图3-60（e）所示，审视修饰定型。

(a)

(b)

(c)

(d)

(e)

图 3-60　造型 8 技法

3.2.9　造型9（见图3-61）

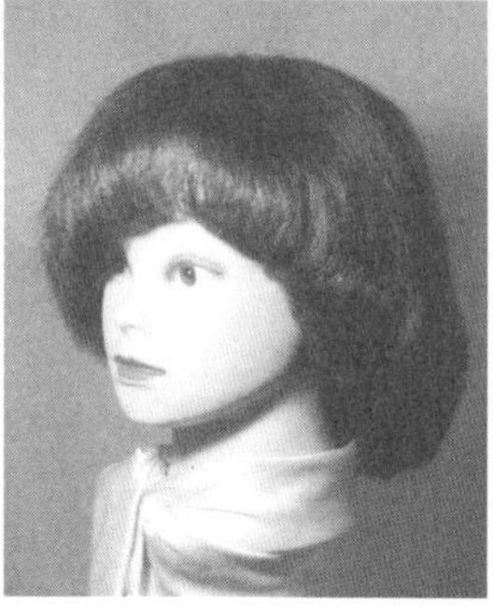
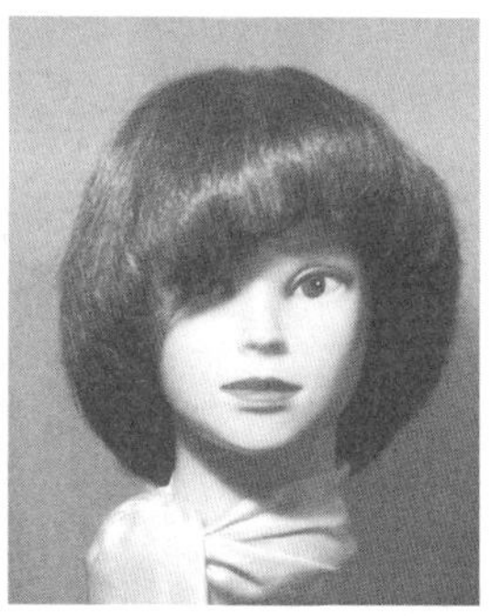
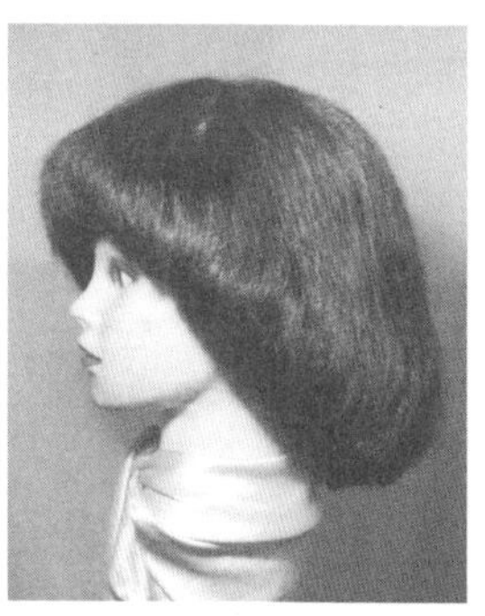

图 3-61　造型 9

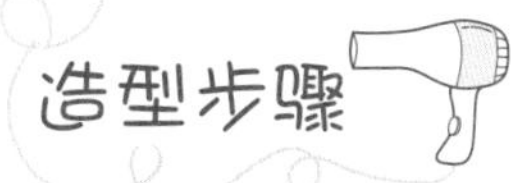

（1）分发区

与中长曲发吹梳造型1中“分发区”的技法（Page46）相同。

（2）修剪边线导线

与中长曲发吹梳造型1中“修剪边线导线”的技法（Page46）相同，不同之处在于引导线发丝的长度为：前发区左侧5cm右侧8cm；侧发区左侧6cm右侧10cm，后发区13cm。

（3）修剪顶部导线

后块面上部用一个直径6cm的圆形形成顶部导线区，把顶部导线区头发向上梳理，确定长度后用滑剪将头发剪断，散布四周为上面导线，其长度为13cm。

（4）修剪低层次

① 修剪。前发区分三七缝，形成中部发区和左右发区，每发区向后分横线，形成中部区间和左右侧区间，每区间提起发丝与头皮成45°角进行修剪，顺序是：a. 前发区、右侧发区、后右侧发区；b. 左侧发区、后左侧发区；c. 后中间发区并与左右后侧发区连接成半圆，用夹剪技法修剪。

② 检查。全头分纵线形成区间，提起每区间发束成45°角，由前发区左侧开始，按照右发区、后发区、左发区再回到开始点的顺序，用锯齿形剪法，剪去不适宜头发，形成发式，将发式下面的外围烫成大花。

（5）吹梳造型

把湿发吹至七成干，由顶发区把头发梳向四周，采用滚刷的拉刷技法把发梢以上曲发拉开，如图3-62（a）所示。

采用滚刷的定滚法与吹风机互相配合，分层次将下面的周围发梢吹成两侧发区不对称的扣边，如图3-62（b）所示。

如图3-62（c）所示，用疏齿梳或排骨刷把造型整体梳理一遍，使其更加通顺流畅，审视修饰定型。

(a)

(b)

(c)

图 3-62　造型 9 技法

3.2.10　造型10（见图3-63）

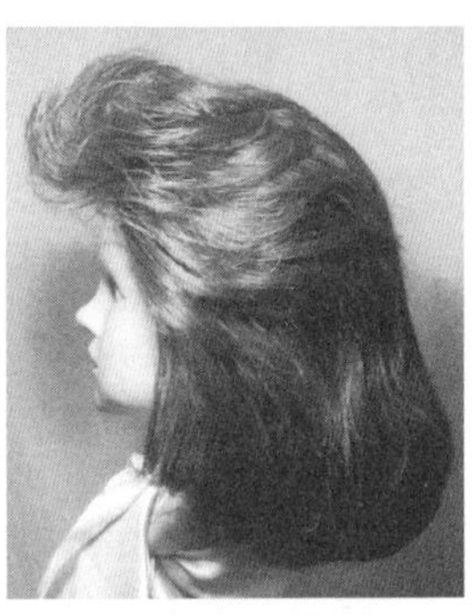

图 3-63　造型 10

（1）分发区

与中长曲发吹梳造型1中“分发区”的技法（Page46）相同。

（2）修剪边线导线

与中长曲发吹梳造型1中“修剪边线导线”的技法（Page46）相同，不同之处在于引导线发丝的长度为：前发区10cm，侧发区10cm，后发区13cm。

（3）修剪顶部导线

后块面上部用一个直径6cm的圆线形成顶部导线区，把顶部导线区头发向上梳理，确定长度后用滑剪将头发剪断，散布四周为上面导线，其长度为20cm。

（4）修剪低层次

① 修剪。在前发区分三七缝形成中部发区和左右发区，每发区向后分横线，形成中部区间和左右侧区间，每区间提起发丝与头皮成45°角进行修剪，顺序是：a. 前发区、右侧发区、后右侧发区；b. 左侧发区、后左侧发区；c. 后中间发区并与左右后侧发区连接成半圆，用夹剪技法修剪。

② 检查。全头分纵线形成区间，每区间提起发束成45°角，从前发区左侧开始，按照右发区、后发区、左发区再回到开始点的顺序，剪去与设计不相符的头发，形成发式，将发式下面

周围烫成大花。

（5）吹梳造型

把湿发吹至七成干，排骨刷与吹风机互相配合，从前发区开始，采用带刷技法把发丝向前平带拉，如图3-64（a）所示。向前带拉两次或三次为一带刷。

把前发区发丝全部带拉完后，分别带刷两侧发区，前、侧发区带刷后再重新用排骨刷或疏齿梳向上梳理，如图3-64（b）所示，使发丝通顺、蓬松、前探，前探一般不超过鼻尖。

用排骨刷与吹风机配合，将两侧发区头发向侧上方用带刷技法使发丝后翻，如图3-64（c）所示。

后发区与两侧发区下面头发吹成扣边状，如图3-64（d）所示。

最后审视调整定型，如图3-64（e）所示。

图3-64　造型10技法

3.2.11　造型11（见图3-65）

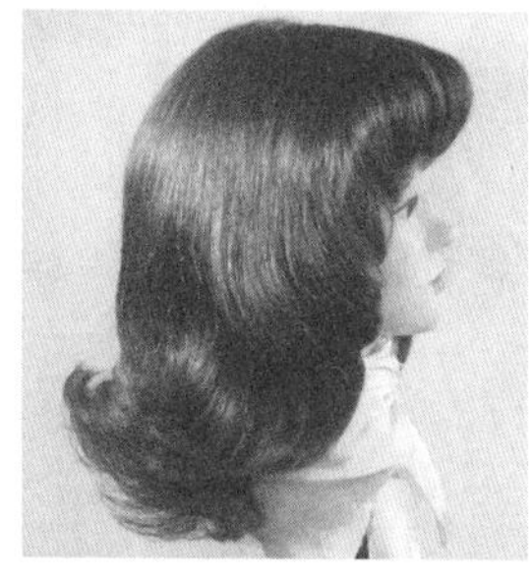
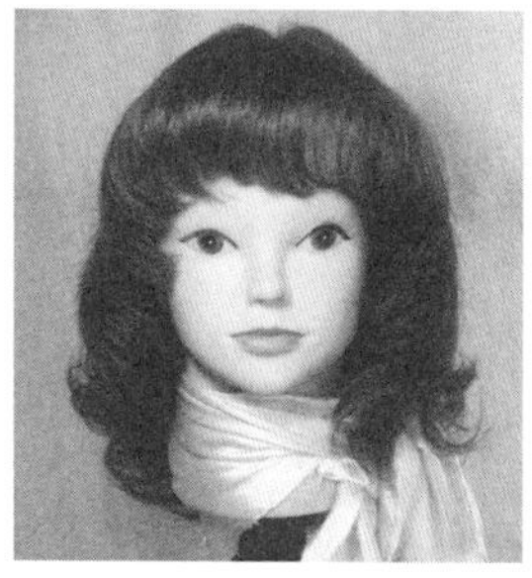

图3-65　造型11

造型步骤

（1）分发区

与中长曲发吹梳造型1中“分发区”的技法（Page46）相同。

（2）修剪边线导线

与中长曲发吹梳造型1中“修剪边线导线”的技法（Page46）相同，不同之处在于引导线发丝的长度为：前发区10cm，侧发区20cm，后发区20cm。

（3）修剪顶部导线

后块面上部用一个直径6cm的圆形形成顶部导线区，把顶部导线区头发向上梳理，确定长

度后用滑剪将头发剪断，散布四周为上面导线，其长度为22cm。

（4）修剪低层次

① 修剪。如图3-66（a）~（c）所示，从前发区分与导线相平行的横线形成区间，下面的2/3区间向上提起15°角修剪，上1/3区间0°角修剪。

修剪顺序：a. 从前发区开始修剪至右侧发区、后右侧发区；b. 修剪左侧发区、后左侧发区。

如图3-66（d）所示，后发区分两条竖线，在竖线中间分横线，组成多个区间，在后发区下面的2/3区间向上提起15°角修剪，上1/3区间0°角修剪，修剪后区间时要与两边区间连接成半圆形。

② 检查。全头分纵线形成区间，每区间提起发束15°角，从前发区左侧开始，按照右发区、后发区、左发区再回到开始点的顺序，剪去与设计不相符的头发，形成发式，将发式后下部烫成大花。

（5）吹梳造型

将发式下部烫过的大花喷湿，从顶发区将头发向四周梳理，湿发吹至七成干，吹风机与滚刷的内滚技法相配合，把前发区头发吹成向内弯的刘海，如图3-66（e）所示。

两侧发区头发，分别向面部吹成内弯，如图3-66（f）所示。

吹风机与空气刷配合，将后发区上面头发发丝吹梳至光顺亮丽，用滚刷定滚法把后发区下面的发梢吹成外翻状，与侧发区、后发区外翻的发梢要相互连接，如图3-66（g）所示。

吹梳造型完成后，再用排骨刷上下梳，使造型更为自然，审视修饰定型，如图3-66（h）所示。

图3-66　造型11技法

第 4 章 塑料卷曲发造型范例及技法

4.1 短曲发塑料卷造型范例及技法（16例）

4.1.1 造型1（见图4-1）

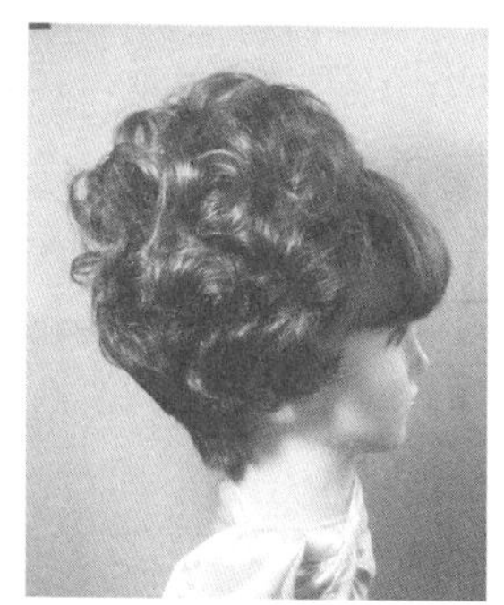
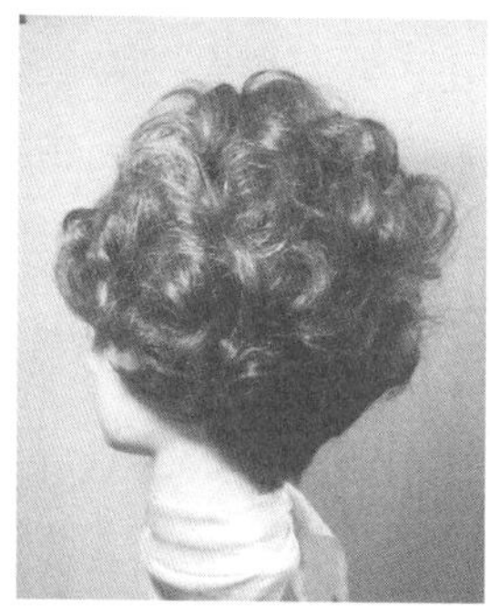
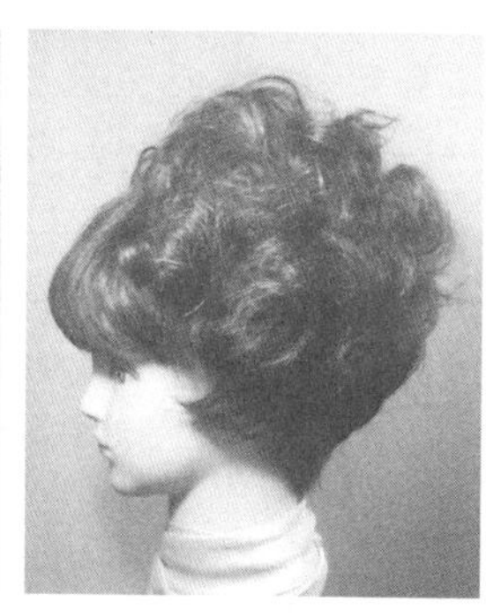
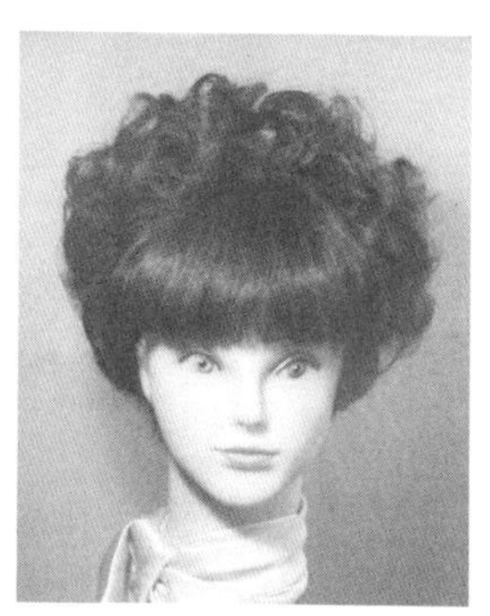

图 4-1 造型 1

造型步骤

（1）分发区

从一侧耳尖向另一侧耳尖分一条线，此线称为耳上线，它把头发分成前后两块面，如图4-2（a）所示。

前块面分三七缝，形成长方形前发区和左右侧发区，如图4-2（b）所示。

后块面分中线，形成后部左右发区，如图4-2（c）所示。

（2）修剪边线导线

如图4-2（d）、（e）所示，由前发际线上面至两耳尖上面2cm，向后枕骨下沿分一条斜线，这条线称为导线，导线上面的头发按发区向上固定，导线下面的头发向下梳理。

如图4-2（f）、（g）所示，导线下面的头发向上提起与头皮成90°角剪断，形成发式导线，导线长度为：侧发区5cm、前发区10cm、后发区枕骨下沿为5cm。

（3）修剪顶部导线

如图4-2（h）、（i）所示，后块面上半部分用一个直径6cm的圆形形成顶部导线区，把顶部导线区头发向上梳理，确定长度后用滑剪将头发剪断，散布四周为上面导线，其长度为12cm。

（4）修剪高层次

① 修剪。如图4-2（j）、（k）所示，从前发区左侧向全发区分纵线，形成纵向小区间，每小区间纵向提起发丝与头皮成90°角进行夹剪。夹剪顺序是：由前发区左边起，经右侧发区、后发区至左侧发区，再回到起点与其连接。

② 检查。如图4-2（m）~（p）所示，从前发区正中向后分横线，形成中部区间和左右侧区间，每区间提起发丝与头皮成90°角，进行检查修剪。修剪顺序是：a. 前发区、右侧发区、后右侧发区；b. 左侧发区、后左侧发区；c. 中间发区并与左右后侧发区连接成半圆，用锯齿形剪剪去不规范发丝形成发式，将发式烫成大花。

（5）选塑料发卷

选用中卷和小卷。

（6）卷发卷

如图4-2（q）~（t）所示，前发区刘海选用中卷向内卷，顶发区选用中卷，第一行发卷向上或向下卷均可，其他发卷都向上卷，直到后发区枕骨下面为后面最后一行，这行可选用小卷。如果小卷卷不到一周半可用手指卷，指发卷卷不到一周半时，就不再做发卷。因为发卷卷一周半以上，才能使发花弹性好，波浪弯曲好。

（7）吹梳造型

拆除发卷中的发卡，全头发卷用排骨刷从下向上将发卷梳开，多梳理几次使发花弹性适当疏松，采用排骨刷的梳、翻技法制作造型发花，如图4-2（u）所示。

发区头发在吹风机与发刷的配合下，将头发吹成齐刘海，如图4-2（v）所示。

鬓角头发用风机与发刷配合，向前转刷成C形，后发区下面头发吹梳成与颈部服帖，如图4-2（w）所示。

用分发梳尖端或用手指拨、提、挑的技法配合下，把发花整理成蓬松自然的团花形，审视修饰定型，如图4-2（x）所示。

（a）

（b）

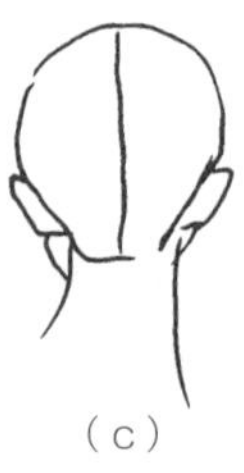

（c）

（d）

(e) (f) (g) (h)

(i) (j) (k) (l)

(m) (n) (o) (p)

(q) (r) (s) (t)

(u) (v) (w) (x)

图4-2 造型1技法

4.1.2 造型2（见图4-3）

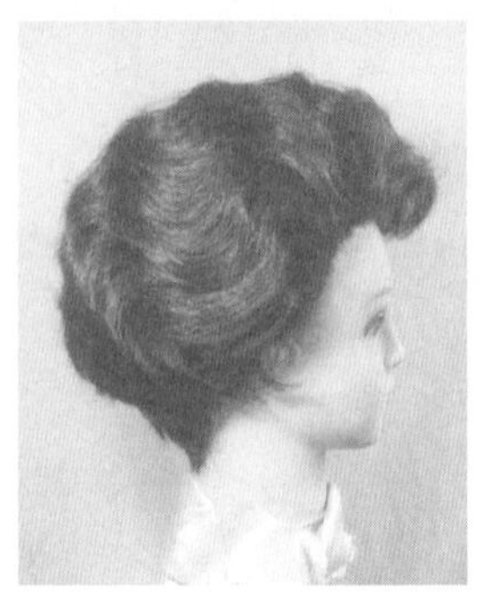
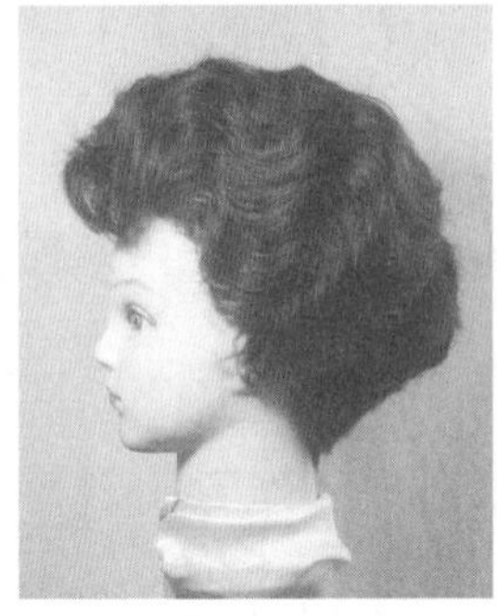
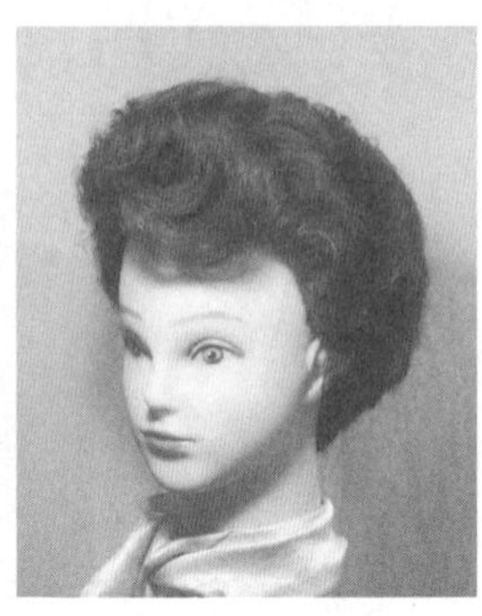
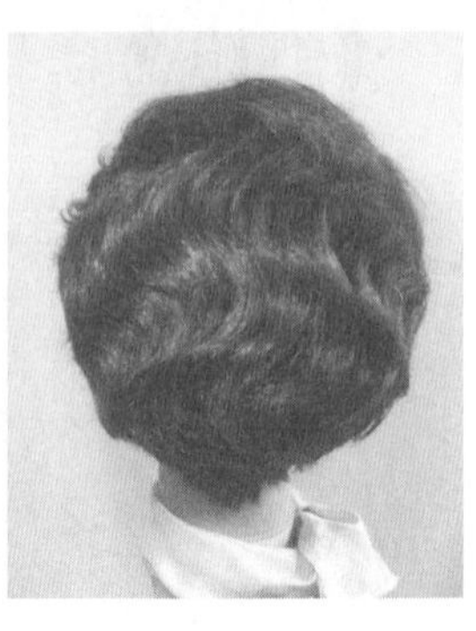

图4-3 造型2

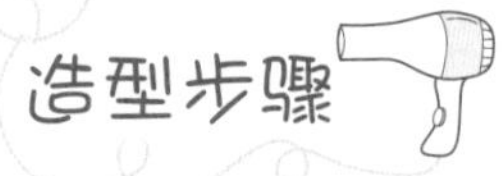

（1）分发区

与短曲发塑料卷造型1中“分发区”的技法（Page59）相同。

（2）修剪边线导线

与短曲发塑料卷造型1中“修剪边线导线”的技法（Page60）相同，不同之处在于导线下面头发向上提起与头皮成90°角，用滑剪或锯齿剪技法修剪，形成发式导线，导线长度为：侧发区5cm，前发区10cm，后发区枕骨下沿为5cm，如图4-4（a）、（b）所示。

（3）修剪顶部导线

与短曲发塑料卷造型1中“修剪顶部导线”的技法（Page60）相同。

（4）修剪参差高层次

① 修剪。如图4-4（c）~（e）所示，将全头分纵线形成纵向区间，每小区间纵向提起发丝与头皮成90°角，采用滑剪技法修剪，顺序是：从前发区右边起，经左侧发区、后发区至右侧发区，再回到起点与其连接。

② 检查。如图4-4（f）~（i）所示，从前发区正中向后分横线，形成中部区间和左右侧区间，每区间提起发丝与头皮成90°角，进行检查修剪，顺序为：先中间后左右侧，用锯齿剪技法剪去不规范发丝形成发式，将发式烫成大花。

（5）选塑料卷

选用中卷和小卷。

（6）卷发卷

与短曲发塑料卷造型1中“卷发卷”的技法相同。

（7）吹梳造型

在短曲发塑料卷造型1的基础上，用排骨刷从前向后，把全部发花梳通梳顺，如图4-4（j）所示。

排骨刷与粗齿梳配合，将发丝梳理出全头波浪，排骨刷运用推按技法，在吹风机的配合下稳固波浪，如图4-4（k）所示。

在波浪基本稳固的基础上，再重新由前向后梳理波浪，如图4-4（l）所示。

凡不适合的波浪，用吹风机与发刷配合，进行推、拉、提、顶等技法给以调整，使前后波浪连接在一起，审视修饰定型，如图4-4（m）所示。

（a）　（b）　（c）　（d）

（e）　（f）　（g）　（h）

（i）　（j）　（k）　（l）　（m）

图 4-4　造型 2 技法

4.1.3　造型3（见图4-5）

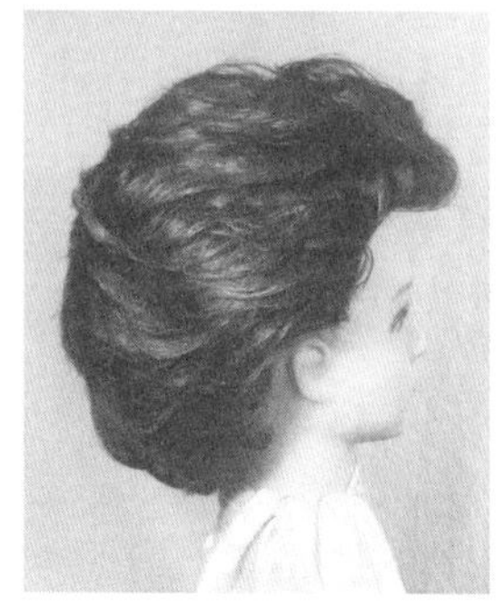
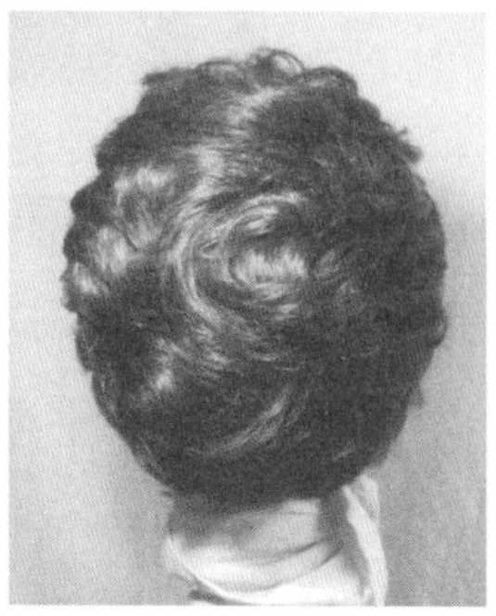
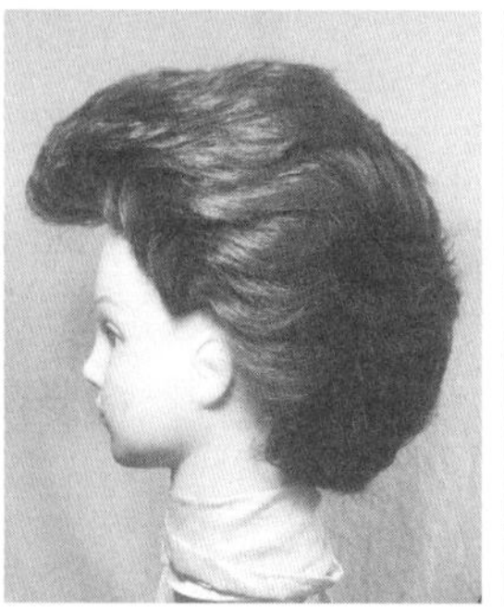

图 4-5　造型 3

造型步骤

（1）分发区

与短曲发塑料卷造型1中“分发区”的技法（Page59）相同。

（2）修剪边线导线

采用短曲发塑料卷造型1中“修剪边线导线”的技法（Page60）修出导线。

导线下面头发向上提起与头皮成90°角，采用滑剪技法剪断，形成发式导线，导线长度为：前发区10cm，侧发区8cm，后发区6cm，如图4-6（a）、（b）所示。

（3）修剪顶部导线

如图4-6（c）、（d）所示，后块面上分出一个直径6cm的圆形形成顶部导线区，把顶部导线区头发向上梳理，确定长度后用滑剪将头发剪断，散布四周为上面导线，其长度为15cm。

（4）修剪参差高层次

① 修剪。如图4-6（e）~（g）所示，从前发区右边起分纵线，全头形成纵向区间，每区间纵向提起发丝与头皮成90°角，从前发区右边开始，采用滑剪技法，经左侧发区、后发区至右侧发区，再回到起点与其连接。

② 检查。如图4-6（h）~（k）所示，从前发区正中向后分横线，形成中部小区间和左右小区间，小区间提起发丝与头皮成90°角，进行检查修剪，顺序是：a. 前发区、右侧发区、后右侧发区；b. 左侧发区、后左侧发区；c. 后中间发区并于左右后侧发区连接成半圆，用锯齿形剪技法剪去不规范发丝形成发式，将发式烫成大花。

（5）选发卷

塑料发卷型号：前发区选中卷，顶发区选大卷，后发区底下选小卷。

（6）卷发卷

如图4-6（l）~（o）所示，两侧发区的发卷向下卷，前发区和后发区的发卷全部由前向后下卷，前发区头发卷发卷时，要求把头发向前梳成与头皮成120°角，在发丝通顺的基础上向后卷发卷，其他发区头发梳成与头皮成90°角向后面卷发卷。

（7）吹梳造型

塑料发卷干透后，将发卷上的发卡拆除，用排骨刷向后把发卷梳理通顺，如图4-6（p）所示。

吹风机与发刷配合，采用带刷技法，将前发区发丝吹梳成前探刘海，如图4-6（q）所示。

把两侧区头发采用推、别、梳等技法向后吹梳，如图4-6（r）所示。

最后用疏齿梳或用手指向后梳理，使发丝产生粗犷的线条，喷发胶定型，如图4-6（s）所示。

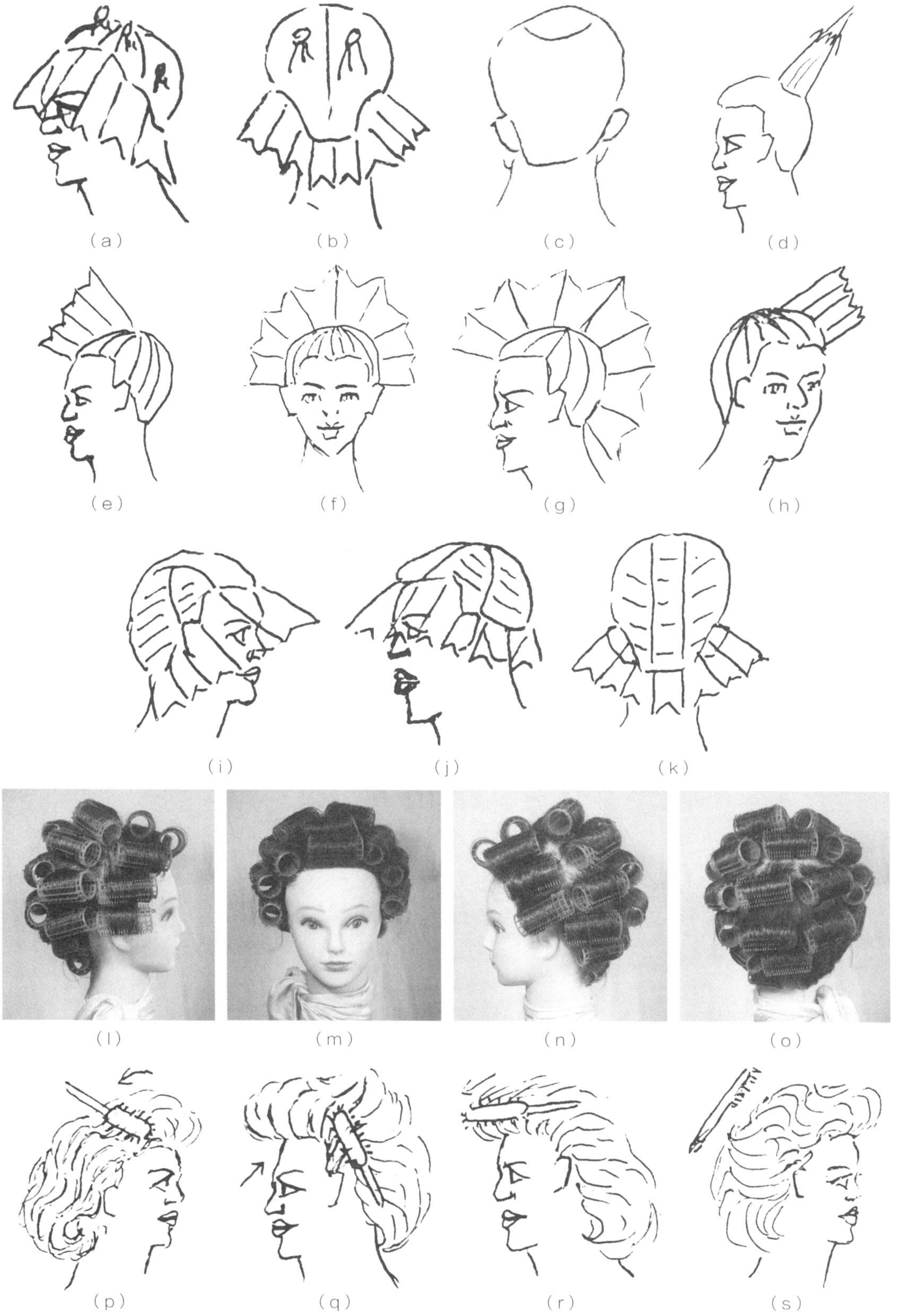

(a) (b) (c) (d)

(e) (f) (g) (h)

(i) (j) (k)

(l) (m) (n) (o)

(p) (q) (r) (s)

图4-6 造型3技法

4.1.4 造型4（见图4-7）

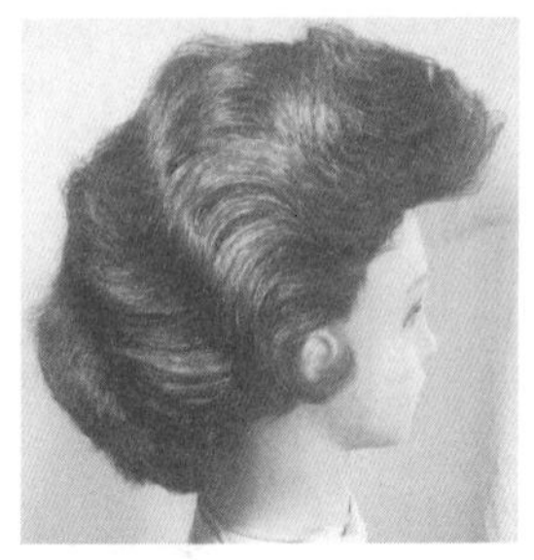

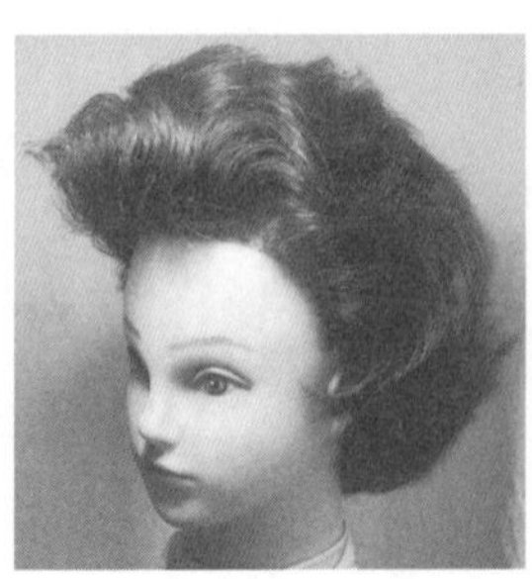
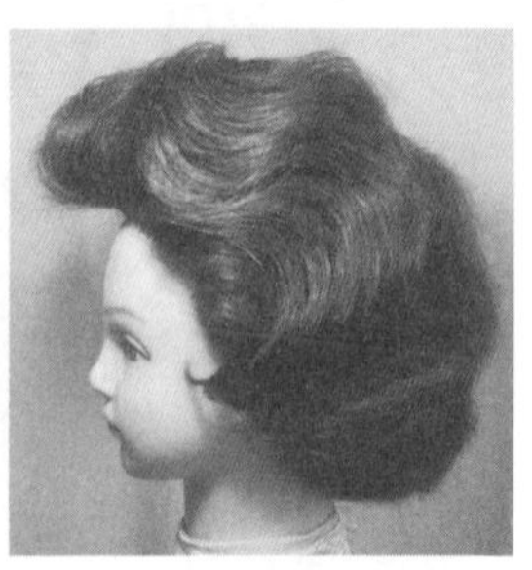

图 4-7 造型 4

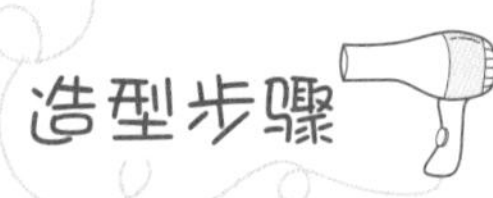

分发区、修剪发长、修剪参差高层次、烫发、做发卷的技法与短曲发塑料卷造型3（Page64）相同。

下面介绍吹梳造型的步骤。

在短曲发塑料卷造型3的基础上，将头发向后梳理通顺，疏齿梳与排骨刷配合，采用梳理波浪技法，由前发区向后梳理出平形波浪，如图4-8（a）所示。

波浪下面发梢用滚刷吹梳成内弯，使得下面边沿轮廓呈现半圆形，如图4-8（b）所示。

空气刷与吹风机配合，运用拉、顶、推等技法，固定和调整波浪，如图4-8（c）所示。

梳理调整发型轮廓，审视修饰定型，如图4-8（d）所示。

（a）

（b）

（c）

（d）

图 4-8 造型 4 技法

4.1.5 造型5（见图4-9）

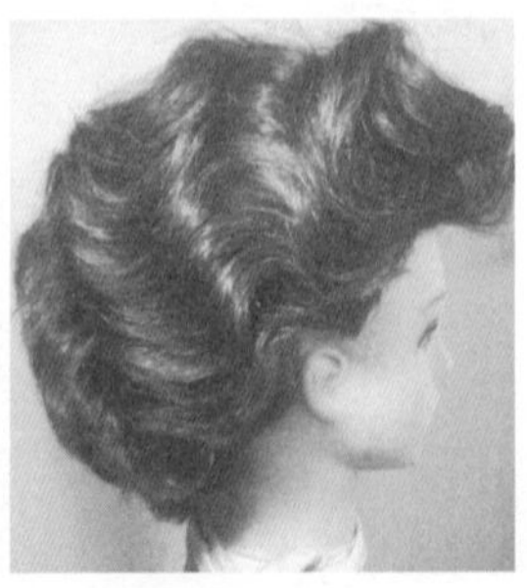
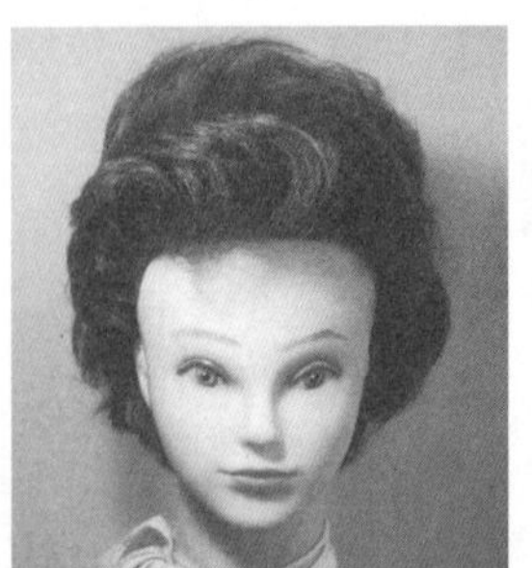

图 4-9 造型 5

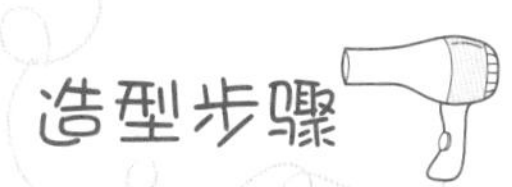

分发区、修剪发长、修剪参差高层次、烫发、做发卷的技法与短曲发塑料卷造型3（Page64）相同。

下面介绍吹梳造型的步骤。

在短曲发塑料卷造型3的基础上，用发刷或手与吹风机配合，运用推、提、拉、捏、梳等技法，使前发区的波浪吹梳成波涛，使其形成较蓬松的前探，如图4-10（a）所示。

两侧发区的平形波浪，通过推刷等技法，改变成竖立波涛，从而使其更加立体，如图4-10（b）所示。

后发区波涛下面的边沿发丝，通过滚刷的向下转动，吹卷成内扣，如图4-10（c）所示。

审视调整定型，如图4-10（d）所示。

（a）

（b）

（c）

（d）

图 4-10 造型 5 技法

4.1.6 造型6（见图4-11）

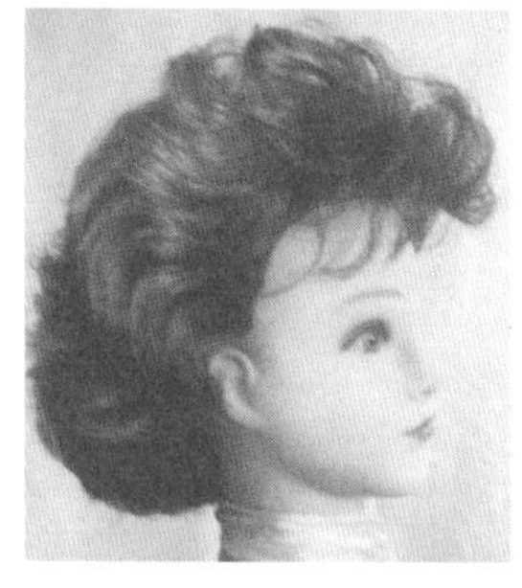
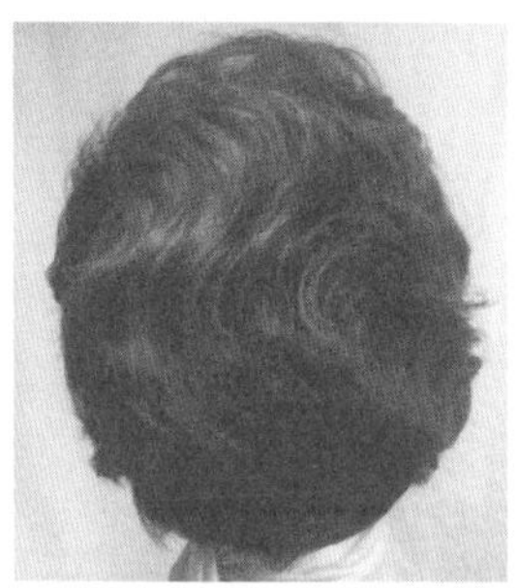
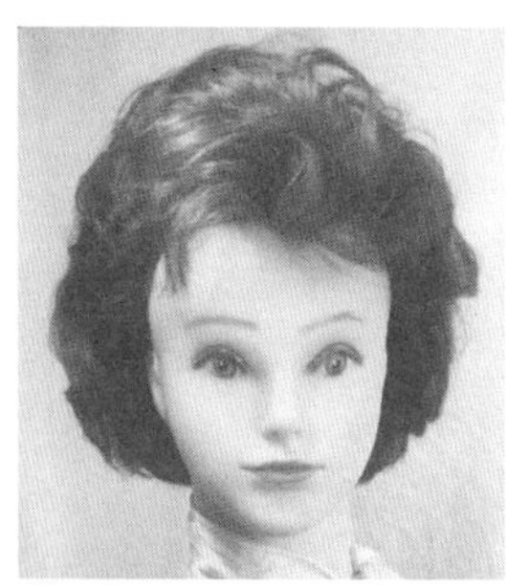
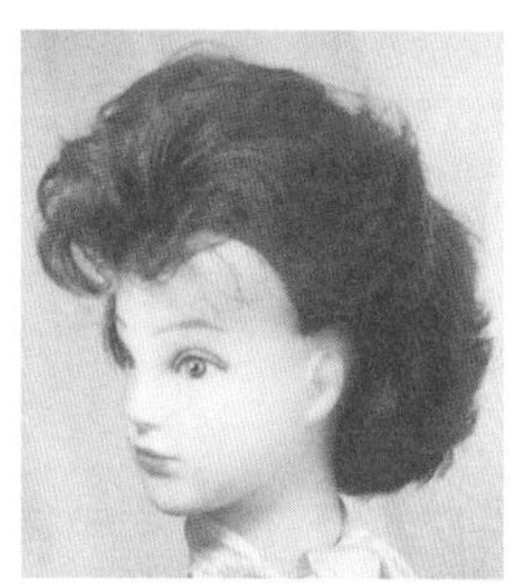

图 4-11 造型 6

分发区、修剪发长、修剪参差高层次、烫发、做发卷的技法与短曲发塑料卷造型3（Page64）相同。

下面介绍吹梳造型的步骤。

在短曲发塑料卷造型3的基础上，前发区用排骨刷的梳刷技法，把原来的前面造型先向前

梳理，后向上梳理，然后通过分发梳的挑与拨等技法，使前面形成自然刘海，如图4-12（a）、（b）所示。

两侧发区分别用吹风机与排骨刷的推刷技法，按波浪走向往后推梳，如图4-12（c）所示。

将后发区的竖行波涛梳理成平形式波浪，下面发丝吹梳成内弯，审视修饰，前发区适量喷些发胶定型，如图4-12（d）、（e）所示。

图4-12　造型6吹梳技法

4.1.7　造型7（见图4-13）

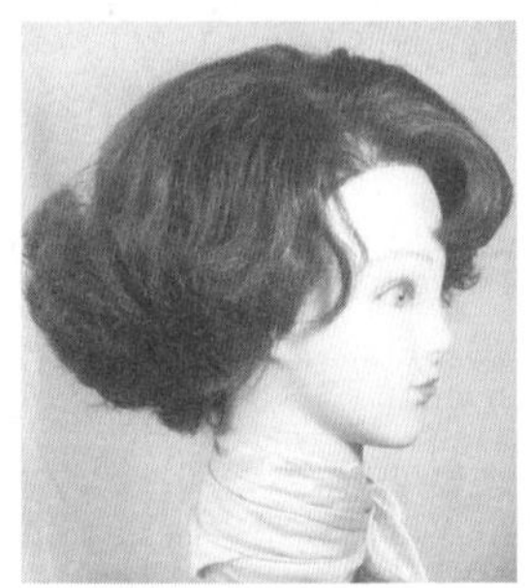

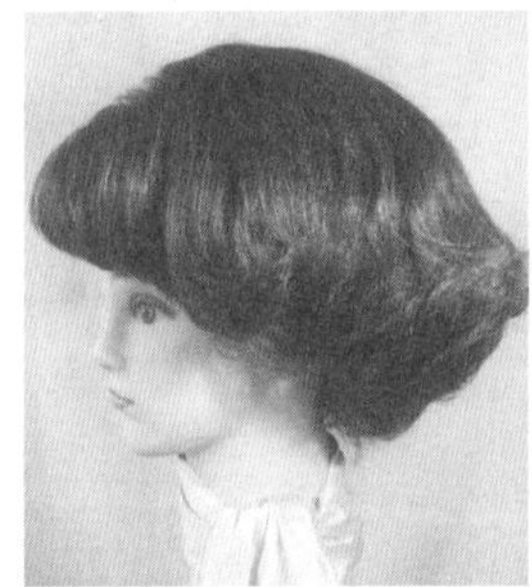
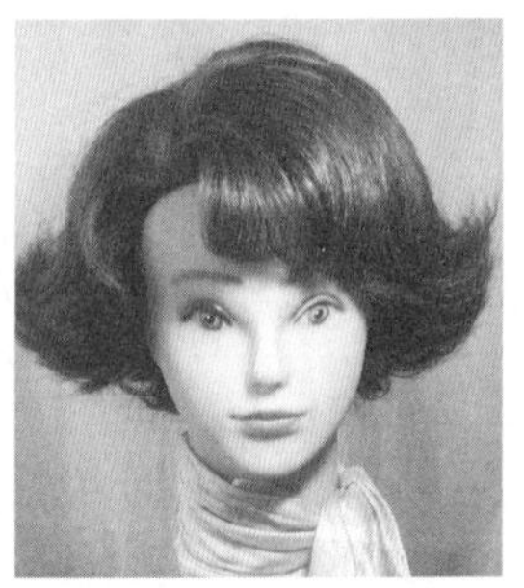

图4-13　造型7

（1）分发区

与短曲发塑料卷造型1中“分发区”的技法（Page59）相同。

（2）修剪边线导线

与短曲发塑料卷造型1中“修剪边线导线”的技法（Page60）相同，不同之处在于导线长度为：前发区10cm，侧发区8cm，后发区6cm。

（3）修剪顶部导线

后块面上半部用一个直径6cm的圆形形成顶部导线区，把顶部导线区头发向上梳理，确定长度后用滑剪将头发剪断，散布四周为上面导线，其长度为15cm。

（4）修剪低层次

① 修剪。如图4-14（a）~（d）所示，从前发区起向后分横线，使中间和左右发区形成

横向区间，每个小区横向提起发丝与头皮成45°角，采用夹剪技法修剪，顺序是：a. 前发区、右侧发区、后右侧发区；b. 左侧发区、后左侧发区；c. 后发区，并与左右后侧发区连接成半圆。

② 检查。如图4-14（e）~（g）所示，从前发区分纵线，形成前发区、左右侧发区、后发区，并形成多个纵向区间，每个区间提起发丝与头皮成45°角，用夹剪技法检查修剪，顺序是：从前发区左侧起，经右侧发区、后发区、左侧发区并与起点连接，剪去不规范发丝形成发式。将发式修剪后烫成大花。

图 4-14　造型 7 技法

（5）选发卷

前发区、左右侧发区选中卷，顶发区、后发区上面选大卷，后发区下面选小卷。

（6）卷发卷

如图4-14（h）~（k）所示，分耳上线和三七缝，组成大小侧发区与后发区。大侧发区上面两个发卷斜向卷，一个发卷横向卷，大侧发区下面和小侧发区的发卷，各自向各自下方卷，后发区由上面采用砌砖法向后下方卷，枕骨以下全部向上卷。

（7）吹梳造型

以头路为界，把拆开的发卷向外围梳理通顺，然后将前发区头发向前斜下梳理，在吹风机与滚刷的内滚技法配合下，形成内扣刘海，如图4-14（l）所示。

大侧发区、小侧发区、后发区在上面发丝梳理通顺的基础上，用排骨刷的外梳技法，把下面外翻头发向上梳，使其活泼自然，如图4-14（m）、（n）所示。

必要时可用排骨刷在发丝内使用上梳技法，使发梢形成更自然的上翘，如图4-14（o）所示。调整后适当喷些发胶定型。

4.1.8 造型8（见图4-15）

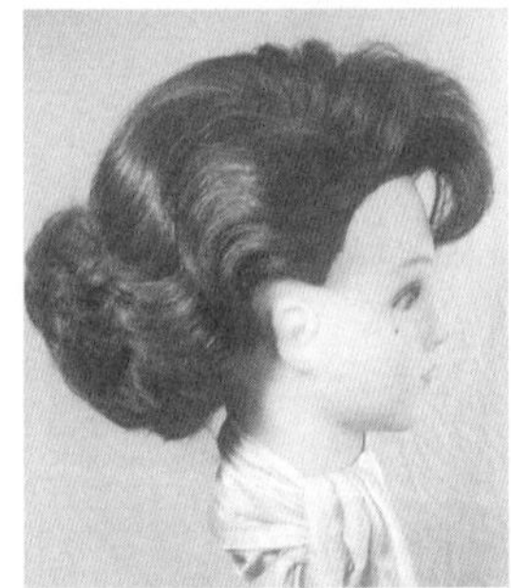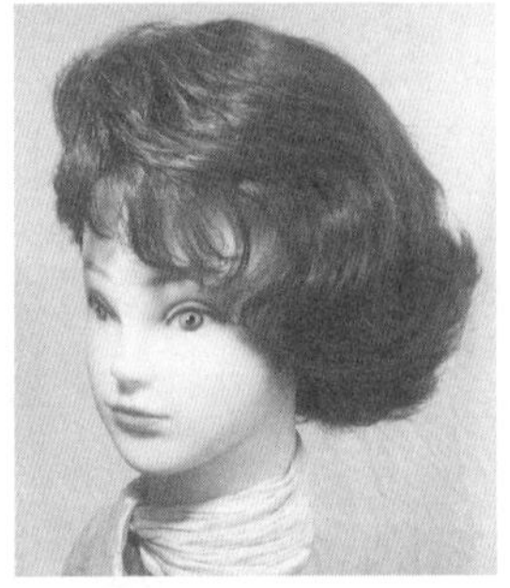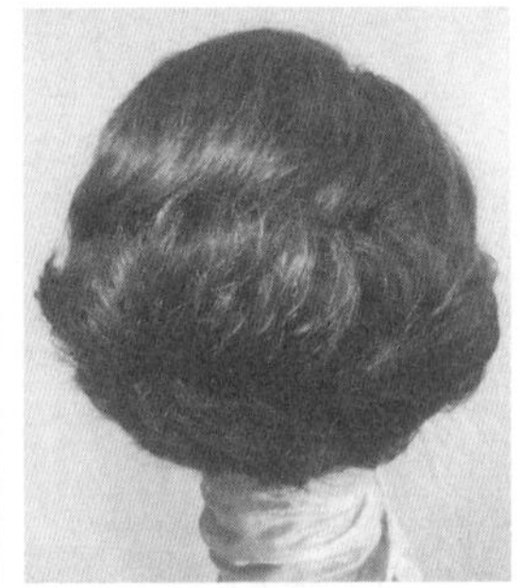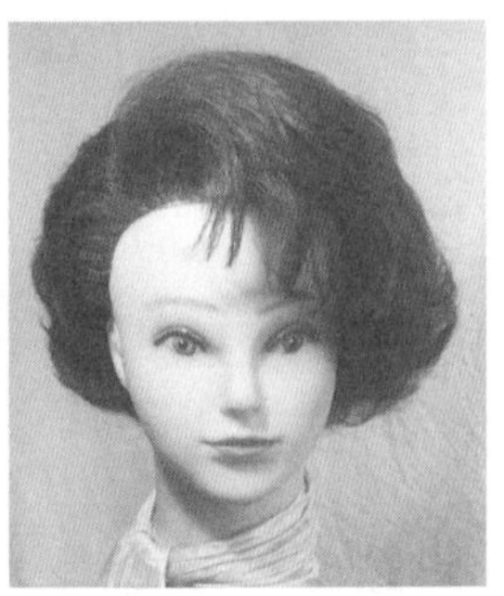

图4-15 造型8

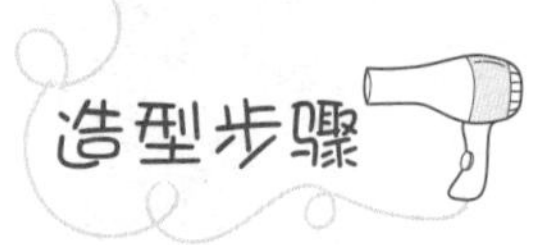

分发区、修剪发长、修剪低层次、烫发、做发卷的技法与短曲发塑料卷造型7（Page68~70）相同。

下面介绍吹梳造型技法。

如图4-16（a）所示，在短曲发塑料卷造型7的基础上，把前面垂扣的头发成45°角用排刷向后下梳理，留下少量发丝，通过分发梳的分拨，形成自然刘海。

后发区下面上翘的发丝，通过向上梳理形成自然形状，如图4-16（b）所示。

如图4-16（c）所示，小侧发区向后斜下梳理，通过吹风机与排骨刷的推刷技法，形成两道波纹，其后面为外翘。

如图4-16（d）所示，大侧发区向后梳理，用排骨刷的推刷技法与吹风机配合，吹梳成向后的两道波纹，耳后面形成外翘，因此大小侧发区形式不对称的特点。

(a)
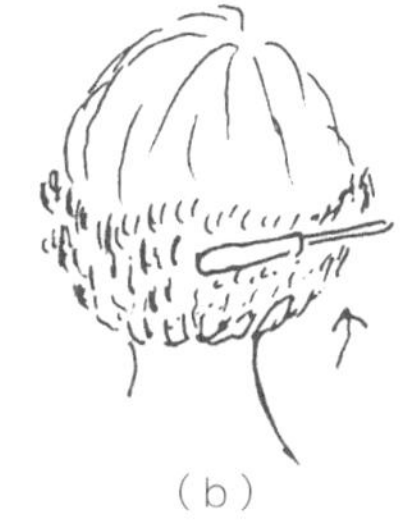
(b)

(c)

(d)

图 4-16　造型 8 吹梳造型技法

4.1.9　造型9（见图4-17）

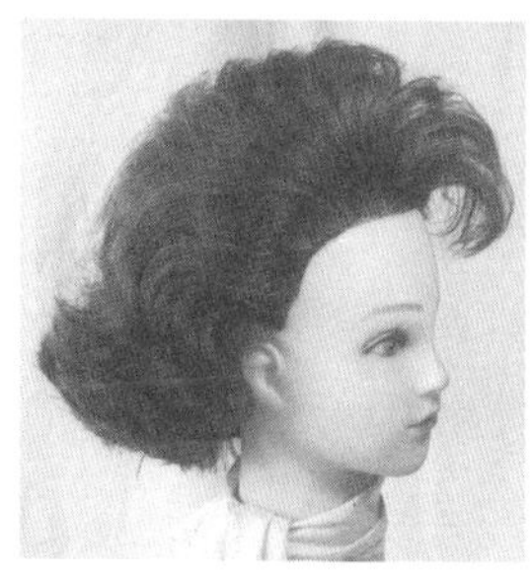
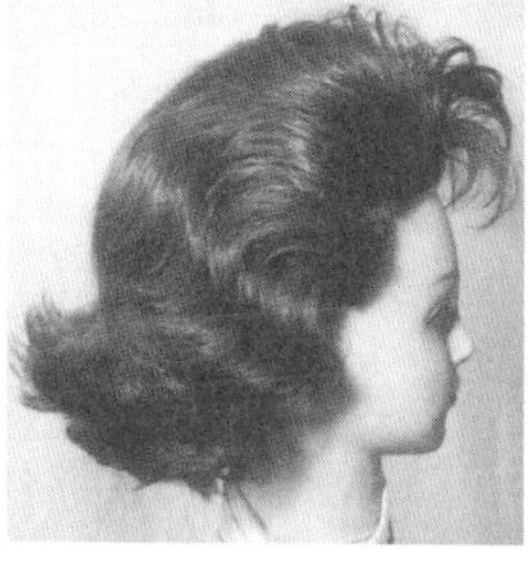
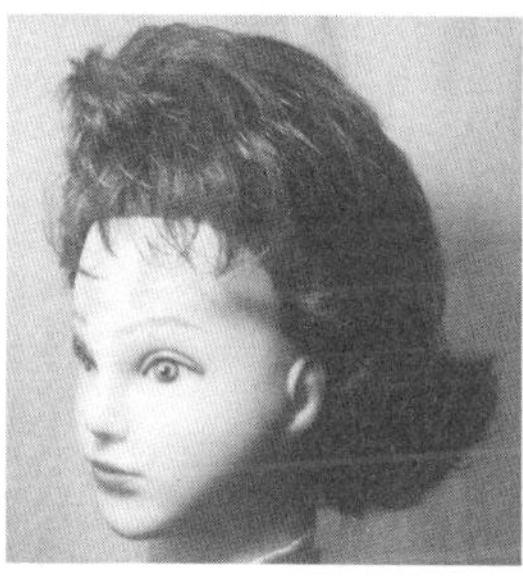
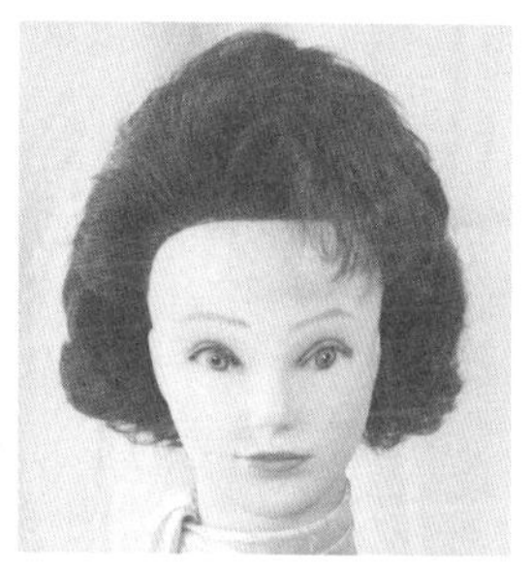

图 4-17　造型 9

造型步骤

分发区、修剪发长、修剪低层次、烫发、卷发卷的技法与短曲发塑料卷造型7（Page68~70）相同。

下面介绍吹梳造型技法。

如图4-18（a）所示，在短曲发塑料卷造型8的基础上，后发区的外翻型体不变，在排骨刷的别刷技法与吹风机的配合下，把右侧发区头发斜向上方吹梳，与前发区头发相连。

如图4-18（b）所示，前发区头发梳向左侧，然后用分发梳的挑拨技法，形成蓬松活泼的刘海。

左右侧发区波浪，采用排骨刷的推刷技法与吹风机配合进行吹梳使波纹自然流畅，如图4-18（c）、（d）所示。

审视修饰并适当喷些发胶定型，如图4-18（e）所示。

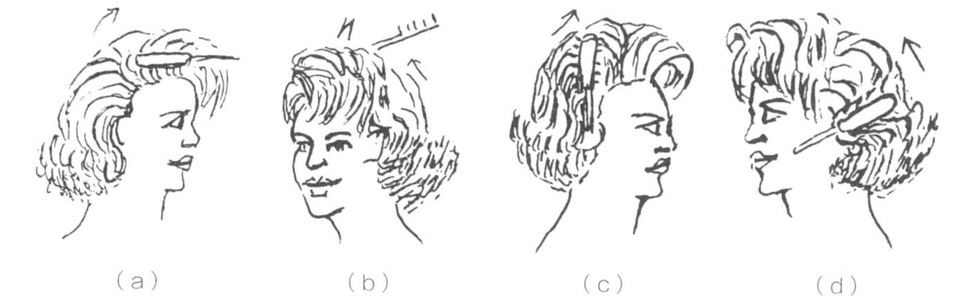

图 4-18　造型 9 吹梳技法

4.1.10　造型10（见图4-19）

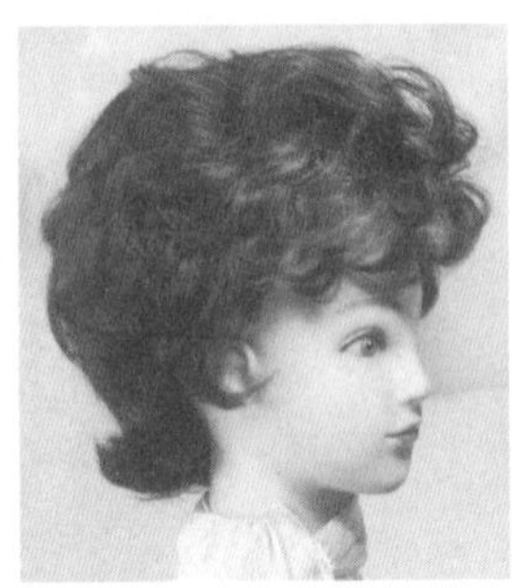
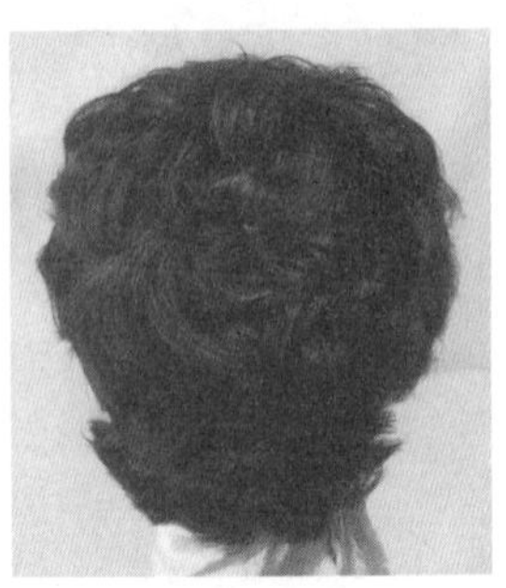

图4-19　造型10

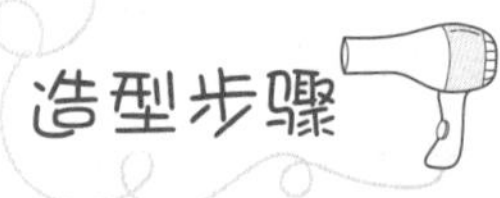

（1）基础技法

分发区、修剪边线导线和顶部导线、修剪低层次的技法与短曲发塑料卷造型7（Page68）相同。

（2）选塑料发卷

两侧发区选大卷，后发区上面选大卷，下面选小卷。

（3）卷发卷

如图4-20（a）~（d）所示，分三七缝，形成大小侧发区与后发区，两侧发区发卷向各自下方卷，后发区向后卷，最后的一层发卷向上卷。

（a）

（b）

（c）

（d）

（e）

（f）

（g）

（h）

图4-20　造型10技法

（4）吹梳造型

发卷干透后，拆除发卷中的发卡，按三七缝形成的大小侧发区、后发区，用排骨发刷向各自发区的下方把发卷梳理通顺，发区之间自然连接后，用分发梳调整出不规则的发花，如图4-20（e）所示。

如图4-20（f）所示，前发区梳成适量发花，形成自然下垂的刘海。

如图4-20（g）所示，后发区下面将发尾用排骨刷的翻刷技法与吹风机配合，吹梳成上翻效果。

审视修饰定型，如图4-20（h）所示。

4.1.11　造型11（见图4-21）

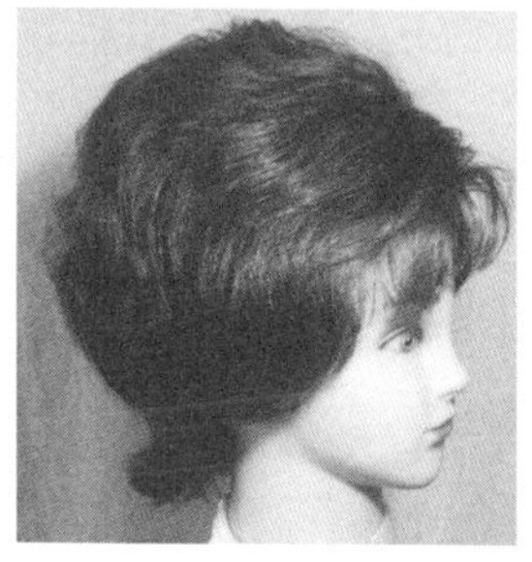
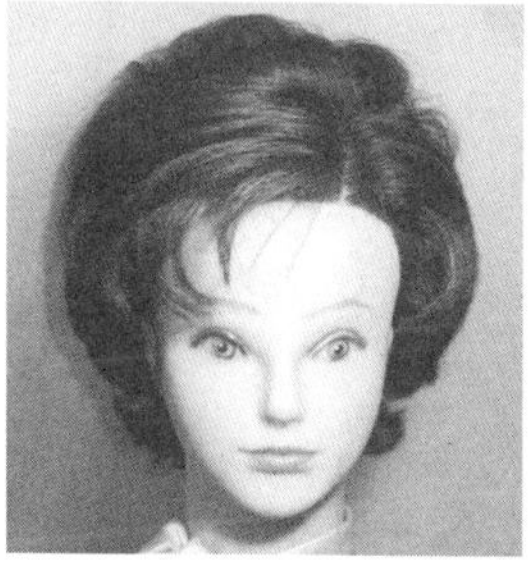
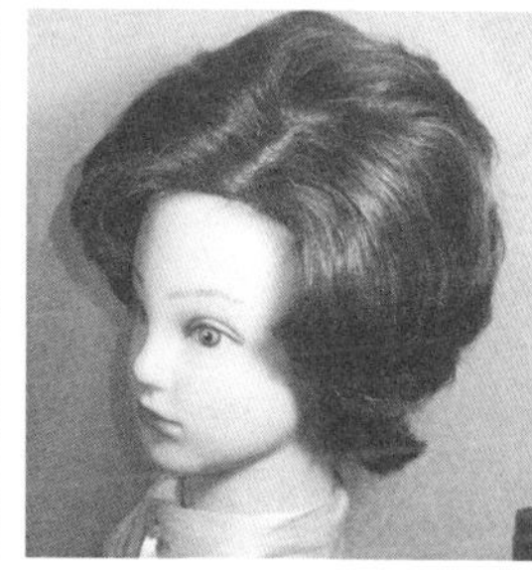
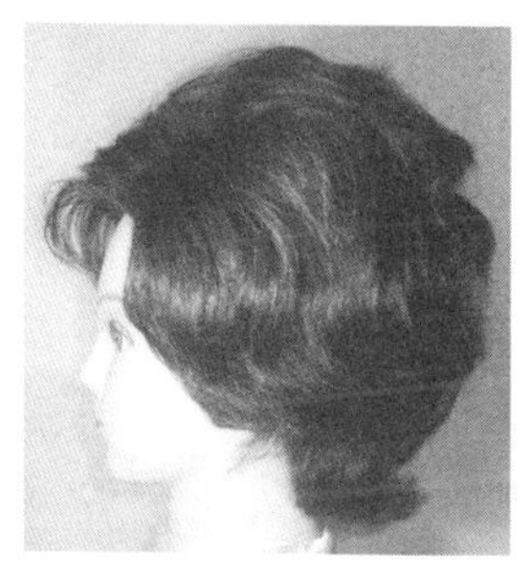

图 4-21　造型 11

造型步骤

分发区、修剪导线、修剪低层次、烫发、卷发卷的技法与短曲发塑料卷造型10（Page72）相同。

下面介绍吹梳造型技法。

如图4-22（a）所示，在短曲发塑料卷造型10的基础上，按三七缝用排骨发刷向各发区下方把发花梳理通顺，前发区形成自然下垂的刘海。

如图4-22（b）所示，两侧发区下面头发经过吹梳，各自形成发梢向后的波浪。

如图4-22（c）所示，后发区上面采用吹风机与排骨刷的顶刷(内推刷)技法配合，使头发蓬起，后发中区吹梳成波纹状。

如图4-22（d）所示，后面发尾用滚刷的行滚技法与吹风机配合，吹滚成上翘样式，审视调整定型。

（a）

（b）

（c）

（d）

图 4-22　造型 11 吹梳技法

4.1.12 造型12（见图4-23）

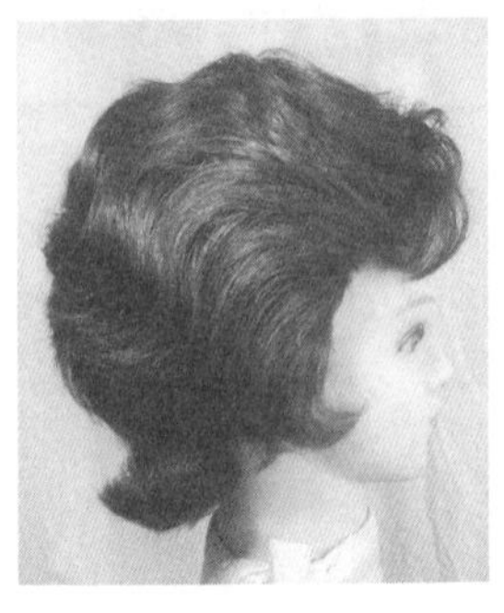

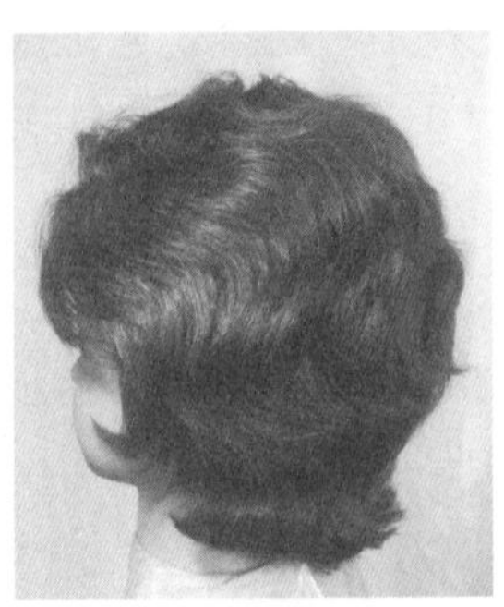
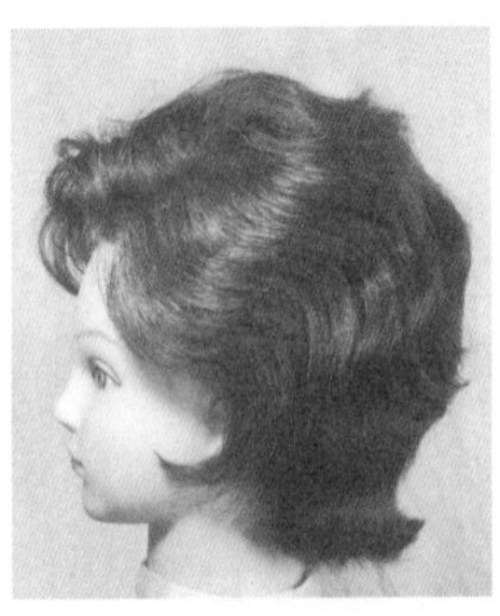

图4-23 造型12

分发区、修剪导线、修剪低层次、烫发、卷发卷的技法与短曲发塑料卷造型10（Page72）相同。

下面介绍吹梳造型技法。

如图4-24（a）所示，在短曲发塑料卷造型11的基础上，按三七缝，形成大小两侧发区和后发区。用排骨刷把发卷梳理通顺，大侧发区上面在吹风机与推刷的作用下，形成单侧波浪刘海。

如图4-24（b）所示，在发刷与吹风机的配合下，将两侧发区下面发梢吹梳成向前弯曲的C形。

如图4-24（c）所示，用发刷的推刷技法与吹风机配合，将两侧发区向后吹梳成波浪。

如图4-24（d）所示，后发区下边发尾吹卷成上翘样式，审视调整定型。

（a）

（b）

（c）

（d）

图4-24 造型12技法

4.1.13 造型13（见图4-25）

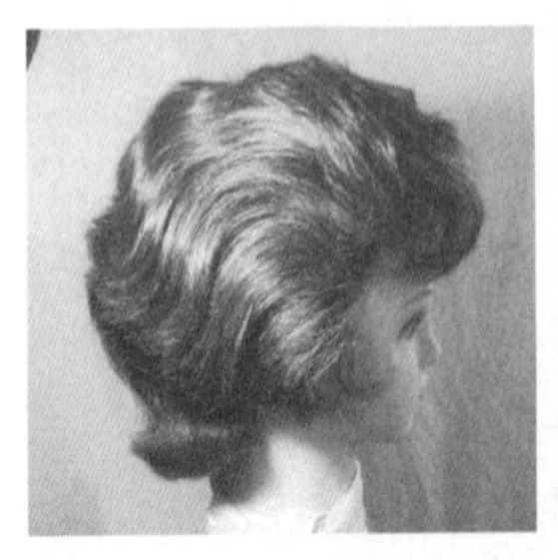
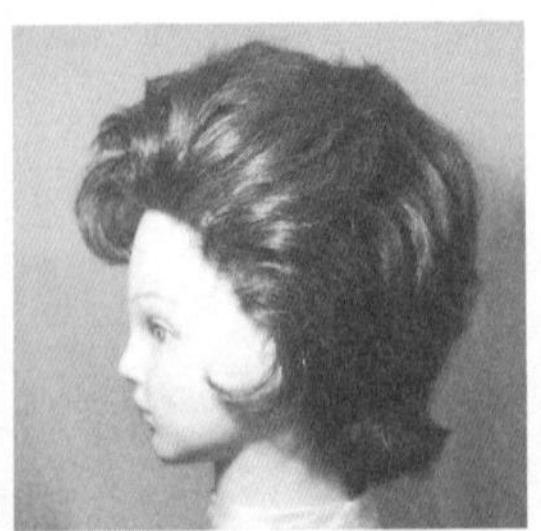
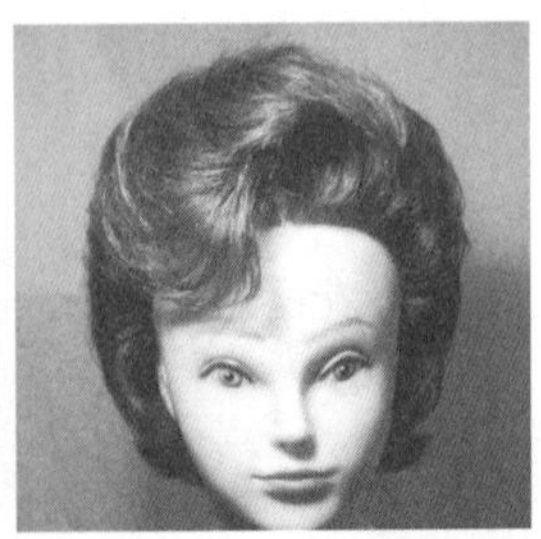
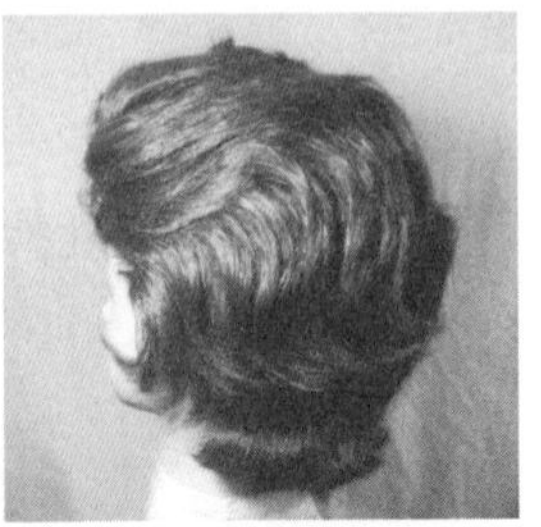

图4-25 造型13

分发区、修剪导线、修剪低层次、烫发、卷发卷的技法与短曲发塑料卷造型10（Page72）相同。

下面介绍吹梳造型技法。

在短曲发塑料卷造型12的基础上，从三七缝处将头发向上梳，在排骨刷与吹风机的配合下，运用推、别、带、提等技法，使有头缝发型构成无缝状，如图4-26（a）所示。

前发区通过推刷等技法与风温的作用，吹梳成单波刘海，如图4-26（b）所示。

两侧发区下面，通过转刷与风温，在耳前把发梢吹梳成C形弯曲，如图4-26（c）所示。

用排骨刷的内提刷、外别刷等技法与吹风机配合，将后发区下部发尾发丝吹梳成上翻样式，如图4-26（d）所示。

后发区用排骨刷的推、拉刷技法与吹风机配合，吹好波浪后再用疏齿梳或排骨刷，由上面向后面梳出较粗的波浪线条，然后审视调整定型，如图4-26（e）所示。

（a）

（b）

（c）

（d）

（e）

图 4-26 造型 13 技法

4.1.14 造型14（见图4-27）

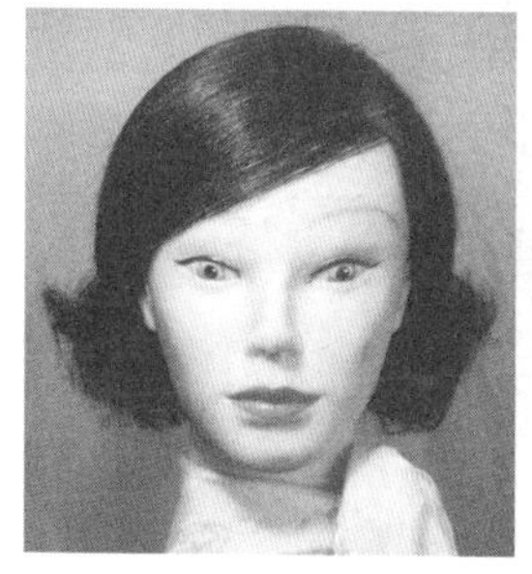

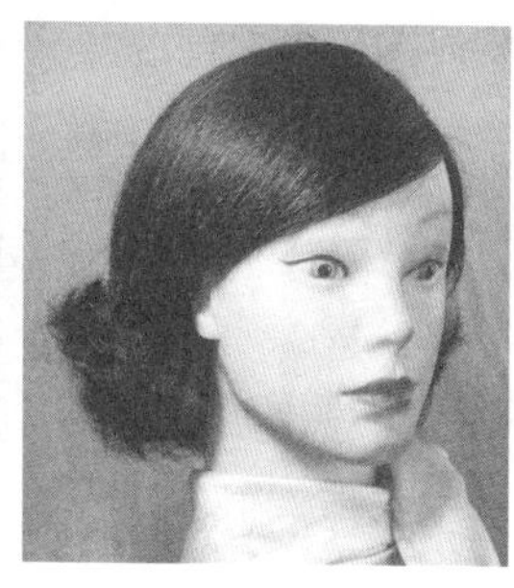

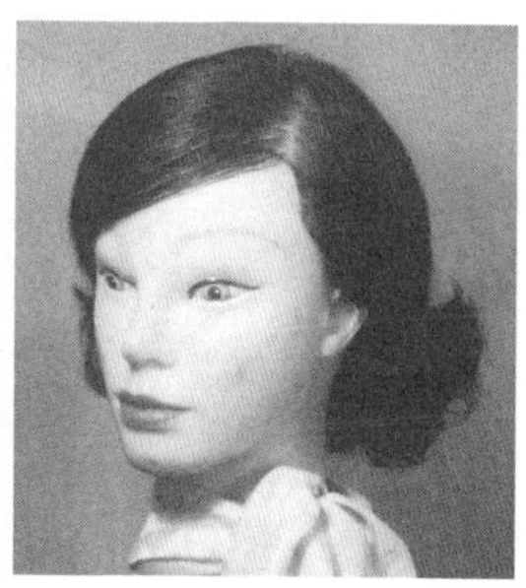

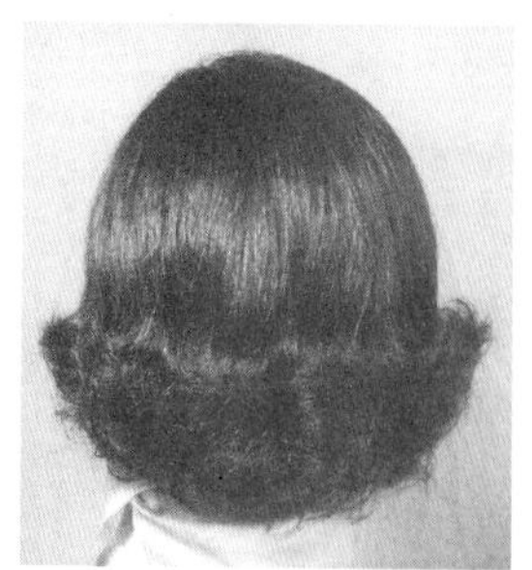

图 4-27 造型 14

造型步骤

（1）分发区

与短曲发塑料卷造型1中“分发区”的技法（Page69）相同。

（2）修剪边线导线

与短曲发塑料卷造型1中“修剪边线导线”的技法（Page60）相同，不同之处在于导线下面头发向上提起与头皮成15°角修剪，发式长度：前发区17cm、侧发区10cm、后发区8cm，形成发式导线。

（3）修剪顶部导线

后块面上半部分用一个直径6cm的圆形形成顶部导线区，把顶部导线区头发向上梳理，确定长度后用滑剪将头发剪断，散布四周为上面导线，其长度为17cm。

（4）修剪低层次

① 修剪。从前发区向后分横线，形成前发区、左右发区、后发区横向区间，每区间横向提起发丝与头皮成15°角，采用夹剪技法修剪，顺序是：a. 前发区、右侧发区、后右侧发区；b. 左侧发区、后左侧发区；c. 后发区并与左右后侧发区连接成半圆。

② 检查。从前发区左侧分纵线，在全头形成多个纵向区间，每个区间提起发丝与头皮成15°角，进行检查修剪，顺序是：从前发区开始，随后是右侧发区、后发区、左侧发区，用夹剪技法剪去不规范发丝形成发式，将发式下面头发烫成大花。

（5）选发卷

发卷型号：中卷和小卷。

（6）卷发卷

如图4-28（a）~（c）所示，两侧发区下边向上卷两排中卷，后发区下面从耳后向上卷三排发卷，分别为：上两排用中卷向上卷，下一排用小卷向上卷。

（7）吹梳造型

如图4-28（d）所示，以头缝为界，把大小侧发区、后发区上面的发丝梳理通顺，下面发卷梳开后，采用排骨刷的翻刷等技法，使发丝形成上翘。

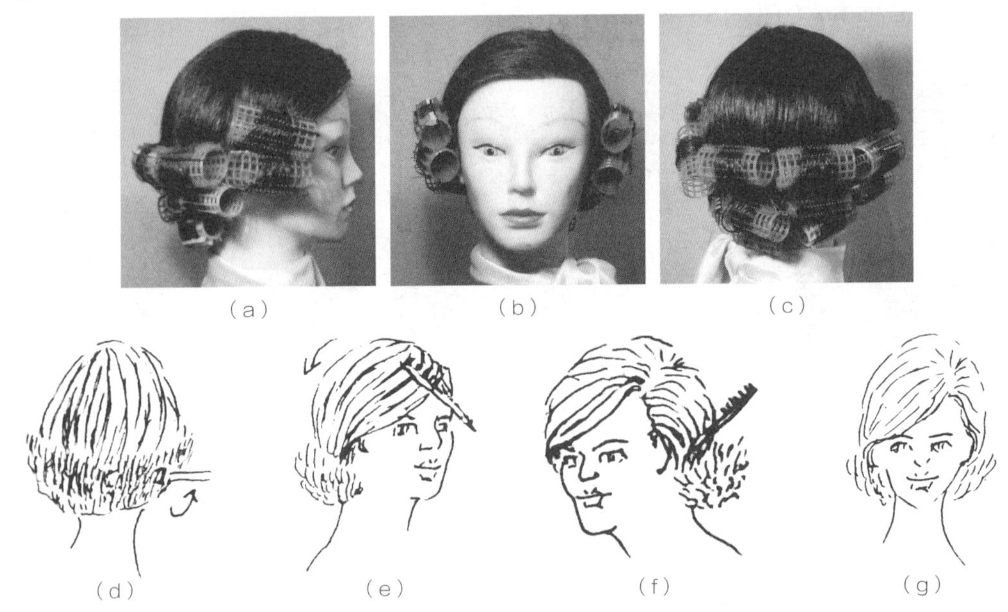

图 4-28　造型 14 技法

如图4-28（e）所示，由大侧发区上面开始，将头发梳向前额，遮盖一侧眉毛的2/3形成刘海，发梢别在耳后。

如图4-28（f）所示，小侧发区头发也用发梳梳至耳后用发卡固定。

如图4-28（g）所示，审视修饰定型。

4.1.15　造型15（见图4-29）

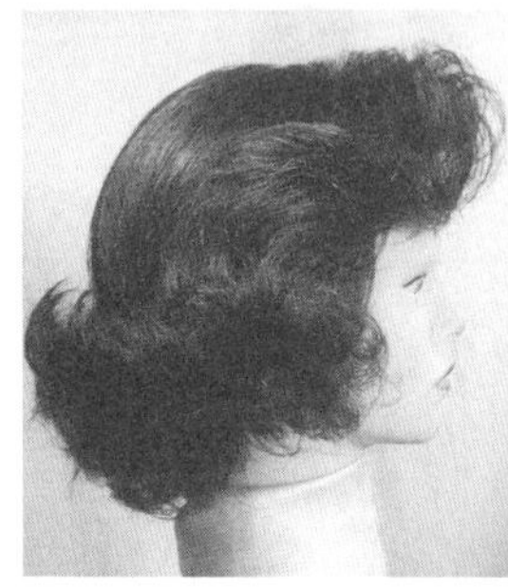
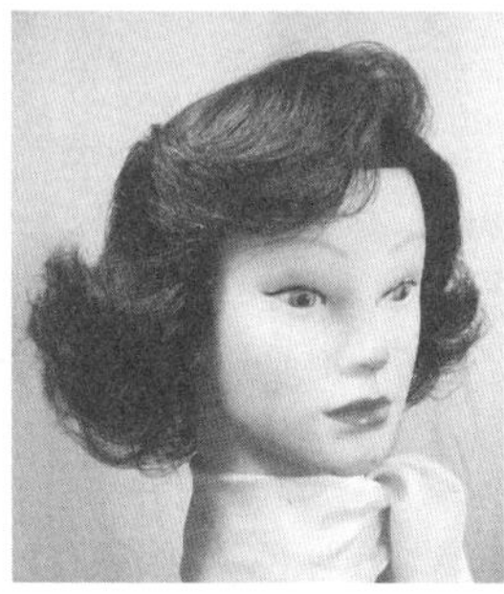

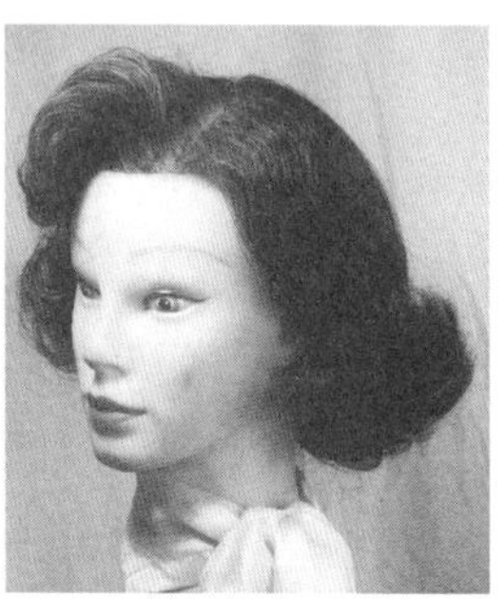

图 4-29　造型 15

造型步骤

（1）分发区

与短曲发塑料卷造型1中“分发区”的技法（Page59）相同。

（2）修剪边线导线

与短曲发塑料卷造型1中“修剪边线导线”的技法（Page60）相同，不同之处在于导线下面头发向上提起与头皮成15°角修剪，发式长度：前发区10cm、侧发区10cm、后发区8cm，形成发式导线。

（3）修剪顶部导线

与短曲发塑料卷造型14中“修剪顶部导线”的技法（Page76）相同。

（4）修剪低层次

与短曲发塑料卷造型14中“修剪低层次”的技法（Page76）相同。

（5）选发卷

选用中卷和小卷。

（6）卷发卷

如图4-30（a）~（c）所示，分三七缝，形成大小侧发区和后发区，大侧发区上面卷三个中卷，大侧发区下面和小侧发区下面各向上卷两排中卷，后发区下面从耳后卷三排发卷，分别为：上两排用中卷向上卷，下一排用小卷向上卷。

（7）吹梳造型

如图4-30（d）所示，拆开的发卷按分开的三七缝梳理通顺发丝，大侧发区上面，在排骨刷的推刷技法与吹风机配合下，吹梳成单波形状。

如图4-30（e）所示，小侧发区通过风温与排骨刷的推刷、拉刷技法，把发丝的上2/3部分吹梳成波浪。

如图4-30（f）、（g）所示，用排骨刷将两侧发区和后发区的发卷梳成外翻形状，用排骨刷的上刷、翻刷、别刷等技法，使外翻发丝加强弹性，审视修饰定型。

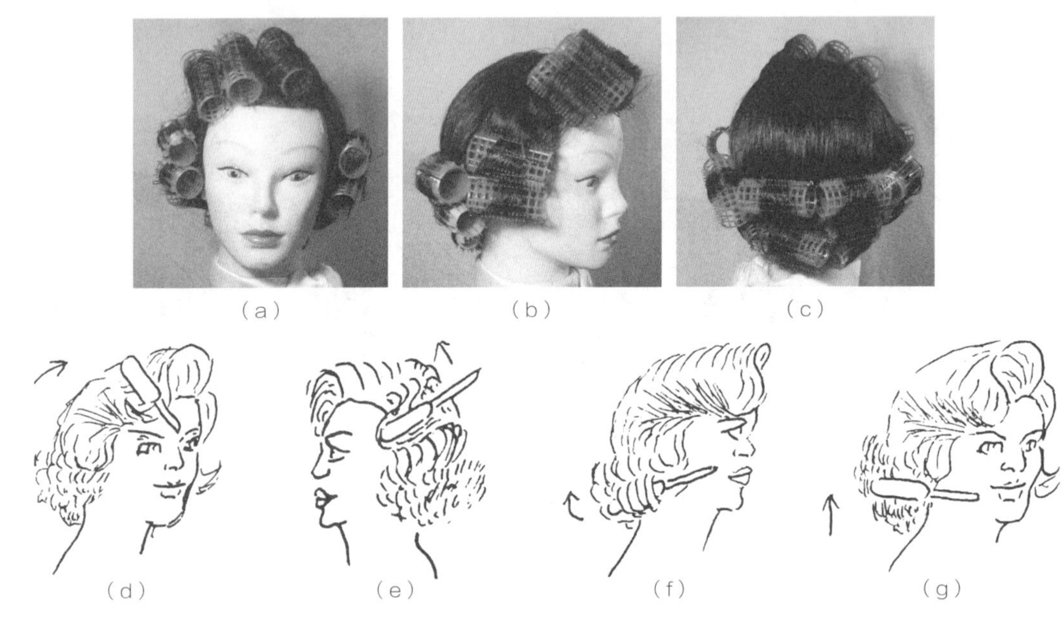

图4-30　造型15技法

4.1.16　造型16（见图4-31）

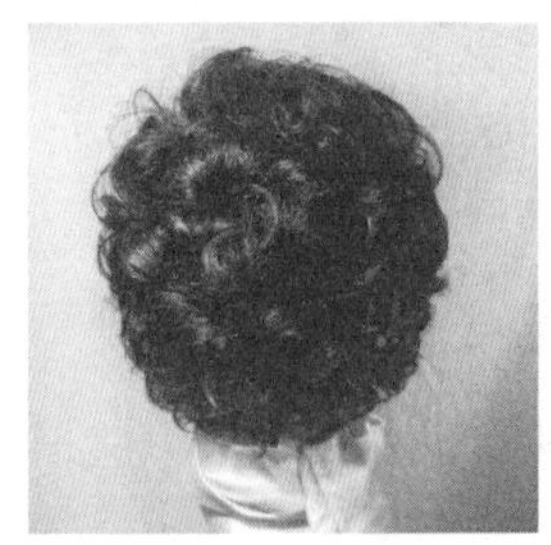
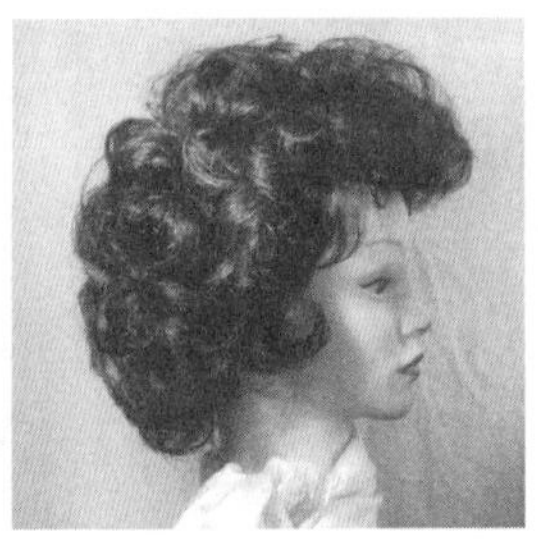
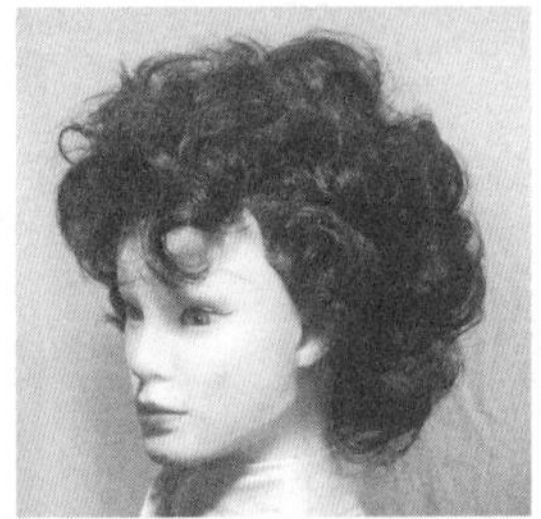

图4-31　造型16

（1）分发区

与短曲发塑料卷造型1中“分发区”的技法（Page59）相同。

（2）修剪边线导线

与短曲发塑料卷造型1中“修剪边线导线”的技法（Page60）相同，不同之处在于导线下面头发向上提起与头皮成90°角修剪，发式长度：前发区13cm、侧发区5cm、后发区6cm，形成发式导线。

（3）修剪顶部导线

后块面上半部分用一个直径6cm的圆形形成顶部导线区，把顶部导线区头发向上梳理，确定长度后用滑剪将头发剪断，散布四周为上面导线，其长度为12cm。

（4）修剪高层次

① 修剪。从前发区左侧起向全头分纵线，形成纵向区间，每区间纵向提起发丝与头皮成90°角，采用夹剪技法修剪，顺序是：由前发区左边起，经右侧发区、后发区至左侧发区，再回到起点与其连接。

② 检查。从前发区开始向后分横线区间，形成中间区间、左右侧区间和后部区间，提起每区间发丝与头皮成90°角进行检查修剪，顺序是：先中间区间、左右侧区间再后部区间，剪去不规范发丝形成发式，将发式烫成大花。

（5）选发卷

发卷型号：前发区、顶发区选中卷，后发区下边选小卷。

（6）卷发卷

如图4-32（a）~（c）所示，两侧发区用中卷向下卷，前发区、顶发区、后发区全都选用中卷向后下卷，后发区下面可用小卷。也可将发卷全部向上卷。

（7）吹梳造型

如图4-32（d）所示，拆去发卷后用排骨刷从后下、向上、向前逐步将发卷用排骨刷梳开形成发花，为了降低发花弹性可多梳理几遍。

如图4-32（e）所示，用排骨刷的翻刷、拉刷、梳刷等技法以及手指的上提、分开、梳理等手法，使其轮廓饱满，组成自然云花造型。

如图4-32（f）所示，用排骨刷的内梳法和手指拨分法，形成自然刘海。

如图4-32（g）、（h）所示，在吹风机与发刷的配合下，把鬓角少量发丝甩到前面，审视调整定型。

图 4-32　造型 16 技法

4.2 中长曲发塑料卷造型范例及技法（9例）

4.2.1 造型1（见图4-33）

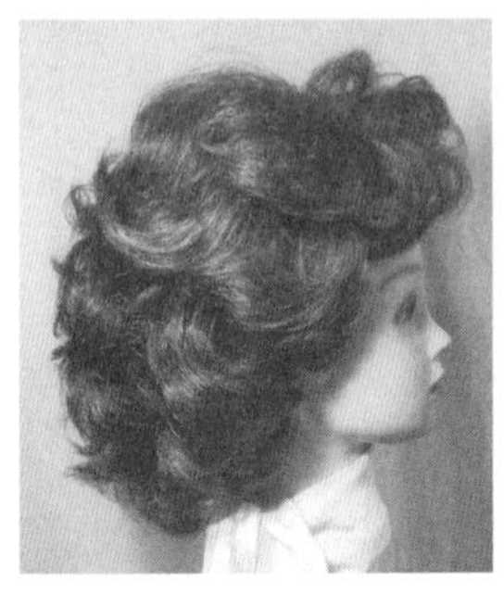
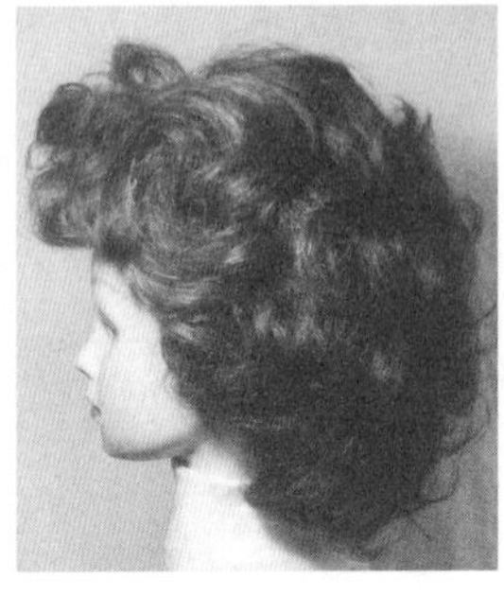
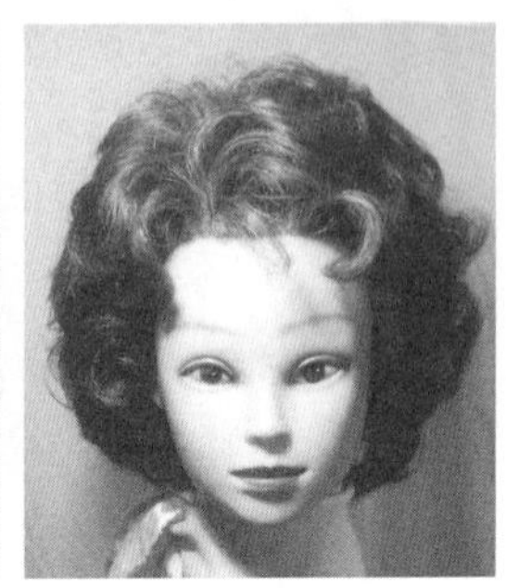

图4-33 造型1

（1）分发区

如图4-34（a）所示，从一侧耳尖向另一侧耳尖分一条线，此线称为耳上线，它把头发分成前后两块面。

如图4-34（b）所示，前块面分三七缝，形成长方形前发区和左右侧发区。

如图4-34（c）所示，后块面分中线，形成后部左右发区。

（2）修剪边线导线

如图4-34（d）、（e）所示，由前发际线上面至两耳尖上面2cm，向后枕骨下沿分一条斜线，这条线称为导线，导线上面头发按发区向上固定，导线下面头发向下梳理。

如图4-34（f）、（g）所示，导线下面头发向上提起与头皮成90°角修剪，发式长度：前发区12cm、侧发区10cm、后发区15cm，形成发式导线。

（3）修剪顶部线导线

如图4-34（h）、（i）所示，后块面上半部分用一个直径6cm的圆形形成顶部导线区，把顶部导线区头发向上梳理，确定长度后用滑剪将头发剪断，散布四周为上面导线，其长度为12cm。

（4）修剪参差高层次

① 修剪。如图4-34（j）~（l）所示，从前发区右侧分纵线，形成全头纵向小区间，每小区间纵向提起发丝与头皮成90°角，用滑剪技法修剪，顺序是：由前发区右边起，经左侧发区、后发区至右侧发区，再回到起点与其连接。

② 检查。如图4-34（m）~（p）所示，从前发区开始向左右侧发区、后发区分横线，形成横向小区间，每小区横向提起发丝与头皮成90°角，采用锯齿形技法检查修剪，顺序是：a. 前发区、右侧发区、后右侧发区；b. 左侧发区、后左侧发区；c. 后发区并与左右后侧发区连接成半圆，剪去不规范发丝形成发式，将发式烫成大花。

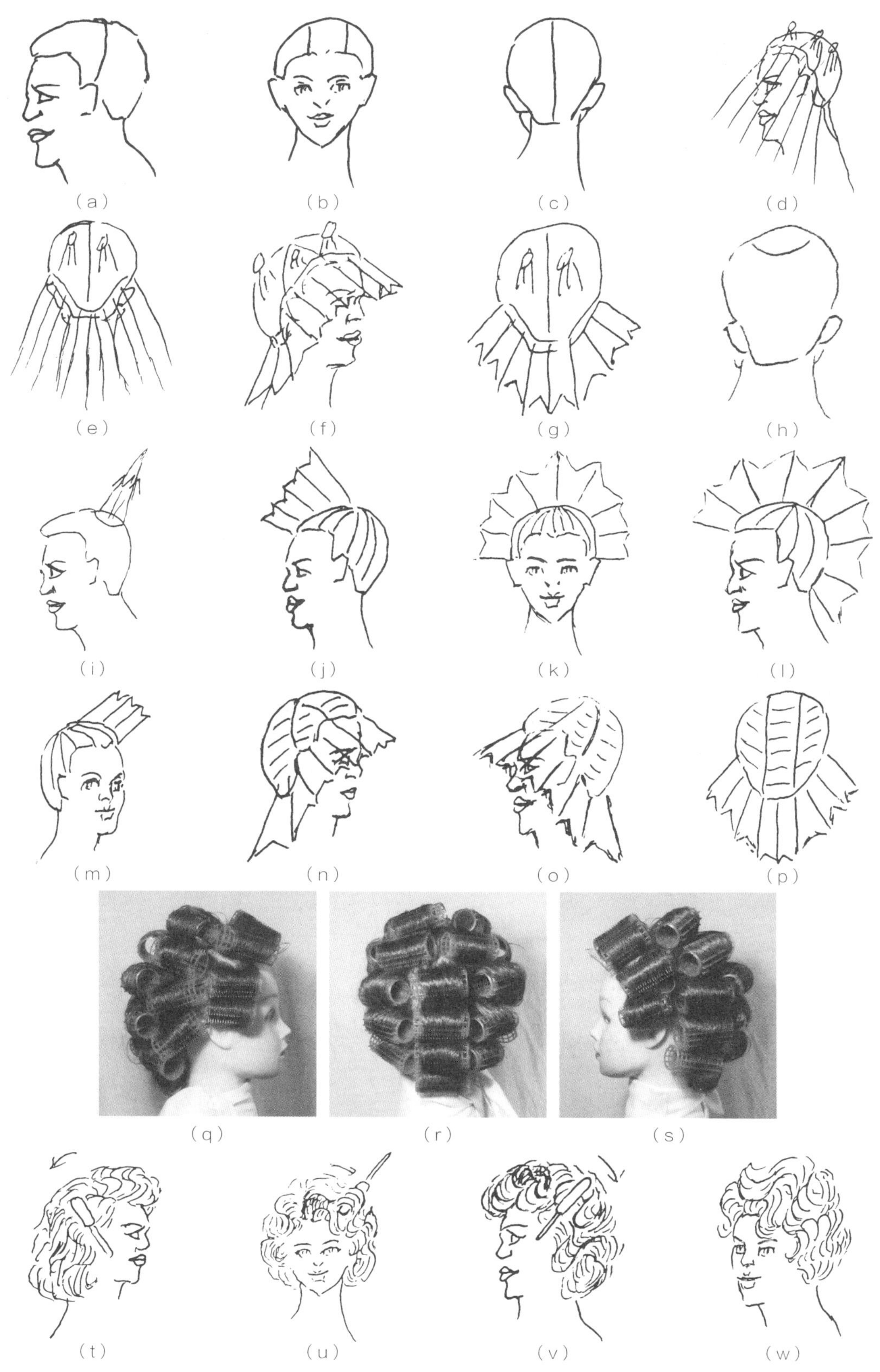

图4-34　造型1技法

（5）选发卷

选用中型塑料发卷。

（6）卷发卷

如图4-34（q）~（s）所示，分三七缝，形成大小侧发区和后发区，在大小侧发区向各自的下面卷，从后发区全都向后下卷，每发束向上提起与头皮成90°角，梳理通顺由发梢卷至发根。

（7）吹梳造型

如图4-34（t）所示，把吹干的发卷拆去发卡，用发刷多梳理几次，使发丝尽量梳理通顺。

如图4-34（u）所示，采用发刷的翻刷、拉刷等技法，使发丝在曲线的波浪中体现出发花。

如图4-34（v）所示，使用发刷的梳刷、推刷等技法与手指的分、提技法反复调整，使之成为自然的波花造型。审视修饰定型如图4-34（w）所示。

4.2.2 造型2（见图4-35）

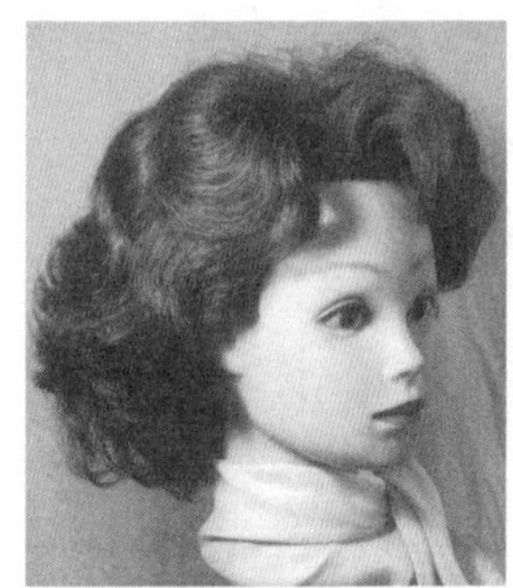 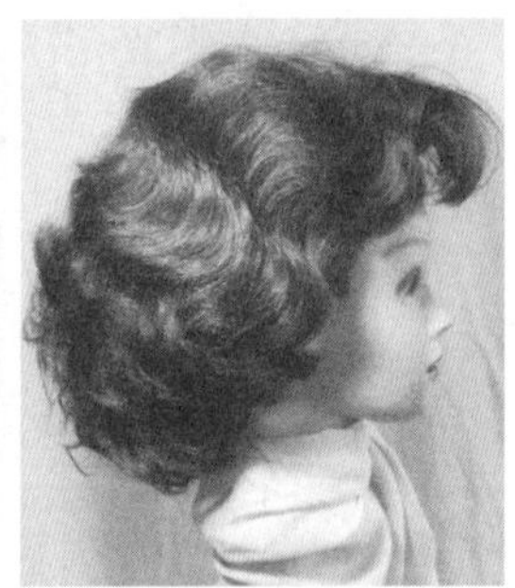 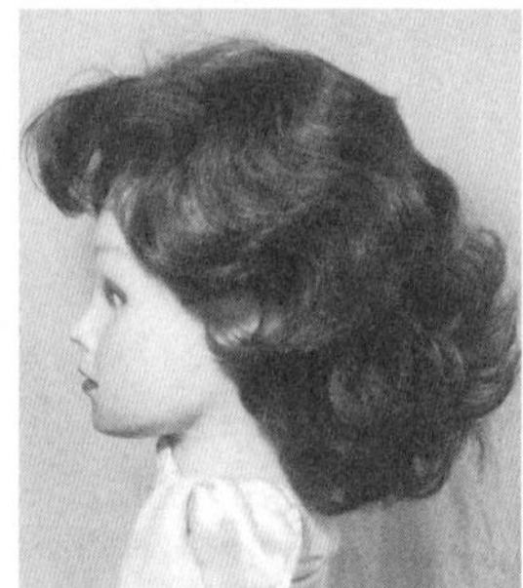 

图4-35 造型2

修剪发长、修剪参差高层次、烫发、卷发卷的技法与中长曲发塑料卷造型1（Page80）相同。

下面介绍吹梳造型的技法。

如图4-36（a）所示，在中长曲发塑料卷造型1的基础上，把大小侧发区以及后发区的上部，用空气刷与疏齿梳配合，把上面头发的2/3梳理出波浪。

如图4-36（b）所示，用发刷的外翻刷技法，将波浪下面的头发梳理成发花。

如图4-36（c）所示，吹风机与空气刷的推、按技法配合，稳定上面的波浪形状。

如图4-36（d）所示，采用发刷的顶、拉、推、梳等技法与吹风机配合调整波浪。

如图4-36（e）所示，用分发梳的挑、拨、按技法调整下面的发花。

审视修饰定型，如图4-36（f）所示。

图 4-36　造型 2 技法

4.2.3　造型3（见图4-37）

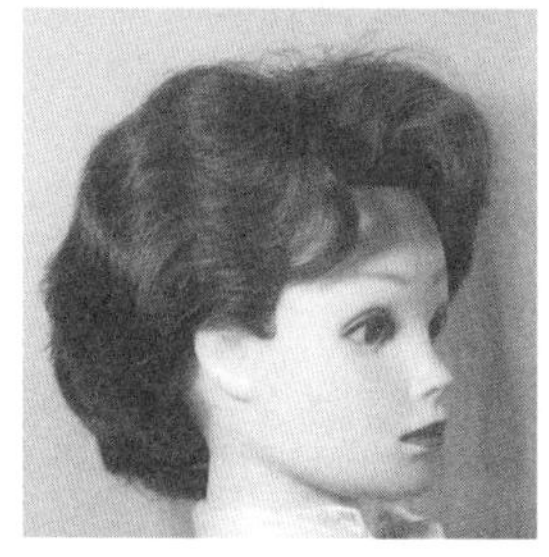 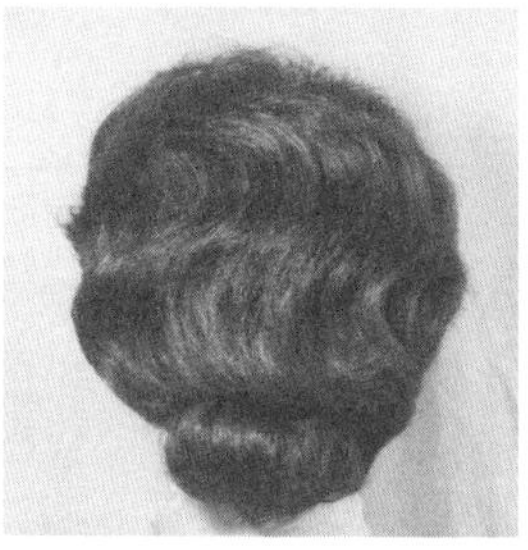 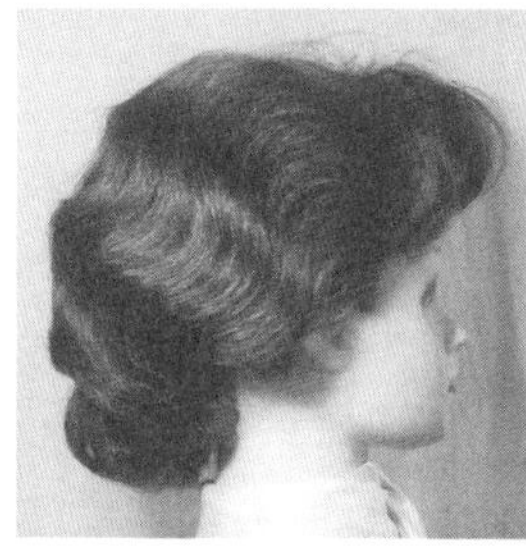 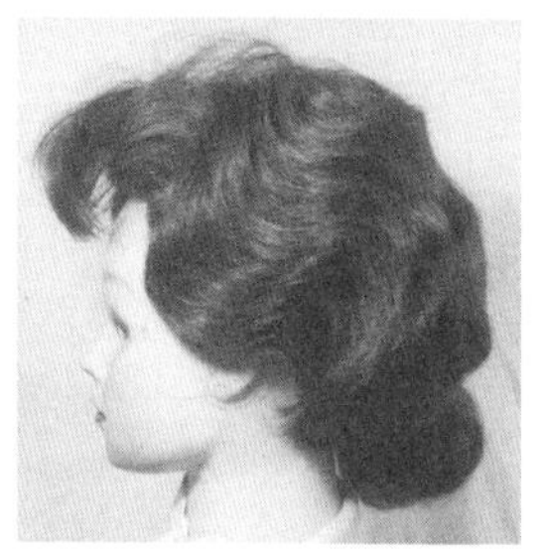

图 4-37　造型 3

造型步骤

修剪发长、修剪参差高层次、烫发、卷发卷的技法与中长曲发塑料卷造型1（Page80）相同。

下面介绍吹梳造型技法。

如图4-38（a）所示，在中长发塑料卷造型2的基础上，发刷与发梳配合，将波浪下面的发花梳理出波浪并且与上面波浪连接。把刘海吹梳成双波状。

如图4-38（b）所示，将后发区最下面的波浪向中间聚拢，用尖尾梳向上卷成发卷，发卡固定成为发卷，形成盘发造型状。

如图4-38（c）所示，上面的波浪重新梳理后，再用吹风机与发刷的推刷技法配合稳固波浪。

如图4-38（d）所示，审视修饰定型，使发型体现出庄重、大方之美。

(a)

(b)

(c)

(d)

图 4-38　造型 3 技法

4.2.4　造型4（见图4-39）

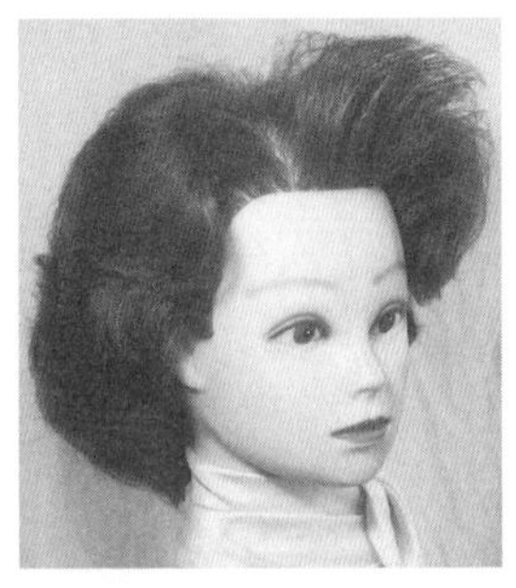

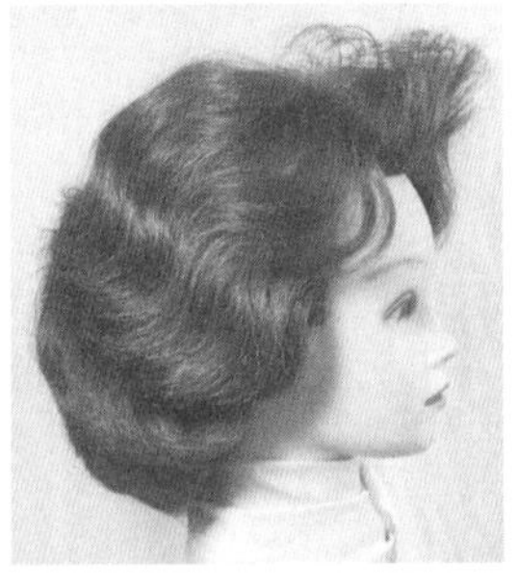

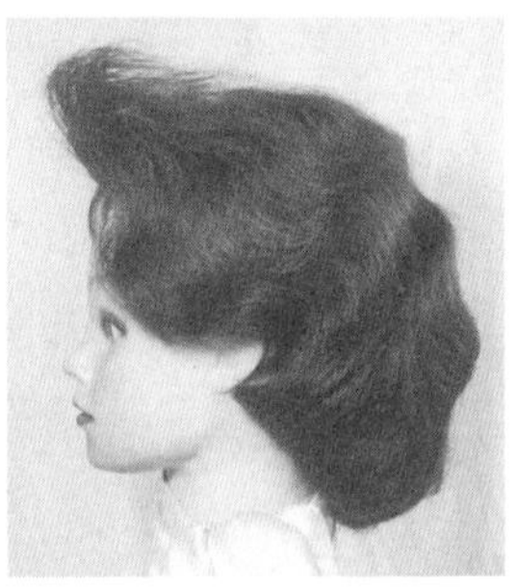

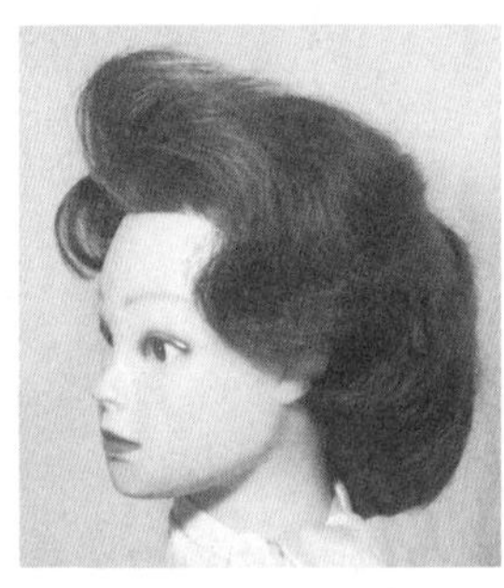

图 4-39　造型 4

修剪发长、修剪参差高层次、烫发、卷发卷的技法与中长曲发塑料卷造型1（Page80）相同。

下面介绍吹梳造型技法。

如图4-40（a）所示，在中长曲发塑料卷造型3的基础上，将后发区最下面向上卷的发卷拆开，然后用排骨刷梳成内扣。

如图4-40（b）所示，吹风机与滚刷的定滚技法配合，将下面内扣头发吹卷并与两侧发区边沿轮廓相连，呈现出半圆形边缘轮廓。

如图4-40（c）所示，采用排骨刷推、提、拉刷技法与吹风机配合，将大侧发区上面吹梳成比较高的单波形刘海。

如图4-40（d）所示，审视调整定型。

(a)

(b)

(c)

(d)

图 4-40　造型 4 技法

4.2.5　造型5（见图4-41）

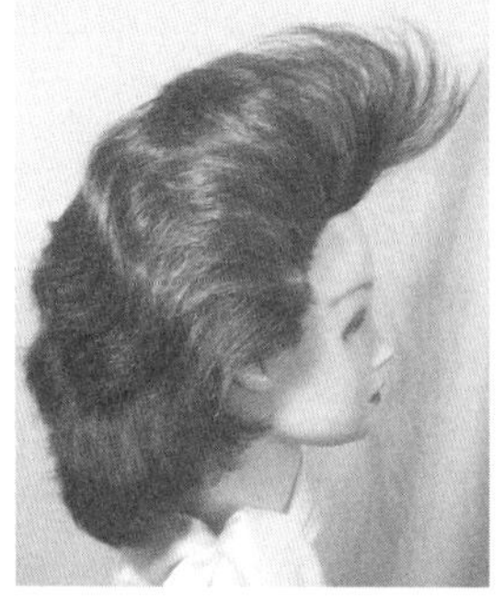
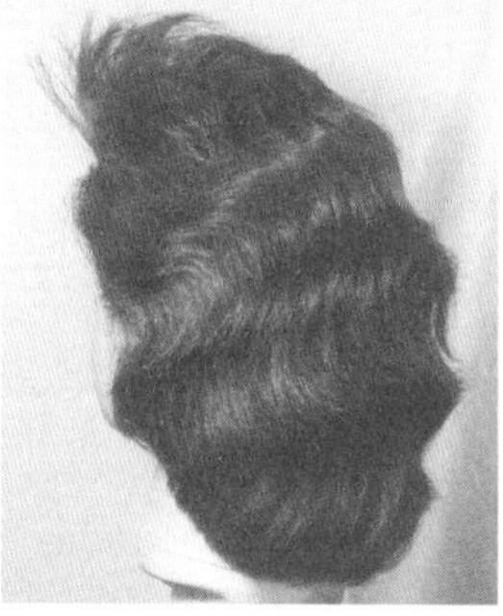
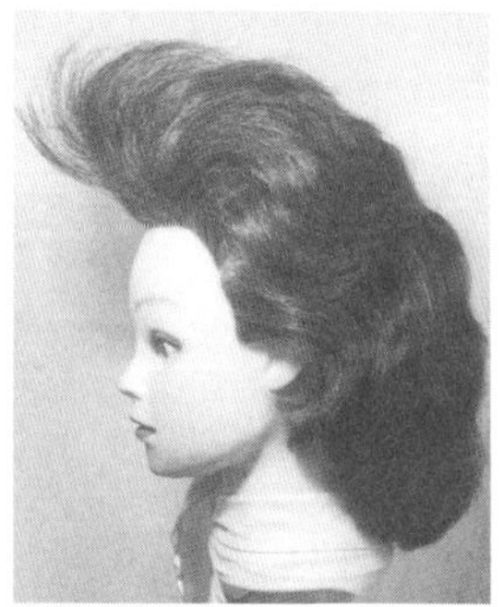
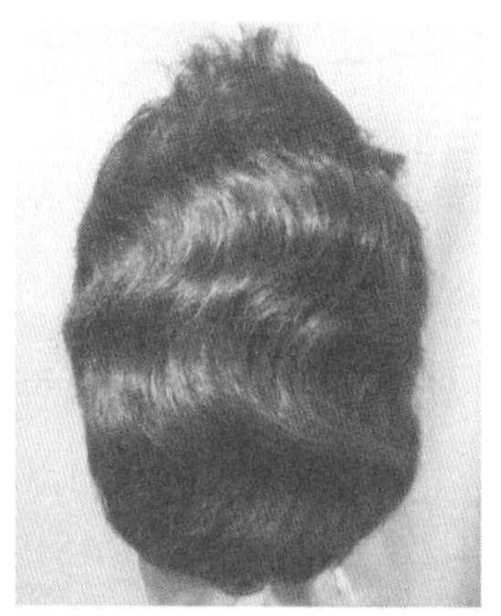

图 4-41　造型 5

修剪发长、修剪参差高层次、烫发、卷发卷的技法与中长曲发塑料卷造型1（Page80）相同。

下面介绍吹梳造型技法。

如图4-42（a）、（b）所示，在中长曲发塑料卷造型4的基础上，在吹风机与排骨刷带刷的配合下，把前面头发向前连带两下或三下为宜，然后向上梳理，使前面形成前探而蓬松的刘海。

如图4-42（c）所示，把两侧发区向上梳吹，与上面波浪连接。

如图4-42（d）所示，后发区波浪在原有的基础上，进行梳理调整，使其更为自然流畅。

如图4-42（e）所示，审视修饰，适量喷雾胶定型。

（a）

（b）

（c）

（d）

（e）

图 4-42　造型 5 技法

4.2.6　造型6（见图4-43）

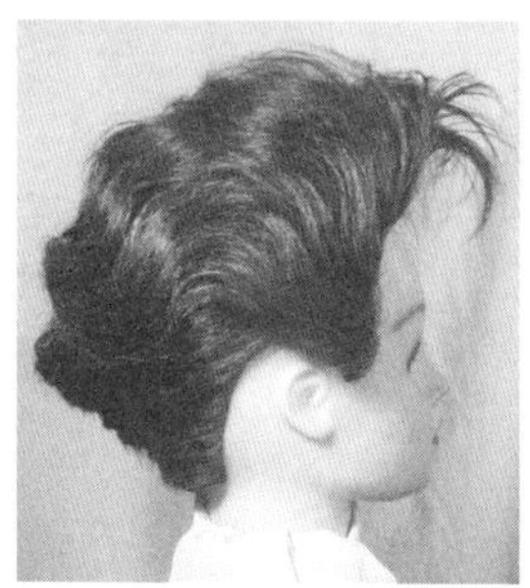
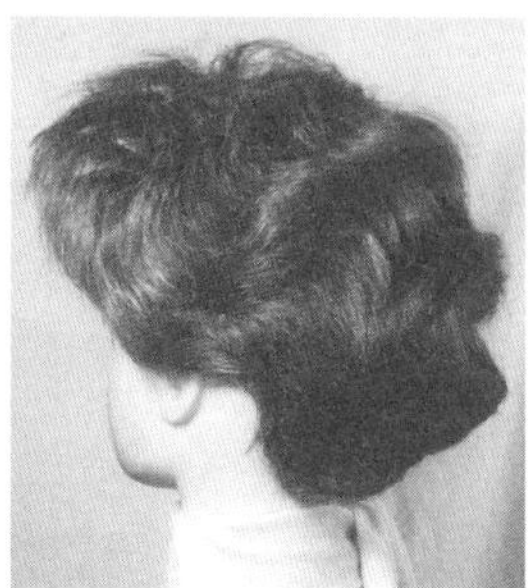
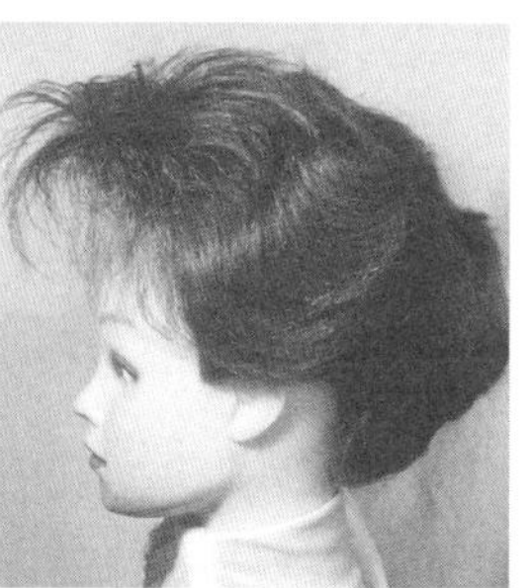
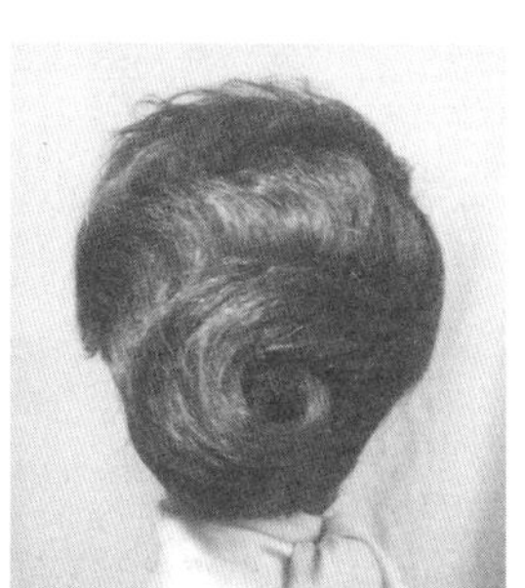

图 4-43　造型 6

修剪发长、修剪参差高层次、烫发、卷发卷的技法与中长曲发塑料卷造型1（Page80）相同。

下面介绍吹梳造型技法。

如图4-44（a）所示，在中长曲发塑料卷造型5的基础上，前发区、侧发区形体不变，后发区下方随着波浪的弯曲梳向左侧，下面用折线卡固定。

如图4-44（b）所示，发尾向右梳成竖立形发卷，用发卡固定。

如图4-44（c）所示，梳理波浪，调整刘海，形成高贵典雅的盘发造型。

如图4-44（d）所示，审视修饰定型。

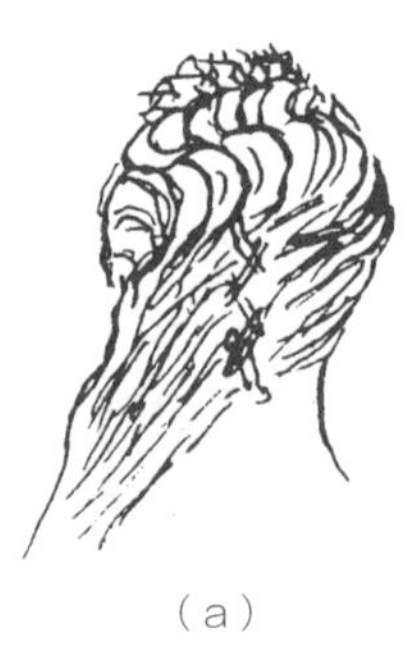
（a）

（b）

（c）

（d）

图4-44　造型6技法

4.2.7　造型7（见图4-45）

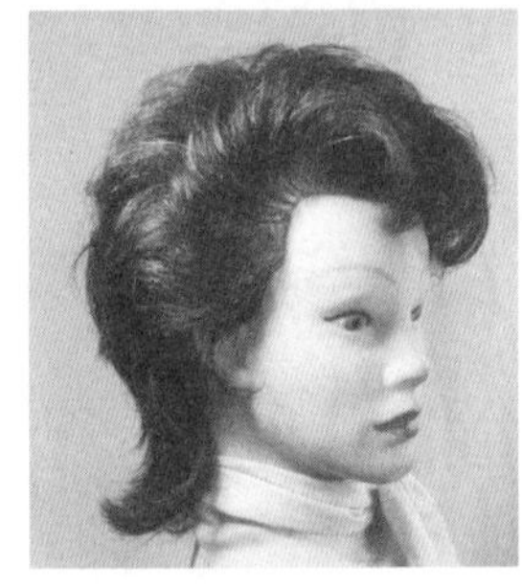
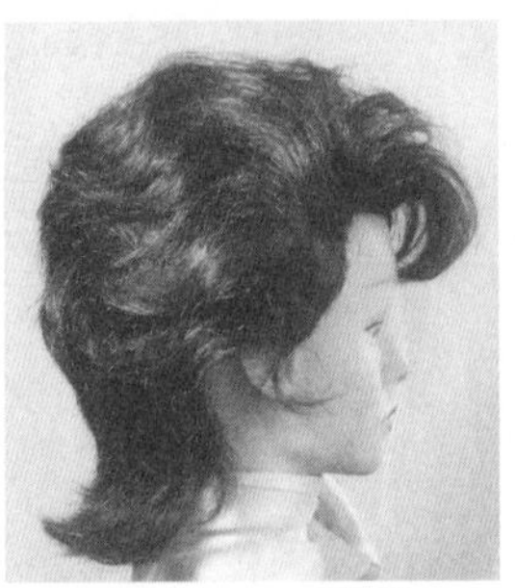
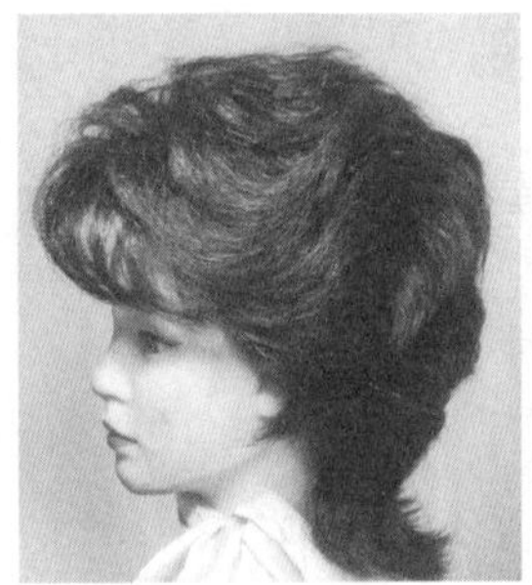

图4-45　造型7

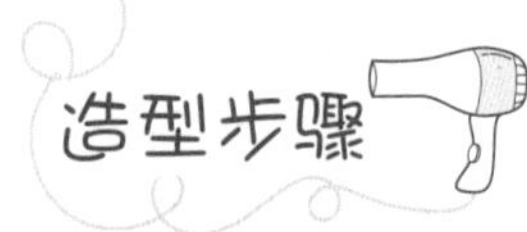

（1）分发区

与中长曲发塑料卷造型1中“分发区”的技法（Page80）相同。

（2）修剪边线导线

与中长曲发塑料卷造型1中“修剪边线导线”的技法（Page80）相同，不同之处在于发式长度：前发区9cm、侧发区7cm、后发区10cm，形成发式导线。

（3）修剪顶部导线

后块面上半部分用一个直径6cm的圆形形成顶部导线区，把顶部导线区头发向上梳理，确定长度后用滑剪将头发剪断，散布四周为上面导线，其长度为12cm。

（4）修剪参差高层次

① 修剪。从前发区右侧开始向全头分纵线，形成纵向区间，每区间纵向提起发丝与头皮成90°角修剪，顺序是：由前发区右边起滑剪，经左侧发区、后发区至右侧发区，再回到起点。

② 检查。从前发区开始向左右侧发区、后发区分横线形成横向区间，每区间横向提起发丝与头皮成90°角，采用锯齿形技法修剪，顺序是：a. 前发区、右侧发区、后右侧发区；b. 左侧发区、后左侧发区；c. 后发区并与左右后侧发区连接成半圆，剪去不规范发丝形成发式，将发式烫成大花。

（5）选发卷

选用大型塑料发卷。

（6）卷发卷

如图4-46（a）~（c）所示，将湿发分二八缝，形成大小侧发区、后发区，上面卷大卷，大小侧发区向各自的下方卷，后发区部位全部向后下卷至两耳轮中部，耳轮中部下边头发不用卷发卷。

（7）吹梳造型

如图4-46（d）所示，拆除发卷中的发卡，以头缝为界，两侧发区各自向斜后方将发丝梳理通顺，排骨刷的推刷技法与吹风机配合把小侧发区头发向上吹，与大侧发区连接。

如图4-46（e）所示，排骨刷的外别刷、内翻刷技法与吹风机配合，把后发区下面短发吹梳成外翘发式。

如图4-46（f）所示，在排骨刷与疏齿梳的配合下，由前向后梳理出波浪，吹风机与排骨刷两者相互配合，采用发刷的推、按技法固定波浪。

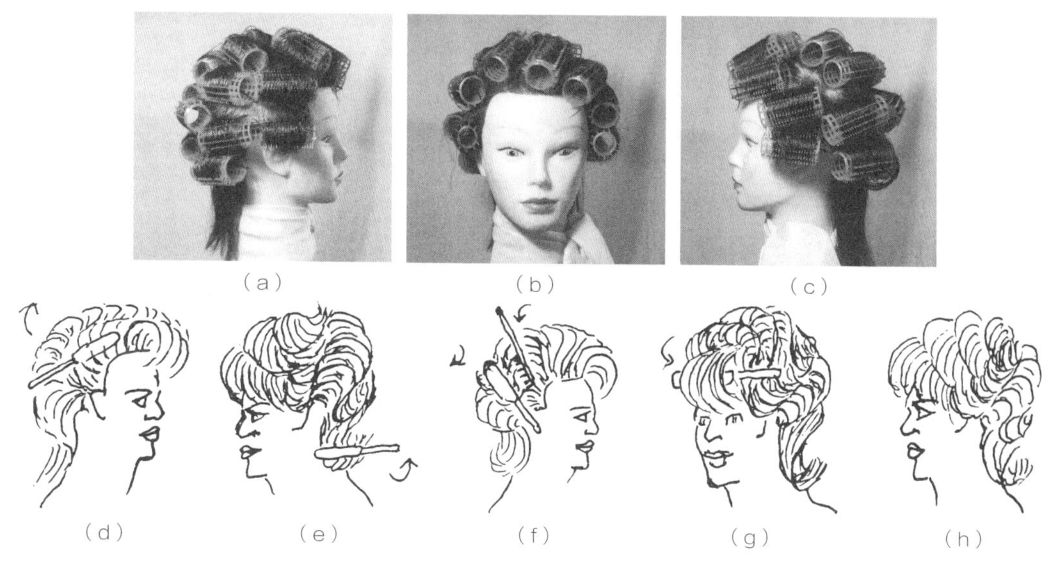

图 4-46　造型 7 技法

如图4-46（g）所示，前面发丝用拉刷技法，吹梳成下垂的刘海。

如图4-46（h）所示，审视调整定型。

4.2.8 造型8（见图4-47）

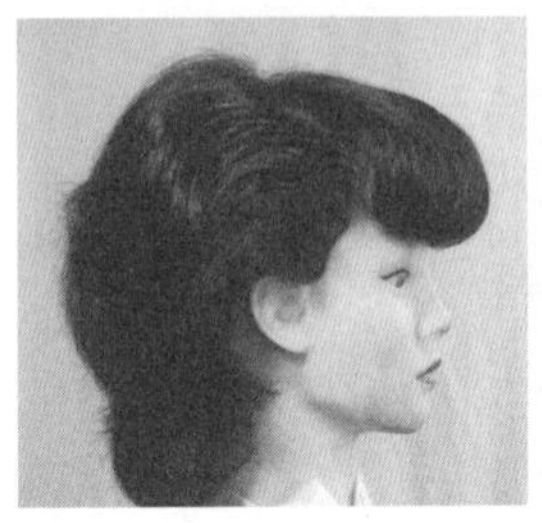 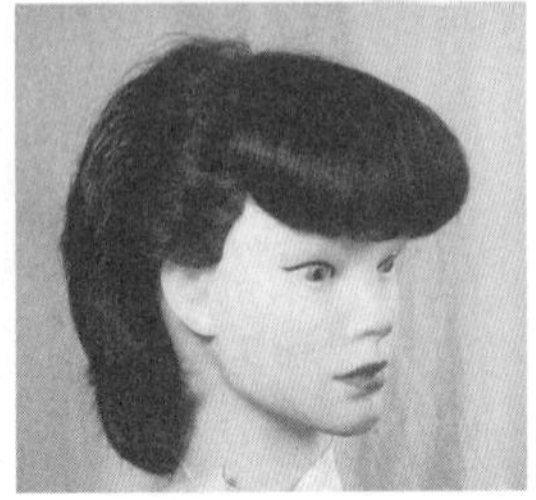  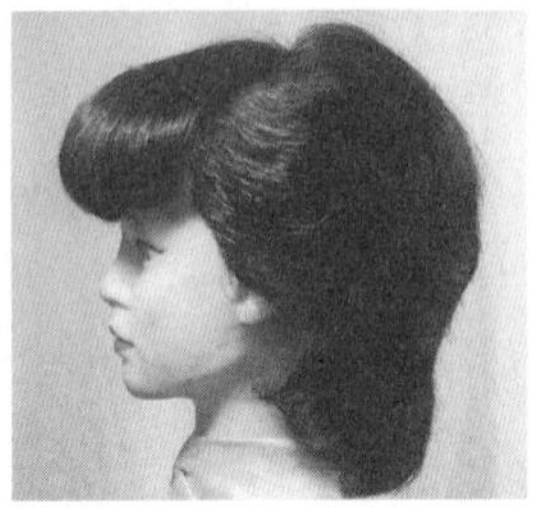

图4-47 造型8

修剪发长、修剪参差高层次、烫发和卷发卷的技法与中长曲发塑料卷造型7（Page86、87）相同。

下面介绍吹梳造型技法。

如图4-48（a）所示，在中长曲发塑料卷造型7的基础上，分三七缝形成三角前发区。

如图4-48（b）所示，前发区头发向前额梳理，用滚刷与吹风机配合，将前发区头发吹卷成内扣刘海。

如图4-48（c）、（d）所示，将后发区上面的波浪梳通梳顺，下面发梢喷湿下梳，然后吹卷成内弯，审视调整定型。

（a）

（b）

（c）

（d）

图4-48 造型8技法

4.2.9 造型9（见图4-49）

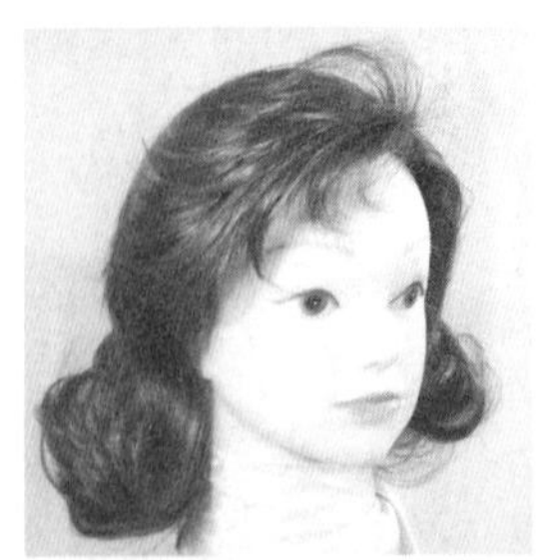 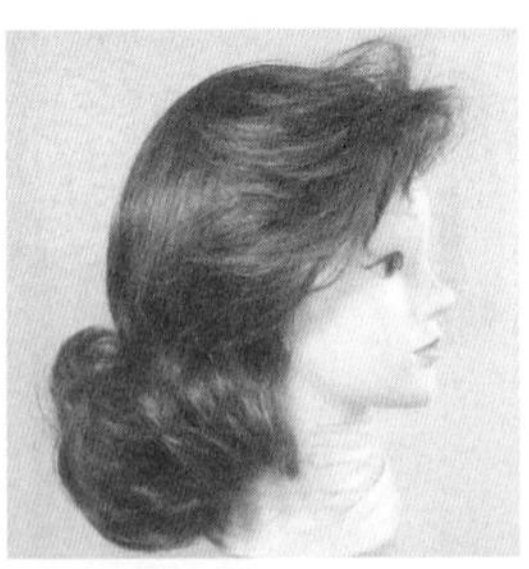 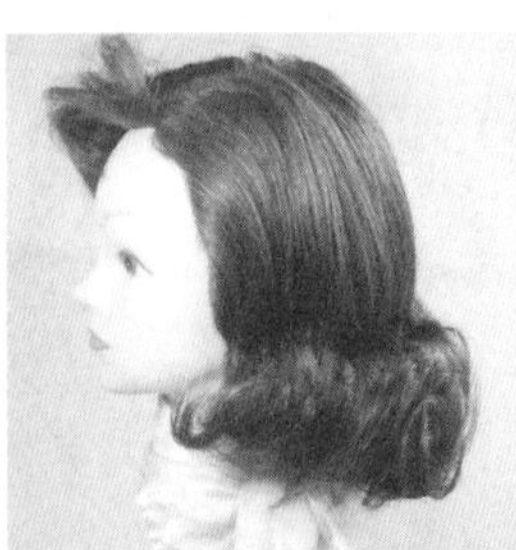 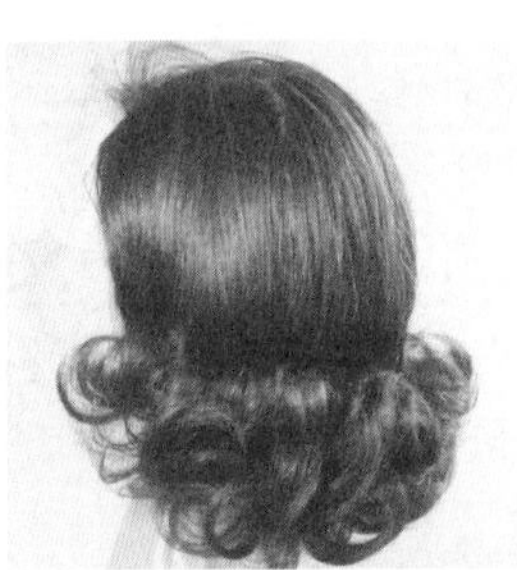

图4-49 造型9

（1）分发区

与中长曲发塑料卷造型1中“分发区”的技法（Page80）相同。

（2）修剪边线导线

与中长曲发塑料卷造型1中“修剪边线导线”的技法（Page80）相同，不同之处在于导线下面头发向上提起与头皮成15°角修剪，发式长度：前发区9cm、侧发区15cm、后发区17cm，形成发式导线。

（3）修剪顶部导线

后块面上半部分用一个直径6cm的圆形形成顶部导线区，把顶部导线区头发向上梳理，确定长度后用滑剪将头发剪断，散布四周为上面导线，其长度为20cm。

（4）修剪低层次

① 修剪。全发区用横线形成横向区间，每区间横向提起发丝与头皮成15°角，用夹剪技法修剪，顺序是：a. 前发区、右侧发区、后右侧发区；b. 左侧发区、后左侧发区；c. 后发区并与左右后侧发区连接成半圆。

② 检查。前发区左侧开始分纵线，在全发区形成多个纵向区间，前发区每个区间提起发丝与头皮成15°角，进行检查修剪，顺序是：右侧发区、后发区、左侧发区，用夹剪技法剪去不规范发丝形成发式。将发式下面1/3发式烫成大花。

（5）选发卷

发卷型号为大卷、中卷。

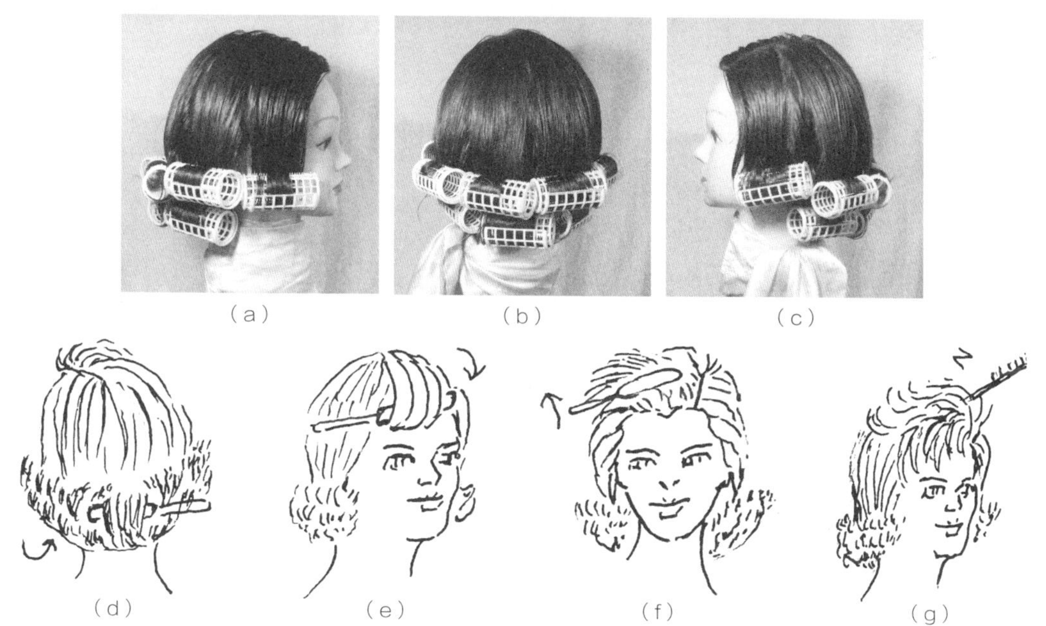

图 4-50　造型 9 技法

（6）卷发卷

如图4-50（a）~（c）所示，分三七缝，形成大小侧发区和后发区，每个发区下面卷发卷部位，上面选用大卷，下面选用中卷，大小侧发区、后发区，各自向其上方卷，两侧发区可卷一至两排，后发区可卷两至三排。

（7）吹梳造型

如图4-50（d）所示，先将发卷卡拆除，用排骨刷由上向下逐渐把发丝梳理通顺，采取内提与外上刷技法，使头发下面1/3处的发梢形成外翘。

如图4-50（e）所示，用吹风机与滚刷配合，先将前发区吹梳成内扣。

如图4-50（f）所示，用排骨刷将内扣刘海向后面梳理，使其通顺蓬松。

如图4-50（g）所示，再用分发梳或手指左右拨动，形成预先设计的自然刘海，整体审视修饰定型。

4.3 长曲发塑料卷造型范例及技法（8例）

4.3.1 造型1（见图4-51）

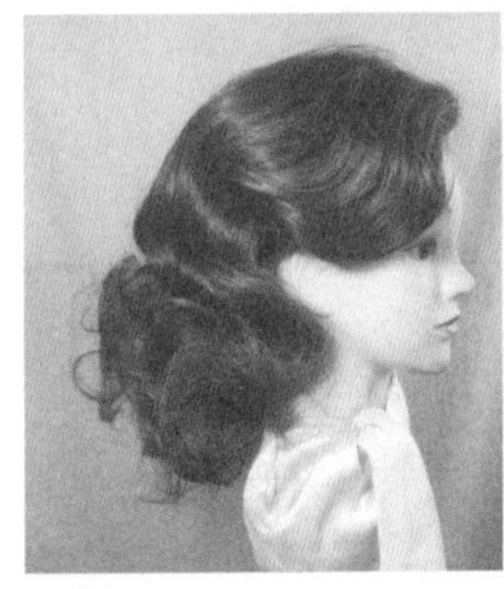 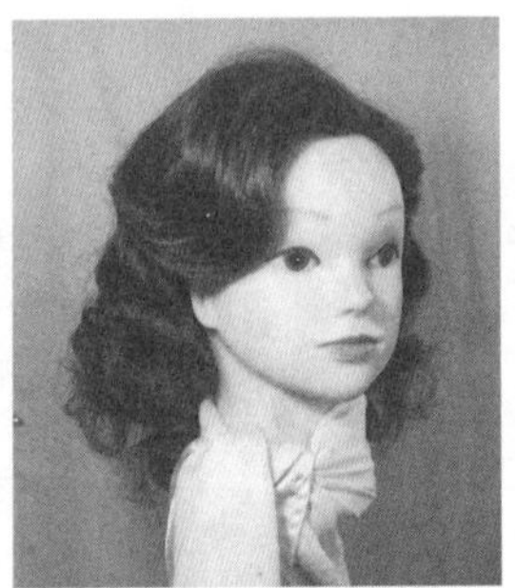 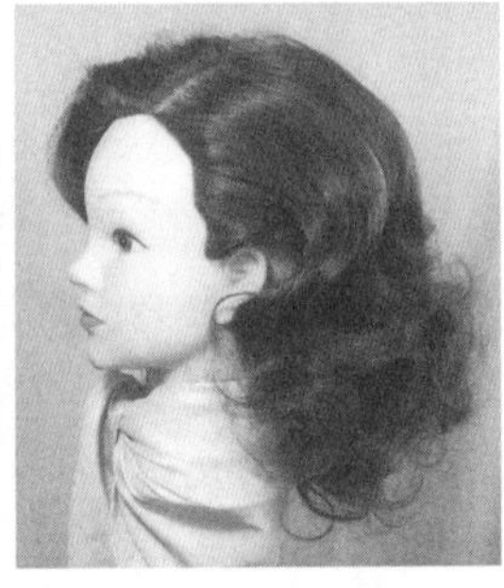 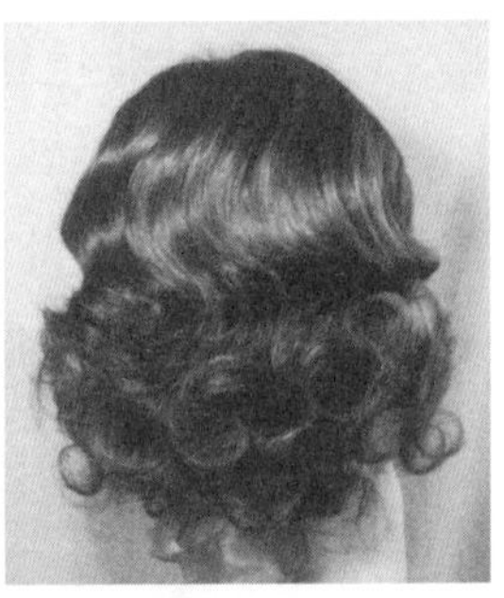

图4-51 造型1

（1）分发区

如图4-52（a）所示，从一侧耳尖向另一侧耳尖分一条耳上线，把头发分成前后两块面。

如图4-52（b）所示，前块面分三七缝，形成前发区和左右侧发区。

如图4-52（c）所示，后块面分中线，形成后部左右发区。

（2）修剪边线导线

如图4-52（d）、（e）所示，由前发际线上面至后发际线上面2cm，向发际线上沿分一条斜线，这条线称为导线，导线上面的头发按发区向上固定，导线下面的头发向下梳理。

如图4-52（f）、（g）所示，导线下面的头发向上提起与头皮成15°角修剪，发式长度：前发区20cm、侧发区21cm、后发区23cm，形成发式导线。

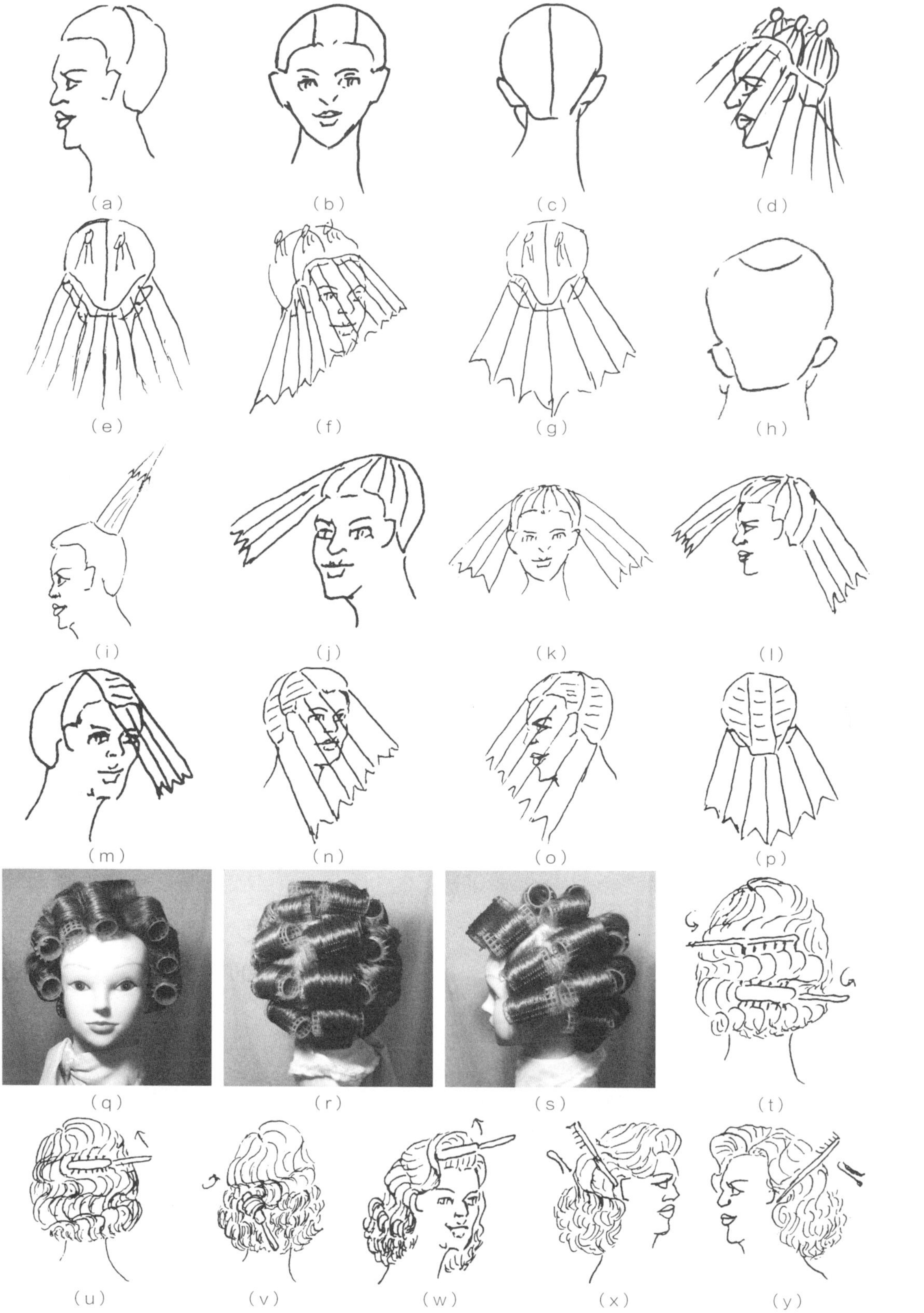

(a) (b) (c) (d)

(e) (f) (g) (h)

(i) (j) (k) (l)

(m) (n) (o) (p)

(q) (r) (s) (t)

(u) (v) (w) (x) (y)

图 4-52　造型 1 技法

（3）修剪顶部导线

如图4-52（h）、（i）所示，后块面上部用一个直径6cm的圆形形成顶部导线区，把顶部导线区头发向上梳理，确定长度后用滑剪将头发剪断，散布四周为上面导线，其长度为26cm。

（4）修剪参差低层次

① 修剪。如图4-52（j）~（l）所示，从前发区开始分纵线，在全头形成多个纵向区间，每个区间提起发丝与头皮成45°角进行滑剪，顺序是：从前发区右侧起，经左侧发区、后发区、右侧发区并与起点连接。

② 检查。

如图4-52（m）~（p）所示，从前发区开始向左右侧发区、后发区分横线形成横向区间，每区间横向提起发丝与头皮成45°角，用锯齿形技法修剪，顺序是：a. 前发区、右侧发区、后右侧发区；b. 左侧发区、后左侧发区；c. 后发区并与左右后侧发区连接成半圆，用锯齿形修剪技法剪去不规范发丝形成发式，将发式烫成大花。

（5）选发卷

发卷型号为大卷。

（6）卷发卷

如图4-52（q）~（s）所示，分三七缝，形成大小发侧区和后发区，大小侧发区各自向其下方卷，后发区采用交错法由上向后下卷。

（7）吹梳造型

如图4-52（t）所示，先将发卷上的发卡拆除，用排骨刷由下向上逐渐把上面发卷梳理通顺，下面发丝梳成发花，再用发刷的半圆形刷法与发梳的按翘技法配合，由上至下全部梳出波浪。

如图4-52（u）所示，吹风机与发刷的推技法配合，稳定波浪。

如图4-52（v）所示，疏齿梳与发刷的梳刷技法配合，除留下上面两道波浪外，下面用发刷的翻刷技法和手的提拉技法，把波浪全部改变成发花。

如图4-52（w）所示，排骨刷的推刷技法与吹风机配合，吹梳前面发根。

如图4-52（x）、（y）所示，在造型达到设计要求时，将两侧发区的头发用发卡由耳前别向耳后，以展示庄重而靓丽之美。

4.3.2 造型2（见图4-53）

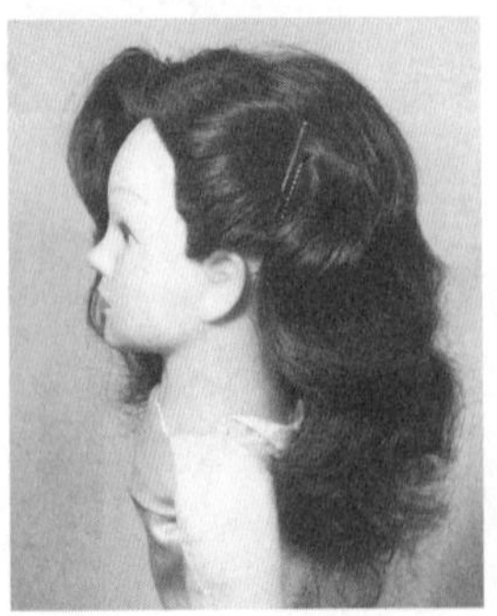

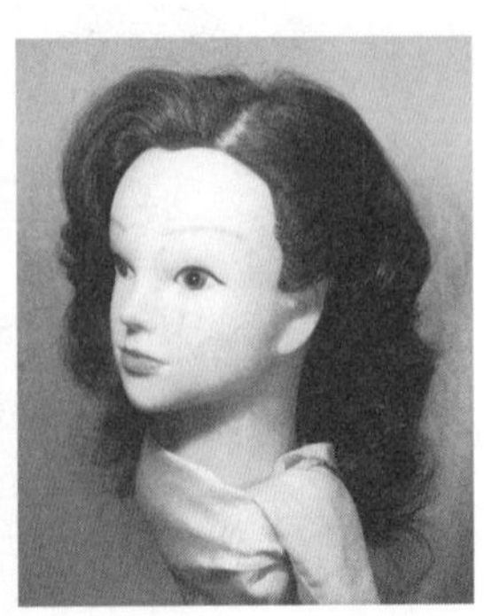

图4-53 造型2

造型步骤

修剪发长、修剪低层次、烫发和卷发卷的技法与长曲发塑料卷造型1（Page90）相同。

下面介绍吹梳造型技法。

如图4-54（a）所示，在长曲发塑料卷造型1的基础上，拆去大侧发区的发卡，把头发向前下方适当梳理，使大侧发区形成下垂波浪发式，遮掩大侧面半个面部。

如图4-54（b）所示，吹风机与发刷的推刷技法配合，把前面发根适当吹高。

如图4-54（c）所示，将小侧区头发向耳后梳理，用发卡固定。

整体审视调整定型，如图4-54（d）所示。

（a）

（b）

（c）

（d）

图 4-54　造型 2 技法

4.3.3　造型3（见图4-55）

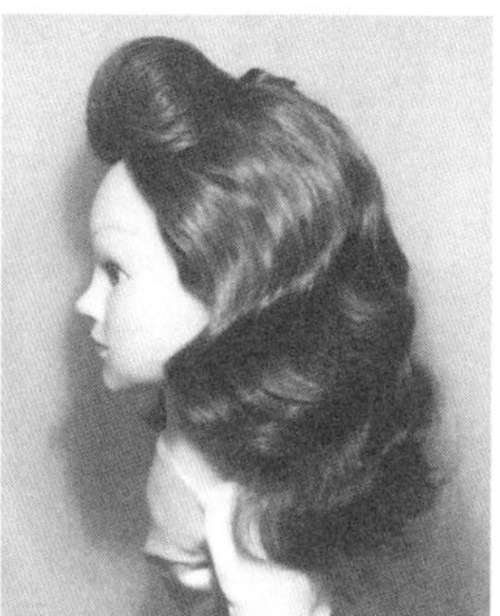
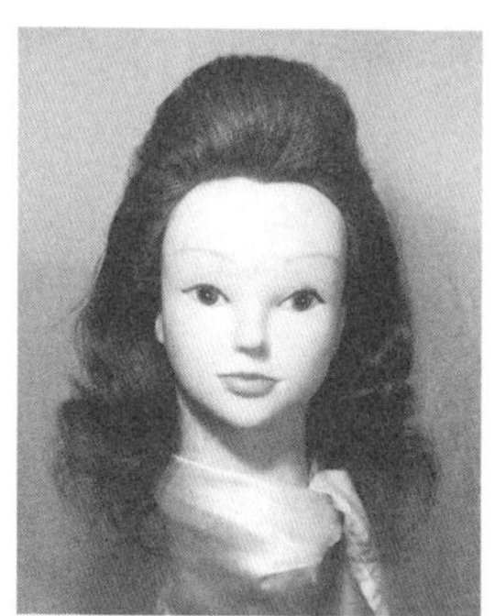

图 4-55　造型 3

造型步骤

修剪发长、修剪参差低层次、烫发和卷发卷的技法与长曲发塑料卷造型1（Page90）相同。

下面介绍吹梳造型技法。

如图4-56（a）所示，在长曲发塑料卷造型2的基础上，拆除小侧发区发卡，按三七缝分出三角形前发区。

如图4-56（b）所示，把前发区发丝提起大于头皮90°角，从后面发根底部向中部逆梳发丝，使头发下面因发丝零乱而形成支撑状态。

如图4-56（c）所示，将逆梳发束向后拉，上面头发采用抹梳技法，将表面层发丝抹平顺，做成隆起的拱形卷，发尾在拱形卷后面做一个或两个小型发环。

如图4-56（d）所示，两侧发区前面边际线处，用发刷的推梳技法，把两鬓上面波浪在吹风机的配合下向后面推梳，使发型更好地展示脸型美。

将波浪梳理通顺，审视调整定型，如图4-56（e）所示。

（a）　（b）　（c）　（d）　（e）

图 4-56　造型 3 技法

4.3.4　造型4（见图4-57）

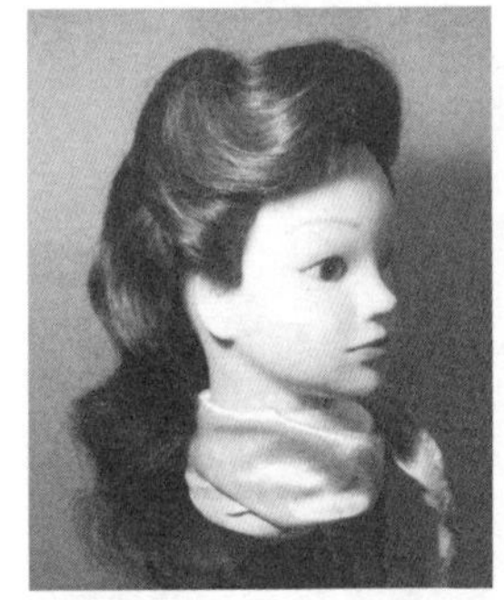 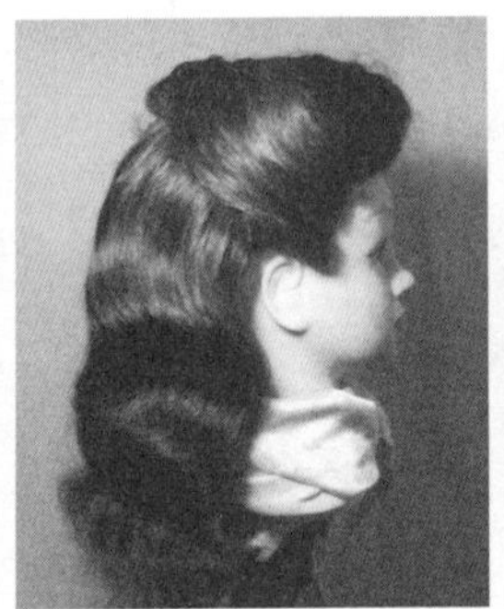 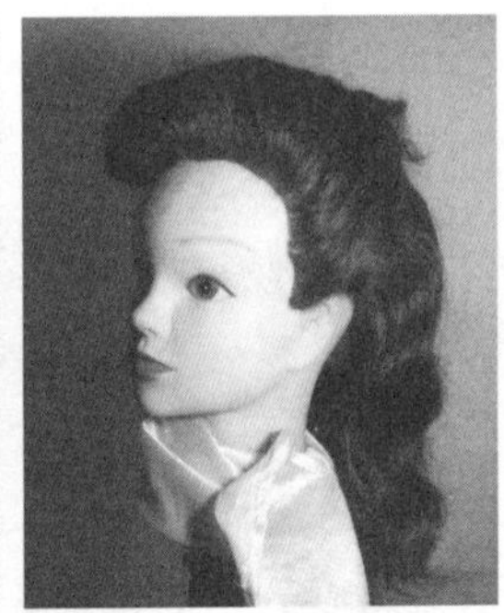 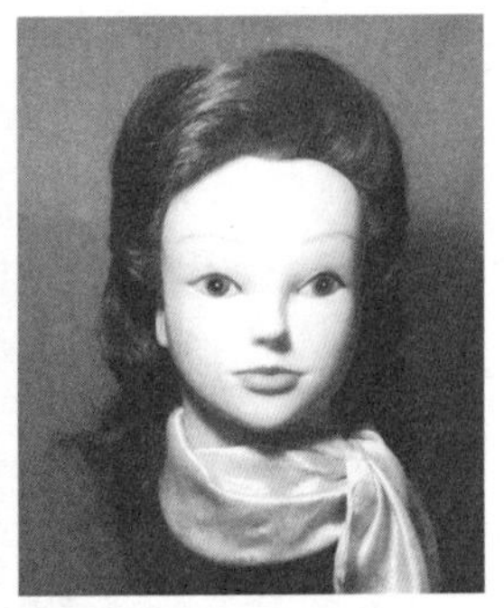

图 4-57　造型 4

修剪发长、修剪参差低层次、烫发和卷发卷技法与长曲发塑料卷造型1（Page90）相同。

下面介绍吹梳造型技法。

本款造型是在长曲发塑料卷造型3的基础上设计而成的。首先拆除前发区拱形卷发卡，分出耳上线形成前后两大块面，耳上线后发区造型不变，耳上线前面头发分四六缝，形成大小侧发区。如图4-58（a）所示。

大侧发区向上做出一个较大而高的锥形卷，发尾向小侧发区梳理，并与其他头发合在一起。如图4-58（b）所示。

小侧发区与合并头发同时向顶部回折，把刘海梳成单波形，后面的发尾做一发环。如图

4-58（c）所示。

如图4-58（d）、（e）所示，调整梳理后发区波浪，审视修饰定型。

（a）　（b）　（c）　（d）　（e）

图 4-58　造型 4 技法

4.3.5　造型5（见图4-59）

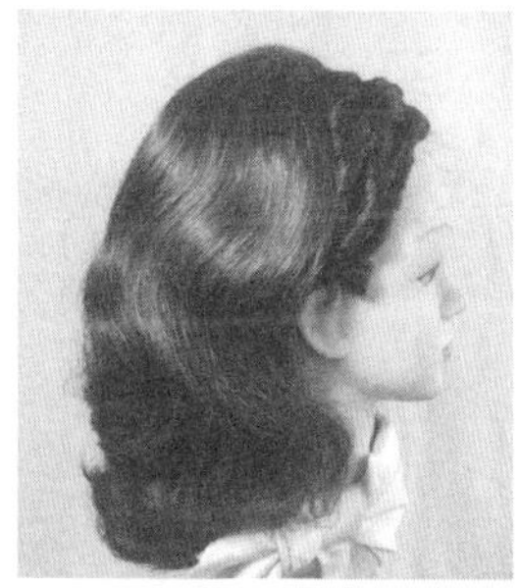

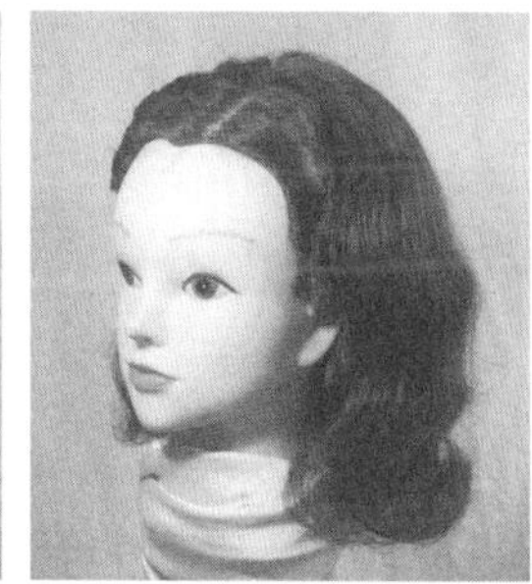
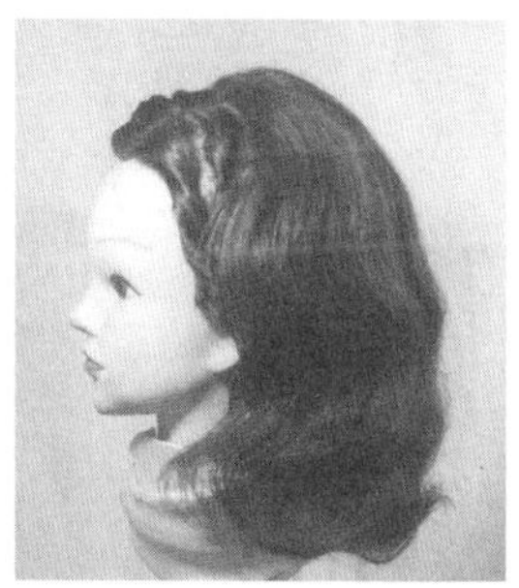

图 4-59　造型 5

修剪发长、修剪参差低层次、烫发的技法与长曲发塑料卷造型1（Page90~92）相同。其他技法如下。

（1）选发卷

发卷型号为大卷。

（2）卷发卷

如图4-60（a）~（c）所示，将湿发分出四六缝，形成大小侧发区和后发区，各发区都选用大卷。在每束发丝梳理通顺的基础上，大小侧发区各自向下方卷，后发区由顶部采取交错法全都向后下卷。

（3）吹梳造型

如图4-60（d）所示，先将发卷中的发卡拆除，用排骨刷由下向上逐渐把发丝梳理通顺，再用发刷与发梳配合由上至下全部梳出波浪。

吹风机与发刷的推刷技法配合稳定波浪。

如图4-60（e）所示，发区下面最后一道波浪用滚刷上翻，使下面发梢上翘。

如图4-60（f）所示，大侧发区卷三个实心竖卷，小侧发区卷两个实心竖卷，大小侧发区

中的发尾各自组成一束，用发卡别到两耳后，后发区波浪不变。

审视修饰定型，如图4-60（g）所示。

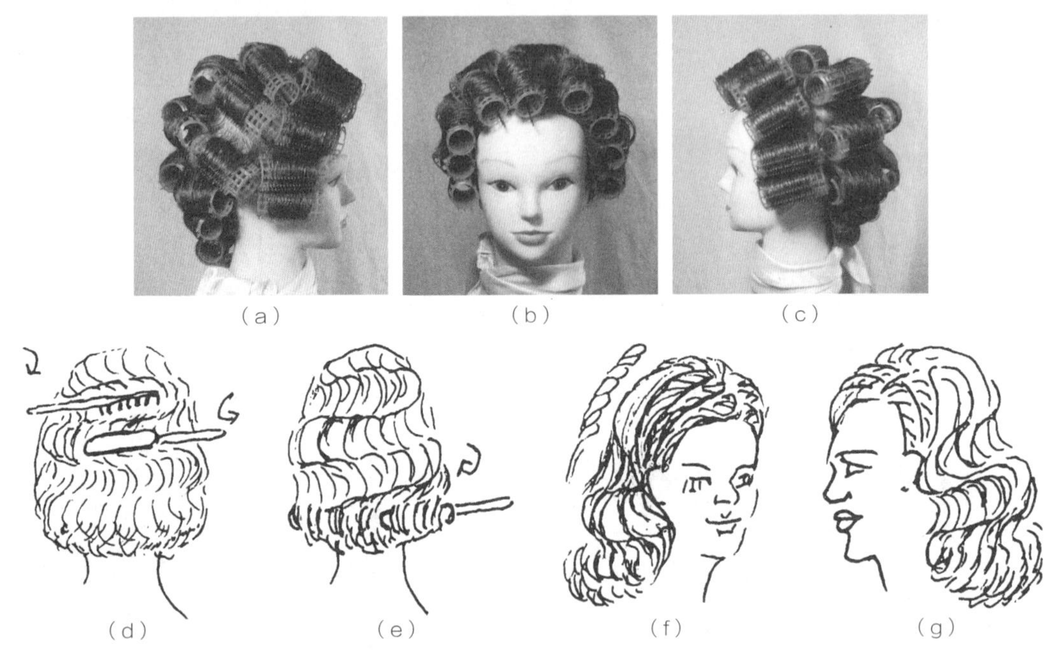

图 4-60　造型 5 技法

4.3.6　造型6（见图4-61）

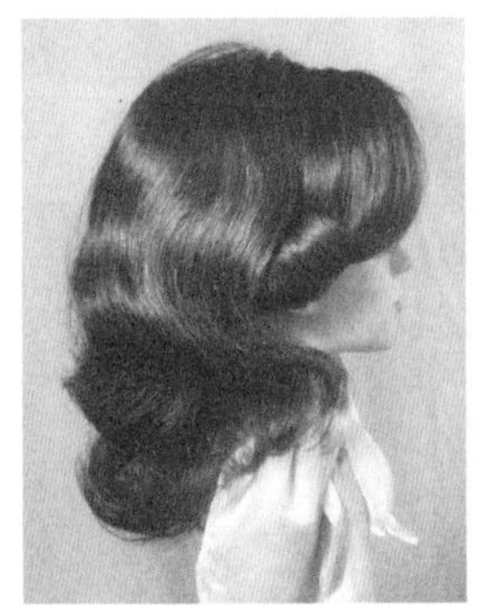

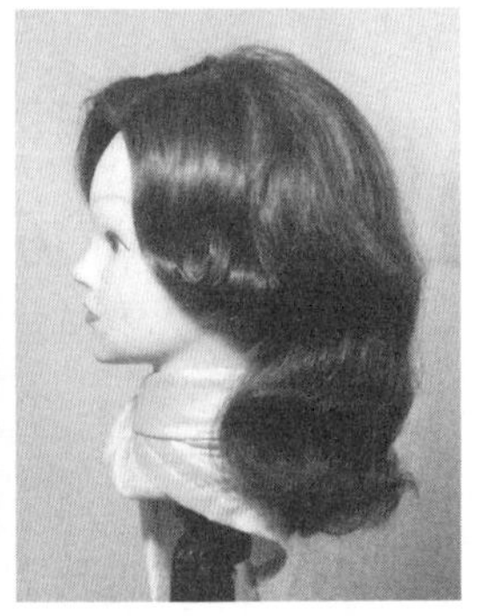

图 4-61　造型 6

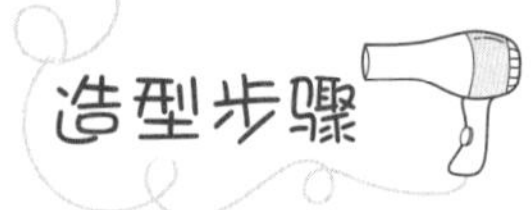

修剪发长、修剪参差低层次、烫发和卷发卷的技法与长曲发塑料卷造型1（Page90）相同。

下面介绍吹梳造型技法。

在长曲发塑料卷造型5的基础上，拆除大小侧发区的实心竖卷，梳理通顺后各自在本侧发区上面做一个较大的单波形，下面各卷一个空心卷。如图4-62（a）、（b）所示。

用疏齿梳与发刷配合调整波浪，如图4-62（c）所示。

吹风机与滚刷的定滚技法配合，巩固下面的外翻形体，如图4-62（d）所示。

整体审视调整定型，如图4-62（e）所示。

（a）　（b）　（c）　（d）　（e）

图 4-62　造型 6 技法

4.3.7　造型7（见图4-63）

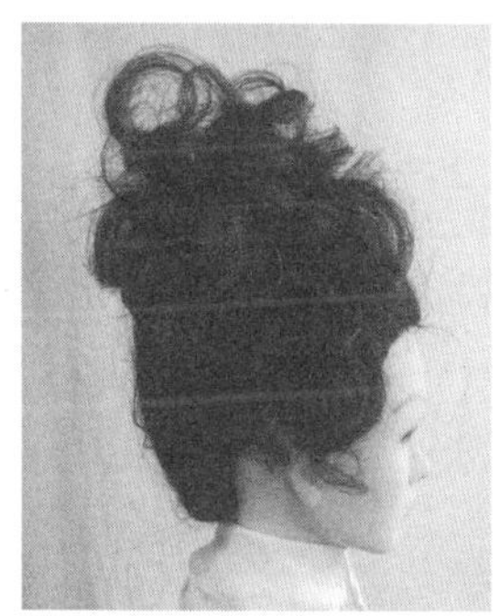

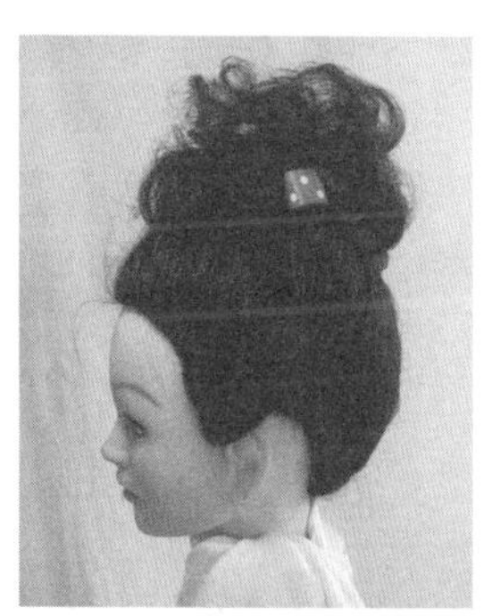

图 4-63　造型 7

造型步骤

（1）分发区

与长曲发塑料卷造型1中“分发区”的技法（Page90）相同。

（2）修剪边线导线

与长曲发塑料卷造型1中“修剪边线导线”的技法（Page90）相同，不同之处在于导线下面的头发向上提起与头皮成15°角进行滑剪，发式长度：前发区33cm，侧发区40cm、后发区40cm，形成发式导线。

（3）修剪顶部导线

在后块面上部用一个直径6cm的圆形形成顶部导线区，把顶部导线区头发向上梳理，确定长度后用滑剪将头发剪断，散布四周为上面导线，其长度为40cm。

（4）修剪参差低层次

① 修剪。从前发区右边开始分纵线，在全发区形成多个纵向区间，每个区间提起发丝与头皮成15°角进行滑剪，顺序是：右侧发区、后发区、左侧发区并与起点连接。

② 检查。从前发区开始向左右侧发区、后发区分横线形成横向区间，每区间横向提起发丝与头皮成15°角，采用锯齿形技法检查修剪，顺序是：a. 前发区、右侧发区、后右侧发区；b. 左

侧发区、后左侧发区；c. 后发区并与左右后侧发区连接成半圆，剪去不规范发丝形成发式，如图4-64（a）、（b）所示。

（5）选发卷

发卷型号为大卷。

（6）卷发卷

如图4-64（c）~（e）所示，将湿发分三七缝，形成大小侧发区和后发区，从发式下面开始卷发卷，直到发式上面的1/2处，两侧发区下面各卷两行重叠发卷，后发区下面卷三行重叠发卷。

（7）吹梳造型

如图4-64（f）所示，吹干发卷，拆去发卡，把头发梳向一侧高点定位处，用皮筋束成发束。

在双手指的提、拉、分、梳等技法互相配合的操作下，将发束调整成上大下小的花形椭圆轮廓，下面的发花放在一侧耳轮前，如图4-64（g）所示。

审视修饰定型，如图4-64（h）所示。

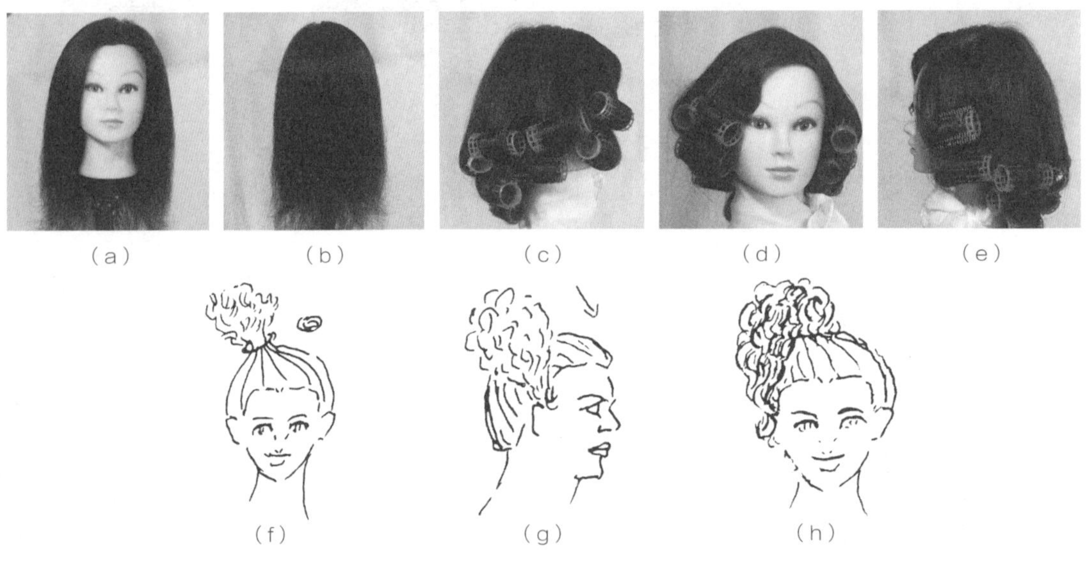

（a）（b）（c）（d）（e）（f）（g）（h）

图 4-64　造型 7 技法

4.3.8　造型8（见图4-65）

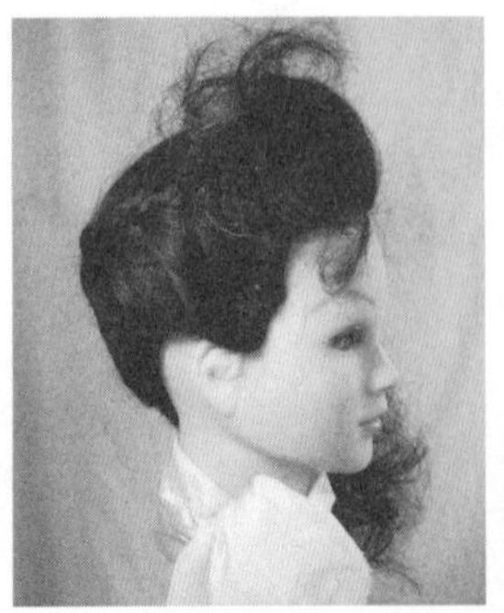

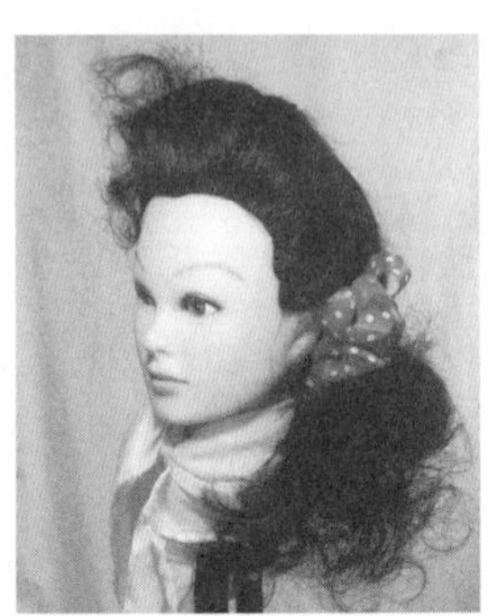

图 4-65　造型 8

造型步骤

修剪发长、修剪参差低层次、烫发、卷发卷的技法与长曲发塑料卷造型7（Page97）相同。

下面介绍吹梳造型技法。

拆去长曲发塑料卷造型7的束发皮筋，把头发梳理通顺，分耳上线和三七缝，形成大小侧发区和后发区。

大侧发区做一锥形卷，发尾摆在上部发卷外面，如图4-66（a）所示。

侧发区向后斜向编一条双侧加股辫，如图4-66（b）所示。

编辫技法如图4-66（c）、（d）所示，其口诀为：一搭二、三搭一，一搭二加一、三搭一加三。在小侧发区内反复进行图4-66（d）的操作，小侧发区外反复进行图4-66（c）的操作，直到设计部位。

后发区向大侧发区肩前梳理成束，连同发辫尾用皮筋束在一起，如图4-66（e）所示。

如图4-66（f）所示，在锥形卷发尾和下面发区发尾用分发梳的拨、挑或手的拉、分、提等技法，把发尾调整成团花形，整体审视修饰定型。

（a）　（b）　（c）　（d）　（e）　（f）

图 4-66　造型 8 技法

第 5 章 指盘筒卷曲发造型范例及技法

5.1 短曲发指盘筒卷造型范例及技法（6例）

5.1.1 造型1（见图5-1）

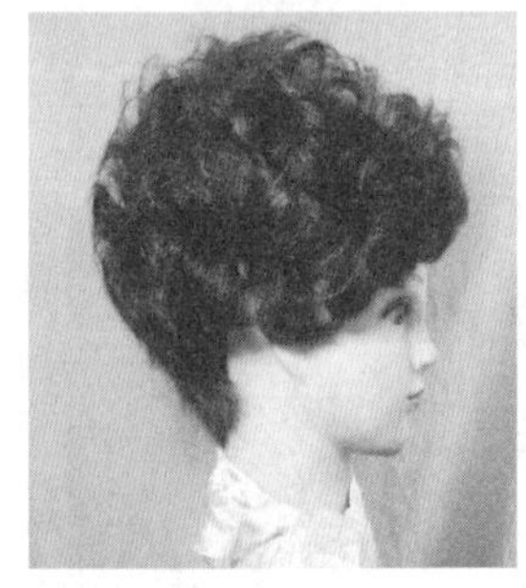

图 5-1 造型 1

造型步骤

（1）分发区

如图5-2（a）所示，从一侧耳尖向另一侧耳尖分一条耳上线，把头发分成前后两块面。

如图5-2（b）所示，前块面分三七缝，形成长方形前发区和左右侧发区。

如图5-2（c）所示，后块面分中线，形成后部左右发区。

（2）修剪边线导线

如图5-2（d）、（e）所示，由前发际线上面至两耳尖上面2cm，向后枕骨下沿分一条斜线，这条线称为导线，导线上面的头发按发区向上固定，导线下面的头发向下梳理。

如图5-2（f）、（g）所示，导线下面的头发向上提起与头皮成90°角，采用锯齿形剪断，形成发式导线，导线长度为：侧发区8cm、前发区8cm、后发区枕骨下沿为2cm。

（a）（b）（c）（d）

（e）（f）（g）（h）

（i）（j）（k）（l）

（m）（n）（o）

（p）（q）（r）（s）

图5-2 造型1技法

（3）修剪顶部导线

如图5-2（h）、（i）所示，后块面上部用一个直径6cm的圆形形成顶部导线区，把顶部导线区头发向上梳理，确定长度后用滑剪将头发剪断，散布四周为上面导线，其长度为13cm。

（4）修剪参差高层次

① 修剪。如图5-2（j）~（l）所示，从前发区右侧开始向全头分纵线，形成纵向区间，每区间纵向提起发丝与头皮成90°角，采用滑剪技法修剪，滑剪顺序是：由前发区右边起，经左侧发区、后发区至右侧发区，再回到起点与其连接。

② 检查。如图5-2（m）~（o）所示，从前发区开始向左右侧发区、后发区分横线形成横向区间，每区间横向提起发丝与头皮成90°角进行检查修剪，顺序是：先中间后左右侧，然后是后发区，用锯齿形剪法剪去不规范发丝形成发式，将发式烫成大花。

（5）指卷筒卷

如图5-2（p）、（q）所示，在湿发状态下分三七缝，形成大小侧发区和后发区，小侧发区不做发卷，大侧发区用手指与分发梳尖端配合，两者从上向下转动卷成筒卷，每个指发卷都要向上卷，指筒卷要布满大侧发区，后发区指筒卷占头发面积的2/3。

（6）吹梳造型

发卷干后拆除发卷中的发卡，用排骨刷将发卷从下向上逐渐全都梳开梳通，将大侧发区梳成花状，如图5-2（r）所示。

发刷与吹风机配合，将大、小侧发区头缝边缘以及后发区的全都头发吹梳成帖服于头部。将手指插入发花内上挑，使发花蓬松、饱满地在大侧发区自然展开。

审视修饰定型，如图5-2（s）所示。

5.1.2 造型2（见图5-3）

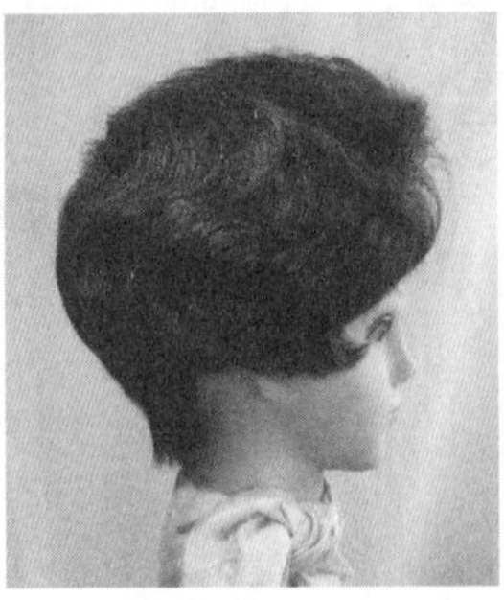
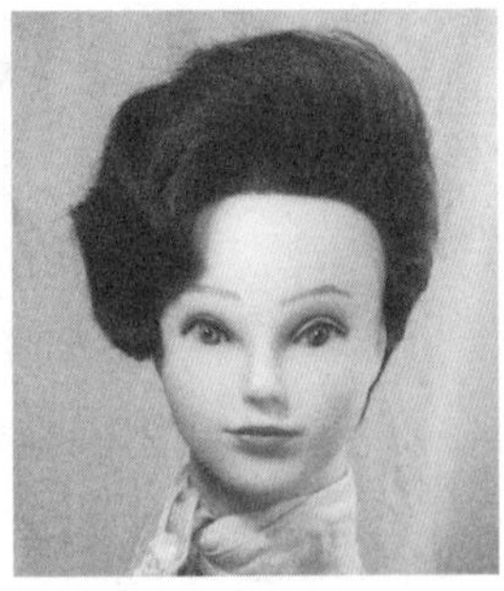
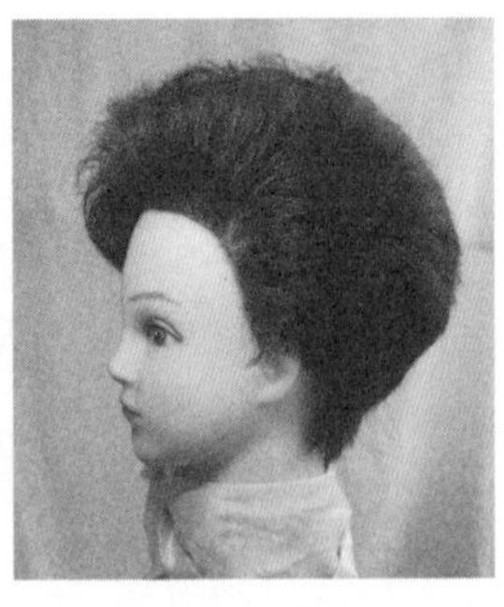

图5-3 造型2

修剪发长、修剪参差高层次、烫花、指卷筒卷的技法与短曲发指盘筒卷造型1（Page100）相同。

下面介绍吹梳造型技法。

在短曲发指盘筒卷造型1的基础上，采用排骨刷与发梳相配合，将大侧发区梳成波浪，如图5-4（a）所示。在排骨刷推刷技法与吹风机的配合下，初步稳定波浪。

将小侧发区头发向上吹梳，封住头缝与大侧发区波浪连接并高起，后发区下边发丝吹梳至与颈项帖服，如图5-4（b）所示。

审视调整定型，如图5-4（c）所示。

（a）　（b）　（c）

图 5-4　造型 2 技法

5.1.3　造型3（见图5-5）

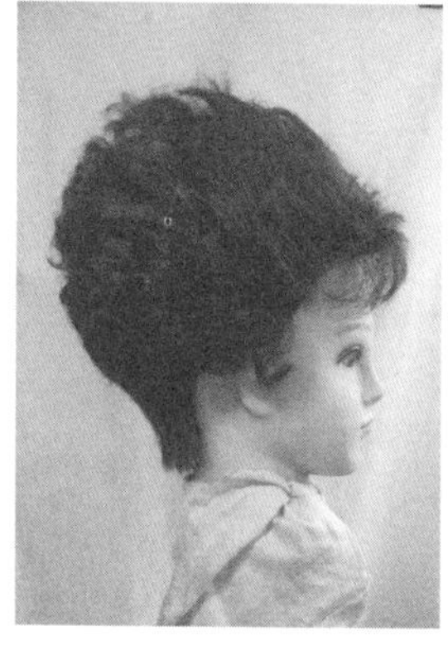

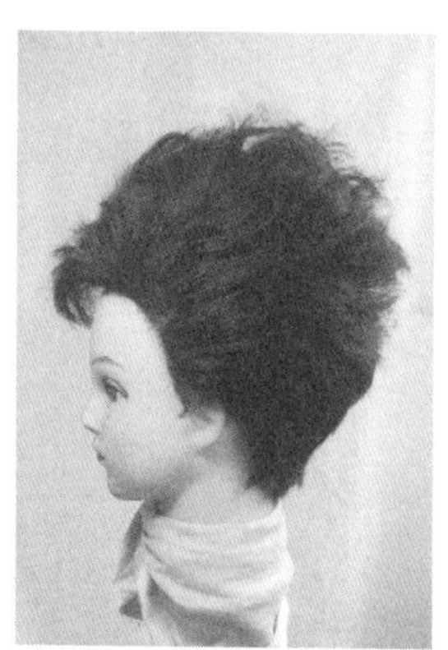

图 5-5　造型 3

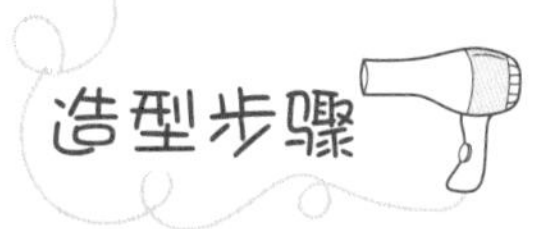

修剪发长、修剪参差高层次、烫花、指卷筒卷的技法与短曲发指盘筒卷造型1（Page100）相同。

下面介绍吹梳造型技法。

在短曲发指盘筒卷造型2的基础上，把头部两侧发区头发用发刷向后上推起，使顶发区头发向上蓬而饱满。然后用分发梳或手指调整发丝流向。在吹风机与发刷配合下，使前发区的少量发花变成刘海下垂。审视修饰定型。

5.1.4 造型4（见图5-6）

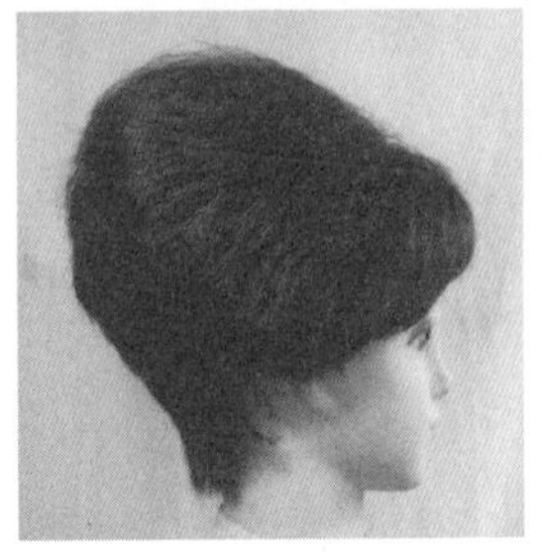
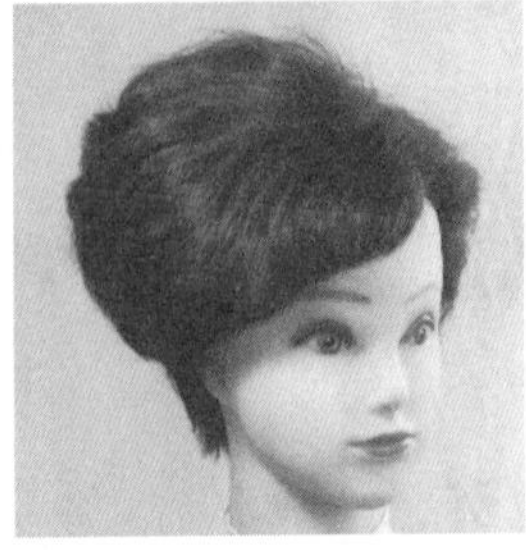

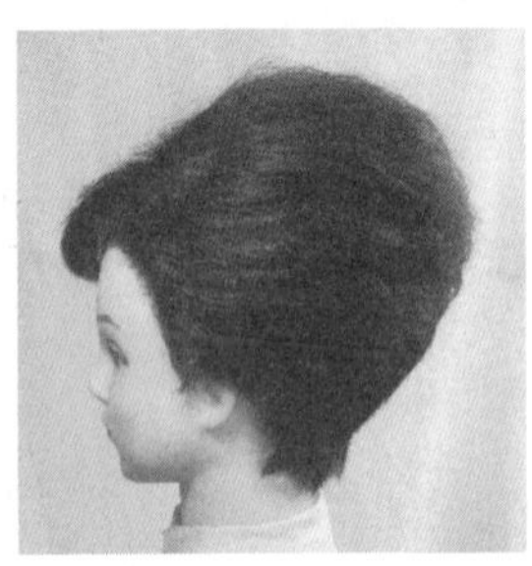

图 5-6 造型 4

修剪发长、修剪参差高层次、烫花、指卷筒卷的技法与短曲发指盘筒卷造型1（Page100）相同。

下面介绍吹梳造型技法。

在短曲发指盘筒卷造型3的基础上，分三七缝，用排骨刷将头发向两侧发区及后发区梳理通顺，大侧发区上面用吹风机与滚刷配合，将发丝吹成内扣刘海，如图5-7（a）所示。

在吹风机与排骨刷的顶、梳、按、刷等技法配合下，使后发区上面的头发蓬起。后发区下面的短发帖服于颈部，如图5-7（b）所示。

运用吹风机与排骨刷的推、按、别等技法，把小侧发区头发吹向侧后方，如图5-7（c）所示。

审视修饰定型，如图5-7（d）所示。

（a）

（b）

（c）

（d）

图 5-7 造型 4 技法

5.1.5 造型5（见图5-8）

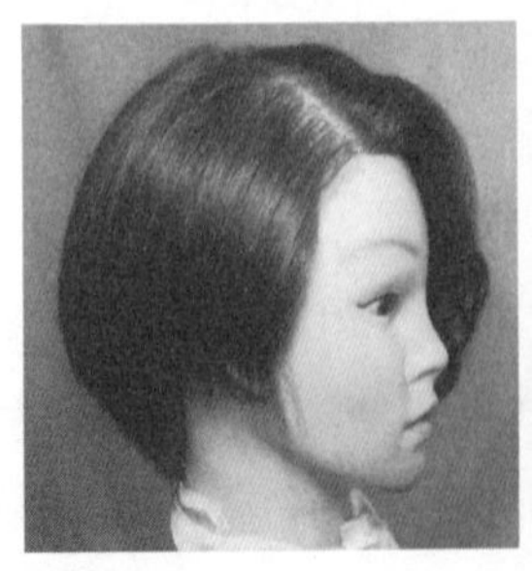
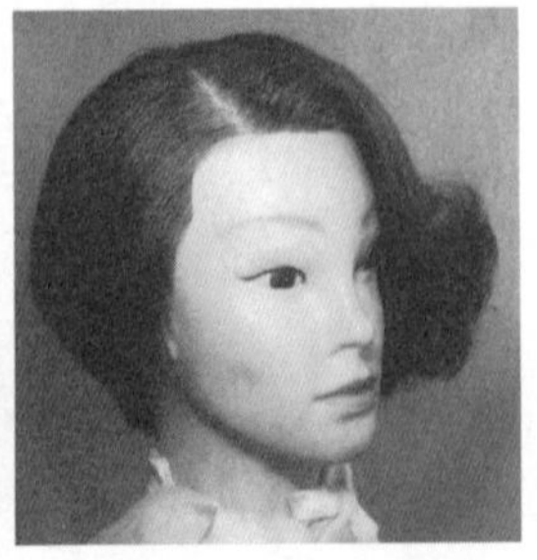
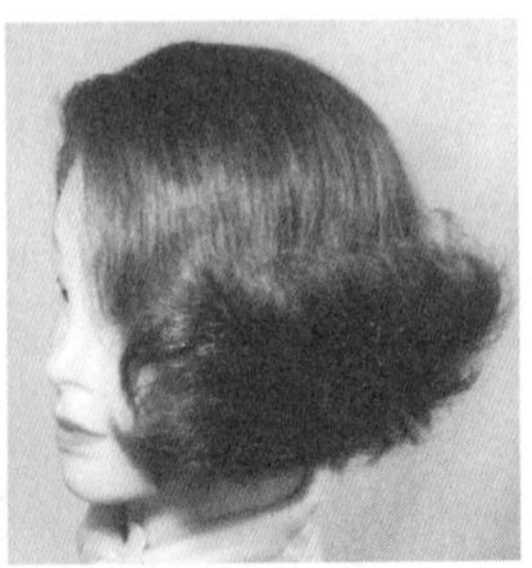
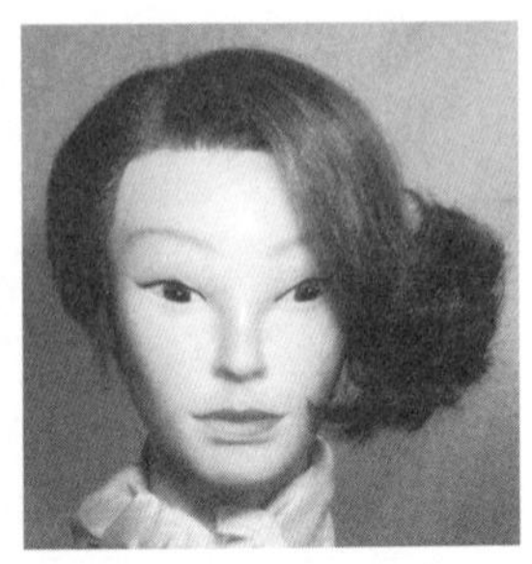

图 5-8 造型 5

（1）分发区

从一侧耳尖向另一侧耳尖分一条耳上线，把头发分成前后两块面。

- **前块面：** 分三七缝，形成大小侧发区。
- **后块面：** 分中线，形成后部左右发区。

（2）修剪边线导线

由前发际上面至两耳尖上面2cm，向后枕骨下沿分一条导线，导线上面头发按发区向上固定，导线下面头发向下梳理。

然后将导线下面的头发向上提起与头皮成45°角，采用夹剪法剪断，形成发式导线，长度为：小侧发区下边3cm、上边9cm，大侧发区17cm、后发区下边3cm。

（3）修剪顶部导线

把顶部导线区头发向上梳理，确定长度后用滑剪将头发剪断，散布四周为上面导线，其长度为13cm。

（4）修剪低层次

① 修剪。如图5-9（a）~（d）所示，从右侧发区开始向后发区分横线，形成横向区间，每区间提起发丝与头皮成45°角，采用夹剪技法修剪，顺序是：由右侧发区起，经后右侧、后左侧、后中间发区横向修剪。左侧发区、前发区分纵线采用滑剪法，修剪成参差层次。

② 检查。从右侧发区向后发区分纵线，形成纵向区间，提起发丝与头皮成45°角进行检查修剪，顺序是：右侧发区、后发区，用夹剪法剪去不规范发丝；左侧发区、前发区分横向区间，用锯齿形剪法，剪去不规范发丝形成发式；将大侧发区下面2/3的头发烫成大花。

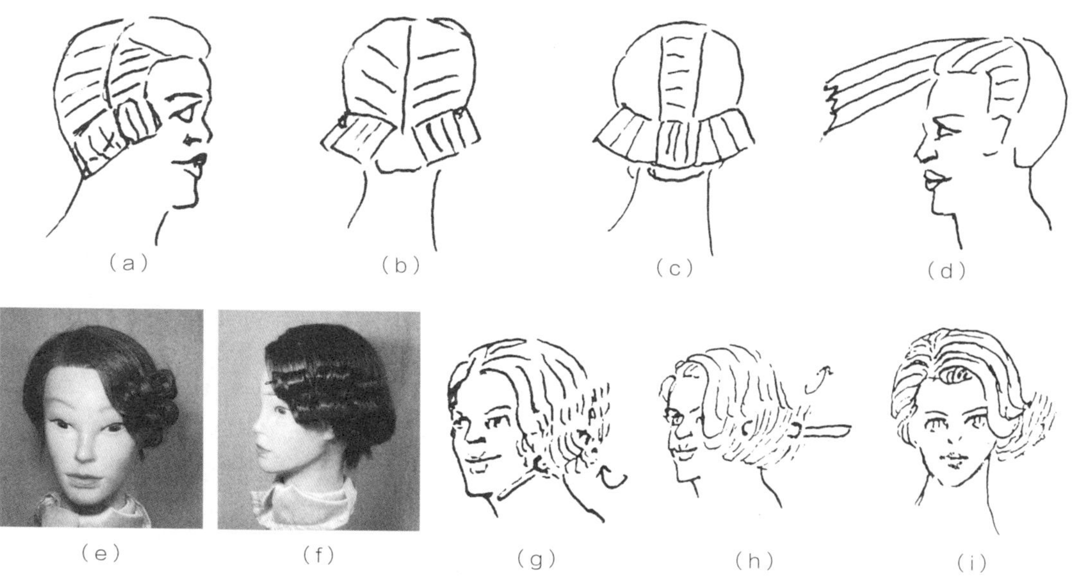

图5-9　造型5技法

（5）指卷筒卷

如图5-9（e）、（f）所示，分三七缝，形成大小侧发区、后发区。小侧发区和后发区头发不卷发卷，从大侧发区下方2/3处，用手指与分发梳的尾端相互配合进行上下转动，将大侧发区发丝从上向下全部卷上发卷，每个发卷都要反卷（向上卷），用发卡固定。

（6）吹梳造型

拆除发卷中的发卡，用排骨刷将发卷从下向上全部梳开梳顺，将大侧发区梳成花状，用滚刷与吹风机配合，将发花吹卷成上翻状，如图5-9（g）所示。

大侧发区用排骨刷的内梳上提技法吹梳，使发型蓬松、饱满，如图5-9（h）所示。

发刷与吹风机配合，将小侧发区及后发区的头发吹梳成与头部服帖。

审视修饰定型，如图5-9（i）所示。

5.1.6　造型6（见图5-10）

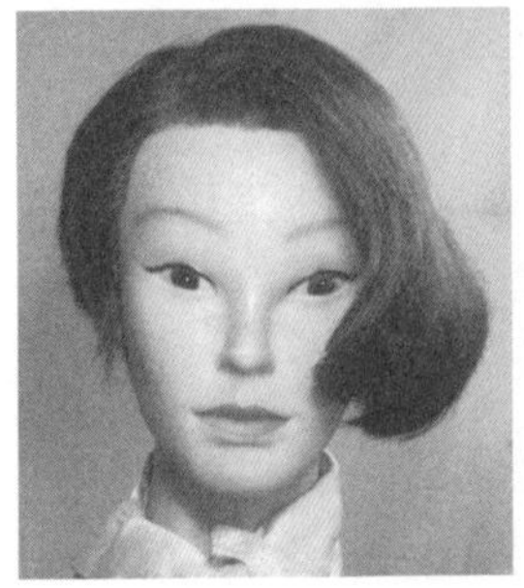
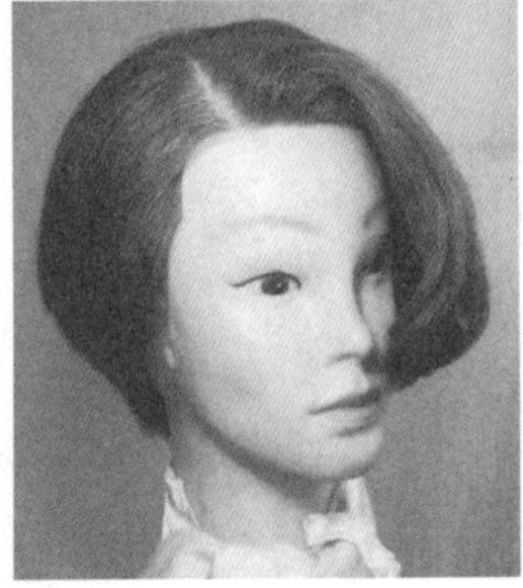
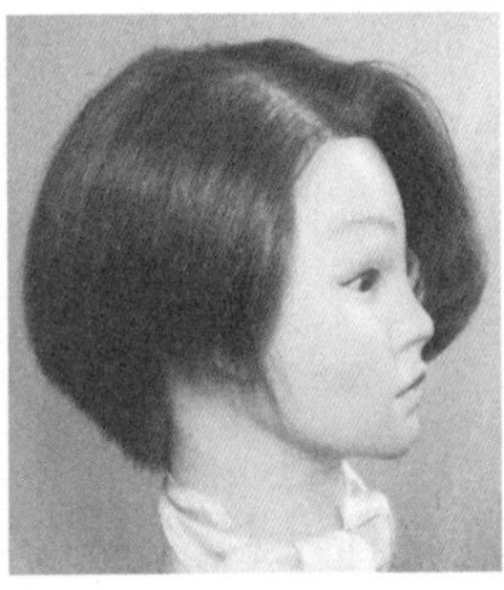
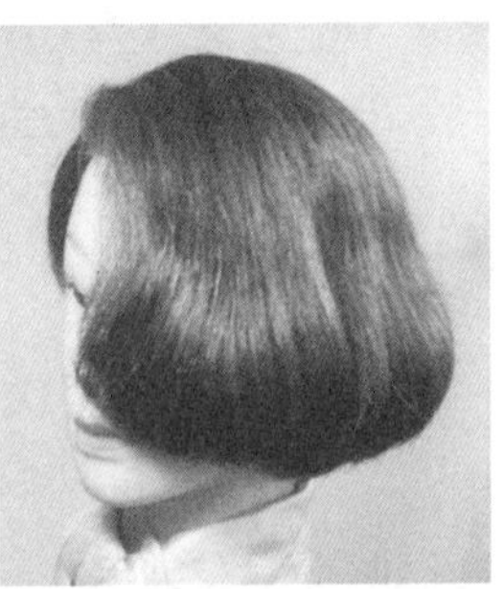

图5-10　造型6

修剪发长、修剪低层次、烫花、指卷筒卷的技法与短曲发指盘筒卷造型5（Page105）相同。

下面介绍吹梳造型技法。

在短曲发指盘筒卷造型5的基础上，大侧发区下面的外翻头发向下梳理，在滚刷与吹风机的配合下，把外翻头发向内用定滚技法把发丝吹向里扣，垂向大侧面，如图5-11（a）所示。

大侧发区上面用发刷与吹风机相配合，将发根吹立，体现立体感，如图5-11（b）所示。

用发刷调整小侧发区、后发区。审视修饰定型，如图5-11（c）所示。

（a）

（b）

（c）

图5-11　造型6技法

5.2　中长曲发指盘筒卷造型范例及技法（6例）

5.2.1　造型1（见图5-12）

 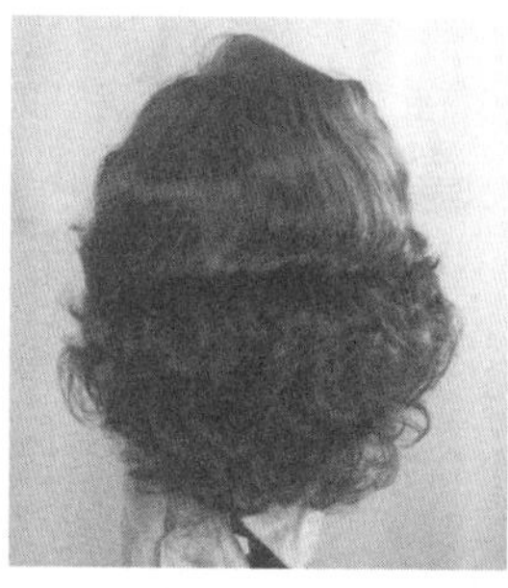 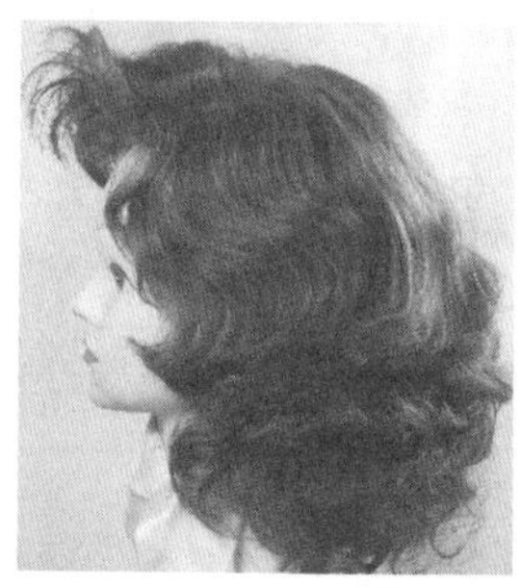 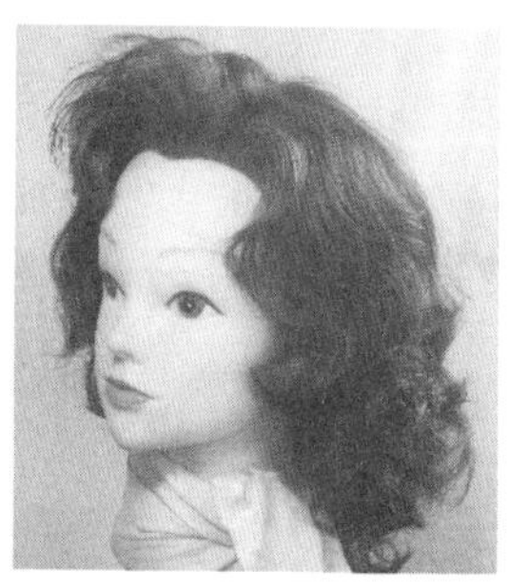

图 5-12　造型 1

（1）分发区

从一侧耳尖向另一侧耳尖分一条耳上线，把头发分成前后两块面。

- **前块面：**分三七缝，形成长方形前发区和左右侧发区。
- **后块面：**分中线，形成后部左右发区。

（2）修剪边线导线

由前发际线上面至两耳尖上面2cm，向后枕骨下沿分一条斜线，这条线为导线，导线上面的头发按发区向上固定，导线下面的头发向下梳理。

然后将导线下面的头发向上提起与头皮成45°角，采用锯齿形剪断，形成发式导线，导线长度为：前发区10cm、侧发区17cm，后发区20cm。

（3）修剪顶部导线

后块面上部用一个直径6cm的圆线形成顶部导线区，把顶部导线区头发向上梳理，确定长度后用滑剪将头发剪断，散布四周为上面导线，其长度为20cm。

（4）修剪参差低层次

① 修剪。从前发区右边开始分纵线，在全头形成纵向区间，每个区间提起发丝与头皮成45°角进行滑剪，顺序是：从前发区右边起，经左侧发区、后发区、右侧发区并与起点连接，如图5-13（a）~（c）所示。

② 检查。从前发区向左右侧发区、后发区分横线形成横向区间，每区间横向提起发丝与头皮成45°角，采用夹剪技法检查修剪，剪去不规范发丝，顺序是：a. 前发区、右侧发区、后右侧发区；b. 左侧发区、后左侧发区；c. 后发区并与左右后侧发区连接成半圆形成发式，将发式烫成大花。

（5）指卷筒卷

如图5-13（d）~（f）所示，分三七缝，形成大小侧发区、后发区，选用中型发卷，两侧

发区发卷向下卷；从顶发区至两耳水平线，每个发卷向下卷（正卷）；两耳水平线以下，发卷向上卷（反卷）。

（6）吹梳造型

发卷干后拆去发卡，用排骨刷从后下部逐渐向上向前把发卷梳开梳通，形成蓬松发花，在疏齿梳、排骨刷梳理下，把前发区与后发区上面的曲发梳理出波浪，如图5-13（g）所示。发刷与吹风机配合，用发刷的推刷、按刷技法稳定波浪。

用发刷的推刷技法与吹风机配合，立起前面发根，如图5-13（h）所示。

用分发梳尖端或手指的挑、拨、提、按技法，调整发花，使发花更显蓬松自然，审视修饰定型，如图5-13（i）所示。

图5-13　造型1技法

5.2.2　造型2（见图5-14）

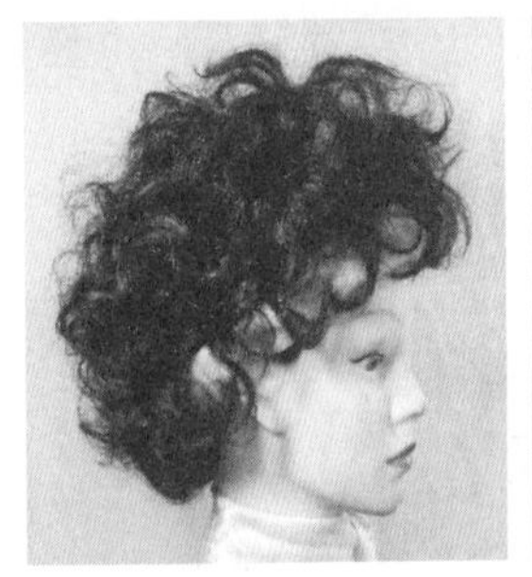
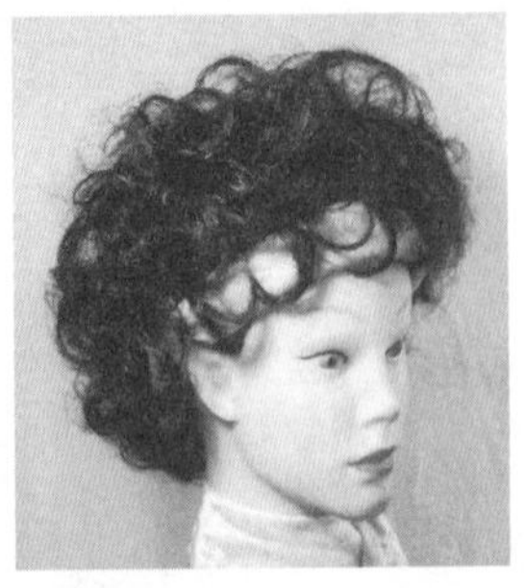
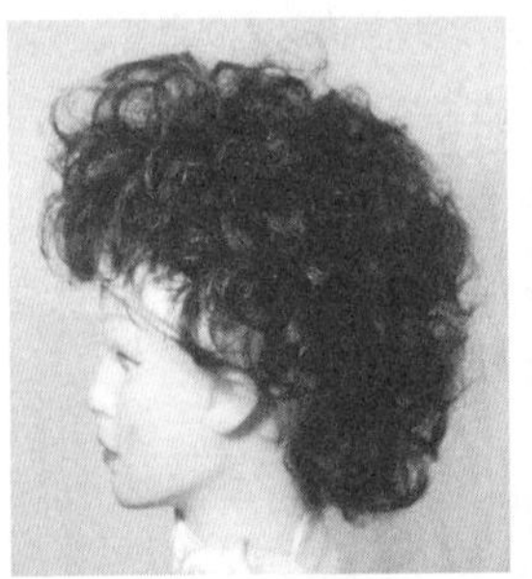

图5-14　造型2

（1）分发区

与中长曲发指盘筒卷造型1中“分发区”的技法（Page107）相同。

（2）修剪边线导线

先按中长曲发指盘筒卷造型1的“修剪边线导线”技法分出导线，导线上面的头发按发区向上固定，导线下面的头发向下梳理。然后将导线下面的头发向上提起与头皮成90°角，采用夹剪法剪断，形成发式导线，导线长度为：前发区10cm，侧发区7cm，后发区12cm。

（3）修剪顶部导线

后块面上部用一个直径6cm的圆线形成顶部导线区，把顶部导线区头发向上梳理，确定长度后用夹剪将头发剪断，散布四周为上面导线，其长度为13cm。将发式烫成大花。

（4）修剪高层次

① 修剪。从前发区左侧向全头分纵线，形成纵向区间，每区间纵向提起发丝与头皮成90°角，采用夹剪技法修剪，修剪顺序是：由前发区左边起，经右侧发区、后发区至左侧发区，再回到起点与其连接，如图5-15（a）~（c）所示。

图 5-15　造型 2 技法

② 检查。从前发区向左右侧发区、后发区分横线，形成横向区间，每区间提起发丝与头皮成90°角进行检查修剪，用夹剪法剪去不规范发丝，顺序是：先中间区间、后左右侧、再后发区区间，连接成半圆形成发式，将发式烫成大花。

（5）指卷筒卷

如图5-15（d）~（f）所示，两侧发区发卷向上卷；从前发区发际线开始，发卷向前卷；顶发区、后发区头发全部向上卷。

（6）吹梳造型

发卷干后拆去发卡，用排骨刷的上提刷技法，从后发区下部开始，逐渐向上向前把发卷梳开梳通，使全头形成蓬松的发花，如图5-15（g）所示。

如图5-15（h）所示，把彩带缠在头上盖住发际线，可展现出靓丽、干练、充满个性的特点。

为了更好地调整轮廓形体，可用分发梳的挑、拨与逆梳技法，配合手指的提、拨、分、按等技法进行操作，使发型轮廓更加饱满，使发花更加舒展自然。

审视修饰定型，如图5-15（i）所示。

5.2.3 造型3（见图5-16）

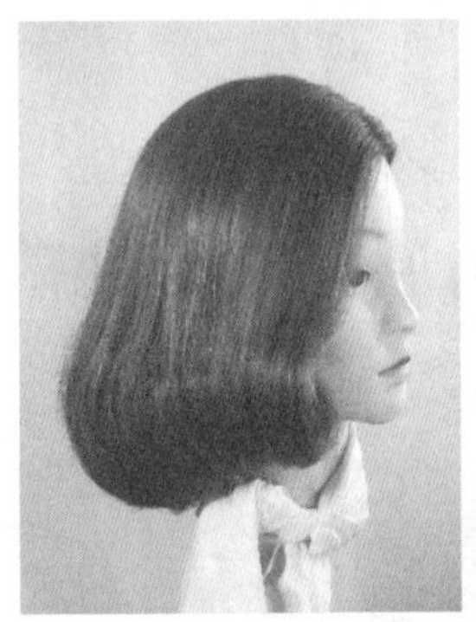 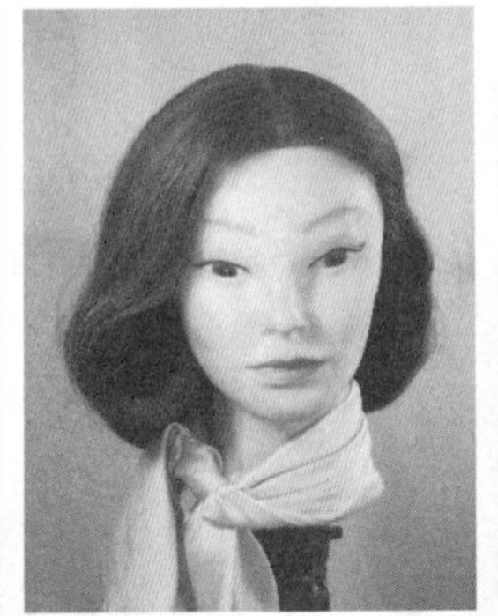 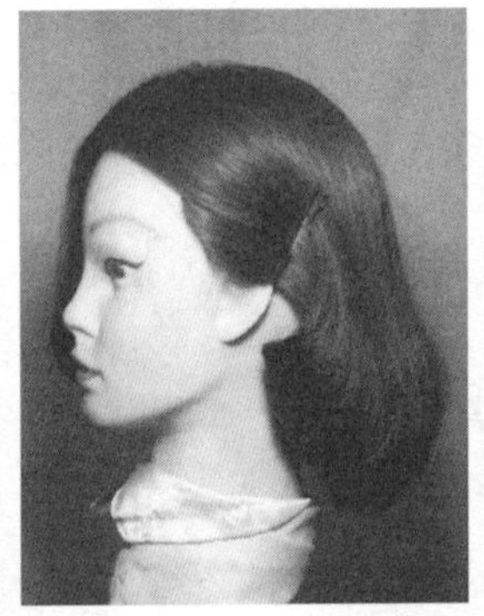 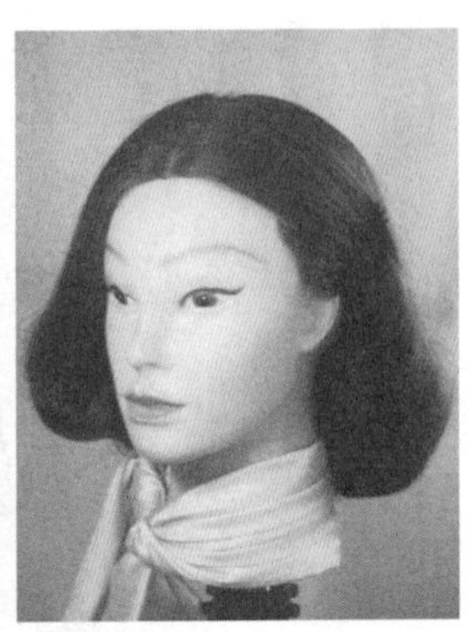

图5-16 造型3

（1）分发区

与中长曲发指盘筒卷造型1中“分发区”的技法（Page107）相同。

（2）修剪边线导线

先按中长曲发指盘筒卷造型1的“修剪边线导线”技法（Page107）分出导线，导线上面的头发按发区向上固定，导线下面的头发向下梳理。然后将导线下面的头发向上提起与头皮成15°角，采用夹剪法剪断，形成发式导线，导线长度为：前发区23cm，侧发区22cm，后发区22cm。

（3）修剪顶部导线

后块面上部用一个直径6cm的圆线形成顶部导线区，把顶部导线区头发向上梳理，确定长

度后将头发剪断作为上面导线，其长度是23cm。

（4）修剪低层次

① 修剪。从前发区左侧起分纵线，全头形成纵向区间，每个区间提起发丝与头皮成15°角进行夹剪，顺序是：前发区左侧起经右侧发区、后发区、左侧发区并与起点连接。

② 检查。从前发区开始向左右侧发区、后发区分横线形成横向区间，每区间横向提起发丝与头皮成15°角，采用夹剪技法检查修剪，剪去不规范发丝，顺序是：a. 前发区、右侧发区、后右侧发区；b. 左侧发区、后左侧发区；c. 后发区并与左右后侧发区连接成半圆形成发式，将发式下面1/3烫成大花。

（5）指卷筒卷

如图5-17（a）~（c）所示，分四六缝，形成左右发区和后发区，将发丝梳理通顺，发梢向下缠绕在食指上，用分发梳尖端按照发梢绕圈的方向绕进手指，两者绕到一束头发的下1/3处，形成圆形筒卷，用发卡固定后把手指撤出发卷，左、右侧发区各卷成一排或两排筒卷，后发区卷成两排或三排筒卷。

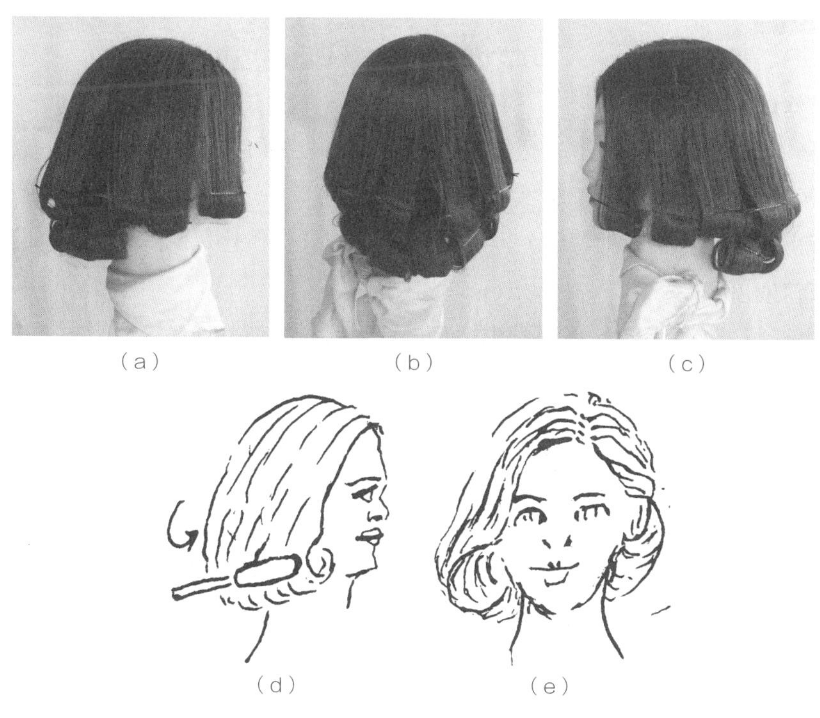

（a）（b）（c）

（d）（e）

图 5-17　造型 3 技法

（6）吹梳造型

发卷干后将发卡拆除，在头部分四六缝，形成大、小侧发区和后发区，按分开的发区方向，用排骨刷把发卷从上向下梳理通顺梳成内扣，自然地垂在后发区和两侧发区，如图5-17（d）所示。如果垂扣得不够理想，用滚刷的定滚技法与吹风机配合给以调整。

内扣造型达到预想效果后，在分发梳的帮助下，将小侧发区头发用发卡别向耳后。审视修饰定型，如图5-17（e）所示，此发型有庄重、大方、高雅之美。

5.2.4 造型4（见图5-18）

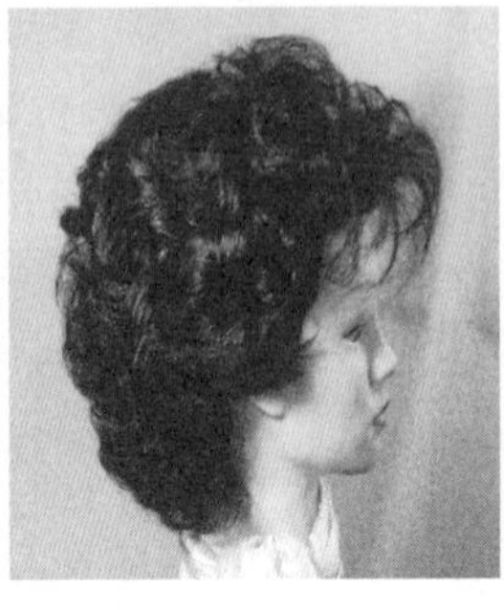
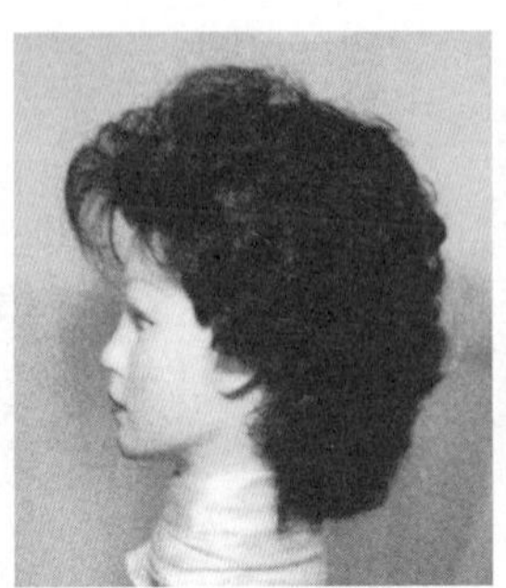
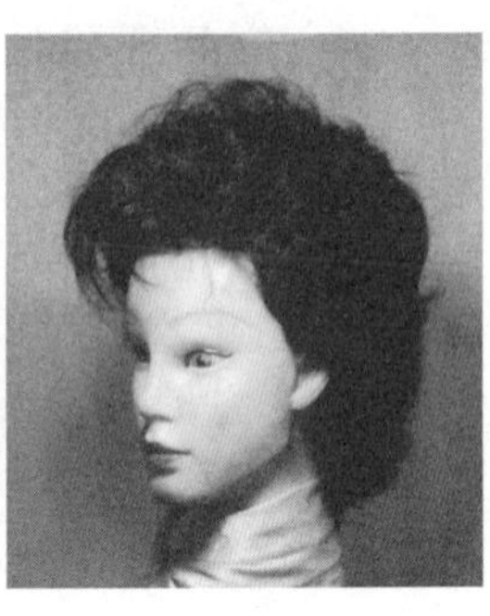

图5-18 造型4

（1）分发区

与中长曲发指盘筒卷造型1中“分发区”的技法（Page107）相同。

（2）修剪边线导线

先按中长曲发指盘筒卷造型1的“修剪边线导线”技法（Page107）分出导线，导线上面的头发按发区向上固定，导线下面的头发向下梳理。然后将导线下面头发向上提起与头皮成90°角，采用夹剪法剪断，形成发式导线，导线长度为：前发区10cm，侧发区6cm，后发区13cm。

（3）修剪顶部导线

后块面上部用一个直径6cm的圆线形成顶部导线区，把顶部导线区头发向上梳理，确定长度后将头发剪断为上面导线，其长度是10cm。

（4）修剪高层次

① 修剪。从前发区左侧起分纵线，全头形成纵向区间，每个区间提起发丝与头皮成90°角进行夹剪，顺序是：前发区左侧起，经右侧发区、后发区、左侧发区并与起点连接。

② 检查。从前发区开始向左右侧发区、后发区分横线形成横向区间，每发区横向提起发丝与头皮成90°角，采用夹剪技法检查修剪，剪去不规范发丝，顺序是：a. 前发区、右侧发区、后右侧发区；b. 左侧发区、后左侧发区；c. 后发区并与左右后侧发区连接成半圆形成发式，将发式烫成大花。

（5）指卷筒卷

如图5-19（a）~（c）所示，从前发区发际线中部开始，将每个发束从下向上梳理通顺，然后把发卷依次向后卷，直到后发区发际线，两侧发区下面的短发可卷扁卷。

（6）吹梳造型

将干发卷拆除，用排骨刷从头部后发区的下边逐渐向上向前梳理，多梳理几遍，使发花流向自然。

如图5-19（d）所示，在排骨刷的转刷技法与吹风机配合下，吹梳成自然下垂刘海。

用分发梳的挑、拨与手的提、分、梳等技法相配合进行调整，使轮廓饱满适合脸型。审视修饰定型，如图5-19（e）所示。

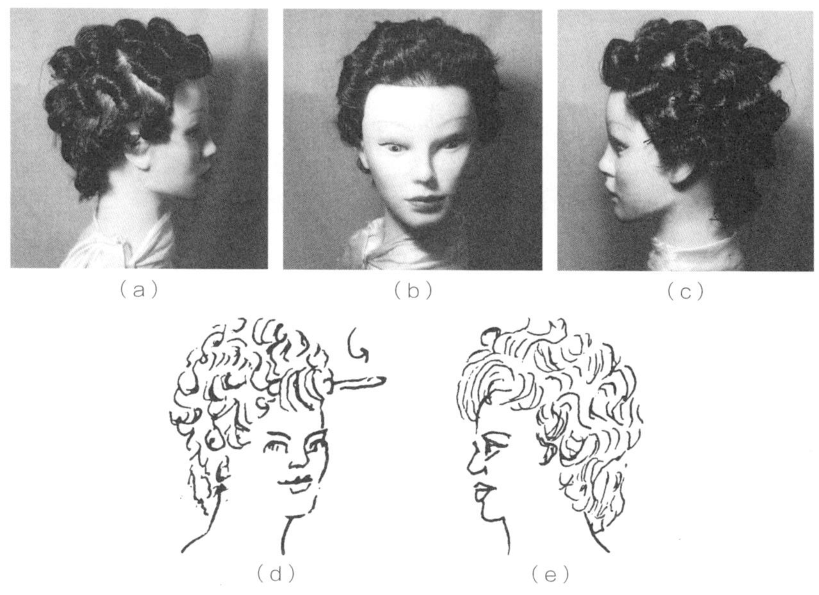

（a）　（b）　（c）

（d）　（e）

图5-19　造型4技法

5.2.5　造型5（见图5-20）

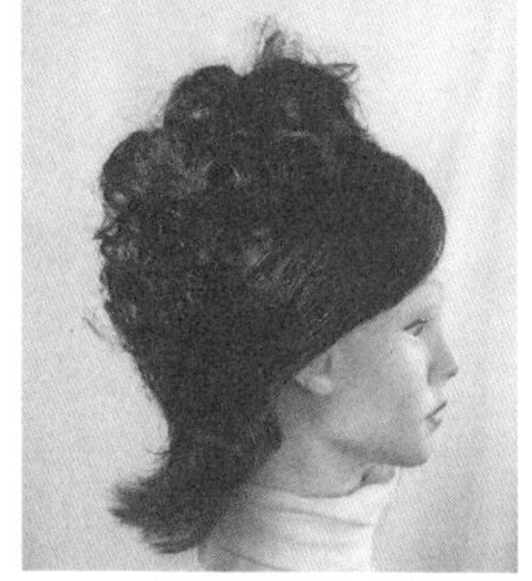 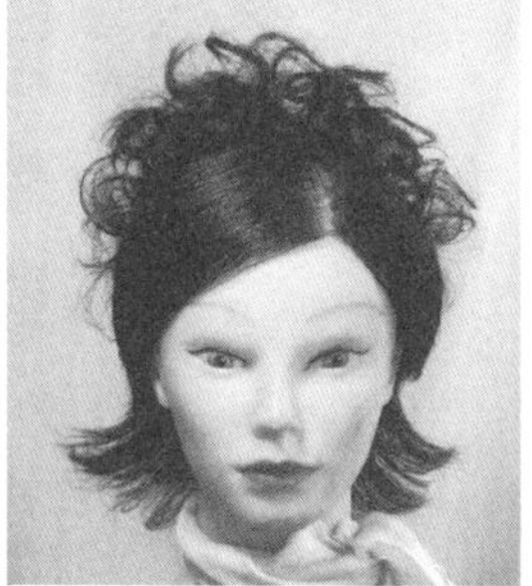 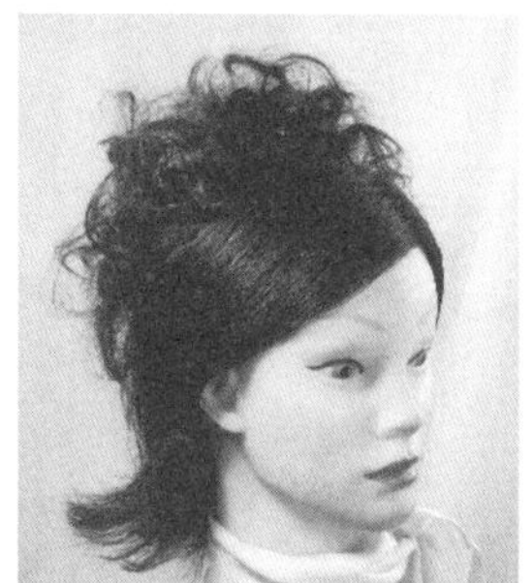 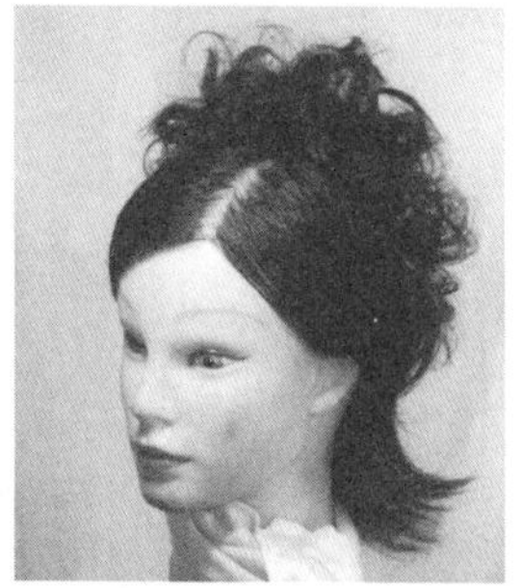

图5-20　造型5

造型步骤

（1）分发区

与中长曲发指盘筒卷造型1中“分发区”的技法（Page107）相同。

（2）修剪边线导线

与中长曲发指盘筒卷造型2中“修剪边线导线”的技法（Page107）相同，不同之处在于本造型导线长度为：前发区13cm，侧发区7cm，后发区11cm。

（3）修剪顶部导线

后块面上部用一个直径6cm的圆线形成顶部导线区，把顶部导线区头发向上梳理，确定长

度后将头发剪断为上面导线，其长度是12cm。

（4）修剪高层次

① 修剪。从前发区左侧起分纵线，使全头形成纵向区间，每个区间提起发丝与头皮成90°角进行夹剪，顺序是：前发区左侧起经右侧发区、后发区、左侧发区并与起点连接。

② 检查。从前发区开始向左右侧发区、后发区分横线形成横向区间，每区横向提起发丝与头皮成90°角，采用夹剪技法检查修剪，剪去不规范发丝，顺序是：a. 前发区、右侧发区、后右侧发区；b. 左侧发区、后左侧发区；c. 后发区并与左右后侧发区连接成半圆形成发式，将发式顶部烫成大花。

（5）指卷筒卷

如图5-21（a）所示，分三七缝，形成大小侧发区和后发区，由高点定位处向前6cm为半径，向四周放射成圆形，如图5-21（b）所示。

圆形基面内用手指与分发梳尖端配合，在缠在手指内的发丝中上下转动，卷成多个交错指筒卷，如图5-21（c）~（e）所示，发卡固定后手指撤出。

（6）吹梳造型

指筒卷晾干后拆去发卡，前面分三七缝，形成大小侧发区、顶发区、后发区，顺着用头缝分开的大小侧发区方向，将发丝上适量喷些发胶，把发丝梳理成向左右帖服于前面的式样，大侧发区梳成刘海，如图5-21（f）所示。

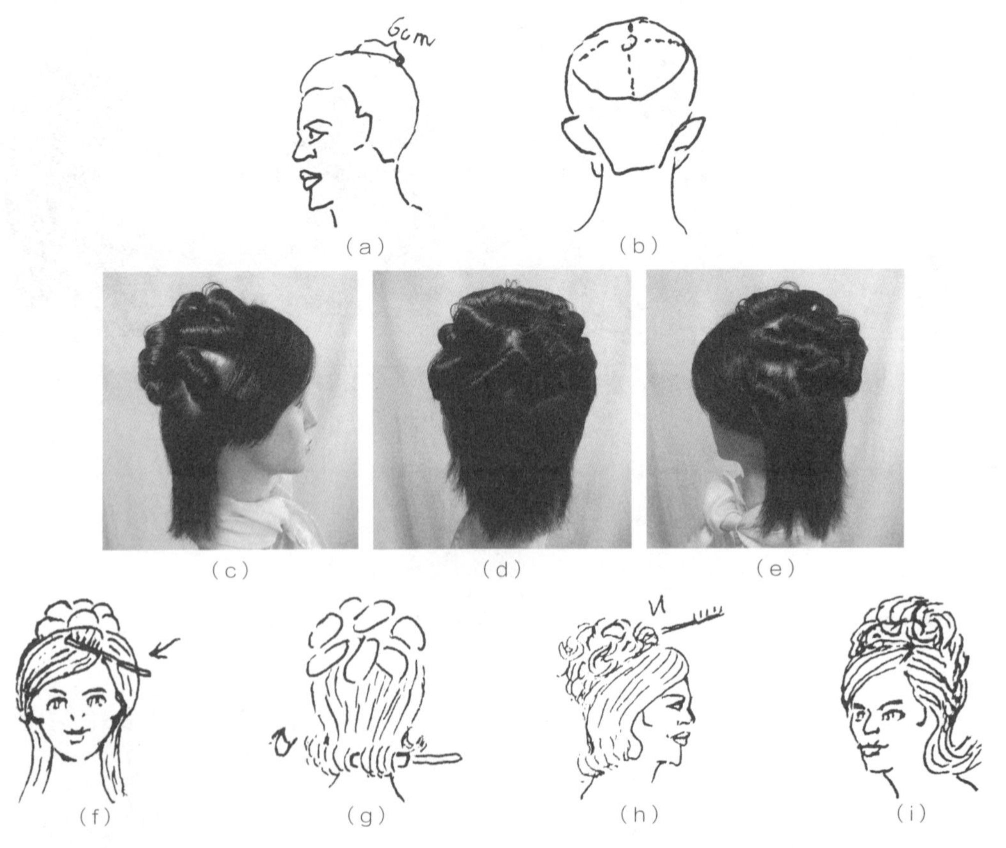

图5-21　造型5技法

如图5-21（g）所示，吹风机与滚刷配合，将后发区发梢吹卷成上翘状。

顶发区在分发梳和手指的挑、拨、分的技法调整下使发花自然地蓬松于顶发区，如图5-21（h）所示。

审视修饰定型，如图5-21（i）所示。

5.2.6　造型6（见图5-22）

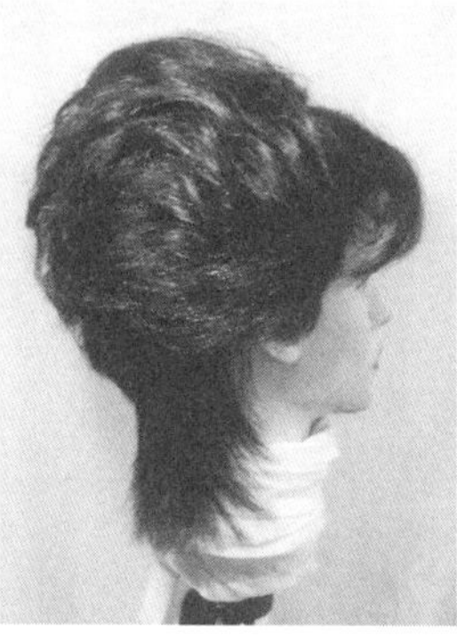

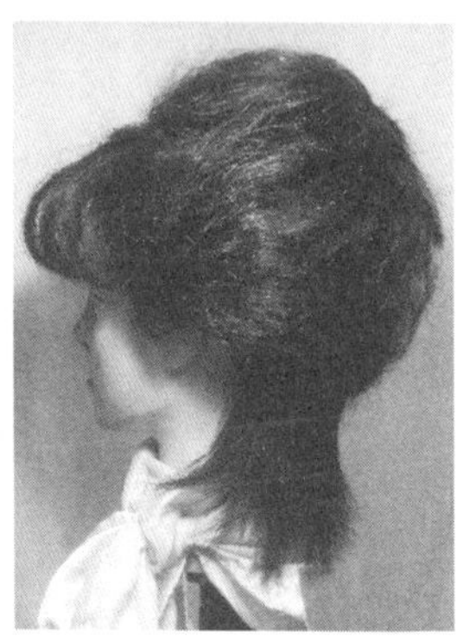

图 5-22　造型 6

修剪发长、修剪高层次、烫发、指卷筒卷的技法与中长曲发指盘筒卷造型5（Page113，114）基本相同，不同之处是：把前发区喷湿后剪成10cm长。

下面介绍吹梳造型技法。

在中长曲发指盘筒卷造型5的基础上，吹风机与空气刷的顶、拉刷技法配合，将顶发区发花向后拉开，如图5-23（a）所示。然后把后发区下面外翘发丝拉直帖服于颈部，如图5-23（b）所示。

前发区发丝向前梳，用滚刷与吹风机配合，把发丝向里吹成轻微内扣，如图5-23（c）所示。

审视修饰定型，如图5-23（d）所示。

（a）

（b）

（c）

（d）

图 5-23　造型 6 技法

5.3 长曲发指盘筒卷造型范例及技法（16例）

5.3.1 造型1（见图5-24）

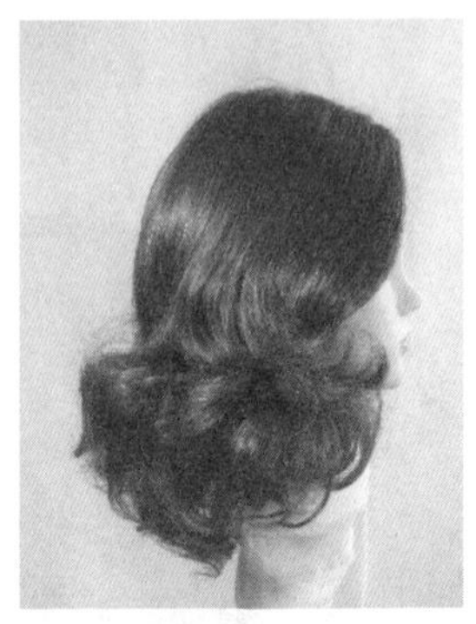
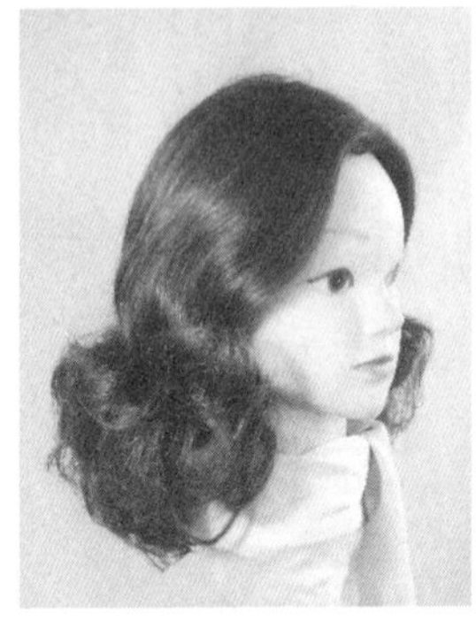
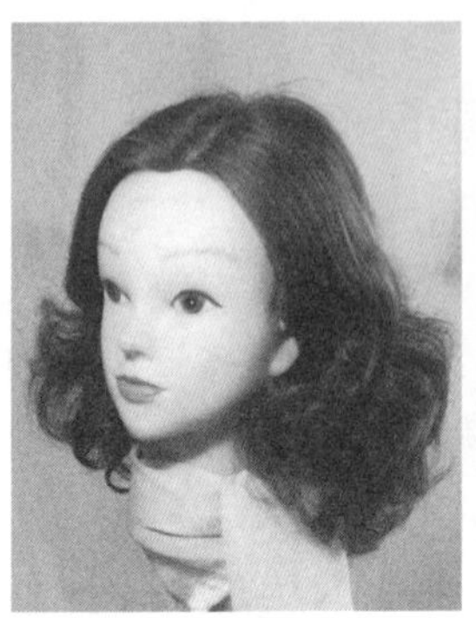
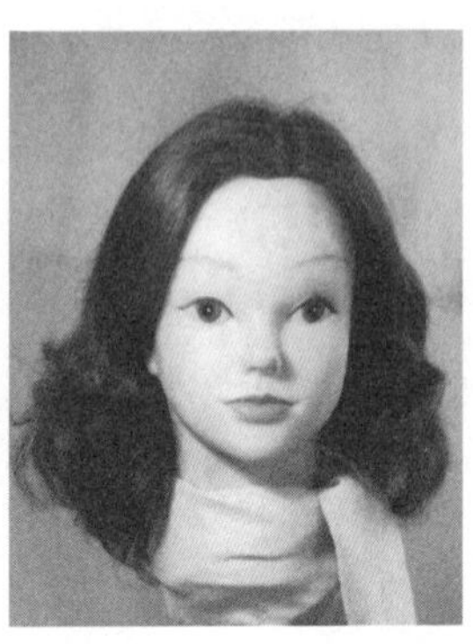

图5-24 造型1

（1）分发区

从一侧耳尖向另一侧耳尖分一条耳上线，把头发分成前后两块面，如图5-25（a）所示。

前块面分三七缝，形成长方形前发区和左右侧发区，如图5-25（b）所示。

后块面分中线，形成后部左右发区，如图5-25（c）所示。

（2）修剪边线导线

如图5-25（d）、（e）所示，由前发际上面至两耳尖上面2cm，向后枕骨下沿分一条斜线，这条线称为导线，导线上面头发按发区向上固定，导线下面头发向下梳理。

如图5-25（f）、（g）所示，导线下面头发向上提起与头皮成15°角，采用夹剪法剪断，形成发式导线，导线长度为：前发区23cm，侧发区22cm，后发区23cm。

（3）修剪顶部导线

如图5-25（h）、（i）所示，后块面上部用一个直径6cm的圆形形成顶部导线区，把顶部导线区头发向上梳理，确定长度后将头发剪断为上面导线，其长度是25cm。

（4）修剪低层次

① 修剪。如图5-25（j）~（l）所示，从前发区左侧起分纵线，在全头形成纵向区间，每个区间提起发丝与头皮成15°角进行夹剪，顺序是：前发区左侧起经右侧发区、后发区、左侧发区并与起点连接。

② 检查。如图5-25（m）~（o）所示，从前发区开始向左右侧发区、后发区分横线形成横向区间，每区间横向提起发丝与头皮成15°角，采用夹剪技法检查修剪，剪去不规范发丝，顺序是：a. 前发区、右侧发区、后右侧发区；b. 左侧发区、后左侧发区；c. 后发区并与左右后侧发区连接成半圆形成发式，将发式中部以下烫成大花。

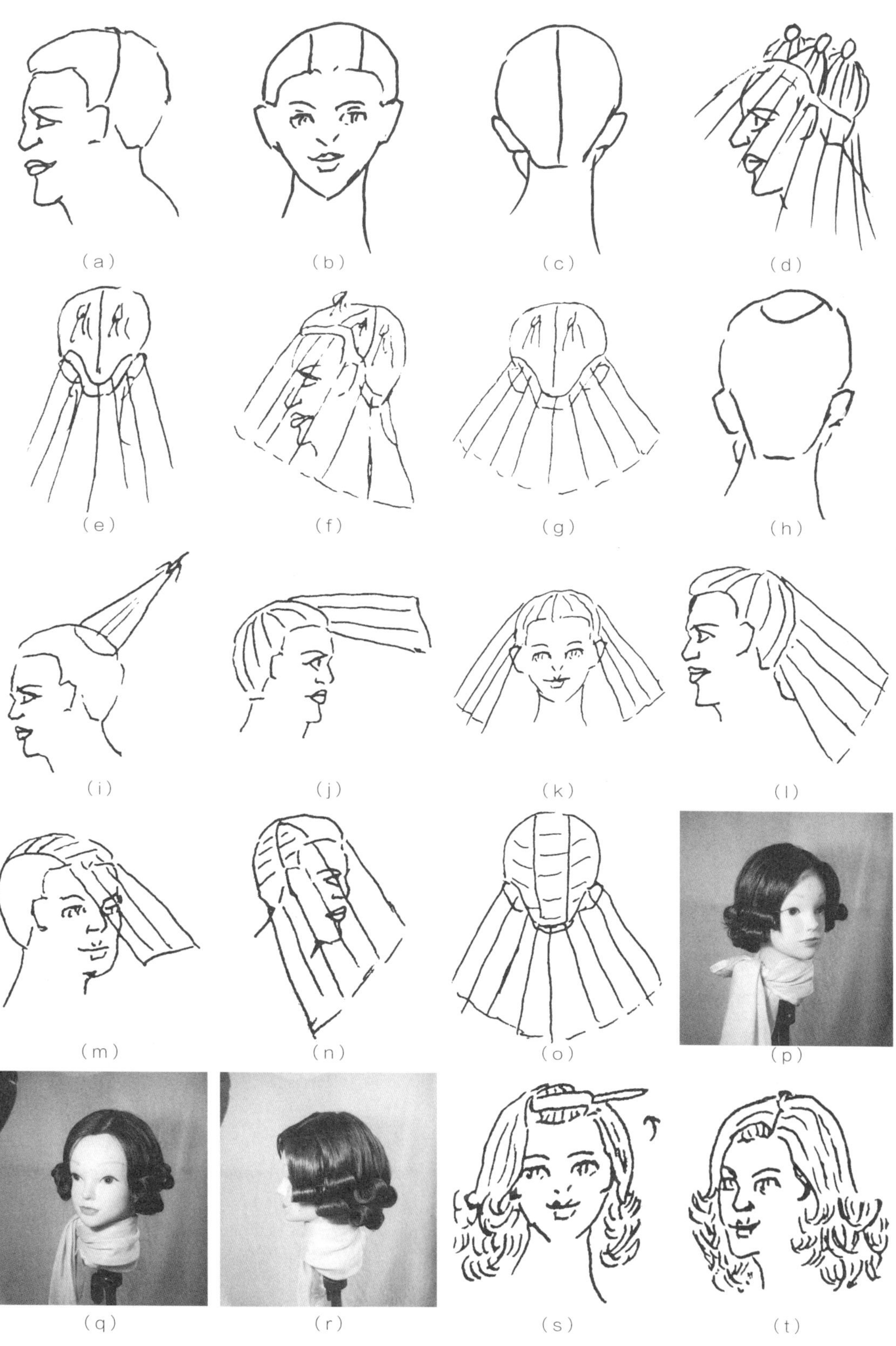

图 5-25　造型 1 技法

（5）指卷筒卷

如图5-25（p）~（r）所示，湿发分四六缝，形成大小侧发区和后发区，从侧发区开始分出一小束头发梳理通顺，发梢缠绕在食指上，用分发梳尖端按照发梢绕圈的方向绕进发指，分发梳尖端与手指相互配合，环绕到一束头发的下1/3处，形成圆形筒卷，发卷用发卡固定后将手指撤出，在侧发区、后发区整体头发的1/3处，要卷成两行或三行空心筒卷。

（6）吹梳造型

将发卷中发卡拆除，沿着头部四六缝分开的左右侧发区、后发区方向，用发刷逐渐把发丝梳开梳通。

大侧发区上面吹梳发根，形成微波刘海，如图5-25（s）所示。

在分发梳和手指的挑、拨、分技法的配合调整下，发花蓬松自然地垂下。

审视修饰定型，如图5-25（t）所示，此发型有庄重之美。

5.3.2 造型2（见图5-26）

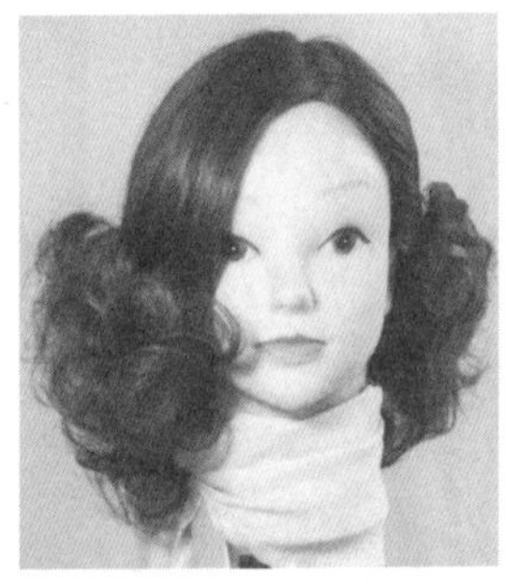
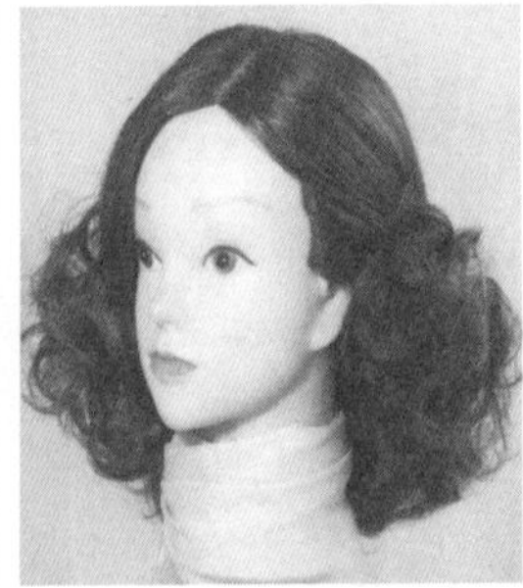
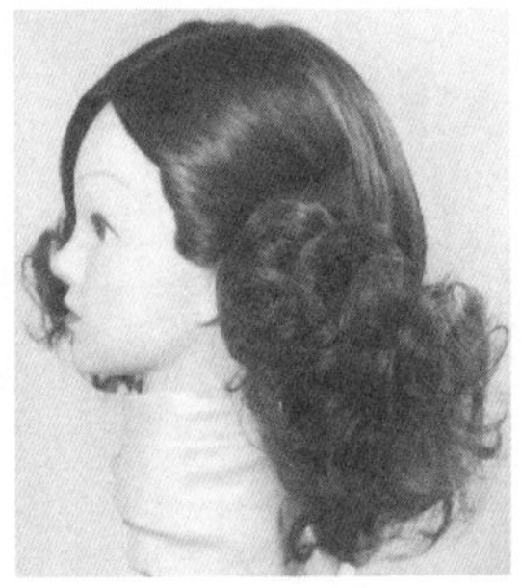
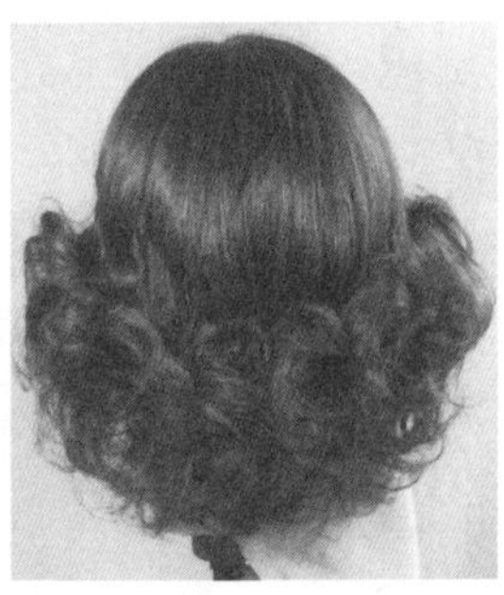

图5-26 造型2

修剪发长、修剪低层次、烫发、指卷筒卷的技法与长曲发指盘筒卷造型1（Page116）相同。

下面介绍吹梳造型技法。

以长曲发指盘筒卷造型1为基础，后发区造型不变，用排骨刷梳理大侧发区发花使其下垂遮盖于面，如图5-27（a）所示。

图5-27 造型2技法

在分发梳配合下把小侧发区头发卡至耳后，两侧发区发花形成大侧发区发花在前、小侧发区发花在后的不对称形状。用分发梳尖端的挑拨技法修饰发花，使得前发区、后发区发花连接自然。

审视调整定型，如图5-27（b）所示。

5.3.3　造型3（见图5-28）

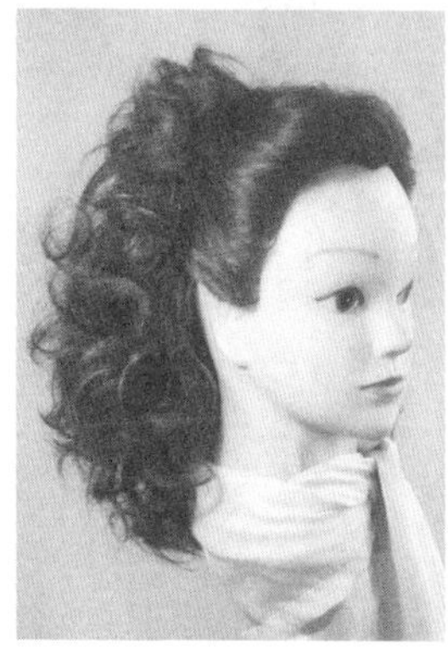
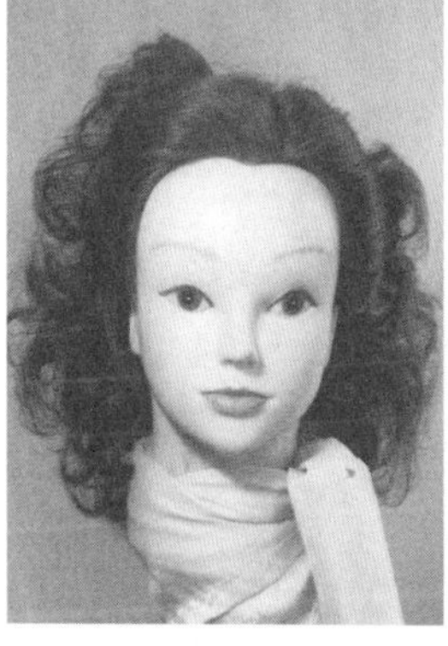
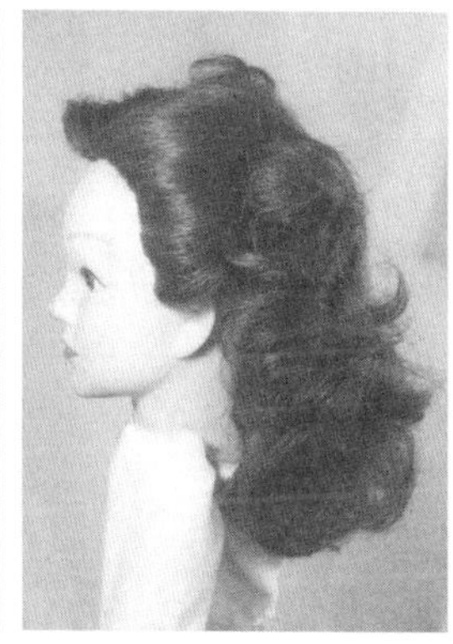
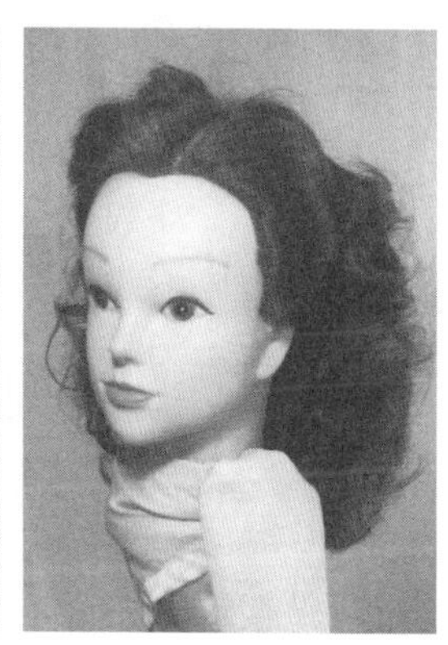

图 5-28　造型 3

修剪发长、修剪低层次、烫发、指卷筒卷的技法与长曲发指盘筒卷造型1（Page116）相同。

下面介绍吹梳造型技法。

以长曲发指盘筒卷造型2为基础，将小侧区的发卡拆去，再重新把小侧发区头发用发卡往上别，直到小侧发区中上部，如图5-29（a）所示。

大侧发区前面发花向后上梳成S形，大侧发区后面发花用发卡别向耳后上面，直到接近侧高点定位处，如图5-29（b）所示。

通过分发梳对两侧发区发花与后发区发花的调整，将发区之间连接在一起，调整发花使其更为流畅自然。审视修饰定型，如图5-29（c）所示。

图 5-29　造型 3 技法

5.3.4 造型4（见图5-30）

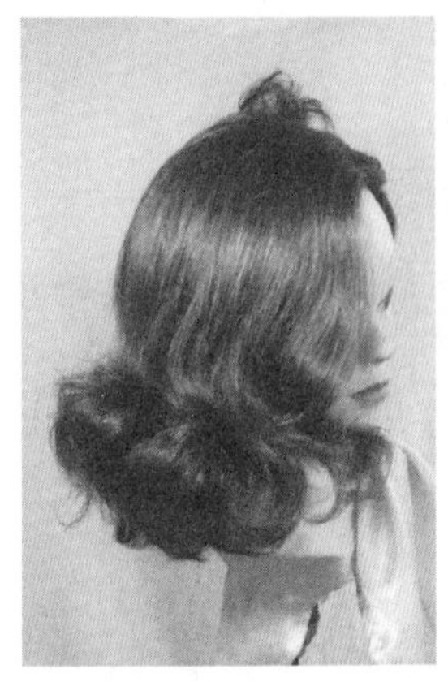
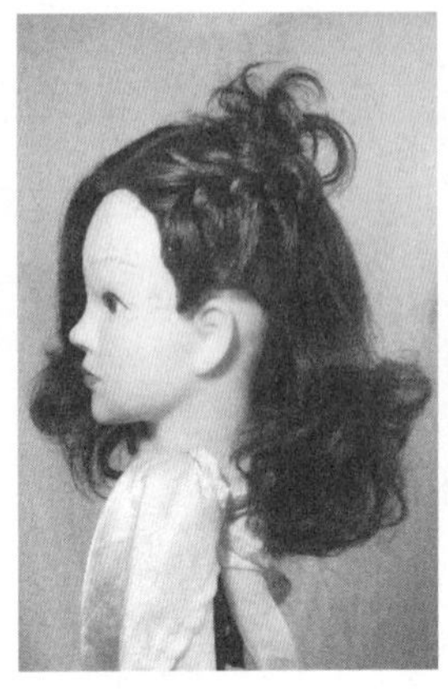
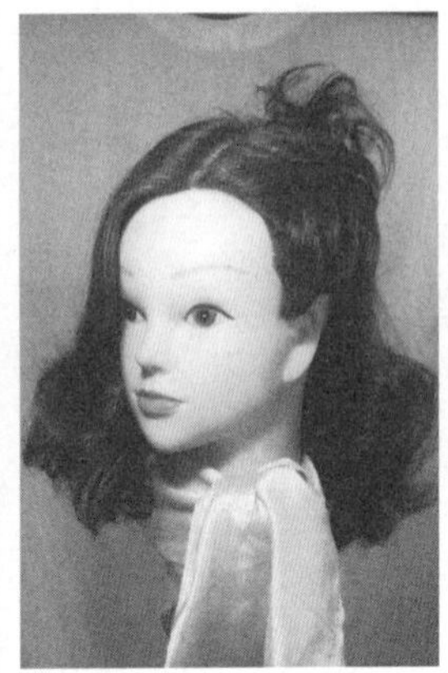

图 5-30 造型 4

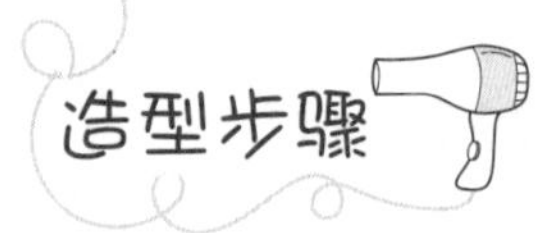

修剪发长、修剪低层次、烫发、指卷筒卷的技法与长曲发指盘筒卷造型1（Page116）相同。

下面介绍吹梳造型技法。

在长曲发指盘筒卷造型1的基础上，把发丝梳理通顺，分四六缝，形成大小侧发区和后发区，后发区发型不变，把小侧发区头发在侧面中部，由前向后梳成三股加股发辫，将辫梢固定成发束，辫梢向上转并做成花形，如图5-31（a）所示。

如图5-31（b）所示，梳三股加股发辫的口诀是：a. 1搭2、3搭1；b. 1搭2加1、3搭1加3。重复口诀b直到设计部位。

大侧发区发丝用发刷向下梳理，遮盖一侧面部的1/2，如图5-31（c）所示。

用分发刷的挑、拨技法，使发花自然，审视修饰定型，如图5-31（d）所示。

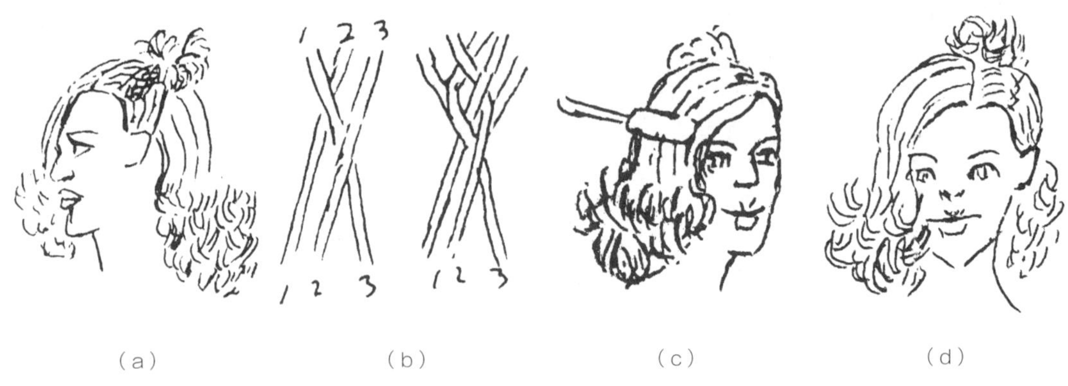

图 5-31 造型 4 技法

5.3.5　造型5（见图5–32）

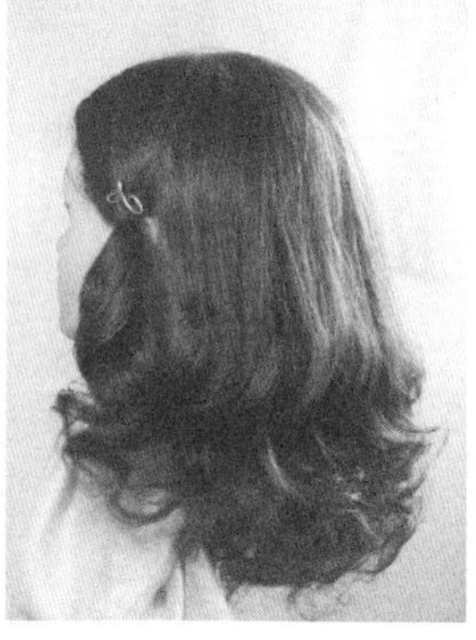
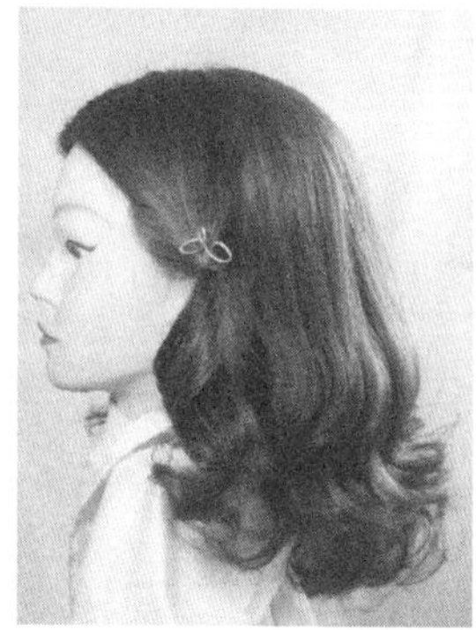
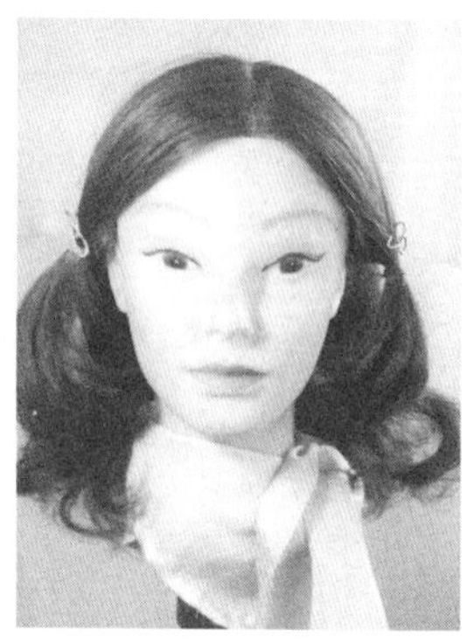

图 5–32　造型 5

（1）分发区

与长曲发指盘筒卷造型1中“分发区”的技法（Page116）相同。

（2）修剪边线导线

与长曲发指盘筒卷造型1中“修剪边线导线”的技法（Page116）基本相同，不同之处在于本造型导线长度为：前发区25m，侧发区23cm，后发区25cm。

（3）修剪顶部导线

后块面上部用一个直径6cm的圆形形成顶部导线区，把顶部导线区头发向上梳理，确定长度后将头发剪断为上面导线，其长度是25cm。

（4）修剪低层次

① 修剪。从前发区左侧起分纵线，在全头形成纵向区间，每个区间提起发丝与头皮成15°角进行夹剪，顺序是：前发区左侧起经右侧发区、后发区、左侧发区并与起点连接。

② 检查。从前发区开始向左右侧发区、后发区分横线形成横向区间，每区间横向提起发丝与头皮成15°角，采用夹剪技法检查修剪，剪去不规范发丝，顺序是：a. 前发区、右侧发区、后右侧发区；b. 左侧发区、后左侧发区；c. 后发区并与左右后侧发区连接成半圆，形成发式，将发式下面1/3烫成大花。

（5）指卷筒卷

将湿发分耳上垂直线，分四六缝，形成左右两侧发区和后发区，在两侧发区下1/3处卷一层指空心卷，后发区卷两层指空心卷，如图5–33（a）、（b）所示。

（6）吹梳造型

指筒卷晾干后拆去发卡，从后发区开始直到侧发区，将发卷梳开梳通，发尾梳成发花，如图5–33（c）所示。

两侧发区头发在耳旁各扎结一发束垂于两边，整体造型调整自然后，可在发束扎结处点缀头饰。用分发梳的挑拨技法调整轮廓，使发花呈现自然效果。

审视修饰定型，如图5-33（d）所示。

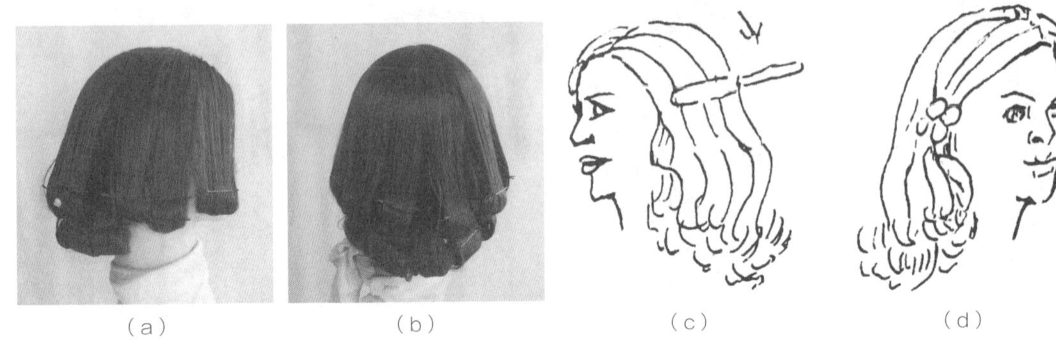

（a）　（b）　（c）　（d）

图5-33　造型5技法

5.3.6　造型6（见图5-34）

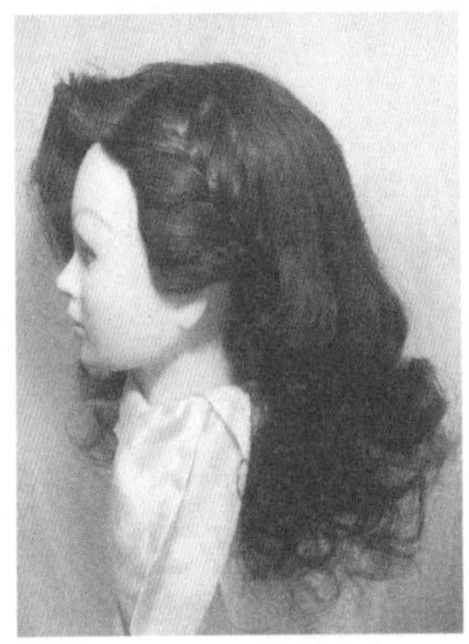

图5-34　造型6

（1）分发区

与长曲发指盘筒卷造型1中“分发区”的技法（Page116）相同。

（2）修剪边线导线

与长曲发指盘筒卷造型1中“修剪边线导线”的技法（Page116）基本相同，不同之处在于导线长度，本造型发长是：前发区20cm、侧发区30cm、后发区35cm。

（3）修剪顶部导线

后块面上部用一个直径6cm的圆形形成顶部导线区，把顶部导线区头发向上梳理，确定长度后将头发剪断为上面导线，其长度是35cm。

（4）修剪参差低层次

① 修剪。从前发区右边起分纵线，在全头形成纵向区间，每个区间提起发丝与头皮成45°角进行滑剪，顺序是：从前发区右边起经左侧发区、后发区、右侧发区并与起点连接。

② 检查。从前发区开始向左右侧发区、后发区分横线形成横向区间，每区间横向提起发丝与头皮成45°角，采用锯齿形技法检查修剪，剪去不规范发丝，顺序是：a. 前发区、右侧发区、后右侧发区；b. 左侧发区、后左侧发区；c. 后发区与左右后侧发区连接成半圆，形成发式，将发式下面1/2烫成大花。

（5）指卷筒卷

分耳上线，形成前、后两块面，前块面分三七缝，组成前发区、两侧发区；后块面为后发区，前发区头发卷两个指空心卷，两侧发区下面1/3头发向下卷两层指空心卷，后发区下面1/3头发向下卷三层指空心卷，如图5-35（a）~（c）所示。

（6）吹梳造型

指筒卷吹干后拆去发卡，从后发区开始用排骨刷由下逐渐向上梳，将发卷全部梳开，前发区、两侧发区和后发区下面1/3的上边头发，用疏齿梳与空气刷配合梳成波浪，如图5-35（d）所示。吹风机与排骨刷配合，用推、按技法固定波浪。

左侧发区由上至下，将头发编一条单侧加股发辫［如图5-35（e）所示］，口诀是［如图5-35（f）所示］：a. 1搭2、3搭1；b. 1搭2加1、3搭1。重复口诀b直到设计部位，发尾用发卡固定在耳后。

下面发花用分发尾梳尖端采用挑、分、拨等技法，使头发形成蓬松自然的发花。

右侧发区波浪半遮于面，整体造型调整自然，审视修饰定型，如图5-35（g）所示。

如果想展现面部，把右侧发区上面第二道波浪上提固定即可，固定处可点缀头饰，如图5-35（h）所示。

图 5-35 造型 6 技法

5.3.7 造型7（见图5-36）

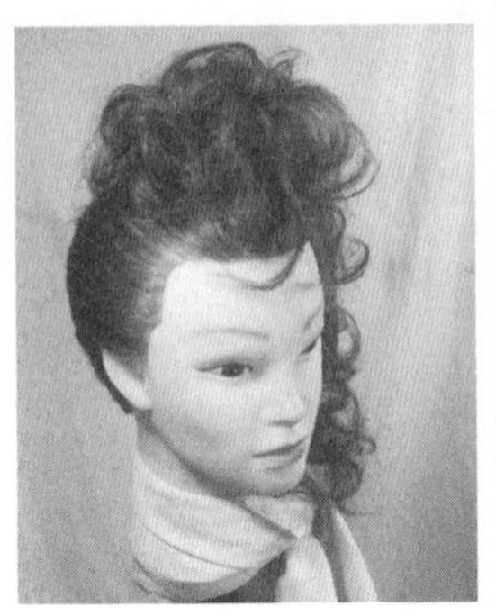
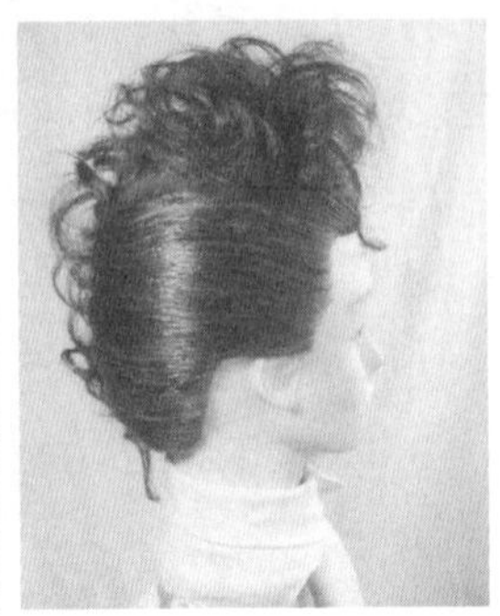

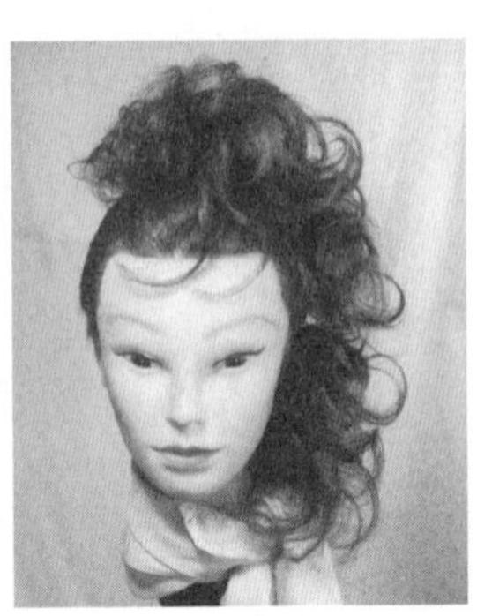

图5-36 造型7

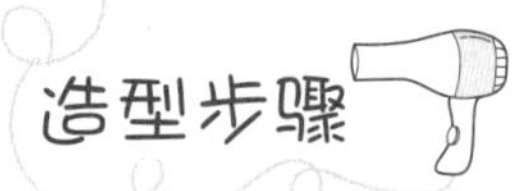

（1）分发区

与长曲发指盘筒卷造型1中“分发区”的技法（Page116）相同。

（2）修剪边线导线

与长曲发指盘筒卷造型1中“修剪边线导线”的技法（Page116）基本相同，不同之处在于导线下面头发向上提起与头皮成15°角锯齿形修剪，发式长度是：前发区30m，侧发区27cm，后发区30cm。

（3）修剪顶部导线

后块面上部用一个直径6cm的圆形形成顶部导线区，把顶部导线区头发向上梳理，确定长度后将头发剪断为上面导线，其长度是27cm。

（4）修剪参差低层次

① 修剪。从前发区右边起分纵线，在全头形成纵向区间，每个区间提起发丝与头皮成45°角进行滑剪，顺序是：从前发区右侧起经左侧发区、后发区、右侧发区并与起点连接。

② 检查。从前发区开始向左右侧发区、后发区分横线形成横向区间，每区间横向提起发丝与头皮成45°角，采用锯齿形技法检查修剪，剪去不规范发丝，顺序是：a. 前发区、右侧发区、后右侧发区；b. 左侧发区、后左侧发区；c. 后发区并与左右后侧发区连接成半圆，形成发式，将发式下面2/3烫成大花。

（5）指卷筒卷

从前面分二八缝，形成大小两发区和后发区，大小发区下面2/3头发向上各卷两层空心卷（反卷），后发区下面2/3头发向上卷三层空心卷（反卷），如图5-37（a）~（c）所示。

（6）吹梳造型

指筒卷吹干后拆去发卡，从后发区下面开始向上，逐渐将发卷梳开梳通，从前发区正中距离发际线3cm处，再向右后分一条侧线，如图5-37（d）所示。

如图5-37（e）~（g）所示，侧线以外的头发分三块面，第一块面在前发区正中扎一个发束，第二、三块面向左侧分上下扎两个发束。

把侧线发丝从耳尖高点分成两段，上段梳向二、三发束的中间固定，下段梳向三发束的下面固定，如图5-37（h）、（i）所示。

将每发束分开两股，其中一股从另一股后面绕向前面。将所有的发股用分发梳或手指的分、拉、提、逆梳技法，摆成串花形状垂向于左侧，如图5-37（j）所示。

（a）（b）（c）

（d）（e）（f）（g）

（h）（i）（j）

图 5-37 造型 7 技法

5.3.8 造型8（见图5-38）

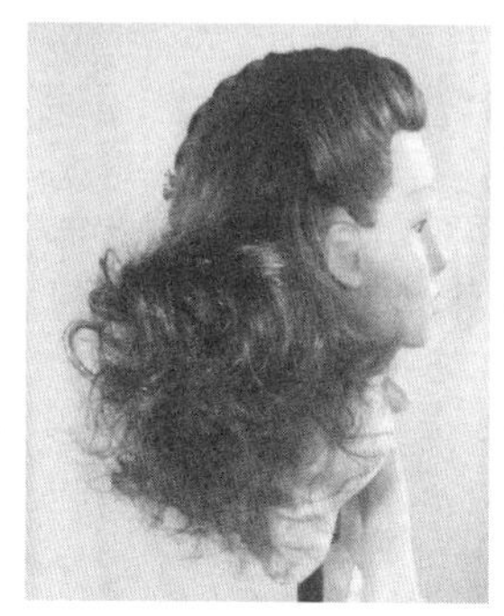
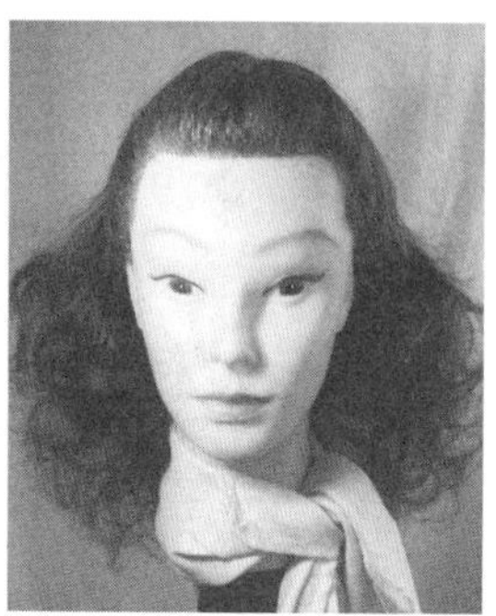
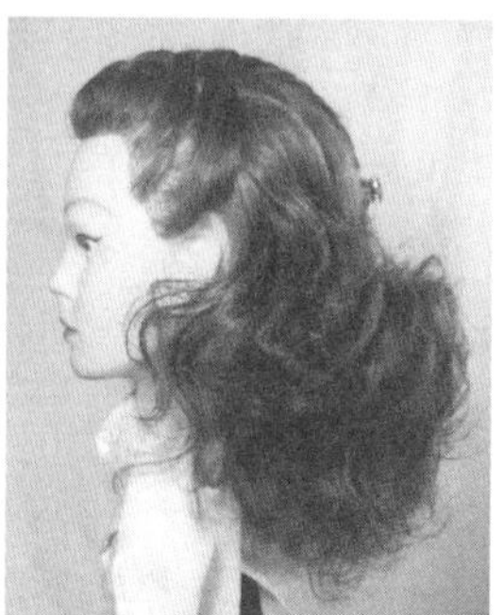
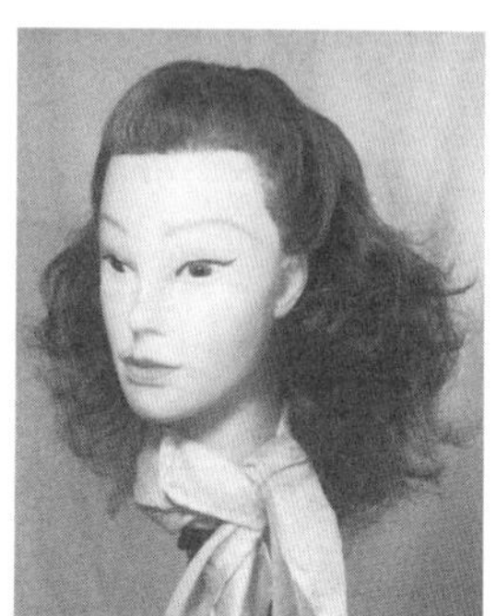

图 5-38 造型 8

造型步骤

修剪发长、修剪低层次、烫发、指卷筒卷的技法与长曲发指盘筒卷造型7（Page116）相同。

下面介绍吹梳造型技法。

在长曲发指盘筒卷造型7的基础上，拆去发卡和皮筋，梳理通顺发丝，分耳上垂直线，形成前、后两块面，如图5-39（a）所示。

- **前块面：**如图5-39（b）所示，从前面发际线正中开始，向后编一条双侧加股发辫［如图5-39（c）所示］垂向后面，编发辫口诀是：a. 1搭2、3搭1；b. 1搭2加1、3搭1加3；重复b直到设计部位，如图5-39（d）所示。辫尾用皮筋固定，固定点可加装饰夹，发梢的发花与下面发花相合。
- **后块面：**如图5-39（e）所示，用分发梳尖端采用挑、拨、分、梳等技法，将发丝下面调理成花形，审视修饰定型，如图5-39（f）所示。

图5-39　造型8技法

5.3.9　造型9（见图5-40）

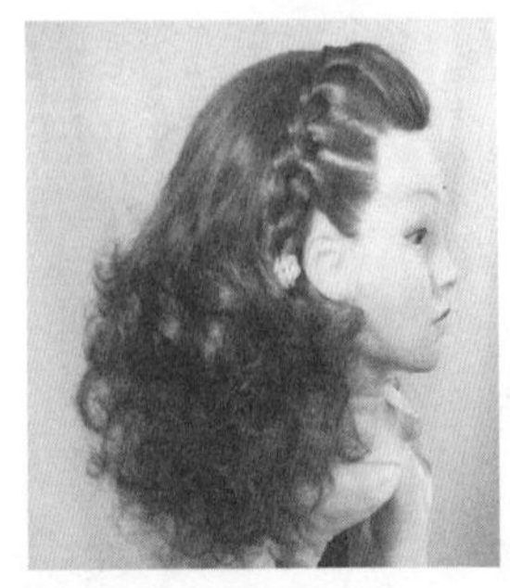

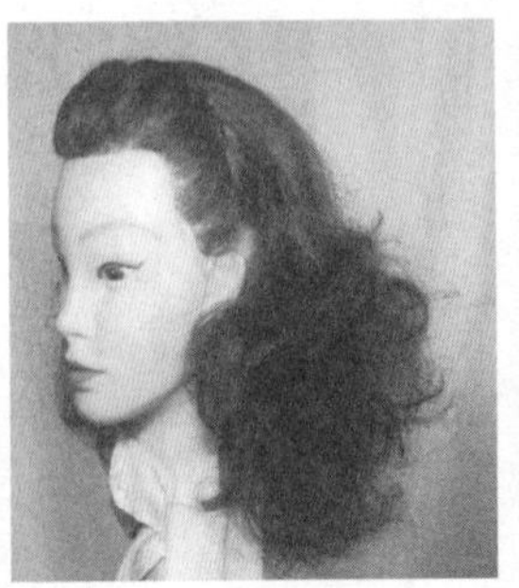

图5-40　造型9

造型步骤

修剪发长、修剪低层次、烫发、指卷筒卷的技法与长曲发指盘筒卷造型7（Page116）相同。

下面介绍吹梳造型技法。

在长曲发指盘筒卷造型8的基础上，耳上垂直线后块面发式发花不变，把前面中间发辫拆开，将前块面头发梳向一侧，紧靠耳上垂直线边缘，从一侧鬓角开始向另一侧编一条单侧加股发辫，如图5-41（a）所示，口诀［如图5-41（b）所示］是：a. 1搭2、3搭1；b. 1搭2加1、3搭1；重复口诀b直到设计部位。

如图5-41（c）~（e）所示，发辫经过前顶，编向另一侧耳尖下面用皮筋固定，将辫梢调理成花形，和侧面发花融为一体垂向侧方下面，固定点可用发夹加以点缀，审视修饰定型。

（a）　（b）　（c）　（d）　（e）

图 5-41　造型 9 技法

5.3.10　造型10（见图5-42）

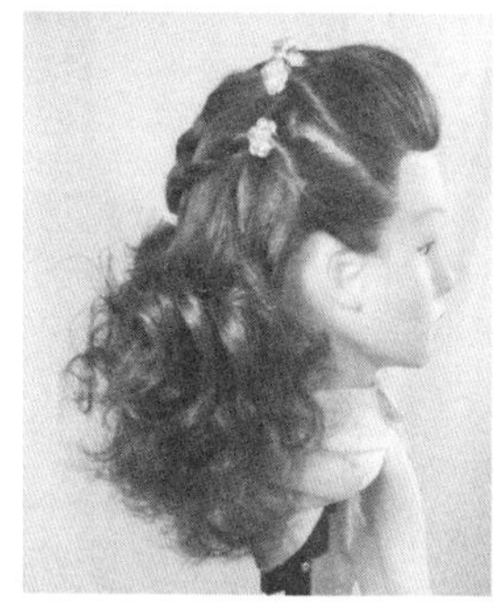

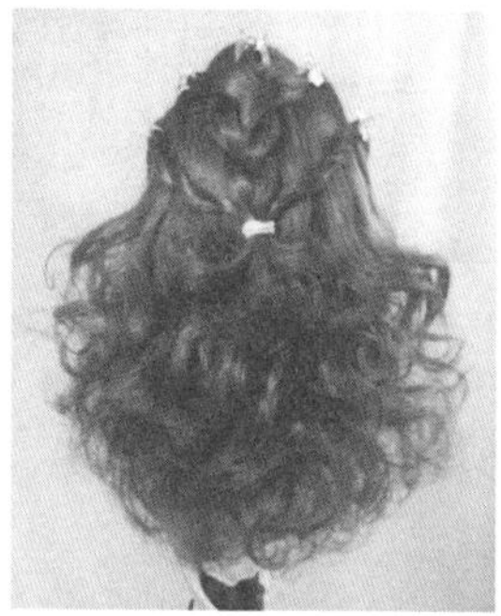
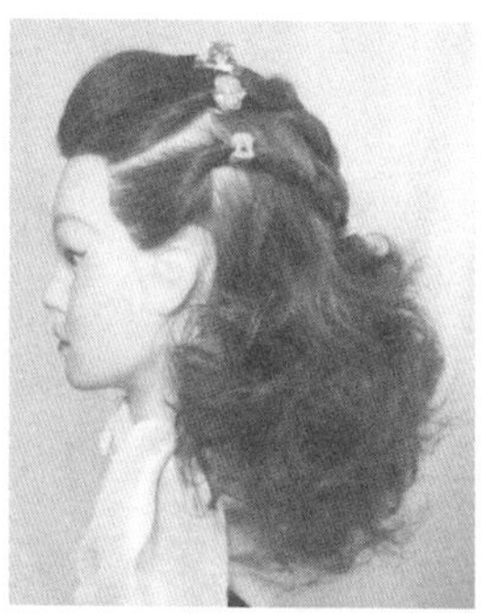

图 5-42　造型 10

修剪发长、修剪低层次、烫发、指卷筒卷的技法与长曲发指盘筒卷造型7（Page124）相同。

下面介绍吹梳造型技法。

在长曲发指盘筒卷造型9的基础上，耳上垂直线后面发式发花不变，前面拆去发辫把头发梳理通顺，从前面分三七缝，形成三角前发区和左、右侧发区，如图5-43（a）、（b）所示。

两侧发区在其中间分一条横线，各形成两个小区间，如图5-43（c）所示。

前发区向后拧成一个大的锥形卷，锥形卷前面蓬起，后面用装饰夹固定，发尾垂于后面，如图5-43（d）所示。

两侧发区的小区间各拧成两个细长的竖形卷，发卷后边用装饰夹固定，发尾垂于后面，如图5-43（e）所示。

中间发尾和左右两边细卷发尾合在一起向后编一条发辫，将辫梢暂时固定，下边左右发尾装饰夹后面再各拧成一个细长竖卷，与中间发辫合为一体用皮筋固定，发梢梳理成发花，并与后面发花连接，如图5-43（f）所示。

审视修饰定型，如图5-43（g）所示。

图5-43　造型10技法

5.3.11　造型11（见图5-44）

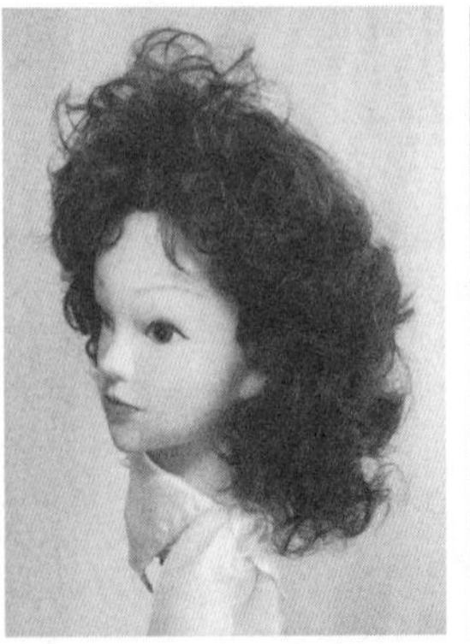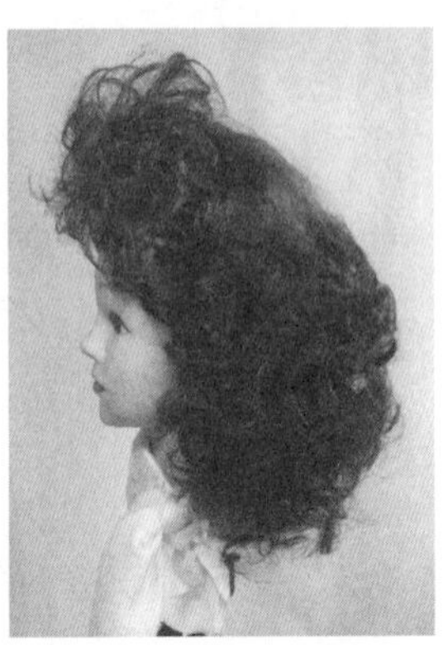

图5-44　造型11

（1）分发区

从一侧耳尖向另一侧耳尖分一条耳上线，把头发分成前后两块面。前块面分三七缝，形成长方形前发区和左右侧发区。后块面分中线，形成后部左右发区。

（2）修剪边线导线

由前发际上面至两耳尖上面2cm，向后枕骨下沿分一条斜线，这条线称为导线，导线上面头发按发区向上固定，导线下面头发向下梳理。

导线下面头发向上提起与头皮成15°角，采用夹剪法剪断，形成发式导线，导线长度为：前发区10cm，顶发区16cm，侧发区17cm，后发区22cm。

（3）修剪顶部导线

后块面上部用一个直径6cm的圆形形成顶部导线区，把顶部导线区头发向上梳理，确定长度后将头发剪断为上面导线，其长度是16cm。

（4）修剪低层次

① 修剪。从前发区开始向左右侧发区、后发区分横线形成横向区间，每区间横向提起发丝与头皮成45°角，采用夹剪技法修剪，顺序是：a. 前发区、右侧发区、后右侧发区；b. 左侧发区、后左侧发区；c. 后发区并与左右后侧发区连接成半圆。

② 检查。从前发区左侧起分纵线，在全头形成纵向区间，每个区间提起发丝与头皮成45°角，进行检查夹剪，剪去不规范发丝，顺序是：从前发区左侧起经右侧发区、后发区、左侧发区并与起点连接形成发式，将发式烫成大花。

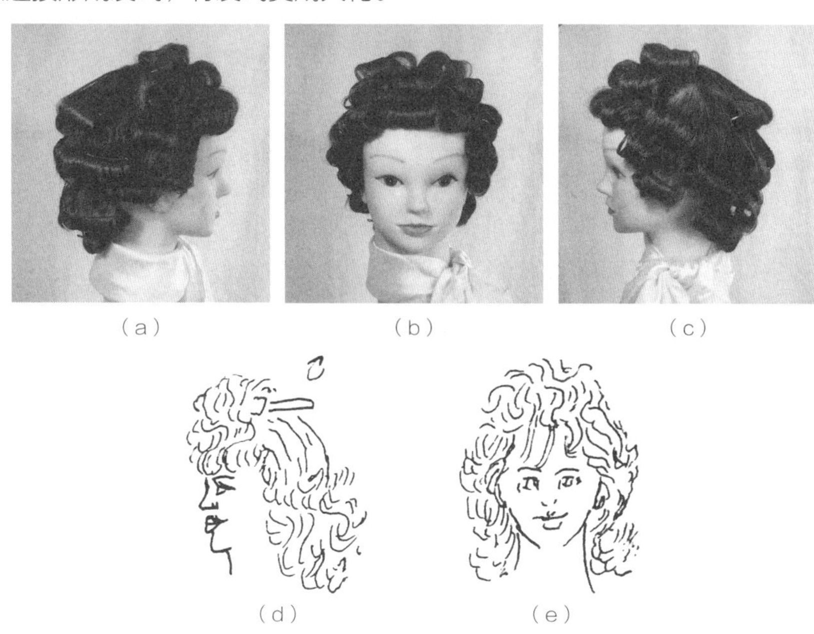

图 5-45　造型 11 技法

（5）指卷筒卷

在手指与分发梳配合下，将前发区头发向前卷，两侧发区和后发区头发全部都向后面下方卷，如图5-45（a）~（c）所示。

（6）吹梳造型

卷干后拆去发卡，用排骨刷从后发区下边逐渐向上梳，把发卷全部梳开梳通。用排骨刷的提刷、翻刷技法，使发花展现蓬松，如图5-45（d）所示。

用分发梳的拨、挑、逆梳和手的分、拉、提等技法互相配合，调整发型轮廓，使之产生前发区高、侧发区宽的特点；调整发花使之自然流畅。

审视修饰定型，如图5-45（e）所示。

5.3.12　造型12（见图5-46）

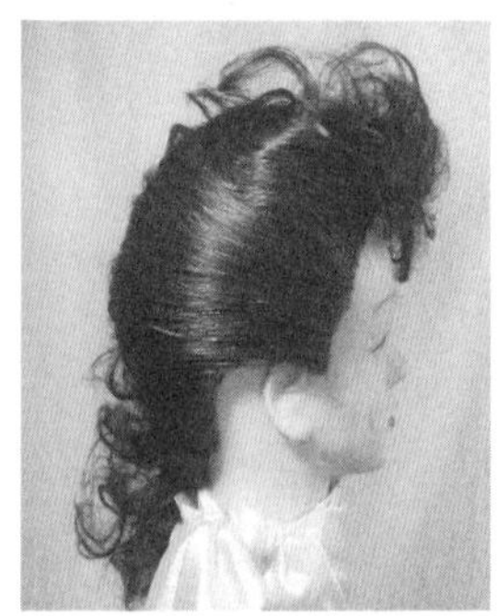

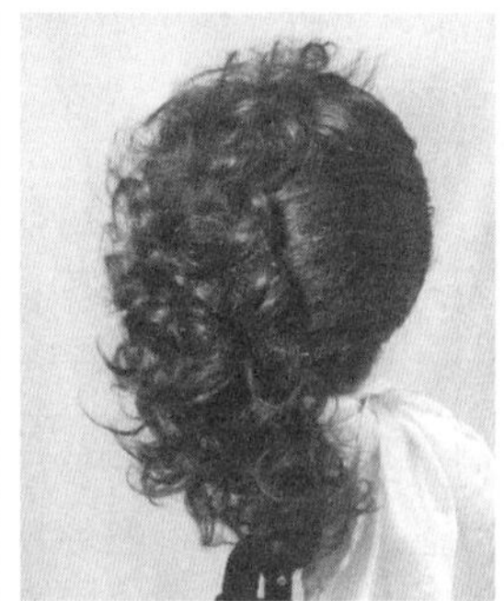
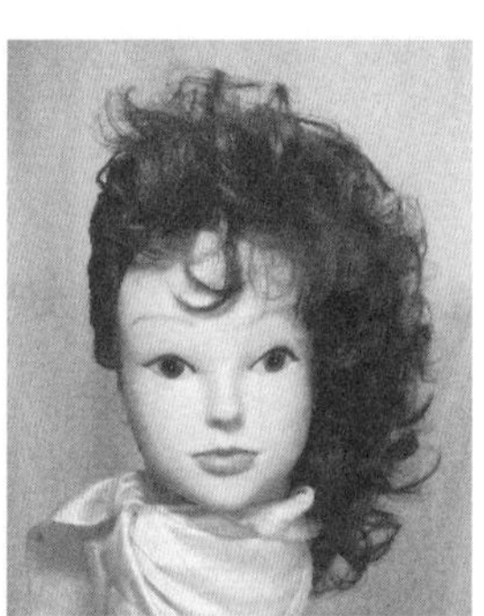

图5-46　造型12

修剪发长、修剪低层次、烫发、指卷筒发卷的技法与长曲发指盘筒卷造型11（Page129）相同。

下面介绍吹梳造型技法。

以长曲发指盘筒卷造型11为基础，分耳上线，分三七缝，形成三角前发区和左右侧发区及后发区。用排骨刷把发花梳理通顺，前发区造型不变，把侧、后发区发花用发刷从下向上往左侧梳理，发卡从头部后面下边开始，沿头部左侧向上1/3处别折线卡，发卡要向上别到接近前发区发花部位，如图5-47（a）、（b）所示。

（a）

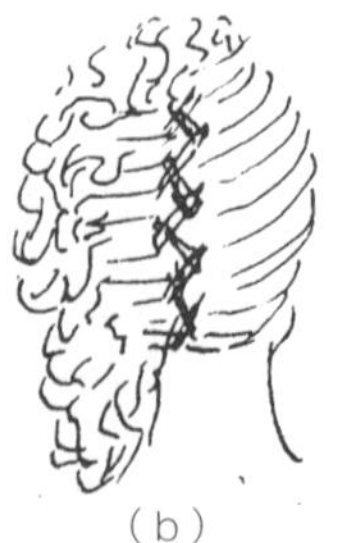
（b）

（c）

图5-47　造型12技法

采用分发梳尖端的挑、拨、逆梳与双手的分、挑、拉、梳等技法，使侧发区发花蓬起并盖住发卡，自然地垂向左侧。审视修饰定型，如图5-47（c）所示。

5.3.13　造型13（见图5-48）

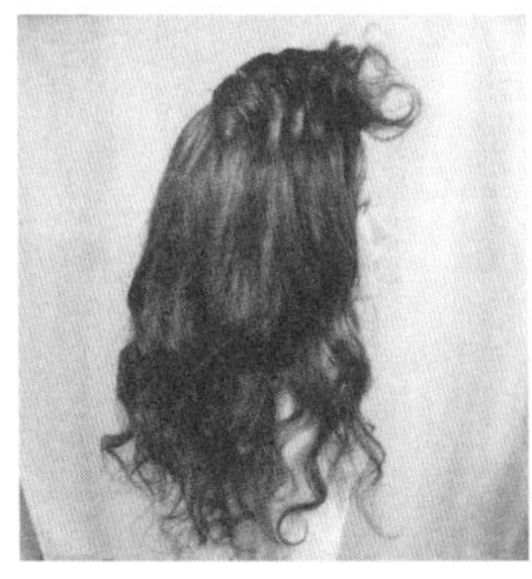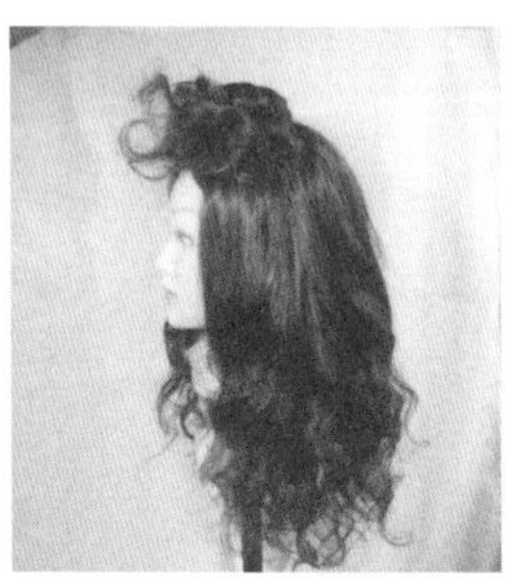

图 5-48　造型 13

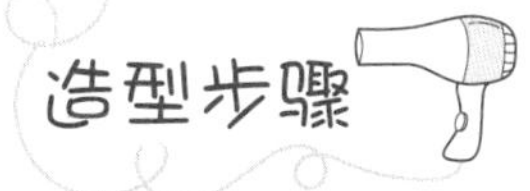

（1）分发区

与长曲发指盘筒卷造型11中“分发区”的技法（Page129）相同。

（2）修剪边线导线

与长曲发指盘筒卷造型11中“修剪边线导线”的技法（Page129）相同。导线下面头发向上提起与头皮成15°角，采用滑剪法修剪，形成发式导线，导线长度为：前发区40cm，侧发区40cm，后发区40cm。

（3）修剪顶部导线

后块面上部用一个直径6cm的圆形形成顶部导线区，把顶部导线区头发向上梳理，确定长度后将头发剪断为上面导线，其长度是40cm。

（4）修剪参差低层次

① 修剪。从前发区右边起分纵线，在全头形成纵向区间，每个区间提起发丝与头皮成45°角进行滑剪，顺序是：前发区右边起经左侧发区、后发区、右侧发区并与起点连接。

② 检查。从前发区开始向左右侧发区、后发区分横线形成横向区间，每区间横向提起发丝与头皮成45°角，采用锯齿形技法检查修剪，剪去不规范发丝，顺序是：a. 前发区、右侧发区、后右侧发区；b. 左侧发区、后左侧发区；c. 后中间发区并与左右后侧发区连接成半圆形形成发式，将发式的2/3部分烫成大花。

（5）指卷筒卷

分耳上垂直线，形成前后两块面，前面分三七缝，形成大小两侧发区和后发区，将大小发侧区下面2/3的头发向下各卷两层空心卷，后发区下面2/3的头发向下卷三层空心卷，如图5-49（a）~（c）所示。

（6）吹梳造型

拆开干透的指卷并由下向上梳开，先用分发梳尖端从一侧分三七缝处，采用挑、按技法，

把头发分开上下两层，如图5-49（d）所示。

把挑起的上层发丝梳向另一侧三七缝处，再采用挑、按技法分出上下两层，如图5-49（e）所示。

分发梳挑起的上层发丝向上梳理，在前发区挽成一个8字锥形卷，发梢拉向前额形成发花刘海，如图5-49（f）所示。

其他部位头发向下梳理通顺，如图5-49（g）所示，审视修饰定型。

（a）（b）（c）

（d）（e）（f）（g）

图 5-49　造型 13 技法

5.3.14　造型14（见图5-50）

图 5-50　造型 14

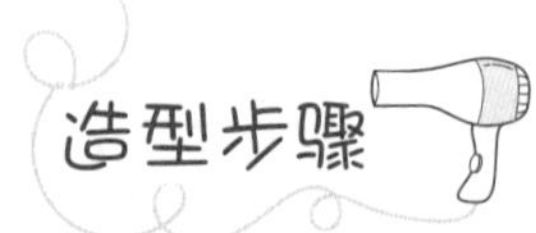

修剪发长、修剪参差低层次、烫发、指卷筒卷的技法与长曲发指盘筒卷造型13（Page131）相同。

下面介绍吹梳造型技法。

在长曲发指盘筒卷造型13的基础上，将头发梳理通顺，从耳尖处不超过外耳轮向上分耳上线，上面顶点最宽处不超12cm，形成前后两块面，如图5-51（a）所示。

把后面头发梳向一侧用皮筋固定，如图5-51（b）所示。

从耳上线一侧向另一侧编一条三股单侧加股辫，把上侧发股拉成环状，发梢用皮筋固定并与侧后发束相连，如图5-51（c）、（d）所示。

编辫口诀为［如图5-51（e）所示］：a. 1搭2、3搭1；b. 1搭2加1、3搭1；c. 每重复三至四个股花，就把外侧发股向上拉一个股环，重复口诀a、b直到设计处。

审视修饰定型，如图5-51（f）所示。

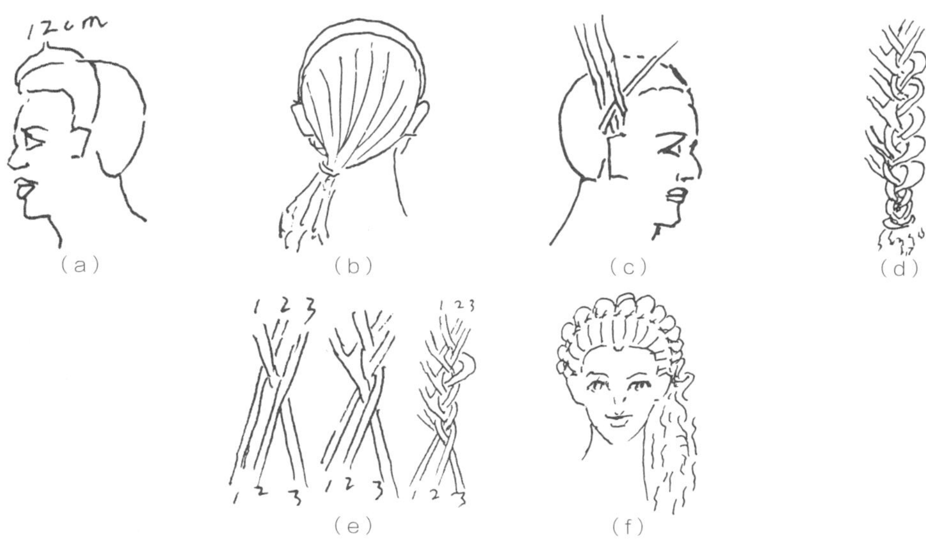

图 5-51 造型 14 技法

5.3.15 造型15（见图5-52）

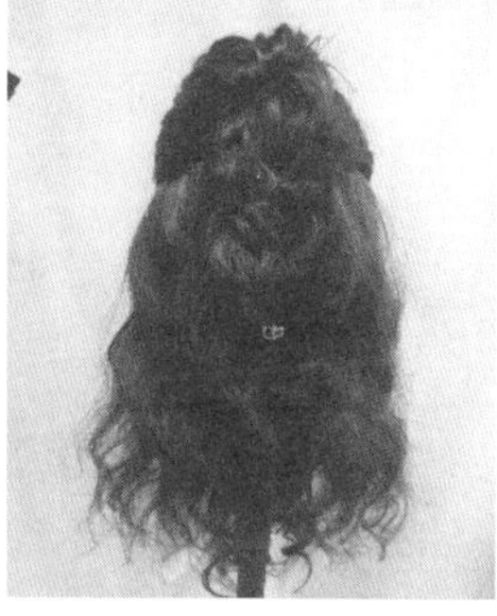
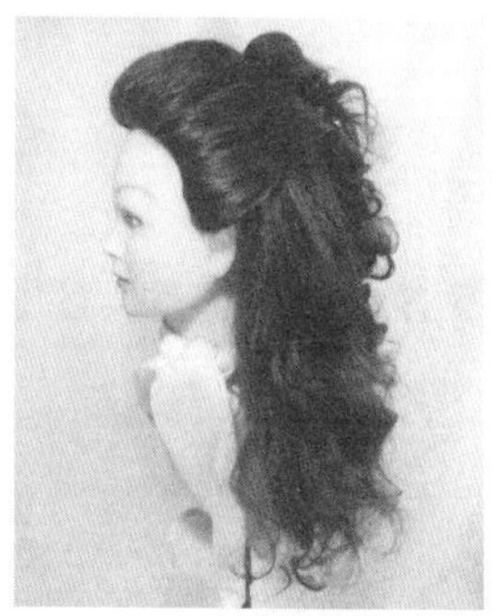

图 5-52 造型 15

修剪发长、修剪参差低层次、烫发、指卷筒卷的技法与长曲发指盘筒卷造型13（Page131）

相同。

下面介绍吹梳造型技法。

拆除长曲发指筒卷造型14，分耳上线形成前后块面，前块面分三角前发区和左右侧发区，如图5-53（a）所示。

后块面分为顶发区和后发区，如图5-53（b）所示。

如图5-53（c）所示，从顶发区开始向下编一条三股辫，技法［如图5-53（d）所示］是：a. 左侧发区为第一股、顶发区为第二股、右侧发区为第三股，1搭2、3搭1，反复此法直到发辫编完，b. 把外侧两股发股拉松，形成左右串花形，辫梢可用装饰夹固定。

前发区向后梳理通顺。为了使前面头发蓬起，将前发区头发拧一周后前推，在按点用发卡固定，如图5-53（e）所示。发尾梳成两股辫，如图5-53（f）所示。

两股辫梳成后拉松在固定点绕一周如图5-53（g）所示，形成圆环辫尾与下面三股辫连在一起下垂，如图5-53（h）所示。

审视修饰定型，如图5-53（i）所示。

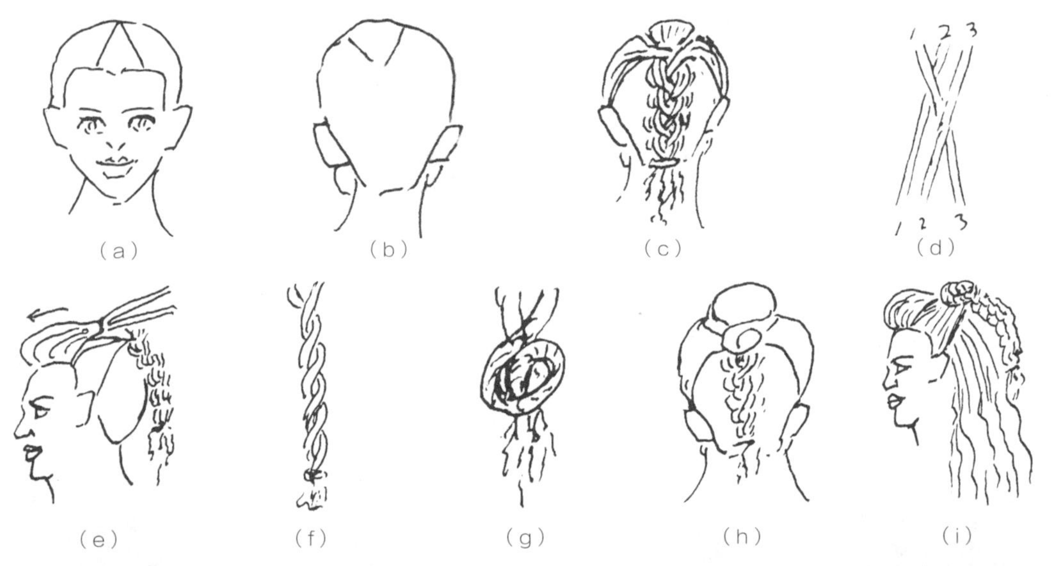

图5-53　造型15技法

5.3.16　造型16（见图5-54）

图5-54　造型16

修剪发长、修剪参差低层次、烫发、指卷筒卷的技法与长曲发指盘筒卷造型13（Page131）相同。

下面介绍吹梳造型技法。

拆除长曲发指盘筒卷造型15，用排骨刷梳通发丝，分耳上线形成前后块面。

- **前块面：**分二八缝形成三角前发区和左右侧发区，如图5-55（a）、（b）所示。
- **后块面：**发花形体自然下垂。

两侧发区头发梳拢向顶发区束成发束垂向后方，如图5-55（c）所示。

三角前发区头发经过一侧前额、眉梢梳向鬓角位置上卷，形成单波刘海，单波发尾固定到顶发区发束处，发束与发尾调整成花形垂向后部，如图5-55（d）所示。

审视修饰定型，如图5-55（e）所示。

（a）

（b）

（c）

（d）

（e）

图 5-55 造型 16 技法

第 6 章 指盘扁卷曲发造型范例及技法

6.1 短曲发指盘扁卷造型范例及技法（9例）

6.1.1 造型1（见图6-1）

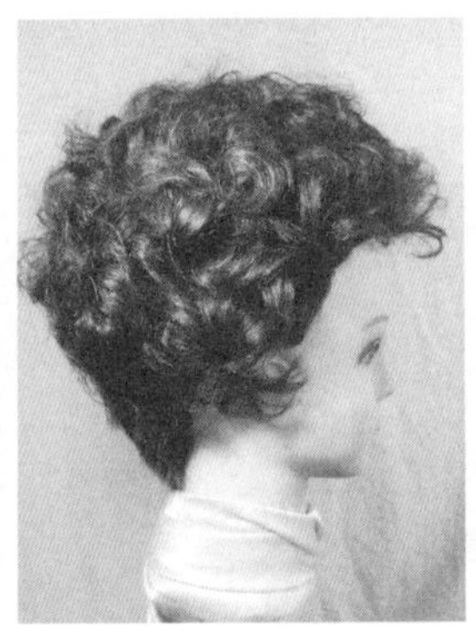

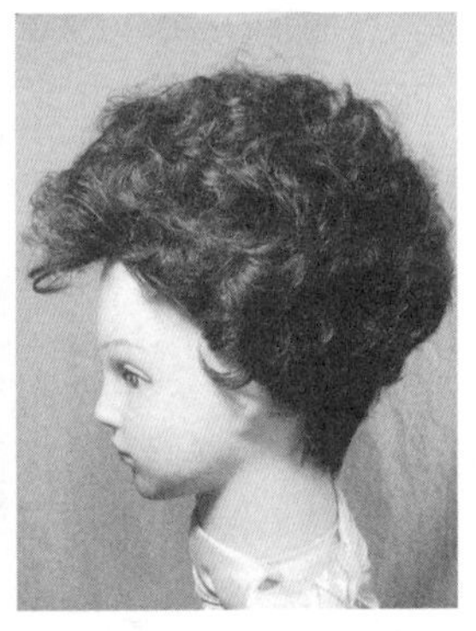

图 6-1 造型 1

（1）分发区

从一侧耳尖向另一侧耳尖分一条耳上线，把头发分成前后两块面，如图6-2（a）所示。

前块面分三七缝，形成长方形前发区和左右侧发区，如图6-2（b）所示。

后块面分中线，形成后部左右发区，如图6-2（c）所示。

图 6-2　造型 1 技法

（2）修剪边线导线

由前发际线上面至两耳尖上面2cm，向后枕骨下沿分一条斜线，这条线称为导线，导线上面头发按发区向上固定，导线下面头发向下梳理，如图6-2（d）、（e）所示。

导线下面头发向上提起与头皮成90°角，采用锯齿形剪断，形成发式导线，导线长度为：前发区、侧发区7cm，后发区下面2cm，如图6-2（f）、（g）所示。

（3）修剪顶部导线

后块面上部用一个直径6cm的圆形形成顶部导线区，把顶部导线区头发向上梳理，确定长度后用滑剪将头发剪断，散布四周为上面导线，其长度为13cm，如图6-2（h）、（i）所示。

（4）修剪参差高层次

① 修剪。如图6-2（j）~（l）所示，从前发区右边起分纵线，全头形成纵向区间，每区间纵向提起发丝与头皮成90°角，采用滑剪技法修剪，滑剪顺序是：由前发区右边起，经左侧发区、后发区至右侧发区，再回到起点与其连接。

② 检查。如图6-2（m）~（o）所示，从前发区开始向左右侧发区、后发区分横线形成横向区间、每区间横向提起发丝与头皮成90°角进行检查修剪，用锯齿形剪法剪去不规范发丝，顺序是：先中间后左右，修剪成发式，将发式烫成大花。

（5）指盘扁卷

前面发际线处盘第一排反扁卷，如图6-2（p）所示。

在第一排后方，盘第二排正扁卷，如图6-2（q）所示。

从第二排往后重复“一排反，一排正”，直到后边的头发在手指上盘不到一周半为止，如图6-2（r）、（s）所示。

（6）吹梳造型

扁卷干后拆去发卡，用排骨刷从后发区逐渐向上向前将发卷梳开，多梳理几次使发花减弱些弹力。在此基础上用手指的提、拨、拉等技法调整发花，使得发花自然而蓬松，前发区头发用手指拉、推、分的技法，形成前探刘海，如图6-2（t）所示。

后发区下面头发用发刷的推、按等技法，再与吹风机相配合，使发丝帖服于颈部。审视修饰定型，如图6-2（u）所示。

6.1.2 造型2（见图6-3）

 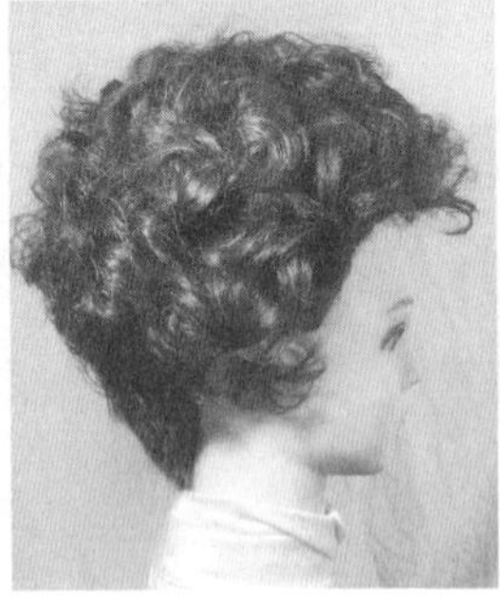  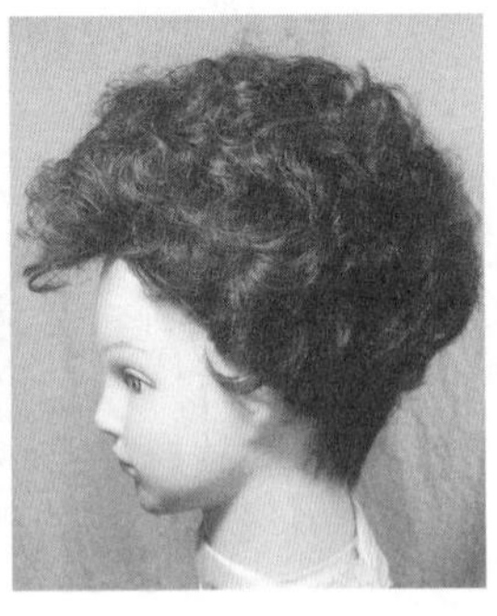

图6-3 造型2

修剪发长、修剪参差高层次、烫发、指盘扁卷的技法与短曲发指盘扁卷造型1（Page136）相同。

下面介绍吹梳造型技法。

在短曲发指盘扁卷造型1的基础上，用排骨刷由后发区向前把全头发花梳开梳通，用发梳的上挑等技法与横放的排骨刷，采用半圆形转刷技法配合，从两侧发区由前向后梳出竖立波浪，如图6-4（a）所示。

排骨刷用推刷技法与吹风机配合固定波浪。前发区、顶发区用分发梳或手指的拨、拉、推技法，将发花调整成蓬松自然状，两侧发区运用空气刷的推、梳、拉等技法，与吹风机配合调整波浪，后发区下面发丝帖服于颈部，如图6-4（b）所示。

审视修饰定型，如图6-4（c）所示。

（a）

（b）

（c）

图 6-4　造型 2 技法

6.1.3　造型3（见图6-5）

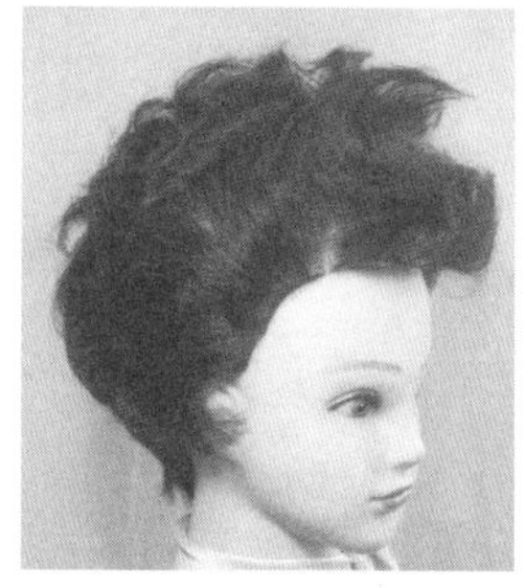
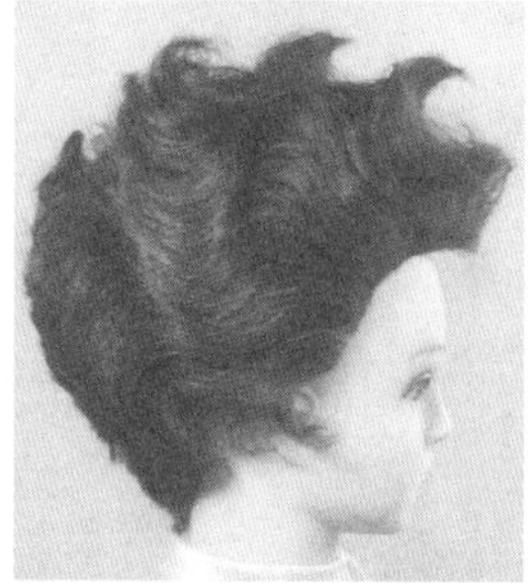
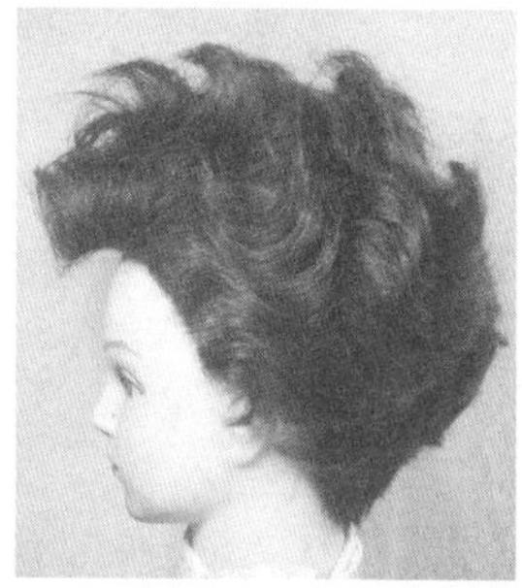
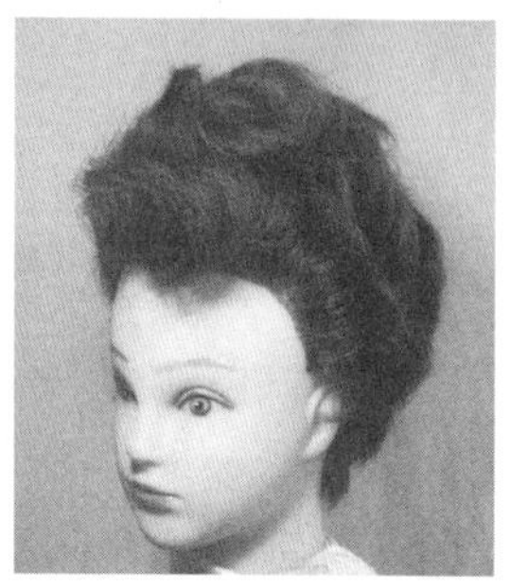

图 6-5　造型 3

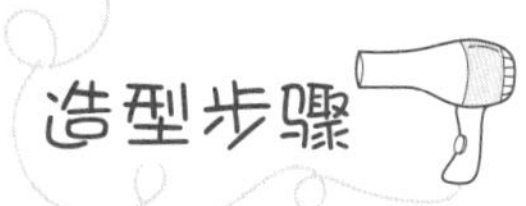

修剪发长、修剪参差高层次、烫发、指盘扁卷的技法与短曲发指盘扁卷造型1（Page136~138）相同。

下面介绍吹梳造型技法。

在短曲发指盘扁卷造型2的基础上，把发花梳理通顺，在疏齿梳拢、按或手的提、推技法操作下，使每道波浪形成竖立波涛，如图6-6（a）所示。

排骨刷用推刷技法与吹风机配合固定波浪。在吹风机与空气刷推、拉、梳等技法的配合下，调整波浪间距。

审视修饰定型，如图6-6（b）所示，发型起伏自然，具有庄重、大方的动感美。

（a）　　（b）

图6-6　造型3技法

6.1.4　造型4（见图6-7）

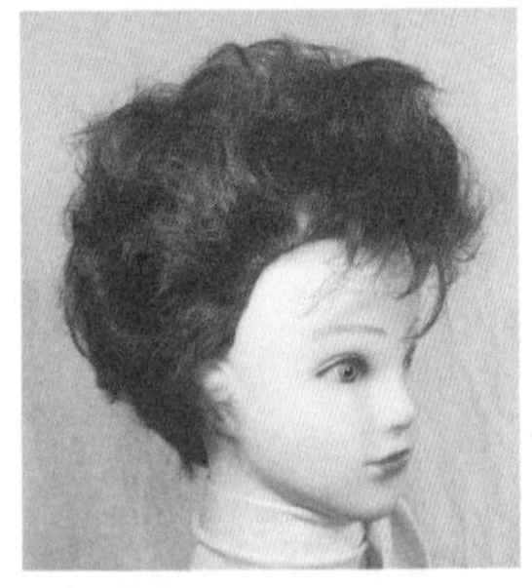

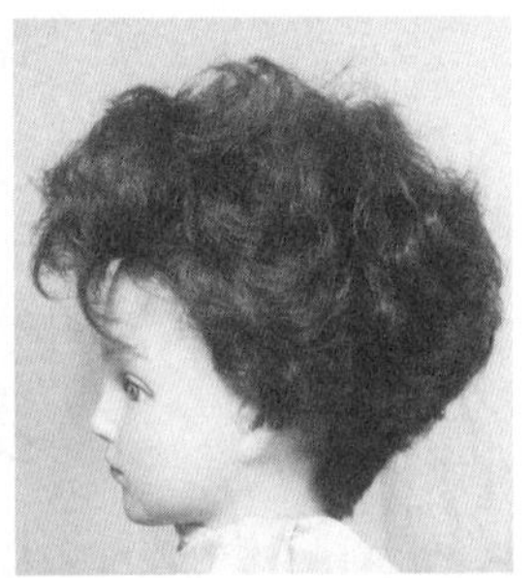

图6-7　造型4

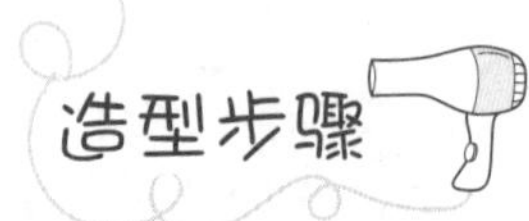

修剪发长、修剪参差高层次、烫发、指盘扁卷的技法与短曲发指盘扁卷造型1（Page136）相同。

下面介绍吹梳造型技法。

在短曲发指盘扁卷造型3的基础上，把波浪由前发区向后发区全部梳理通顺，在排骨刷翻刷技法的作下，把波浪打破规律形成发花。然后用分发梳的挑、分、梳或手指的提、分、拉等技法，使发花产生向上、蓬松、自然、活泼的动感美，如图6-8（a）所示。

将后发区下面的短发梳理后帖服于颈部。审视修饰定型，如图6-8（b）所示。

（a）　　（b）

图6-8　造型4技法

6.1.5 造型5（见图6-9）

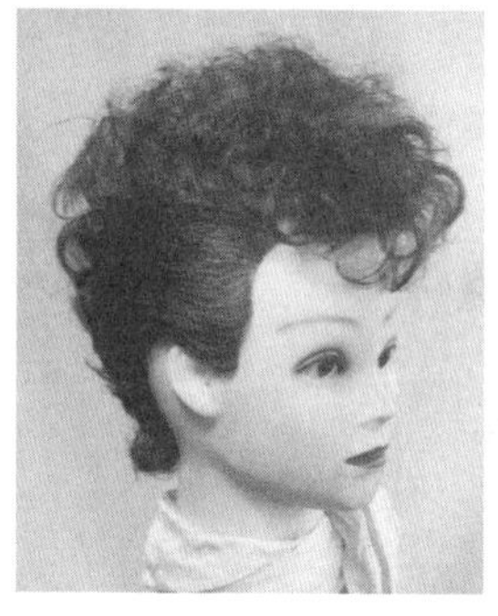
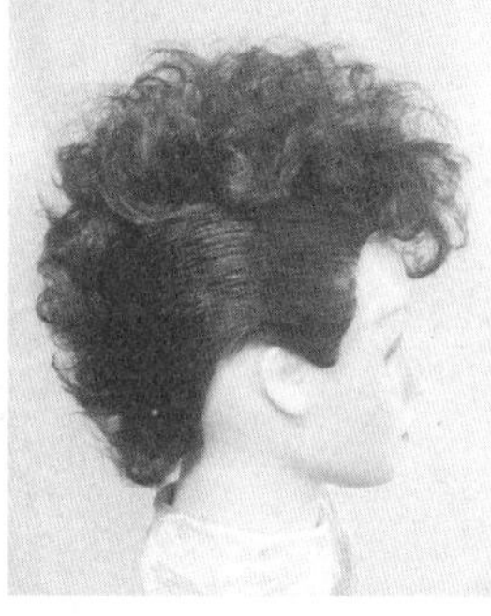
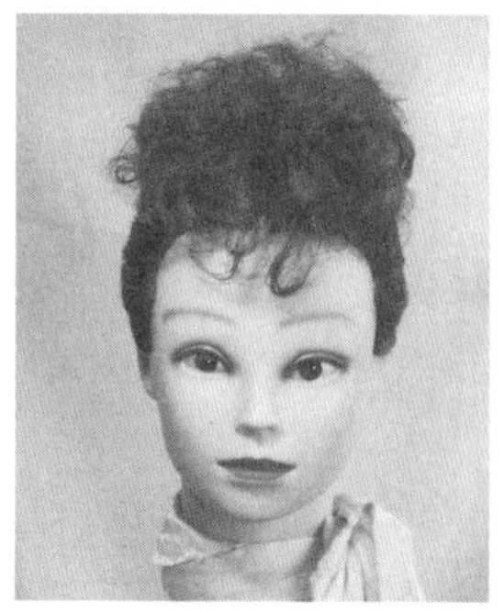
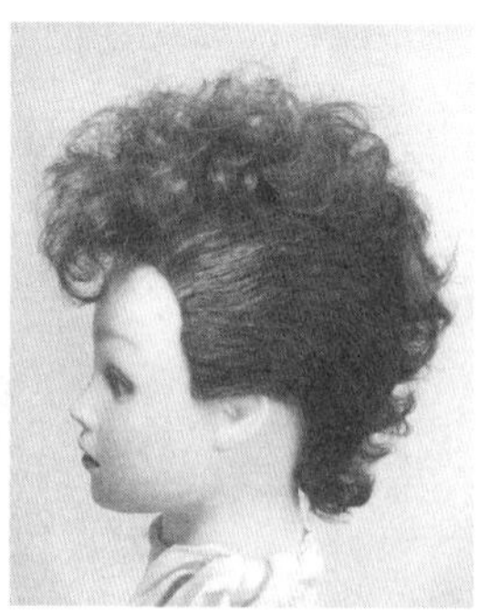

图6-9 造型5

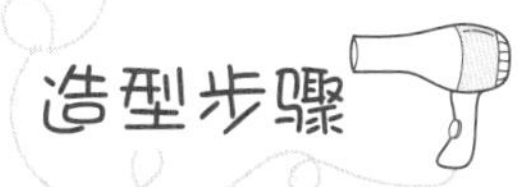

（1）分发区

与短曲发指盘扁卷造型1中“分发区”的技法（Page136）相同。

（2）修剪边线导线

与短曲发指盘扁卷造型1中“修剪边线导线”的技法（Page137）相同，不同之处在于导线长度为：前发区10cm，侧发区2cm，后发区7cm。

（3）修剪顶部导线

后块面上部用一个直径6cm的圆形形成顶部导线区，把顶部导线区头发向上梳理，确定长度后用滑剪将头发剪断，散布四周为上面导线，其长度为11cm。

（4）修剪参差高层次

① 修剪。从前发区右侧起，分纵线形成纵向区间，每区间纵向提起发丝与头皮成90°角，用滑剪技法修剪，滑剪顺序：由前发区右边起，经左侧发区、后发区至右侧发区，再回到起点。

② 检查。从前发区开始向左右侧发区、后发区分横线形成横向区间，每区间提起发丝与头皮成90°角进行修剪检查，顺序是：先中间后左右侧，用锯齿形剪法剪去不规范发丝形成发式，将发式上面烫成大花。

（5）指盘扁卷

从前发区发际线分三七缝处，由上、向后分两条竖线，两线相距宽度约为8cm，如图6-10（a）、（b）所示。

在两竖线中间，从前发区发际线至后发区发际线，盘一排正、一排反的扁卷，用发卡固定，重复该技法直到设计部位，如图6-10（c）、（d）所示。

（6）吹梳造型

扁卷干后拆除卷上发卡，把两侧发区短发喷上发胶，向后梳理通顺服帖（两侧发区头发如需要也可用推子推短、推光），如图6-10（e）所示。

中间扁卷用排骨刷由后、向上、向前，将发卷梳开梳通，如图6-10（f）所示。

在分发梳和手指的挑、拨等技法配合下，使发花蓬松自然地挺立在头的中间和前后部位，如图6-10（g）所示。

审视修饰定型，如图6-10（h）所示，此发型展现个性美。

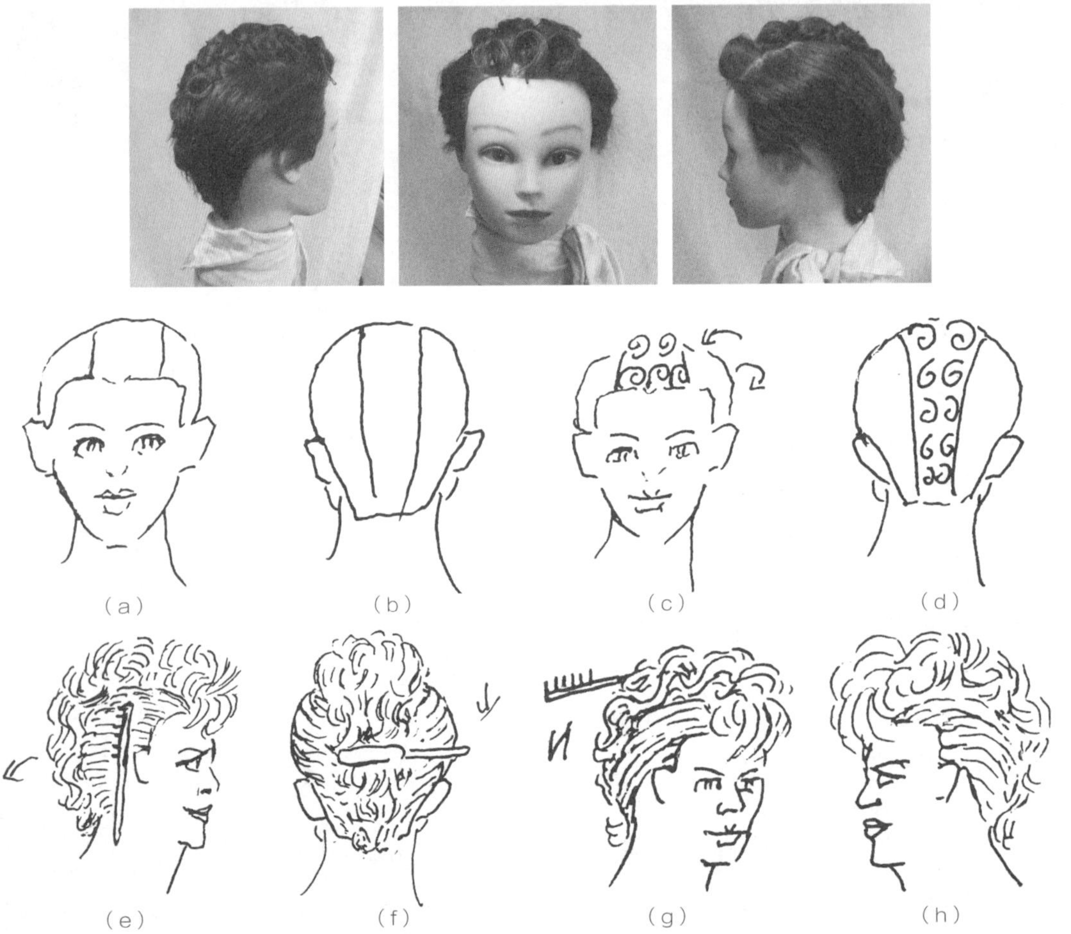

（a）　（b）　（c）　（d）

（e）　（f）　（g）　（h）

图6-10　造型5技法

6.1.6　造型6（见图6-11）

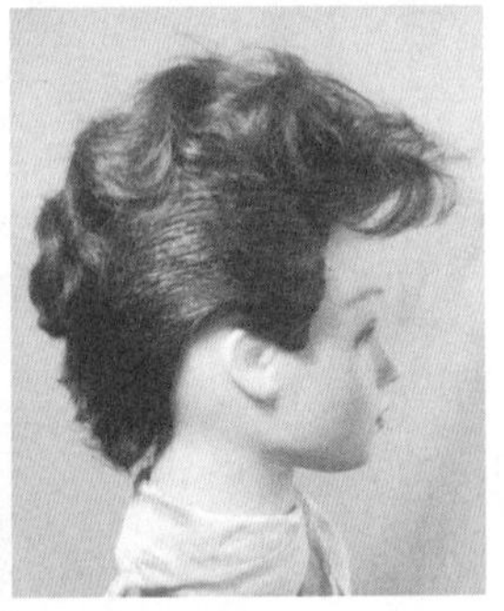
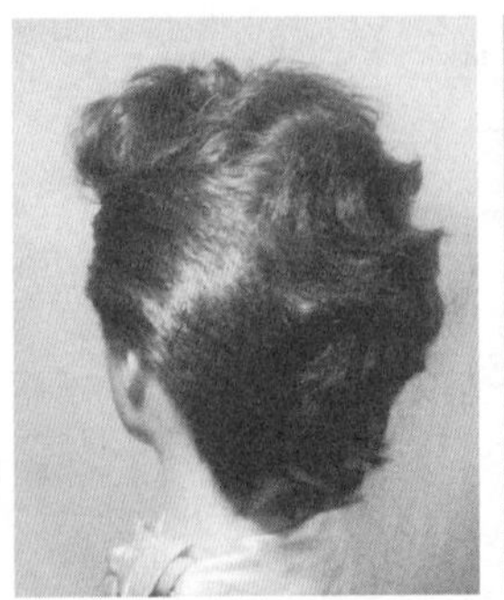
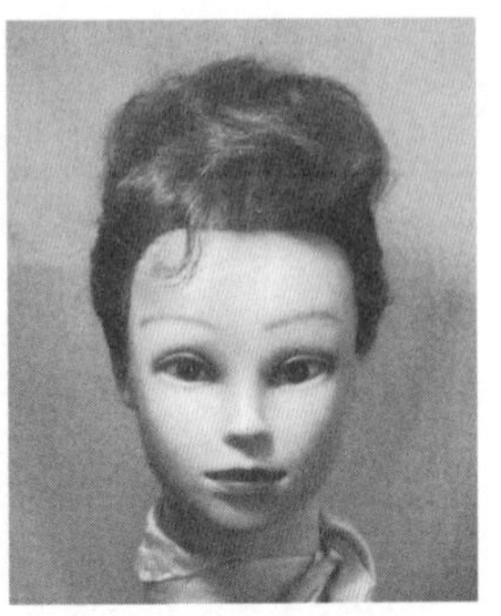

图6-11　造型6

造型步骤

修剪发长、修剪参差高层次、烫发、指盘扁卷的技法与短曲发指盘扁卷造型5（Page141）相同。

下面介绍吹梳造型技法。

在短曲发指盘扁卷造型5的基础上，两侧发区的发丝形状不变，中间发区的发花用排骨刷由前向后梳理通顺，在疏齿梳和排骨刷的配合下梳出波浪。吹风机和排骨刷的推刷技法配合，初步稳固波浪，如图6-12（a）所示。

吹风机和排骨刷的挺、拉、梳等技法相配合调整波浪，使其形成不规则的自然、流畅、充满个性的波浪造型。

审视修饰定型，如图6-12（b）所示。

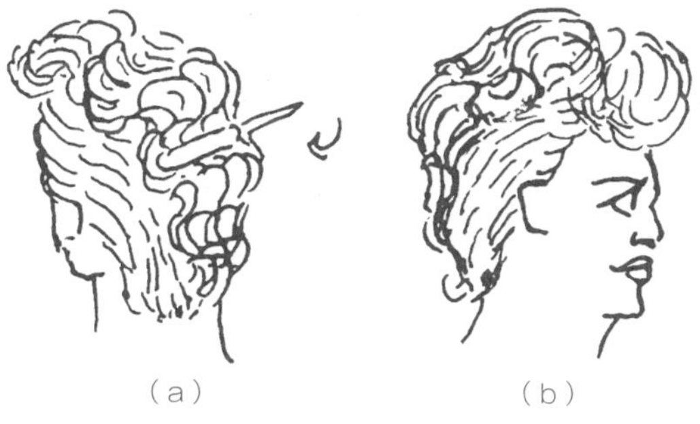

（a）　　（b）

图 6-12　造型 6 技法

6.1.7　造型7（见图6-13）

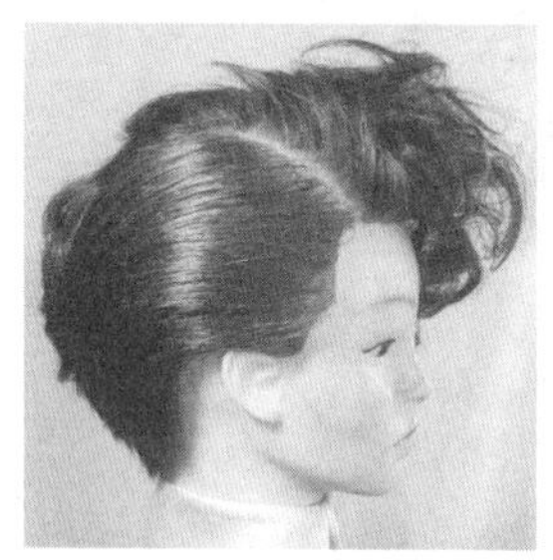
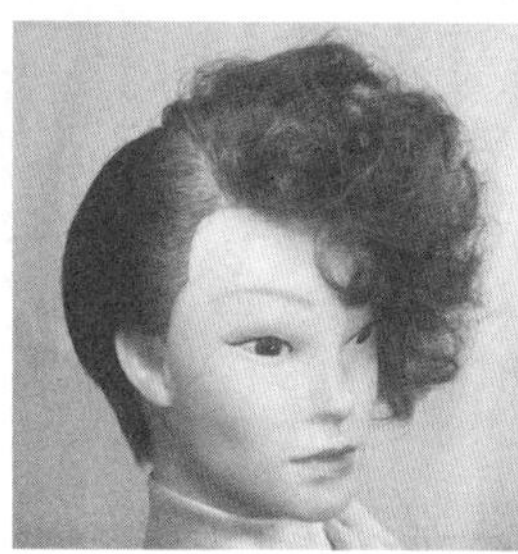
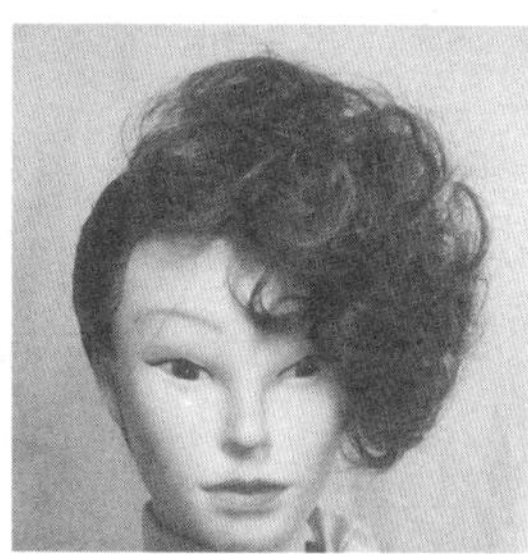
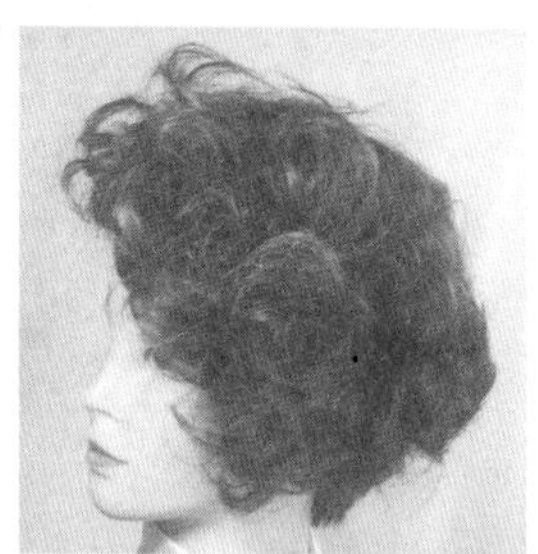

图 6-13　造型 7

造型步骤

（1）分发区

与短曲发指盘扁卷造型1中“分发区”的技法（Page136）相同。

（2）修剪边线导线

与短曲发指盘扁卷造型1中“修剪边线导线”的技法（Page137）相同，不同之处在于导

线长度为：小侧发区下边6cm，大侧发区下边12cm，后发区下边3cm。

（3）修剪顶部导线

后块面上部用一个直径6cm的圆形形成顶部导线区，把顶部导线区头发向上梳理，确定长度后用滑剪将头发剪断，散布四周为上面导线，其长度为17cm。

（4）修剪参差高层次

① 修剪。从前发区右侧起，分纵线形成纵向区间，每区间纵向提起发丝与头皮成90°角，用滑剪技法修剪，顺序是：由前发区右边起，经左侧发区、后发区至右侧发区，再回到起点。

② 检查。从前发区开始向左右侧发区、后发区分横线形成横向区间，每区间提起发丝与头皮成90°角进行修剪检查，顺序是：先中间后左右侧，用锯齿形剪法剪去不规范发丝形成发式，将大侧面发区烫成大花。

（5）指盘扁卷

分三七缝，形成大小侧发区和后发区。小侧发区、后发区朝向小侧发区的一半头发不盘扁卷；大侧发区、后发区朝向大侧面的一半由头缝处从上面开始一排正、一排反地向下横向盘扁卷，直到鬓角和后发区枕骨部位，如图6-14（a）~（c）所示。

（6）吹梳造型

发卷干后拆去指盘扁卷上的发卡，由大侧发区从下向上逐渐梳开发卷，如图6-14（d）所示，多梳理几次来撤销些发卷弹力。用排骨刷或分发梳或者用手指进行提、拉、翻、挑、分、拨等技法调整发花。

小侧发区所有的短直发喷上适量发胶，向后梳理帖服于小侧发区及后发区。审视修饰定型，如图6-14（e）所示。此发型彰显个性，颇受年轻人欢迎。

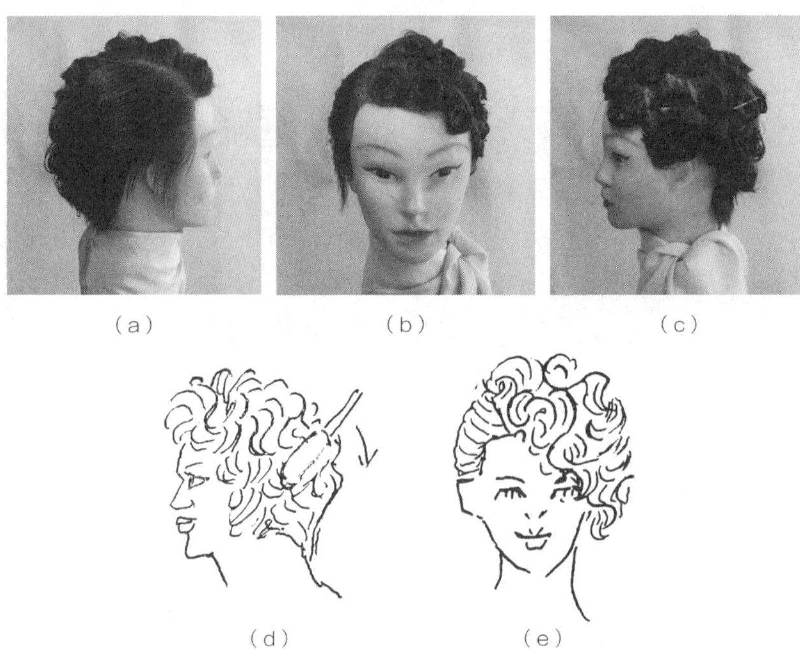
（a）（b）（c）
（d）（e）

图6-14 造型7技法

6.1.8　造型8（见图6-15）

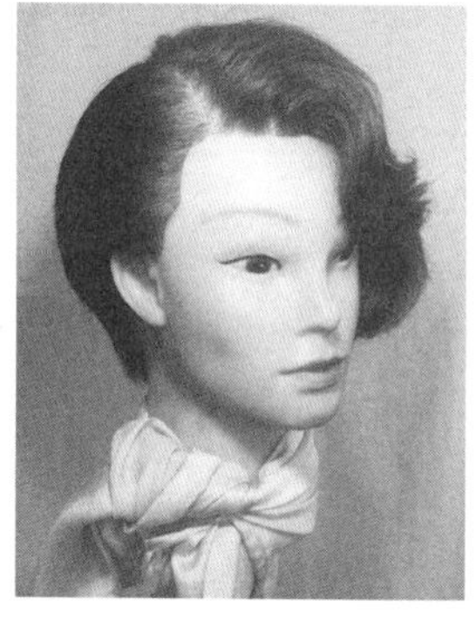
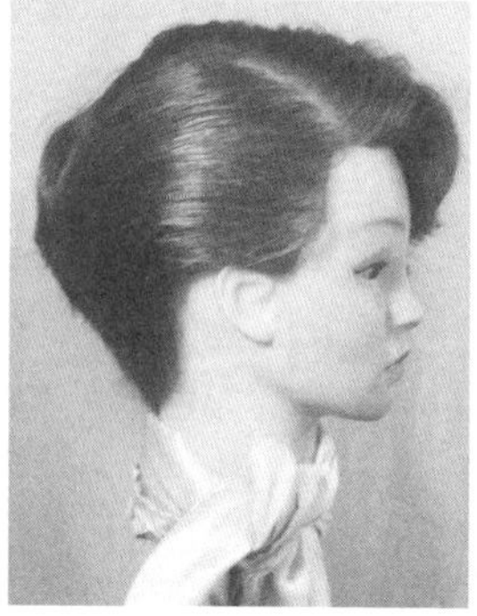

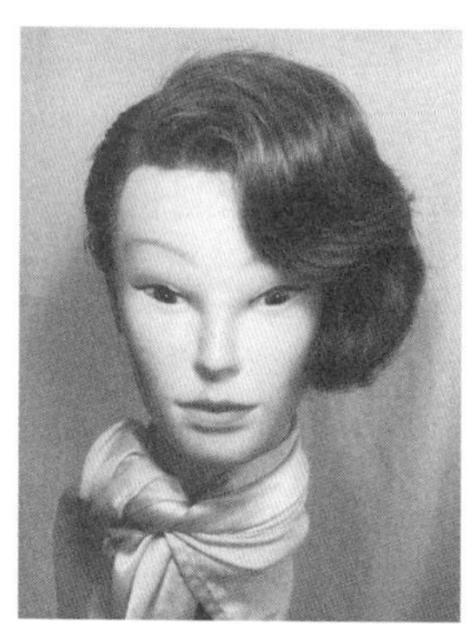

图 6-15　造型 8

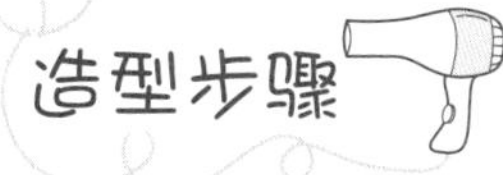

修剪发长、修剪参差高层次、烫发、指盘扁卷的技法与短曲发指盘扁卷造型7（Page143、144）相同。

下面介绍吹梳造型技法。

在短曲发指盘扁卷造型7的基础上，小侧发区服帖造型不变，把大侧发区的波浪与发花从上向下梳理通顺，疏齿梳与空气刷配合，把整个侧发区梳理成波浪下垂于面部。

吹风机与空气刷的推刷等技法配合，稳定波浪状态。

调整小侧发区，达到发丝帖服于头部的效果。审视修饰定型。

6.1.9　造型9（见图6-16）

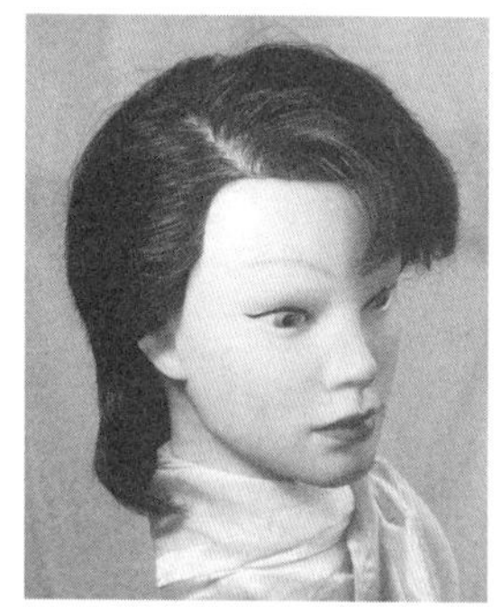
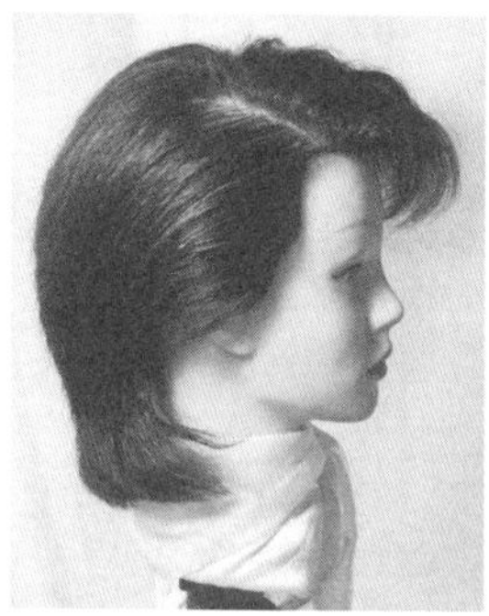
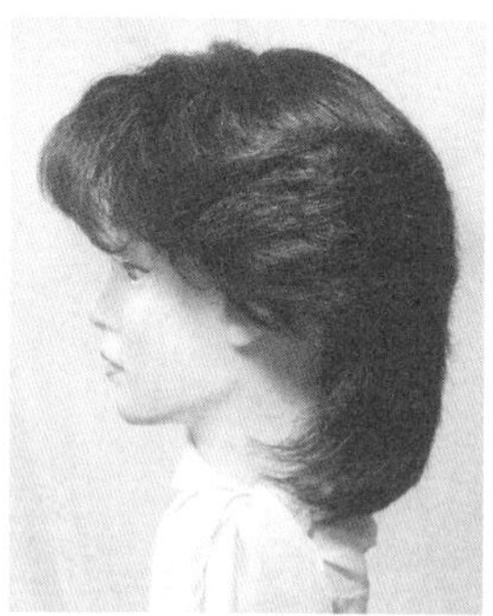

图 6-16　造型 9

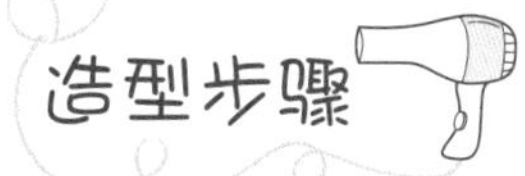

（1）分发区

与短曲发指盘扁卷造型1中“分发区”的技法（Page136）相同。

（2）修剪边线导线

与短曲发指盘扁卷造型1中“修剪边线导线”的技法（Page137）相同，不同之处在于导线长度为：前发区10cm，侧发区6cm，后发区13cm。

（3）修剪顶部导线

与短曲发指盘扁卷造型1中“修剪顶部导线”的技法（Page138）相同。

（4）修剪参差高层次

与短曲发指盘扁卷造型1中“修剪参差高层次”的技法（Page138）相同。

（5）指盘扁卷

分二八缝，形成大小侧发区和后发区，大侧发区上面盘一排正扁卷，下面盘一排反扁卷，如图6-17（a）、（b）所示。

一排反、一排正向后发区盘扁卷，后发区下面最后一排的扁卷一边少些，一边多些。少的一边盘正扁卷，多的一边盘反扁卷，如图6-17（c）所示。

（6）吹梳造型

吹干扁卷拆除发卡，用排骨刷把扁卷按盘的正反方向从上向下梳理通顺，吹风机与排骨刷的推、拉、顶、梳、翻技法配合，使大侧发区形成上单波下外翻，如图6-17（d）所示。

吹风机与滚刷配合，使刘海形成自然内弯，如图6-17（e）所示。

小侧发区把发花拉开梳向后侧，后发区下方两侧正反扁卷梳理成向两侧外展，如图6-17（f）所示。

审视修饰定型，如图6-17（g）所示。

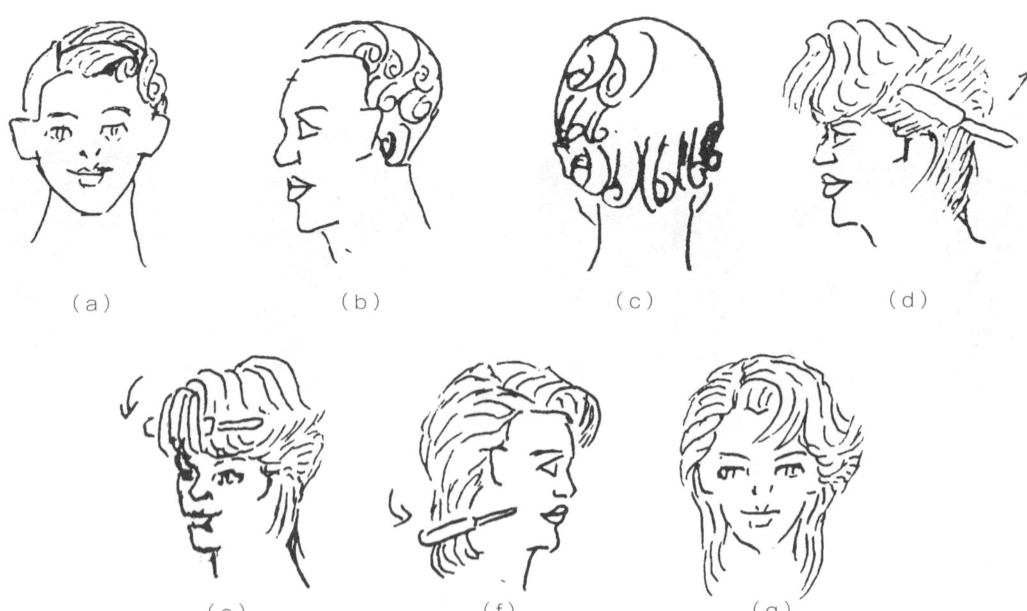

图6-17　造型9技法

6.2　中长曲发指盘扁卷造型范例及技法（7例）

6.2.1　造型1（见图6-18）

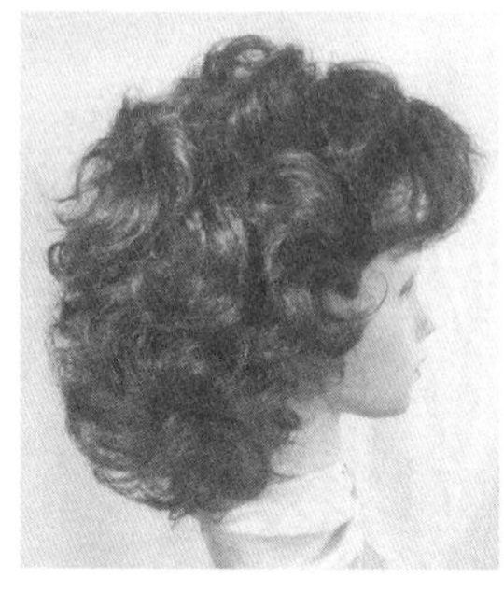
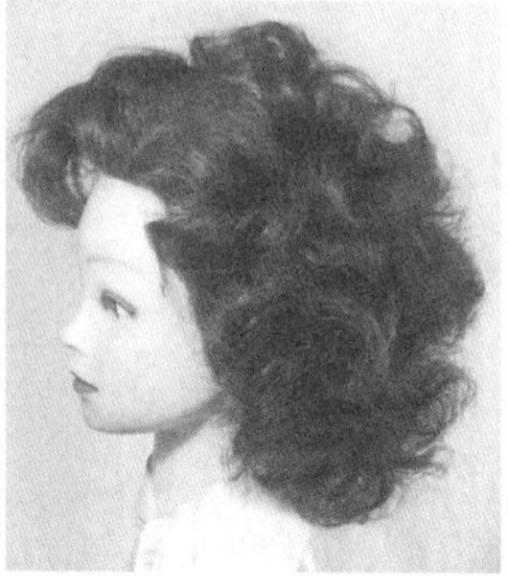

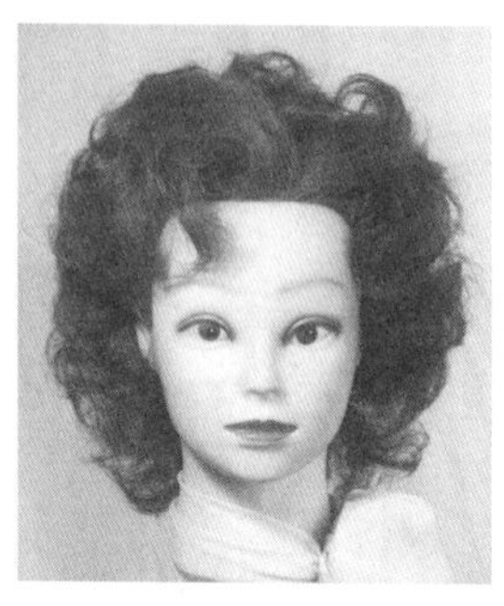

图 6-18　造型 1

（1）分发区

从一侧耳尖向另一侧耳尖分一条耳上线，把头发分成前后两块面，如图6-19（a）所示。

前块面分三七缝，形成长方形前发区和左右侧发区，如图6-19（b）所示。

后块面分中线，形成后部左右发区，如图6-19（c）所示。

（2）修剪边线导线

由前发际上面至两耳尖上面2cm，向后枕骨下沿分一条斜线，这条线称为导线，导线上面头发按发区向上固定，导线下面头发向下梳理，如图6-19（d）、（e）所示。

导线下面头发向上提起与头皮成90°角，采用锯齿形剪断，形成发式导线，导线长度为：前发区12cm，侧发区13cm，后发区13cm，如图6-19（f）、（g）所示 。

（3）修剪顶部导线

后块面上部用一个直径6cm的圆形形成顶部导线区，把顶部导线区头发向上梳理，确定长度后用滑剪将头发剪断，散布四周为上面导线，其长度为15cm，如图6-19（h）、（i）所示。

（4）修剪参差高层次

① 修剪。如图6-19（j）~（l）所示，从前发区右侧起分纵线形成纵向区间，每区间纵向提起发丝与头皮成90°角，采用滑剪技法修剪，滑剪顺序是：由前发区右边起，经左侧发区、后发区至右侧发区，再回到起点与其连接。

② 检查。如图6-19（m）~（o）所示，从前发区开始向左右侧发区、后发区分横线形成横向区间，每区间提起发丝与头皮成90°角进行检查修剪，顺序是：先中间后左右侧，用锯齿形剪法剪去不规范发丝形成发式，将发式烫成大花。

（5）指盘扁卷

分三七缝，形成大小侧发区和后发区，前面大侧发区第一排盘反扁卷，如图6-19（p）所示。

第二排盘正扁卷，如图6-19（q）所示。

在第二排后面按一排反、一排正的顺序，向后连续操作，直到后发区下面如图6-19（r）、（s）所示，为了使发花达到效果，也可向下卷成空心卷。不论是盘扁卷还是空心卷，每个发卷都要把发丝卷到一周半以上。

（6）吹梳造型

盘卷干后拆除发卡，用排骨刷把扁发卷从后发区下方逐渐向上梳理，多梳理几次，适当撤销发卷弹力。

（a） （b） （c） （d）

（e） （f） （g） （h）

（i） （j） （k） （l）

（m） （n） （o） （p）

（q） （r） （s） （t） （u）

图6-19 造型1技法

在发卷弹力较疏松流畅的状态下，用排骨刷的上翻技法，使发丝形成大的发花，如图6-19（t）所示。

用手指和分发梳尖端进行提、挑、拨、分等技法调整发花，使发花造型更显蓬松自然。审视修饰定型，如图6-19（u）所示。

6.2.2 造型2（见图6-20）

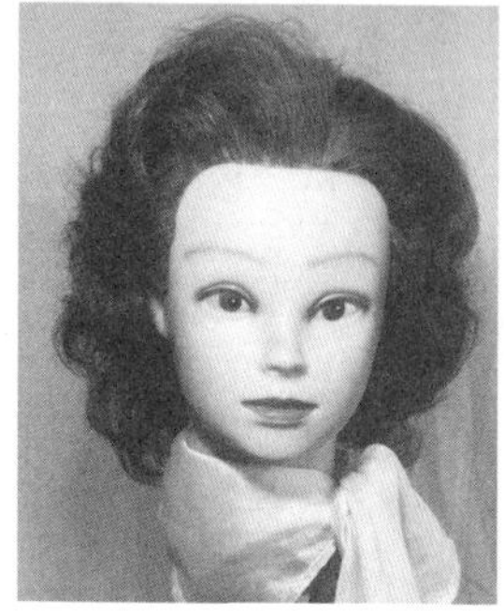
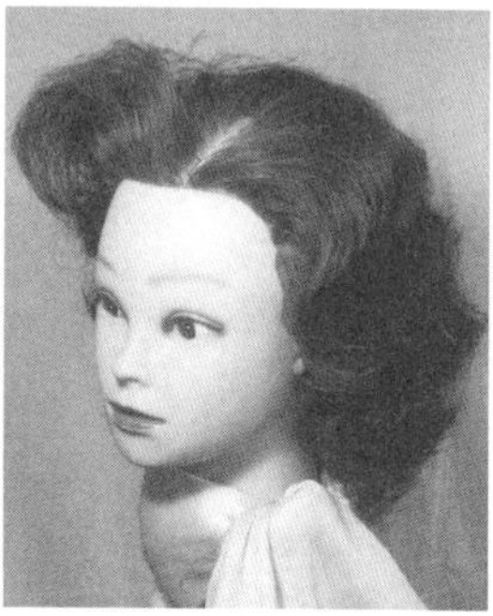
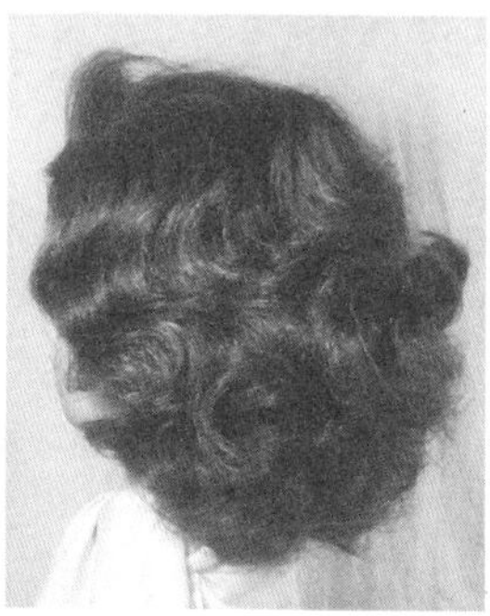
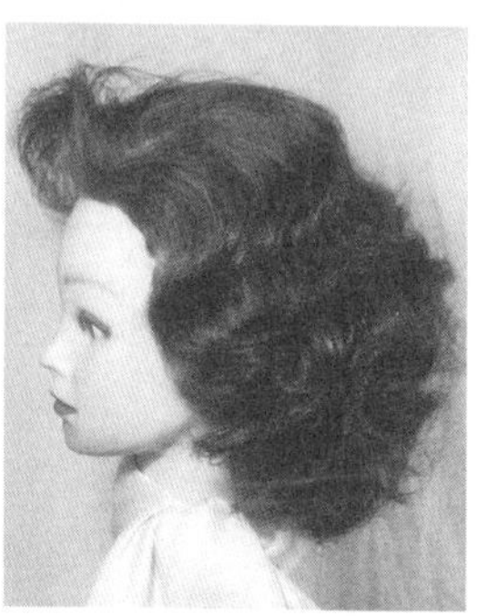

图 6-20 造型 2

造型步骤

修剪发长、修剪参差高层次，烫发和指盘扁卷的技法与中长曲发指扁卷造型1（Page147）相同。

下面介绍吹梳造型技法。

在中长曲发指盘扁卷造型1的基础上，用发刷由下向上逐渐将发花梳开梳通，然后采取排骨刷的左右半转梳法与疏齿梳的按、挑技法配合，从前发区开始向两侧发区、后发区梳成波浪，如图6-21（a）所示。然后用排骨刷的翻刷技法，把后发区下面的波浪翻成发花，用手指的提、分、拉等技法，调整发花使其蓬松自然。

前发区用吹风机与排骨刷的推、拉、翻、梳等技法配合，使刘海波浪高起，如图6-21（b）所示。

审视修饰定型，如图6-21（c）所示。

（a）　（b）　（c）

图 6-21 造型 2 技法

6.2.3 造型3（见图6-22）

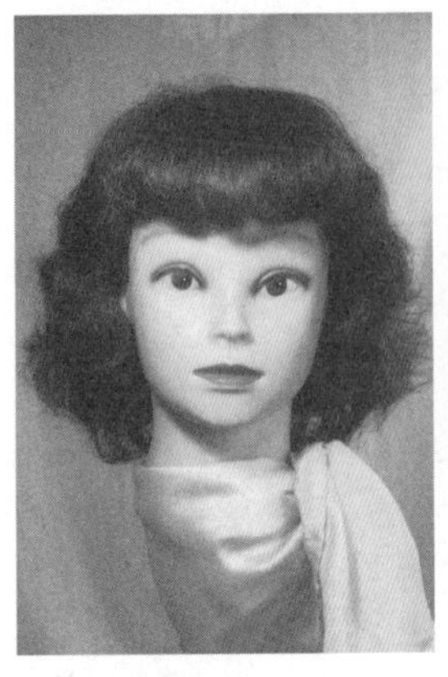
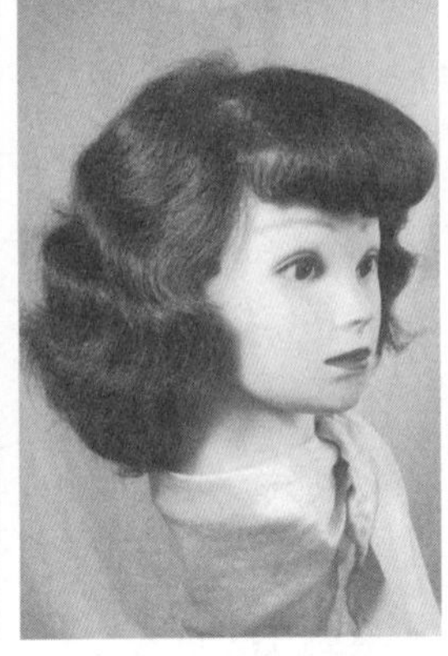
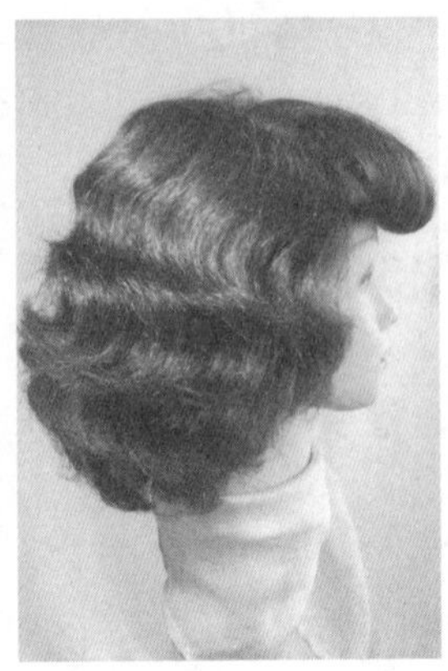
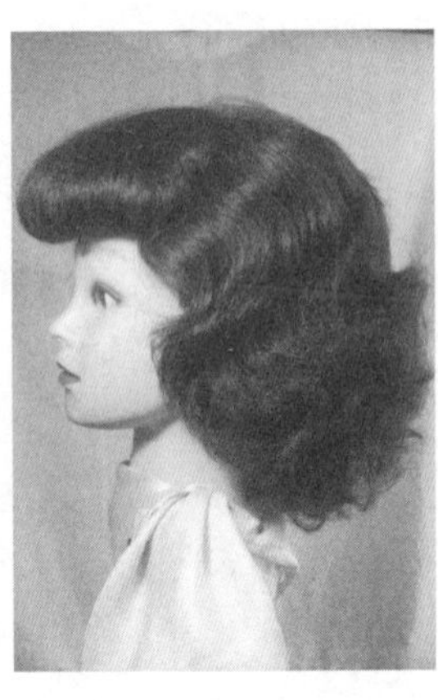

图6-22 造型3

修剪发长、修剪参差高层次、烫发和指盘扁卷的技法与中长曲发指盘扁卷造型1（Page147）相同。

下面介绍吹梳造型技法。

在中长曲发指扁卷造型1的基础上，用发刷由前向后把头发梳理通顺，在此基础上，在排骨刷与疏齿梳的配合下，由前向后把头发全部梳理出波浪。然后用吹风机与排骨刷的推刷技法配合，稳定波浪，并调整波浪的宽窄度与自然效果。

前发区分三七缝线，形成三角前发区，如图6-23（a）所示。把三角前发区头发喷湿后向前额梳拢。

在吹风机与滚刷定滚技法的配合下，将前额头发吹梳成内扣的齐刘海，如图6-23（b）所示。

整体审视修饰定型，如图6-23（c）所示。

图6-23 造型3技法

6.2.4 造型4（见图6-24）

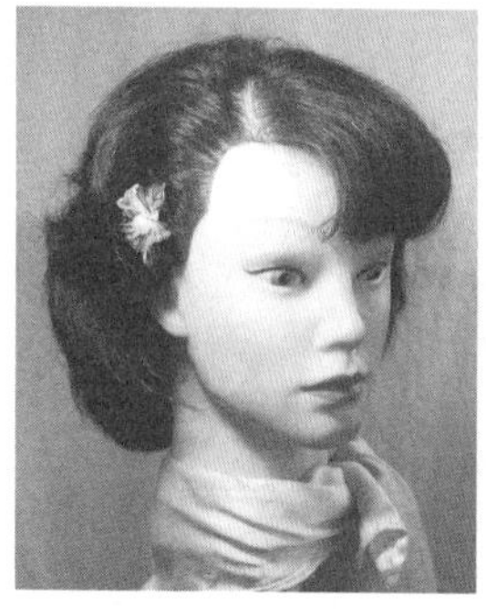
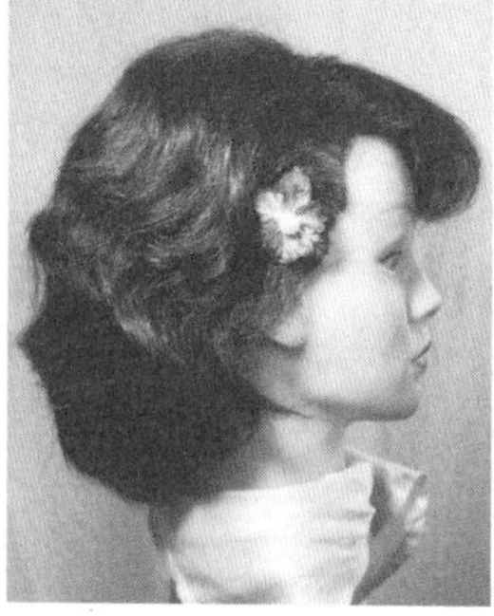
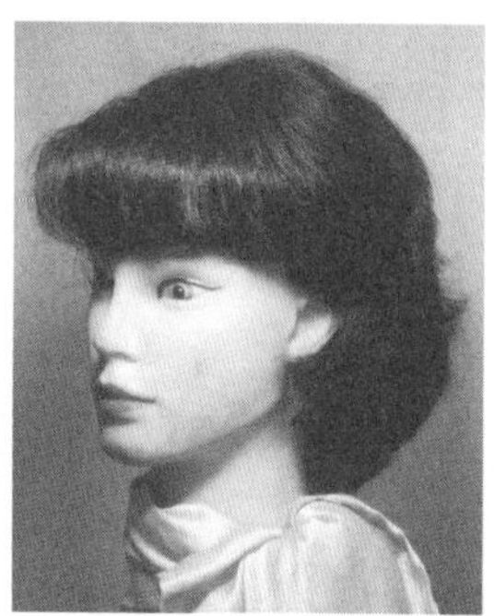
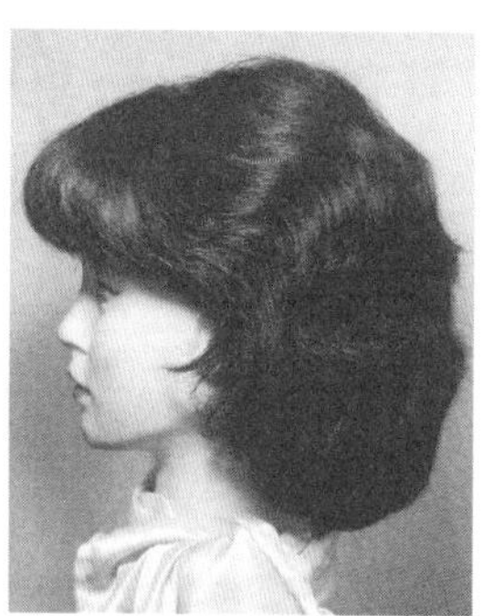

图 6-24 造型 4

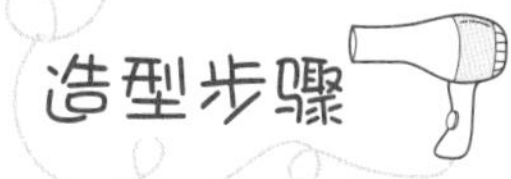

（1）分发区

与中长曲发指盘扁卷造型1中“分发区”的技法（Page147）相同。

（2）修剪边线导线

与中长曲发指盘扁卷造型1中“修剪边线导线”的技法（Page147）相同，不同之处在于导线长度为：前发区10cm，侧发区10cm，后发区11cm。

（3）修剪顶部导线

后块面上部用一个直径6cm的圆形形成顶部导线区，把顶部导线区头发向上梳理，确定长度后用滑剪将头发剪断，散布四周为上面导线，其长度为16cm。

（4）修剪参差高层次

与中长曲发指盘扁卷造型1中“修剪参差高层次”的技法（Page147）相同。

（5）指盘扁卷

将湿发分三七缝，形成三角发区，前发区前面向下方一侧卷两个空心卷，如图6-25（a）所示。

从前发区后面用一行正、一行反排列方法，反复盘扁卷排至两耳中部平行线部位，如图6-25（b）所示。

枕骨下面向下卷两行空心卷，如图6-25（c）~（e）所示。

（6）吹梳造型

发卷干后拆除发卡，从后面下方用排骨刷先将空心卷梳开，再向上梳理扁卷，后发区用疏齿梳与排骨刷配合梳理出波浪；吹风机与疏齿梳的推梳技法配合固定波浪；用吹风机与空气刷的拉、推、挺、滚等技法配合，调整波浪宽窄、高低，呈现自然效果，如图6-25（f）所示。

后发区吹梳成半圆形扣边，如图6-25（g）所示。

前发区发卷向左侧面斜梳，吹风机与发刷配合，吹梳成内扣刘海，如图6-25（h）所示。

小侧发区耳上头发可点缀饰品，审视梳理定型，如图6-25（i）所示。

(a) (b) (c)

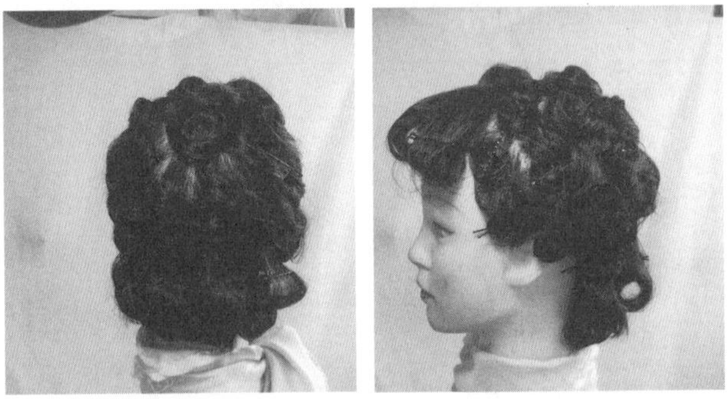

(d) (e)

(f) (g) (h) (i)

图6-25 造型4技法

6.2.5 造型5（见图6-26）

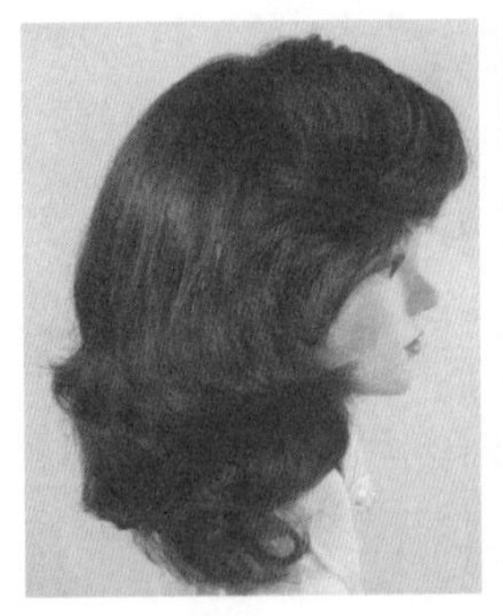
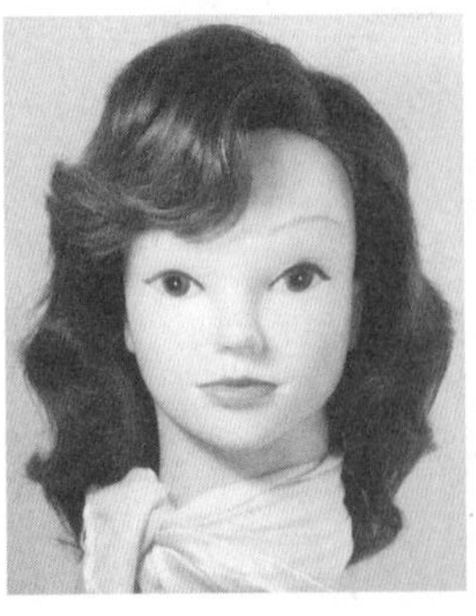
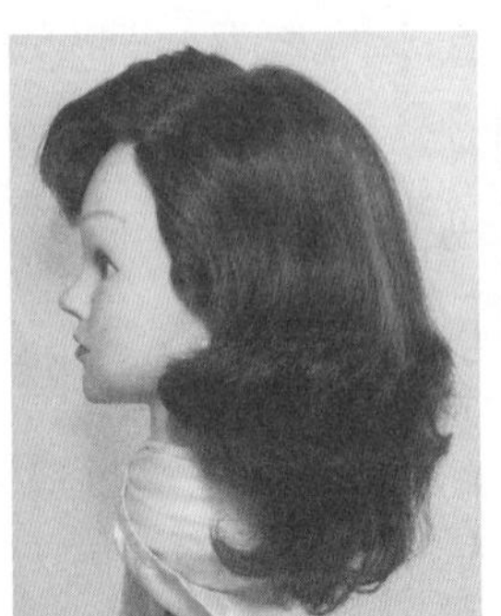
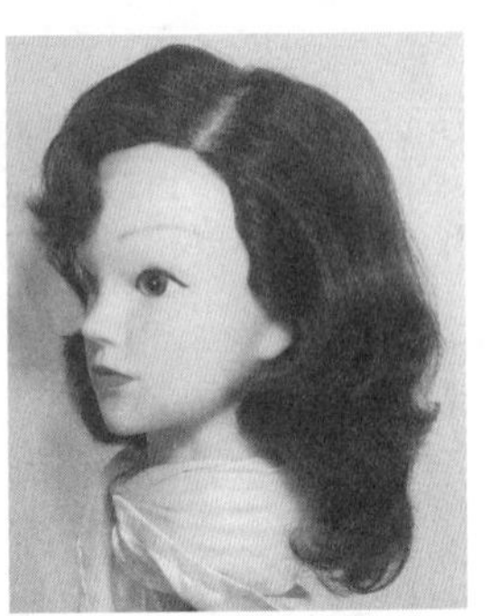

图6-26 造型5

(1)分发区

与中长曲发指盘扁卷造型1中“分发区”的技法(Page147)相同。

(2)修剪边线导线

与中长曲发指盘扁卷造型1中“修剪边线导线”的技法(Page147)相同,不同之处在于导线长度为:前发区12cm,侧发区20cm、后发区22cm。

(3)修剪顶部导线

后块面上部用一个直径6cm的圆形形成顶部导线区,把顶部导线区头发向上梳理,确定长度后用滑剪将头发剪断,散布四周为上面导线,其长度为23cm。

(4)修剪参差层次

① 修剪。前发区:分三七缝形成三角前发区,从发区一侧分纵线形成纵向区间,每区间纵向提起发丝与头皮成90°角,比照三角发区边线导线长度采用滑剪技法修剪,如图6-27(a)所示。

除前发区外,其他发区分纵线形成纵向区间,每区间纵向提起发丝与头皮成15°角,采用滑剪技法修剪,滑剪顺序是:左侧发区、后发区、右侧发区,如图6-27(b)~(d)所示。

② 检查。前发区分横线区间,提起发丝与头皮成90°角进行检查,剪去不规范发丝,如图6-27(e)所示。

除前发区外,其他发区分横线区间,提起发丝与头皮成15°角进行检查修剪,顺序是:左侧发区、右侧发区、后发区,用锯齿形剪法剪去不规范发丝形成发式,如图6-27(f)~(h)所示,将发式下面烫成发花。

(5)指盘扁卷

将湿发分耳上线,分三七缝,形成三角前发区,如图6-27(i)、(j)所示。

左右侧发区和后发区,从三角前发区头缝边缘横向盘三行扁卷,第一行盘三个扁卷,第二行盘两个扁卷,第三行盘一个扁卷,如图6-27(k)所示。

左侧发区盘一行正扁卷,如图6-27(l)所示。

右侧发区盘一行反扁卷,后发区从中部向下盘三行扁卷,如图6-27(m)所示。

盘好的造型如图6-27(n)~(p)所示。

(6)吹梳造型

扁卷晾干后拆除发卡,从后发区下方逐渐向上面用排骨刷将扁卷梳开,前发区向右斜下梳,发梳与发刷配合梳理波浪。吹风机与疏齿梳的推、梳技法配合,固定波浪。用吹风机与空气刷的拉、推、挺、滚等技法相配合调整后发区与侧发区的波浪宽窄、高低,呈现自然效果。

前发区吹梳成单波刘海,如图6-27(q)所示。

审视梳理定型,如图6-27(r)所示。

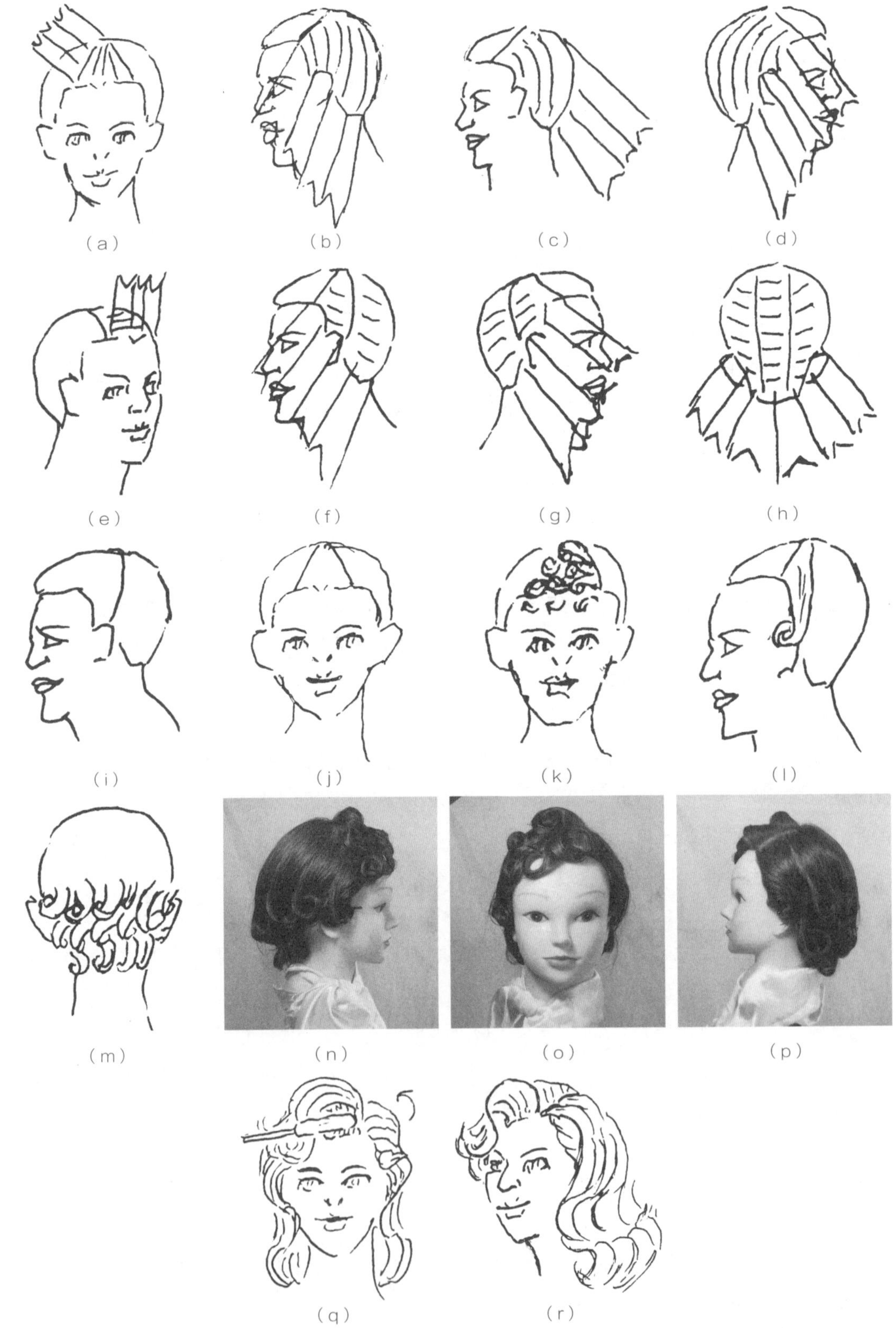

(a) (b) (c) (d)

(e) (f) (g) (h)

(i) (j) (k) (l)

(m) (n) (o) (p)

(q) (r)

图6-27 造型5技法

6.2.6　造型6（见图6-28）

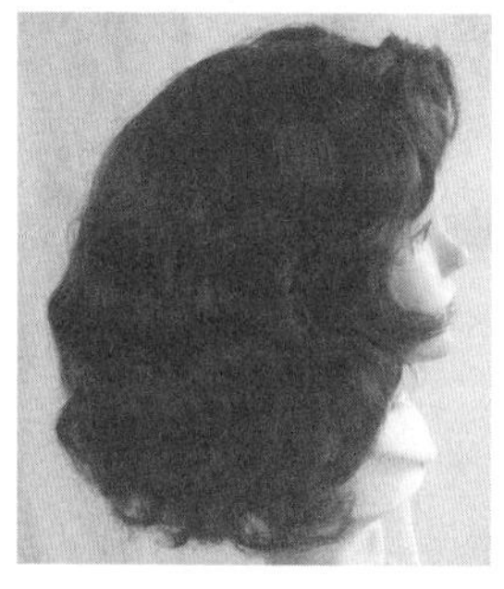
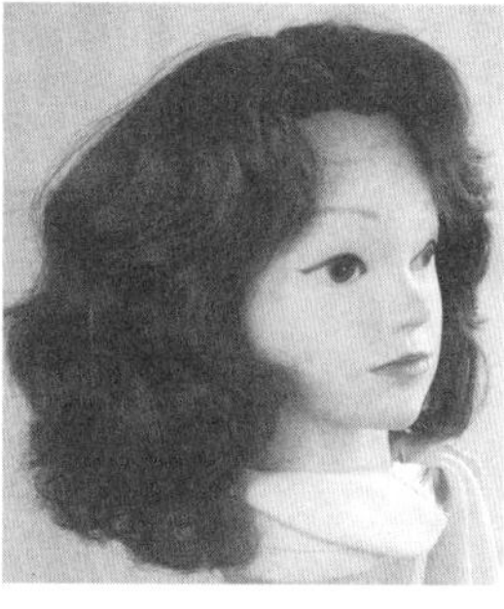
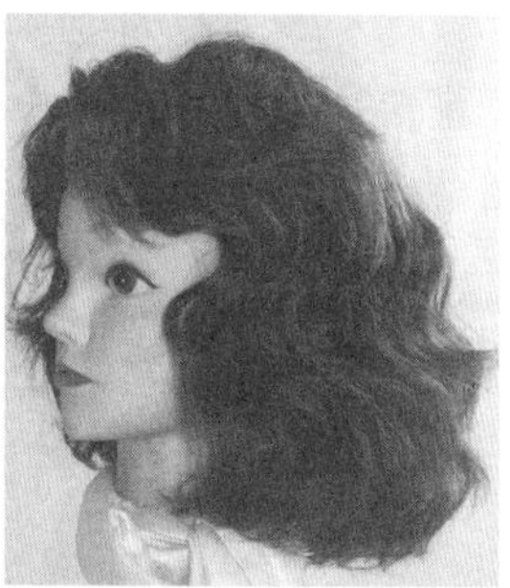
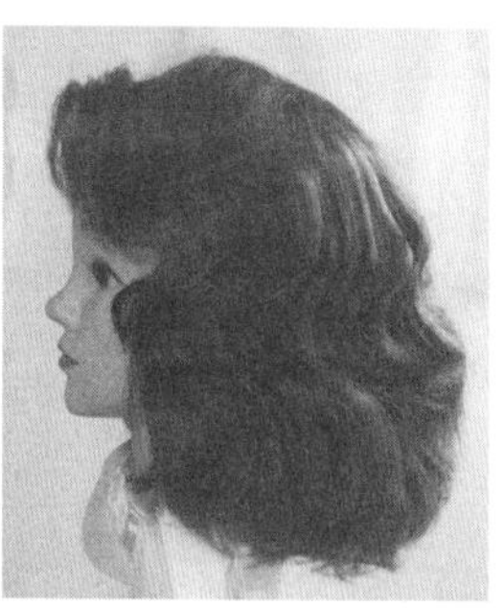

图 6-28　造型 6

（1）分发区

与中长曲发指盘扁卷造型1中“分发区”的技法（Page147）相同。

（2）修剪边线导线

与中长曲发指盘扁卷造型1中“修剪边线导线”的技法（Page147）相同，不同之处在于：导线下面头发向上提起与头皮成15°角，采用夹剪法剪断，形成发式导线，导线长度为：前发区10cm，侧发区18cm，后发区20cm。

（3）修剪顶部导线

后块面上部用一个直径6cm的圆形形成顶部导线区，把顶部导线区头发向上梳理，确定长度后将头发剪断为上面导线，其长度是19cm。

（4）修剪参差低层次

① 修剪。如图6-29（a）~（c）所示，从前发区右边起分纵线，在全头形成纵向区间，每个区间提起发丝与头皮成45°角进行滑剪，顺序是：从前发区右边起、经左侧发区、后发区、右侧发区并与起点连接。

② 检查。如图6-29（d）~（g）所示，从前发区开始向左右侧发区、后发区分横线形成横向区间，每区间横向提起发丝与头皮成45°角，采用锯齿形技法检查修剪，顺序是：a. 前发区、右侧发区、后右侧发区；b. 左侧发区、后左侧发区；c. 后发区并与左右后侧发区连接成半圆，剪去不规范发丝形成发式，将发式烫成大花。

（5）指盘扁卷

将湿发分四六缝，形成大小侧发区和后发区，从大侧发区前面的第一排盘正扁卷，第二排盘反扁卷，如图6-29（h）、（i）所示。

然后一排正一排反向后连续排列，直到后发区下面发际线，如图6-29（j）所示，每个发卷盘都要把发丝卷到一周半以上。

盘好的造型如图6-29（k）~（m）所示。

（6）吹梳造型

发卷干后拆除发卡，从后发区下方用排骨刷逐渐向上梳开扁卷，用疏齿梳的按、挑技法与空气刷的左右半转刷技法配合，由前发区向后发区梳理波浪，如图6-29（n）所示。

吹风机与排骨刷的推刷技法配合固定波浪，吹风机与空气刷的拉、推、挺、滚等技法的配合，调整波浪宽窄、高低，呈现自然效果。

前发区采用空气刷技法，吹梳成波浪刘海，如图6-29（o）所示。

后发区波浪下面的发梢吹梳成内扣状，审视梳理定型，如图6-29（p）所示。

（a）（b）（c）（d）

（e）（f）（g）（h）

（i）（j）（k）（l）

（m）（n）（o）（p）

图6-29 造型6技法

6.2.7　造型7（见图6-30）

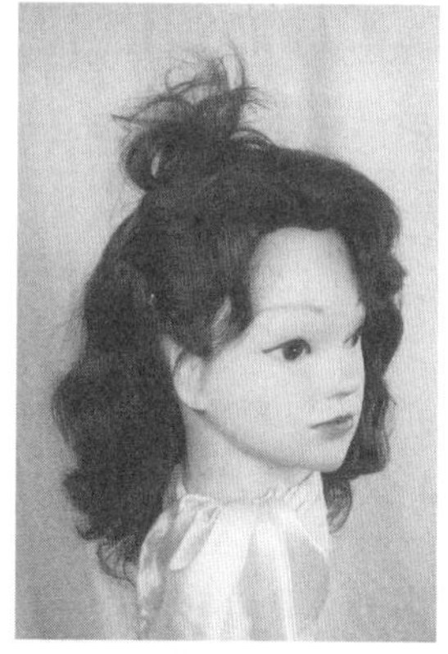
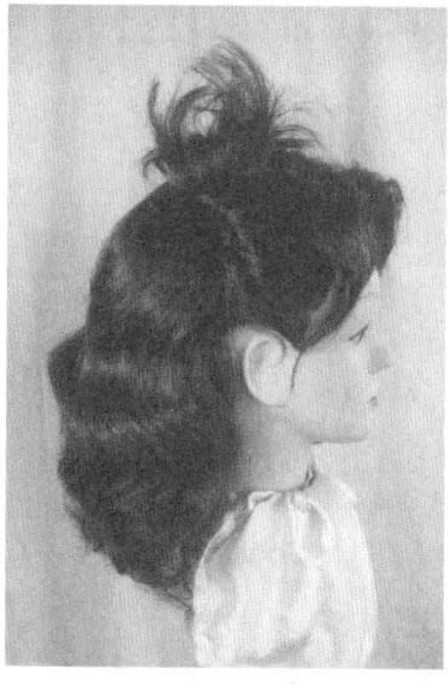

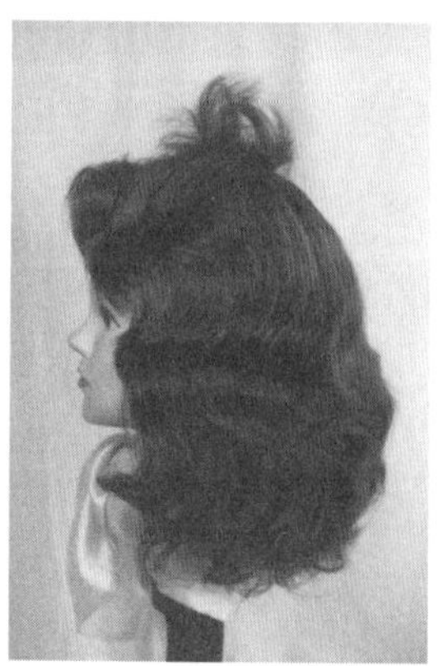

图6-30　造型7

修剪发长、修剪参差低层次、烫发、指盘扁卷的技法与中长曲发指盘扁卷造型6（Page155）相同。

下面介绍吹梳造型技法。

以中长曲发指盘扁卷造型6为基础，大侧发区和后发区造型不变，从头缝末端向小侧发区分一段耳上线，形成小侧发区，如图6-31（a）所示。

把小侧发区头发提起，将里侧根部头发削乱，如图6-31（b）所示。

把外侧表面发丝梳理光顺，再向里侧卷成锥形卷，发卷固定后发尾拉到发卷上面，如图6-31（c）所示。

用分发梳的挑、分、逆梳等技法调整花形，审视修饰定型，如图6-31（d）所示。

（a）

（b）

（c）

（d）

图6-31　造型7技法

6.3 长曲发指盘扁卷造型范例及技法（7例）

6.3.1 造型1（见图6-32）

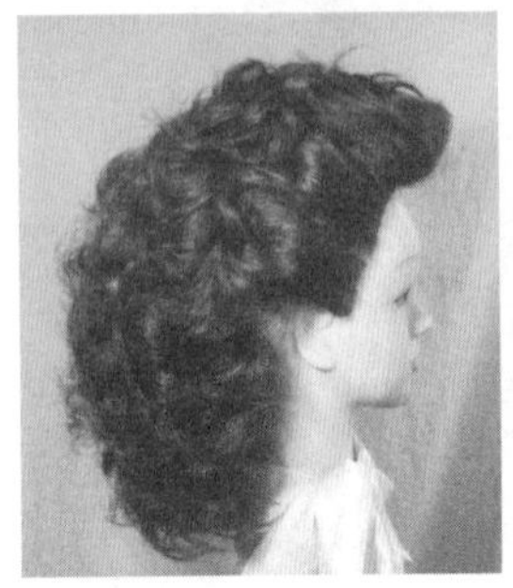

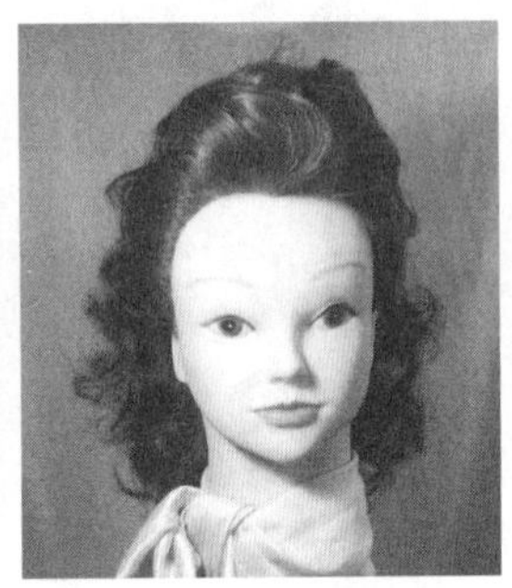
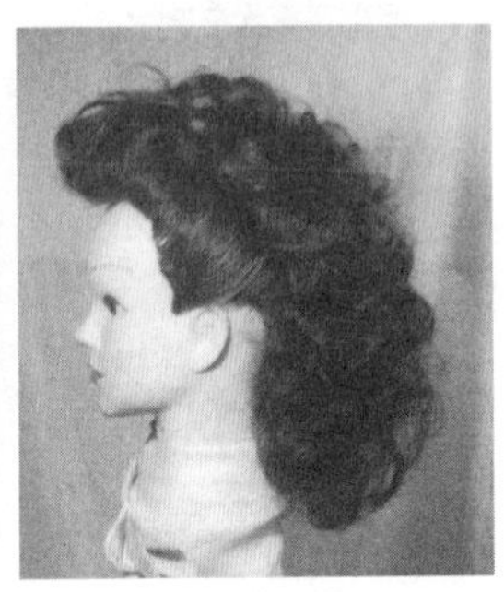

图6-32 造型1

（1）分发区

从一侧耳尖向另一侧耳尖分一条耳上线，把头发分成前后两块面，如图6-33（a）所示。

前块面分三七缝，形成长方形前发区和左右侧发区，如图6-33（b）所示。

后块面分中线，形成后部左右发区，如图6-33（c）所示。

（2）修剪边线导线

由前发际上面至两耳尖上面2cm，向后枕骨下沿分一条斜线，这条线称为导线，导线上面头发按发区向上固定，导线下面头发向下梳理，如图6-33（d）、（e）所示。

导线下面头发向上提起与头皮成15°角，采用锯齿形剪法修剪，形成发式导线，如图6-33（f）、（g）所示。导线长度为：前发区15cm，侧发区28cm，后发区30cm。

（3）修剪顶部导线

后块面上部用一个直径6cm的圆形形成顶部导线区，把顶部导线区头发向上梳理，确定长度后用滑剪技法将头发剪断，成为上面导线，其长度是25cm，如图6-33（h）、（i）所示。

（4）修剪参差高层次

① 修剪。如图6-33（j）~（l）所示，从前发区右边起分纵线，在全头形成纵向区间，每个区间提起发丝与头皮成90°角进行滑剪，顺序是：从前发区右侧开始，经左侧发区、后发区、右侧发区并与起点连接。

（a）

（b）

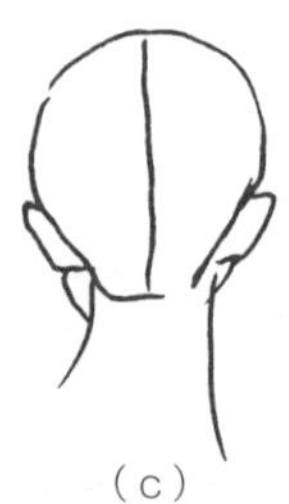
（c）

（d）

图6-33　造型1技法

② 检查。如图6-33（m）~（p）所示，从前发区开始向左右侧发区、后发区分横线形成横向区间，每区间横向提起发丝与头皮成90°角，采用锯齿形技法检查修剪，顺序是：a. 前发区、右侧发区、后右侧发区；b. 左侧发区、后左侧发区；c. 后发区并与左右后侧发区连接成半圆，剪去不规范发丝形成发式，将发式烫成大花。

（5）指盘扁卷

前发区由发际线开始，向后卷前二后三的五个空心卷，如图6-33（q）所示。

在空心卷后面先做一排反卷，后卷一排正卷，如图6-33（r）、（s）所示。

按照一排反、一排正的方法，把顶发区、后发区头发全部做成扁卷，如图6-33（t）所示。

盘好的造型如图6-33（u）~（x）所示。

（6）吹梳造型

拆除干后扁卷中的发卡，用排骨刷从头部后发区开始，由下向上、向前，逐渐把头部扁卷全部梳开梳通，然后将两侧发区头发向上梳，用折线卡卡起，如图6-33（y）所示。发卡固定后用发花遮盖发卡，使前发区头发向上蓬起。

后发区发花用排骨刷的翻刷技法使轮廓饱满，再用分发梳和手指的提、拉、分、梳等技法，将发花调整自然垂于后面，审视修饰定型，如图6-33（z）所示。

6.3.2 造型2（见图6-34）

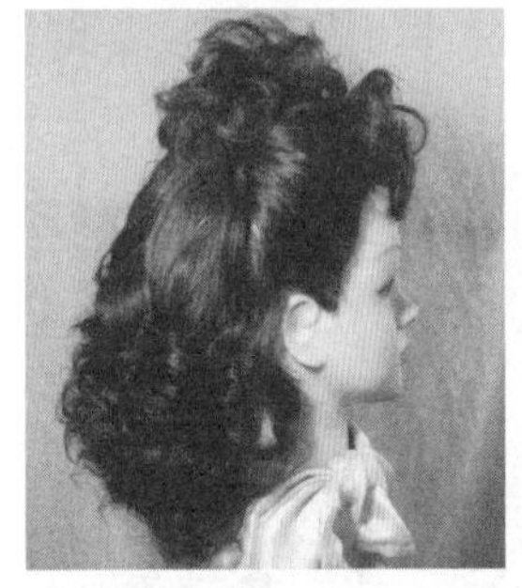
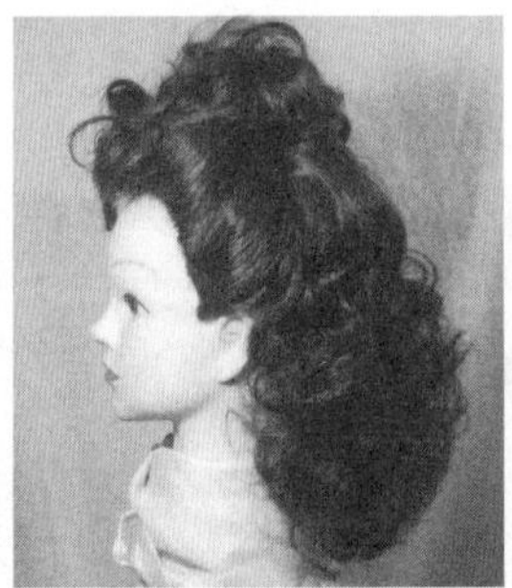
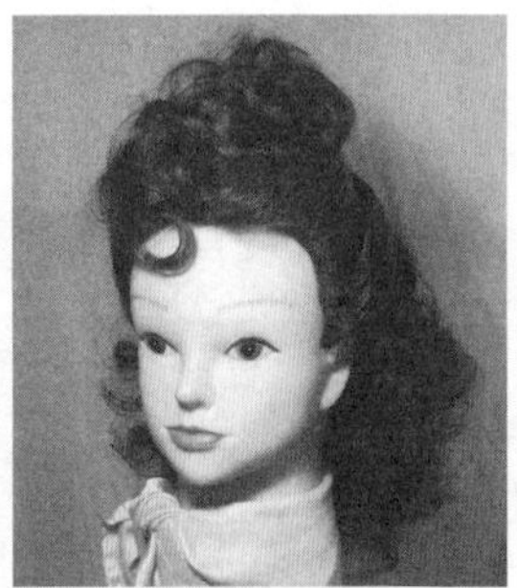
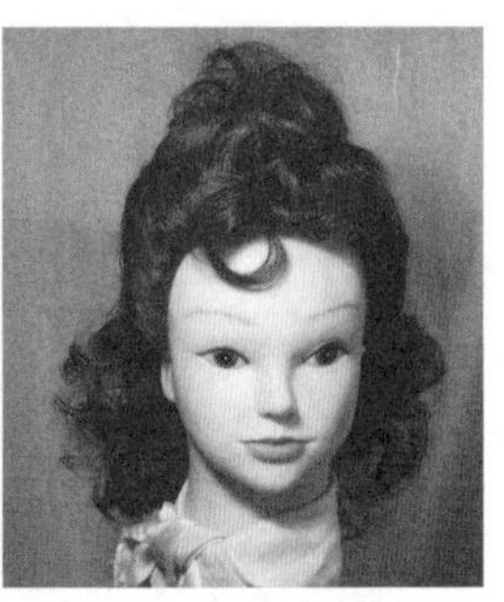

图6-34 造型2

修剪发长、修剪参差高层次、烫发和指盘扁卷的技法与长曲发指盘扁卷造型1（Page158）相同。

下面介绍吹梳造型技法。

在长曲发指盘扁卷造型1的基础上，拆除两侧发区发卡，分耳上垂直线形成前后两块面，分三七缝线，形成三角前发区和左右侧发区，如图6-35（a）、（b）所示。

前发区卷锥形卷，发梢从发卷中耷拉出形成刘海，如图6-35（c）所示。

两侧发区分别向上做锥形卷，在三角后方集中固定，如图6-35（d）、（e）所示。

发梢用分发梳向上挑、拨，在顶部摆放成花状，如图6-35（f）所示。

图 6-35　造型 2 技法

6.3.3　造型3（见图6-36）

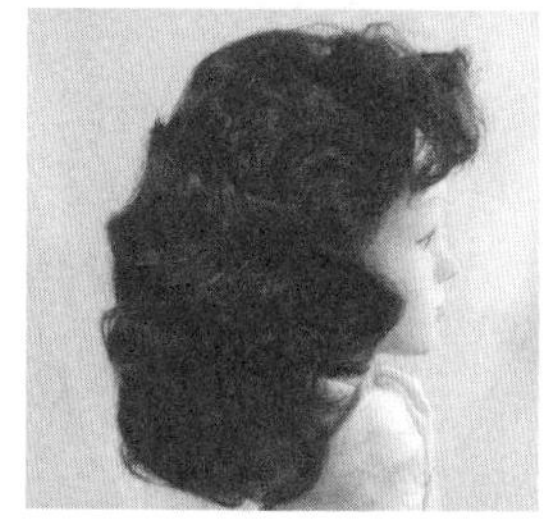

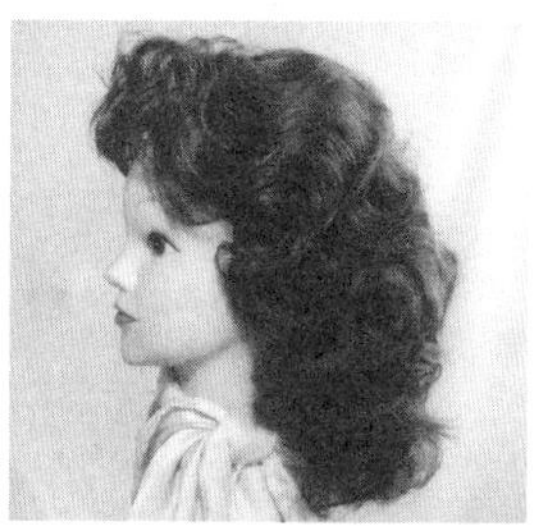
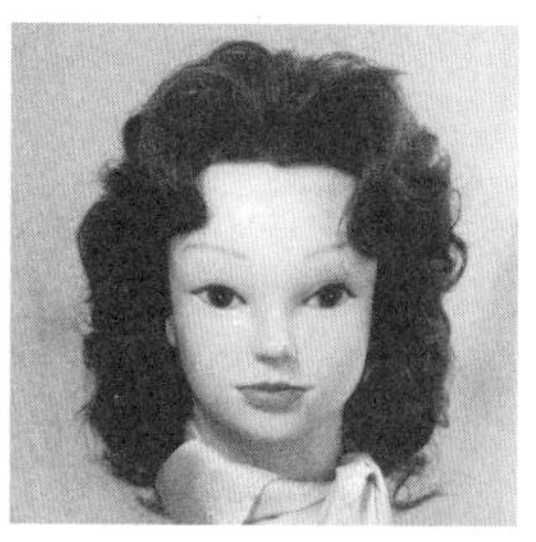

图 6-36　造型 3

（1）分发区

与长曲发指盘扁卷造型1中“分发区”的技法（Page158）相同。

（2）修剪边线导线

与长曲发指盘扁卷造型1中“修剪边线导线”的技法（Page158）相同，不同之处在于：导线下面头发向上提起与头皮成90°角，采用锯齿形剪断，形成发式导线，导线长度为：前发区10cm，侧发区18cm，后发区20cm。

（3）修剪顶部导线

后块面上部用一个直径6cm的圆形形成顶部导线区，把顶部导线区头发向上梳理，确定长度后用滑剪将头发剪断，散布四周成为上面导线，其长度为22cm。

（4）修剪参差高层次

与长曲发指盘扁卷造型1中“修剪参差高层次”的技法（Page158）相同。

（5）指盘扁卷

将湿发分中分线形成左右侧发区和后发区。在中分线左侧发区前面卷一个正卷，如图6-37（a）所示。

右侧发区在正卷后面卷一排反卷，也是另一侧的第一行，如图6-37（b）所示。

在其后用一排正、一排反的盘卷技法，向后反复排列直到后发区发际线处，如图6-37（c）所示。

盘好的造型如图6-37（d）~（f）所示。

（6）吹梳造型

扁卷干后拆除发卡，用排骨刷由后发区下面逐渐向上梳开发卷，前发区以中分头缝为界，疏齿梳与排骨刷配合，由前发区向后发区梳理波浪。运用排骨刷的推刷技法与吹风机配合，稳定波浪。

采用排骨刷的推刷等技法与吹风机配合，吹梳前发区发根，形成立体双花波浪，如图6-37（g）所示。

审视修饰定型，如图6-37（h）所示。

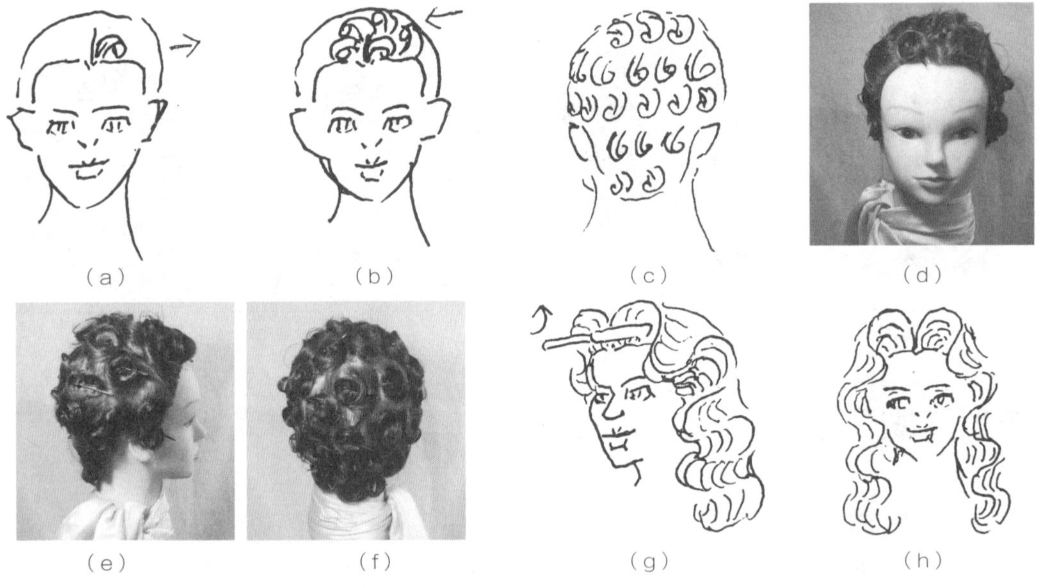

（a）（b）（c）（d）（e）（f）（g）（h）

图6-37　造型3技法

6.3.4　造型4（见图6-38）

 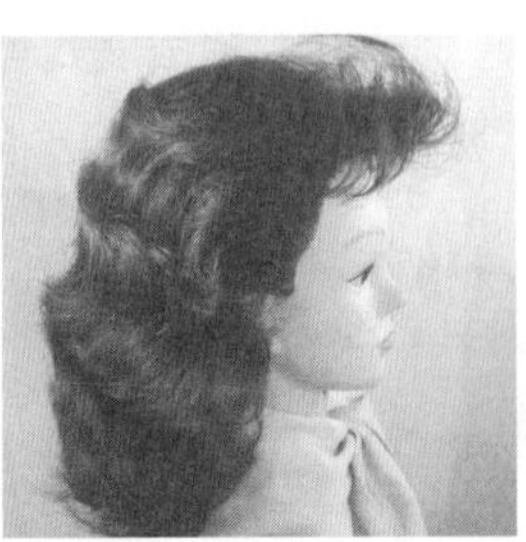 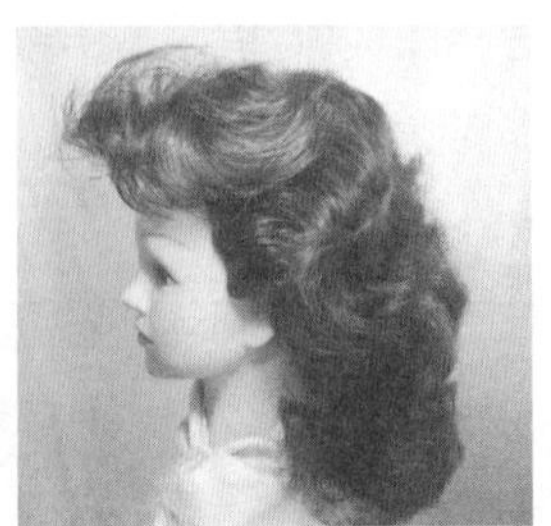 

图6-38　造型4

修剪发长、修剪参差高层次、烫发、指盘扁卷的技法与长曲发指盘扁卷造型3的技法（Page161）相同。

下面介绍吹梳造型技法。

在长曲发指盘扁卷造型3的基础上，后发区与两侧发区造型不变，前发区分中缝，将两边单波刘海用排骨刷向前的带刷技法，将中分的左右刘海统一在一起，在吹风机的作用下，将刘海吹梳成暗缝而不规则的前探形状，如图6-39（a）所示。用排骨刷梳理前带后的刘海。

疏齿梳与排骨刷相配合，整理波浪。审视修饰定型，如图6-39（b）所示。此造型给人以庄重、大方、还有些轻快的美感。

（a）

（b）

图 6-39　造型 4 技法

6.3.5　造型5（见图6-40）

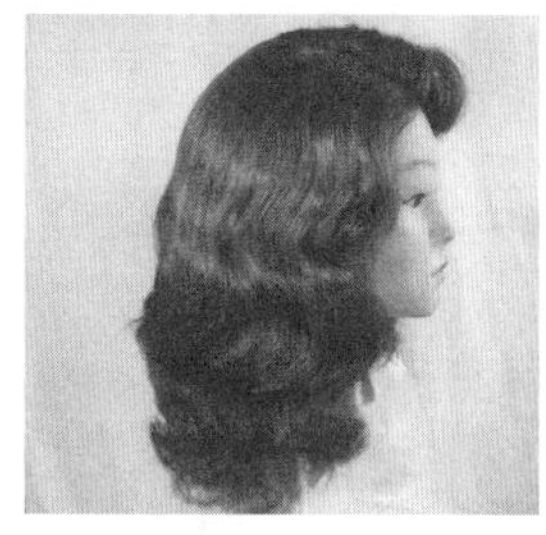
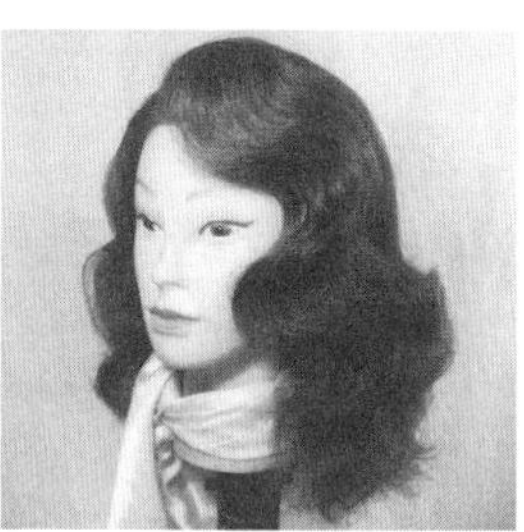
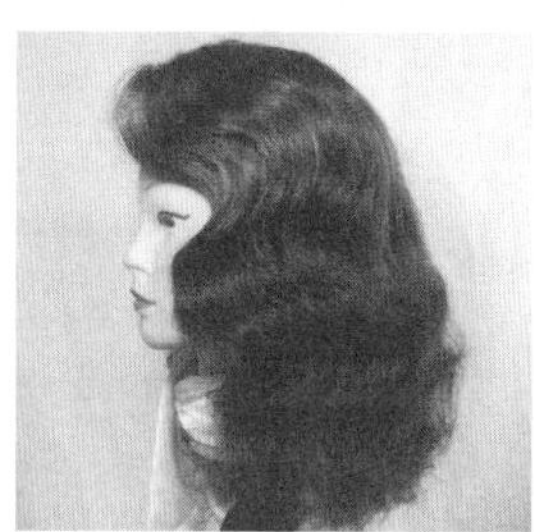

图 6-40　造型 5

（1）分发区

与长曲发指盘扁卷造型1中“分发区”的技法（Page158）相同。

（2）修剪边线导线

与长曲发指盘扁卷造型1中“修剪边线导线”的技法（Page158）相同，不同之处在于：导线下面头发向上提起与头皮成30°角，采用锯齿形剪断，形成发式导线，导线长度为：前发

区25m，侧发区25cm，后发区25cm。

（3）修剪顶部导线

后块面上部用一个直径6cm的圆形形成顶部导线区，把顶部导线区头发向上梳理，确定长度后用滑剪将头发剪断，散布四周成为上面导线，其长度为28cm。

（4）修剪参差低层次

① 修剪。如图6-41（a）~（c）所示，从前发区右侧起，分纵线形成纵向区间，

每区间纵向提起发丝与头皮成30°角，采用滑剪技法修剪，滑剪顺序是：由前发区右边起，经左侧发区、后发区至右侧发区，再回到起点与前发区起点连接。

② 检查。如图6-41（d）~（g）所示，从前发区开始向左右侧发区、后发区分横线形成横向区间，提起发丝与头皮成30°角进行检查修剪，顺序是：a. 前发区、右侧发区、后右侧发区；b. 左侧发区、后左侧发区；c. 后发区并与左右后侧发区连接成半圆，用锯齿剪技法剪去不规范发丝形成发式，将发式烫成大花。

（a） （b） （c） （d）

（e） （f） （g） （h）

（i） （j） （k） （l）

（m） （n） （o） （p）

图6-41　造型5技法

（5）指盘扁卷

将湿发分三七缝，形成大小侧发区和后发区，大侧发区依头缝线平行地从上向下一排反卷、一排正卷盘至鬓角，如图6-41（h）所示。

小侧发区依头缝呈平行地由上向下一排正卷、一排反卷盘至鬓角，如图6-41（i）所示。

后发区下方的1/2头发，一排正、一排反共盘两排扁卷，最下面头发卷一排空心卷，如图6-41（j）所示。

盘好的造型如图6-41（k）~（m）所示。

（6）吹梳造型

把晾干的指盘卷拆去发卡，用发刷从后发区下向上梳开发卷，以头缝分界，采用疏齿梳的按挑技法与空气刷的左右半转梳理技法，由上至下梳理波浪，如图6-41（n）所示。用发梳的横向推刷技法与吹风机配合稳定波浪。用空气刷地拉、推、提、梳等技法与吹风机配合，调整波浪间距与宽窄，呈现自然状态。

发梳的横向推刷与吹风机配合，使前额发际线发根产生立体感，审视修饰定型，如图6-41（o）、（p）所示。

6.3.6　造型6（见图6-42）

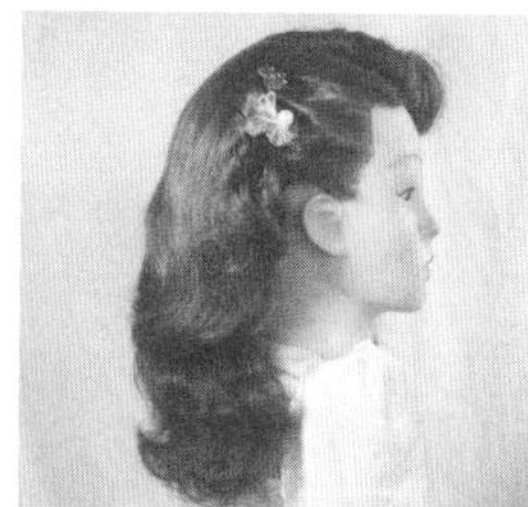
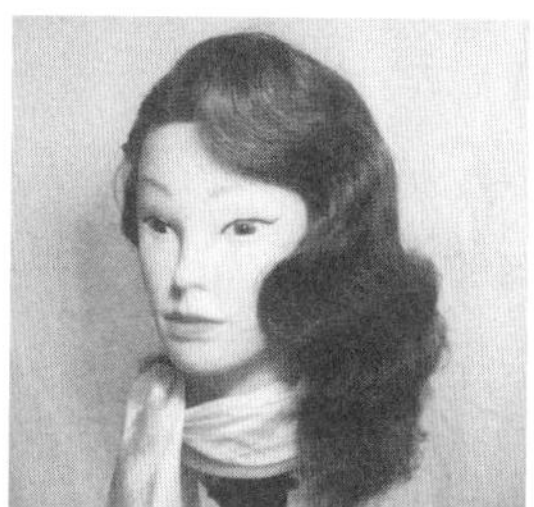

图 6-42　造型 6

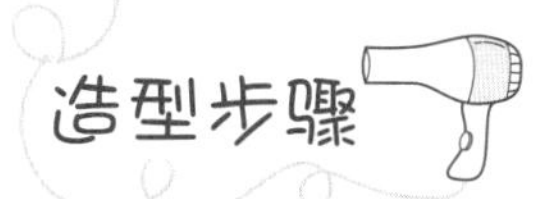

修剪发长、修剪参差低层次、烫发、指盘扁卷的技法与长曲发指盘扁卷造型5（Page163~165）相同。

下面介绍吹梳造型技法。

在长曲发指盘扁卷造型5的基础上，大侧发区和后发区造型不变，将小侧发区分两道横线，形成三个小区间，如图6-43（a）所示。

三个区间向后拧成三个实心横向竖卷，如图6-43（b）所示。

发尾暂时固定在小侧发区后面，把三个发尾由上向下编成两股发辫，辫梢用发卡固定在耳后，如图6-43（c）所示。发卡处可点缀装饰品，重新调整波浪使之呈现自然效果。

审视修饰定型，如图6-43（d）所示。此发型不但有庄重、大方、高雅的特点，还有俏丽的感觉。

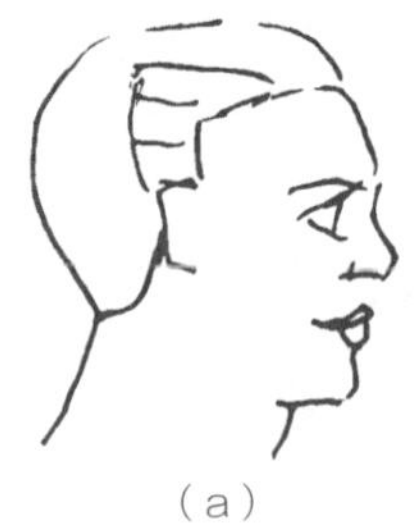

(a)

(b)

(c)

(d)

图 6-43　造型 6 技法

6.3.7　造型7（见图6-44）

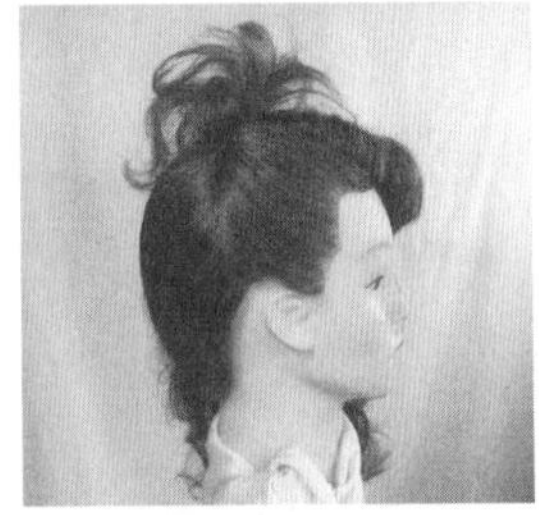

图 6-44　造型 7

修剪发长、修剪参差低层次、烫发、指盘扁卷的技法与长曲发指盘扁卷造型5（Page163~165）相同。

下面介绍吹梳造型技法。

在长曲发指盘扁卷造型6的基础上，大侧发区造型不变，拆除小侧发区发卷，将其梳理通顺，把小侧发区头发向前拉，用分发梳的逆梳法将根部削乱。把削乱的头发回梳后做一个锥形卷，发尾固定在高位点上，发梢用分发梳挑拨成自然团花状，如图6-45（a）所示。

如图6-45（b）、（c）所示，后发区分中线，形成左右后发区，把右后发区下边头发分成三束，编两个三股发辫用皮筋固定，然后把发尾推向左肩前，放在左侧头发的下面，共同垂在左胸前。

审视修饰定型，如图6-45（d）所示。

(a)

(b)

(c)

(d)

图 6-45　造型 7 技法

第 7 章 电卷棒造型范例及技法

7.1 短直发电卷棒造型范例及技法（9例）

7.1.1 造型1（见图7–1）

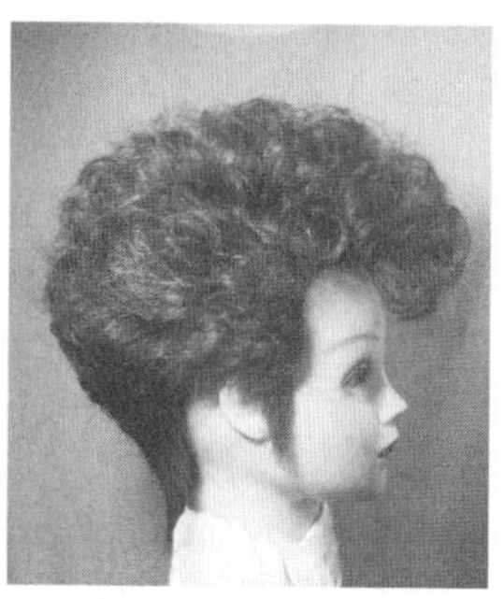

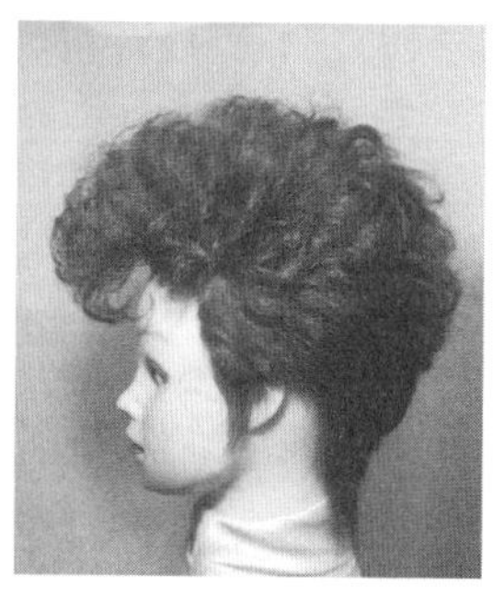

图 7–1 造型 1

造型步骤

（1）分发区

从一侧耳尖向另一侧耳尖分一条耳上线，把头发分成前后两块面，如图7–2（a）所示。

前块面分三七缝，形成长方形前发区和左右侧发区，如图7–2（b）所示。

后块面分中线，形成后部左右发区，如图7–2（c）所示。

（2）修剪边线导线

由前发际线上面至两耳尖上面2cm，向后枕骨下沿分一条斜线，这条线称为导线，导线上

面头发按发区向上固定，导线下面头发向下梳理，如图7-2（d）、（e）所示。

导线下面头发向上提起与头皮成90°角，采用锯齿形剪断，形成发式导线，导线长度为：前发区10cm，侧发区2cm，枕骨下沿4cm，并向下逐渐延长到9cm，如图7-2（f）、（g）所示。

(a) (b) (c) (d)

(e) (f) (g) (h)

(i) (j) (k) (l)

(m) (n) (o) (p)

(q) (r) (s)

图7-2　造型1技法

（3）修剪顶部导线

后块面上部用一个直径6cm的圆形形成顶部导线区，把顶部导线区头发向上梳理，确定长度后用滑剪将头发剪断，散布四周为上面导线，其长度为11cm，如图7-2（h）、（i）所示。

（4）修剪高层次

① 修剪。如图7-2（j）~（l）所示，从前发区左侧起，全头分纵线形成纵向区间，每区间纵向提起发丝与头皮成90°角，用夹剪技法修剪，顺序是：由前发区左边起，经右侧发区、后发区至左侧发区，再回到起点与前发区左边连接。

② 检查。如图7-2（m）~（p）所示，从前发区开始向左右侧发区、后发区分横线形成横向区间，每区间提起发丝与头皮成90°角进行检查修剪，用夹剪技法剪去不规范发丝，顺序是：a. 前发区、右侧发区、后右侧发区；b. 左侧发区、后左侧发区；c. 后中间发区并与左右后侧发区连接成半圆，形成发式。

（5）烫梳造型

如图7-2（q）、（r）所示，不分头缝，采用电卷棒的向内卷技法，由前发区第一、二行上面向前卷烫，其他部位向后卷烫，经顶发区逐渐向后发区烫成发卷，直到把发丝全都烫完，最低边缘头发用内扣烫法，使发丝帖服于头部。

用排骨刷梳由下向上，将烫的发卷全部梳开。用分发梳尖端或手指挑拨发花，使其达到蓬松、自然的效果，审视修饰定型，如图7-2（s）所示。

7.1.2 造型2（见图7-3）

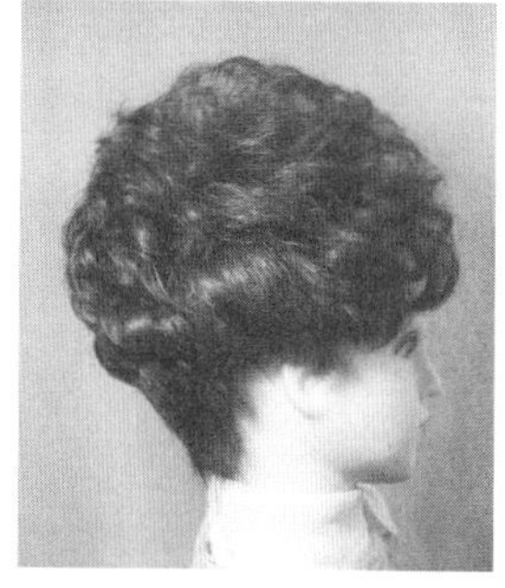

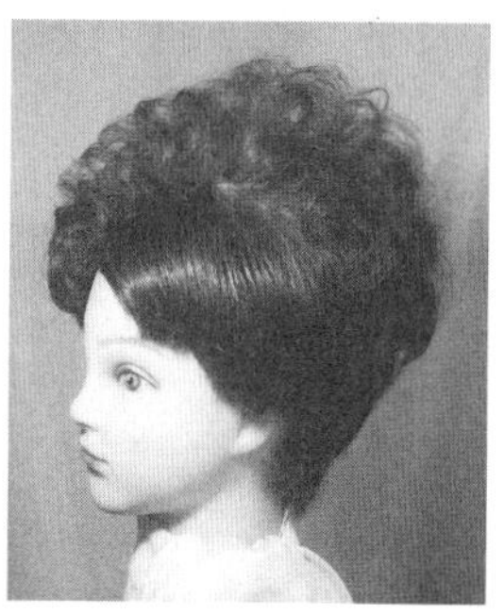

图 7-3 造型 2

造型步骤

修剪发长、修剪高层次的技法与短直发电卷棒造型1（Page167~169）相同。

下面介绍烫梳造型技法。

由顶部一侧向前分一条斜线至中分缝处，形成左右侧发区和后发区。把左侧发区直发适当喷抹些用于定型的化学用品，使左侧发区发丝帖服于头部，如图7-4（a）所示。

采用电卷棒的内卷烫技法，将右侧发区和后发区头发烫成筒卷，如图7-4（b）所示。

用排骨刷的梳、翻等技法梳开筒卷形成发花，再用分发梳尖端进行挑拨或用手指的提、

分、拉、推等技法调整发花，使发花蓬松饱满，在此基础上用靠近头缝的发花盖住头缝，使发型曲发、直发自然连接，审视修饰定型，如图7-4（c）所示。

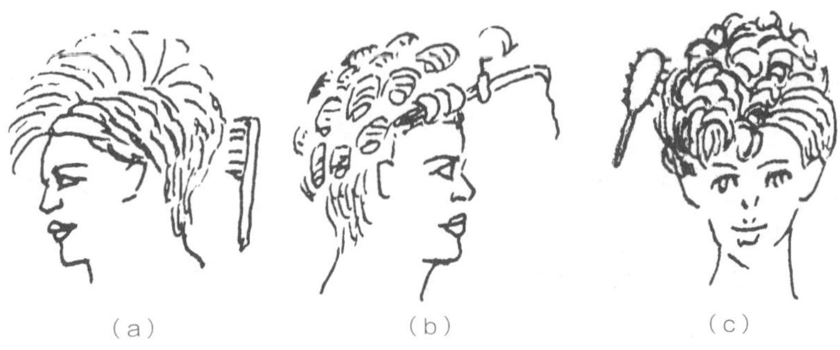

（a）　（b）　（c）

图 7-4　造型 2 技法

7.1.3　造型3（见图7-5）

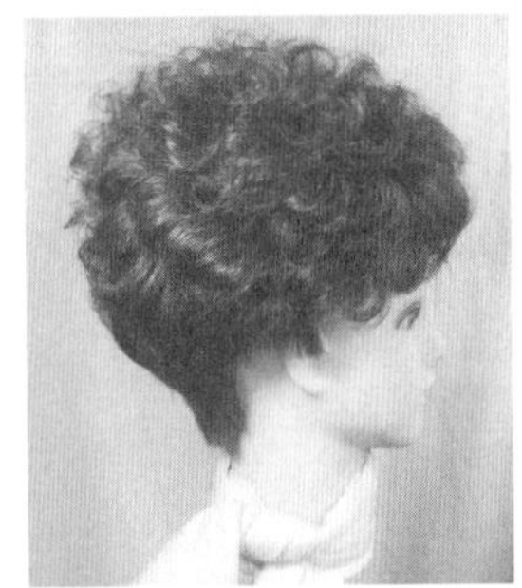
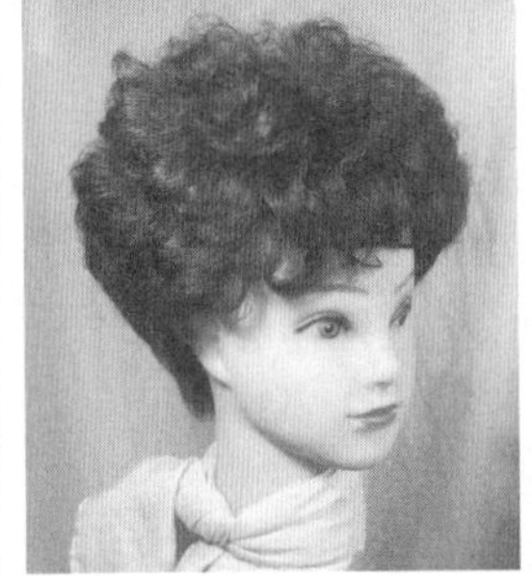

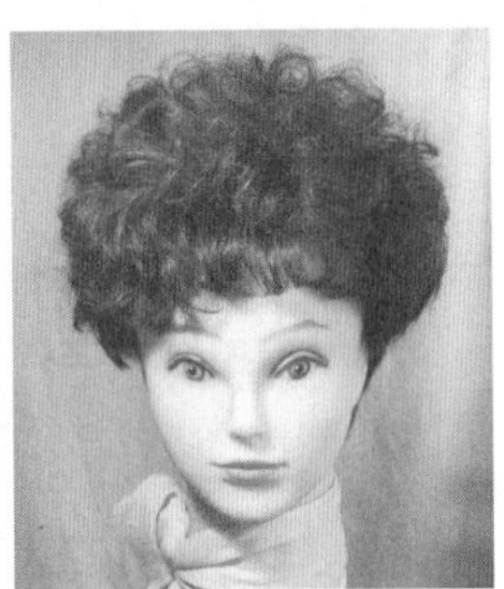

图 7-5　造型 3

（1）分发区

与短直发电卷棒造型1中“分发区”的技法（Page167）相同。

（2）修剪边线导线

与短直发电卷棒造型1中“修剪边线导线”的技法（Page167）相同，不同之处在于导线长度为：前发区右侧9cm、左侧6cm；侧发区右侧8cm、左侧4cm；后发区3cm 。

（3）修剪顶部导线

与短直发电卷棒造型1中“修剪顶部导线”的技法（Page169）相同。

（4）修剪高层次

① 修剪。如图7-6（a）~（d）所示，从前发区开始向左右侧发区、后发区分横线形成横向区间，每区间提起发丝与头皮成90°角进行夹剪修剪，顺序是：a. 前发区、右侧发区、后右侧发区；b. 左侧发区、后左侧发区；c. 后中间发区并与左右后侧发区连接成半圆。

② 检查。如图7-6（e）~（g）所示，从前发区左侧起，分纵线形成纵向区间，每区间纵向提起发丝与头皮成90°角检查修剪，顺序是：由前发区左边起，经右侧发区、后发区至左侧

发区，再回到起点与其连接，用夹剪技法剪去不规范发丝形成发式。

（5）烫梳造型

以顶发区为中心，把剪后头发吹干，按头型的圆度用排骨刷转着梳理，如图7-6（h）所示。

按发丝旋转的方向，采用电卷棒向内卷烫技法，把全部头发烫成筒卷，如图7-6（i）所示。

用排骨刷把筒卷梳开，形成满头旋转的发花，如图7-6（j）所示。

用分发梳尖端进行挑、拨等技法或用手的提、分、拉等技法调整发花，使发花自然蓬松而饱满。后发区头发用内扣烫法或用吹风机与发刷配合，使发丝帖服于颈后，审视修饰定型，如图7-6（k）所示。

图 7-6　造型 3 技法

7.1.4　造型4（见图7-7）

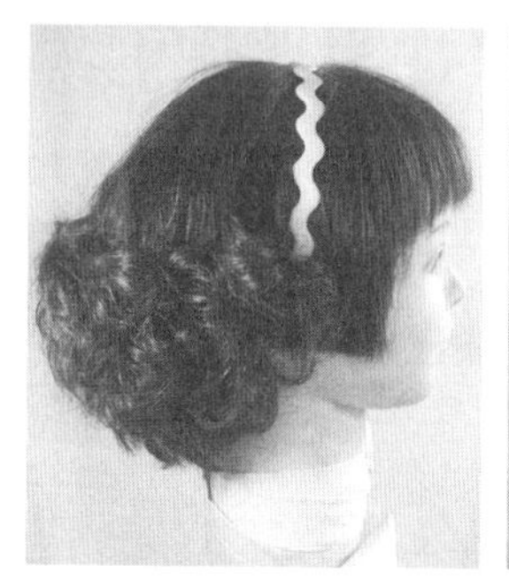
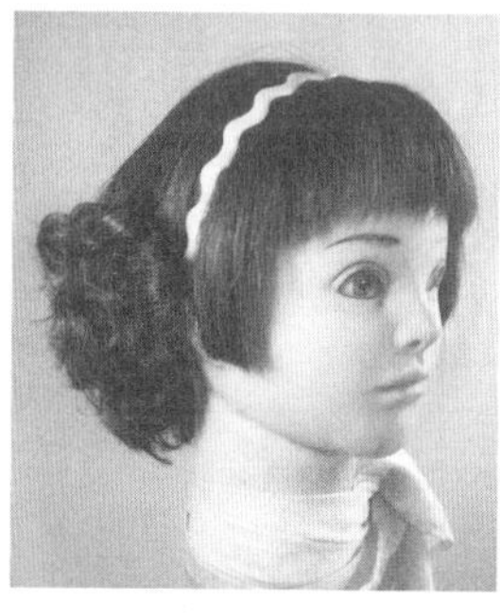
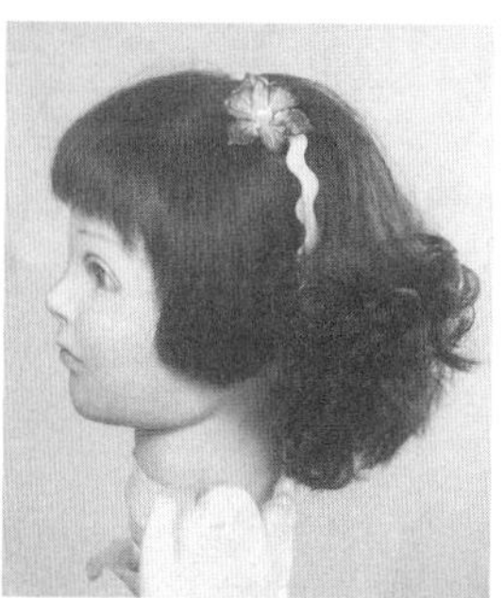
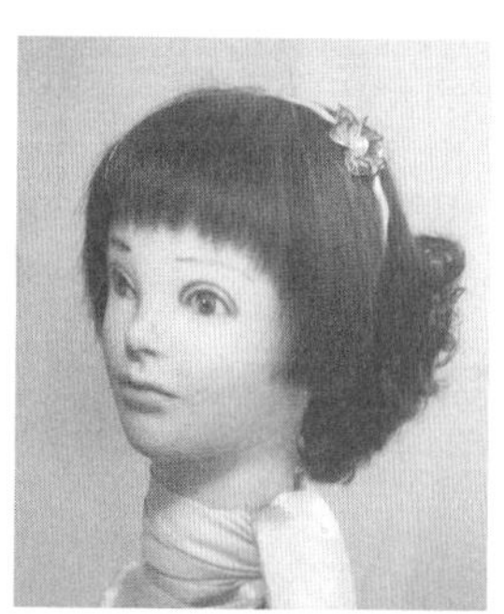

图 7-7　造型 4

（1）分发区

与短直发电卷棒造型1中“分发区”的技法（Page167）相同。

（2）修剪边线导线

与短直发电卷棒造型1中“修剪边线导线”的技法（Page167）相同，不同之处在于导线下面头发向上提起与头皮成30°角，采用锯齿形剪断，形成发式导线，导线长度为：前发区6cm，侧发区4cm，后发区9cm。

（3）修剪顶部导线

后块面上部用一个直径6cm的圆形形成顶部导线区，把顶部导线区头发向上梳理，确定长度后用滑剪将头发剪断，散布四周为上面导线，其长度为17cm。

（4）修剪高层次

① 修剪。如图7-8（a）~（e）所示，从前发区开始向左右侧发区、后发区分横线形成横向区间，每区间提起发丝与头皮成30°角，用锯齿形技法进行修剪，顺序是：a. 前发区、右侧发区、后右侧发区；b. 左侧发区、后左侧发区；c. 后中间发区并与左右后侧发区连接成半圆；d. 把两侧发区下面的发丝与耳垂下沿成30°斜角剪齐。

图7-8 造型4技法

② 检查。如图7-8（f）~（h）所示，从前发区左侧起，全头分纵线形成纵向区间，每区间纵向提起发丝与头皮成30°角，采用锯齿形修剪技法检查，顺序是：由前发区左边起，经右侧发区、后发区至左侧发区，再回到起点，剪去不规范发丝形成发式。

（5）烫梳造型

如图7-8（i）所示，分耳上垂直线，形成前后两块面，前块面分三七缝，形成三角前发区，左、右侧发区和后发区，前、侧发区不烫，梳成设计的形状。

如图7-8（j）、（k）所示，后发区分两道横线，形成三个区间，电卷棒烫成竖立形发卷，从底层开始，一排正、一排反向上卷烫。

头发烫完后，用分发梳尖端，从上向下采用滑、挑、拨等技法，将竖立发卷形成发花，如图7-8（l）所示。再用手指的拉、拨、推等技法调整轮廓，使造型饱满，带上发夹饰品，审视修饰定型，如图7-8（m）所示。

7.1.5 造型5（见图7-9）

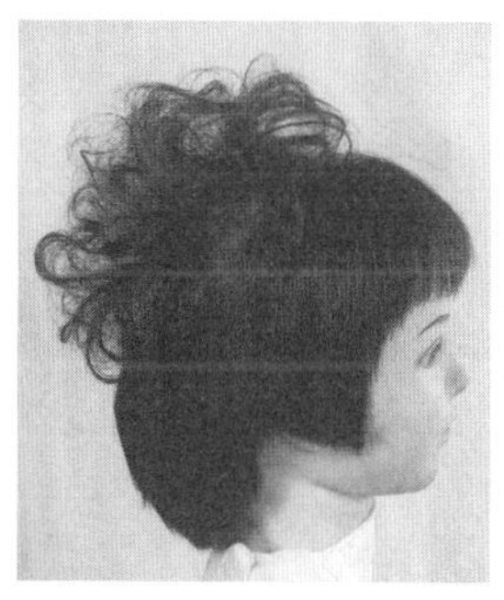
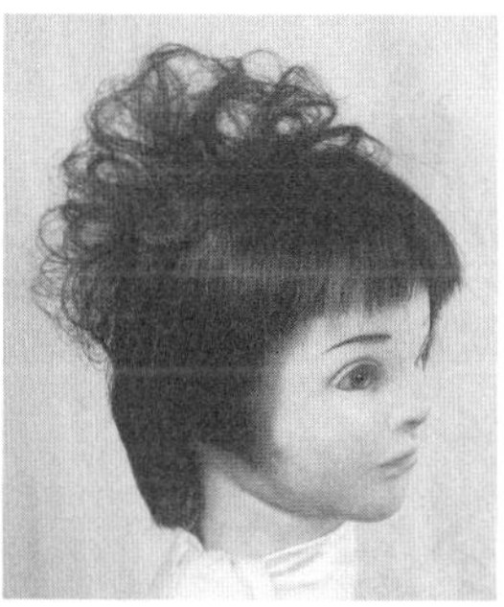
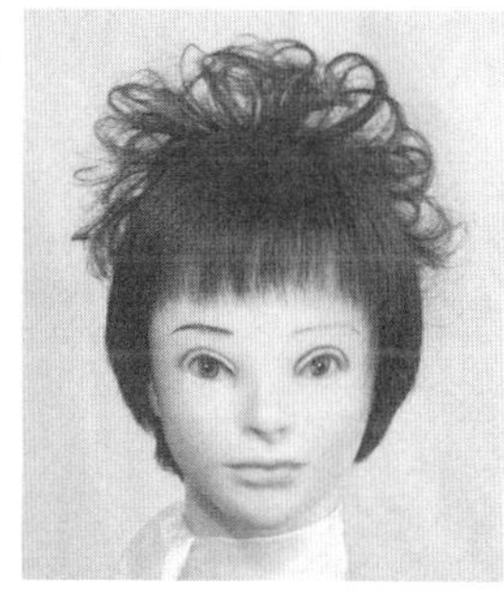
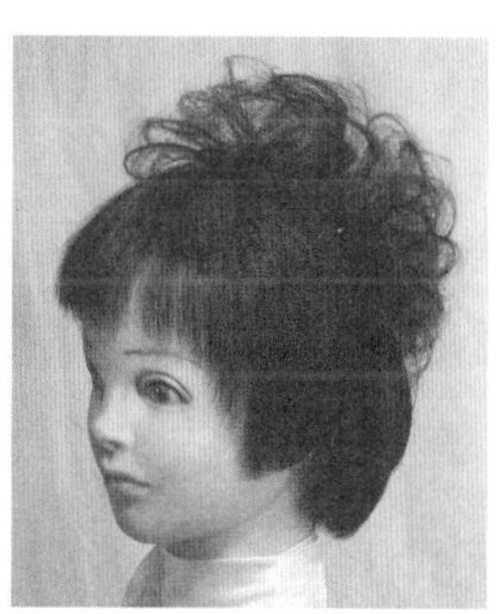

图7-9 造型5

造型步骤

（1）分发区

与短直发电卷棒造型1中“分发区”的技法（Page167）相同。

（2）修剪边线导线

与短直发电卷棒造型4中“修剪边线导线”的技法（Page172）相同。

（3）修剪顶部导线

后块面上部用一个直径6cm的圆形形成顶部导线区，把顶部导线区头发向上梳理，确定长度后用滑剪将头发剪断，散布四周为上面导线，其长度为12cm。

（4）修剪高层次

与短直发电卷棒造型4中“修剪高层次”的技法（Page172）相同。

（5）烫梳造型

以顶部高点定位处为圆点、6cm为半径向四周放射成圆。在圆形基础面积中，把每发束提起90°角或大于90°角，用电卷棒把发束烫成多方向的正反发卷，如图7-10（a）所示。

用分发梳的挑、拨或双手的分、拉、提等技法，把发卷调整成花形放置于顶部，如图7-10（b）所示。

将外围直发适当拉烫成内弯状，如图7-10（c）所示。审视修饰定型。

(a)

(b)

(c)

图 7-10 造型 5 技法

7.1.6 造型6（见图7-11）

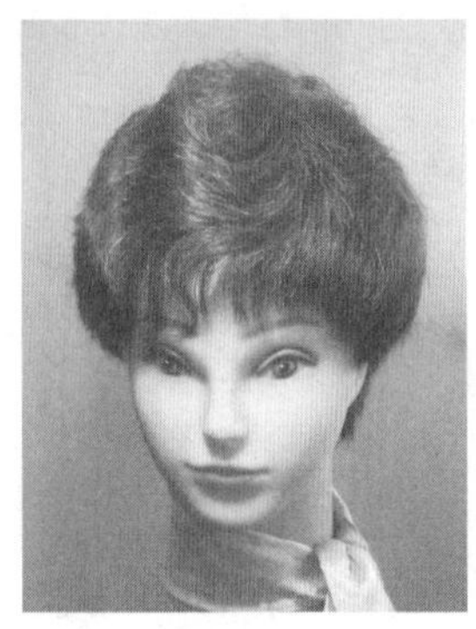

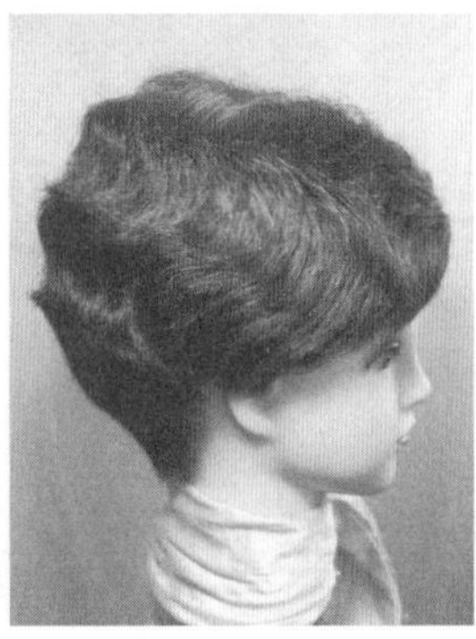

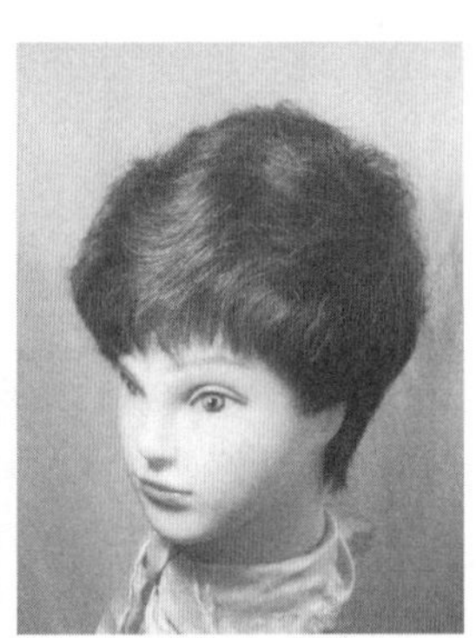

图 7-11 造型 6

（1）分发区

与短直发电卷棒造型1中“分发区”的技法（Page167）相同。

（2）修剪边线导线

与短直发电卷棒造型1中“修剪边线导线”的技法（Page167）相同，不同之处在于导线长度为：前发区8cm，侧发区4cm，后发区3cm。

（3）修剪顶部导线

与短发电卷棒造型4中“修剪顶部导线”的技法（Page172）相同。

（4）修剪参差高层次

① 修剪。从前发区起，全头分纵线形成纵向区间，每区间纵向提起发丝与头皮成90°角进行滑剪，顺序是：由前发区右边起，经左侧发区、后发区至右侧发区，再回到起点与其连接。

② 检查。从前发区开始向左右侧发区、后发区分横线形成横向区间，每区间提起发丝与头皮成90°角进行检查修剪，顺序是：a. 前发区、右侧发区、后右侧发区；b. 左侧发区、后左侧发区；c. 后中间发区并与左右后侧发区连接成半圆，用锯齿形剪法剪去不规范发丝形成发式。

（5）烫梳造型

用电卷棒与发梳配合，从左侧向前、向右、向后将头发烫成波浪，如图7-12（a）、（b）所示。

用扣垂技法，使前发区刘海自然下垂，如图7-12（c）所示。

用拉烫技法或用发刷与吹风机配合，使后发区下面发丝帖服于颈部。

审视修饰定型，如图7-12（d）所示。

（a）

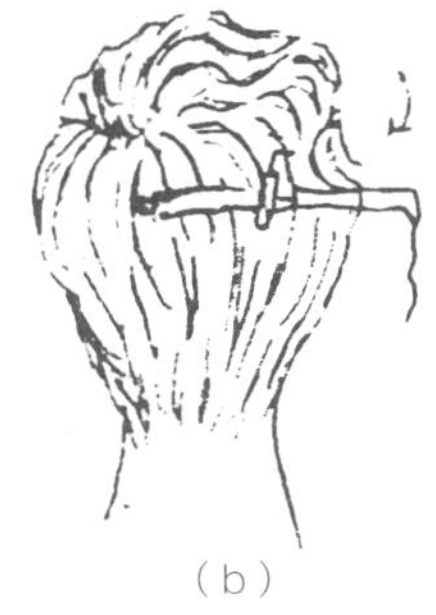
（b）

（c）

（d）

图7-12 造型6技法

7.1.7 造型7（见图7-13）

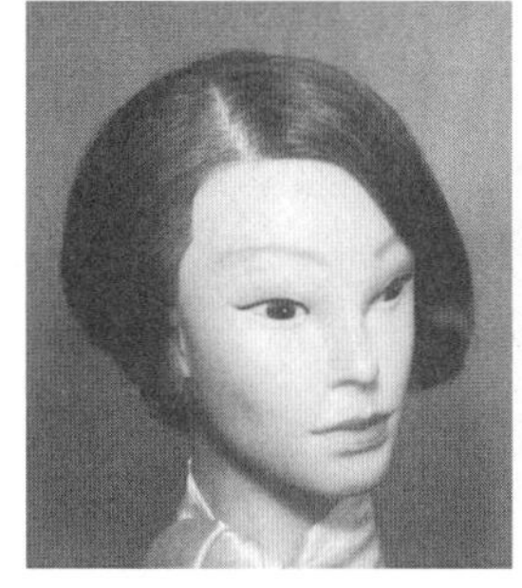
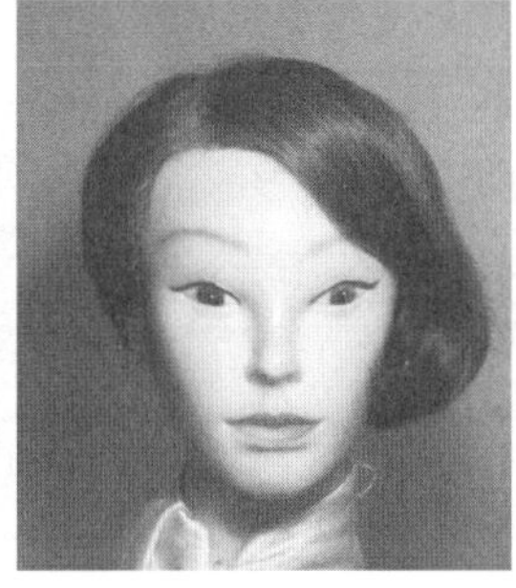
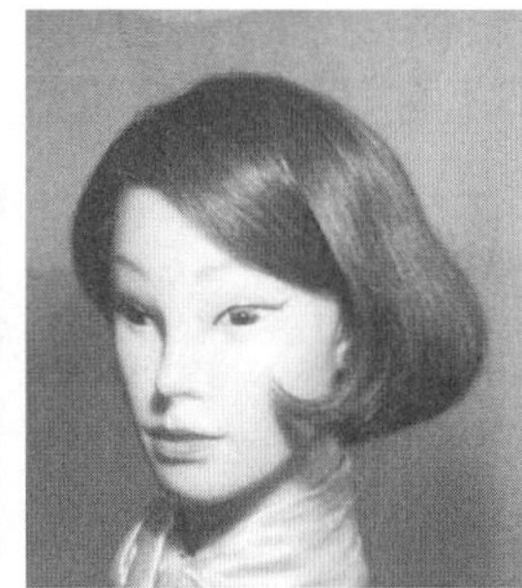
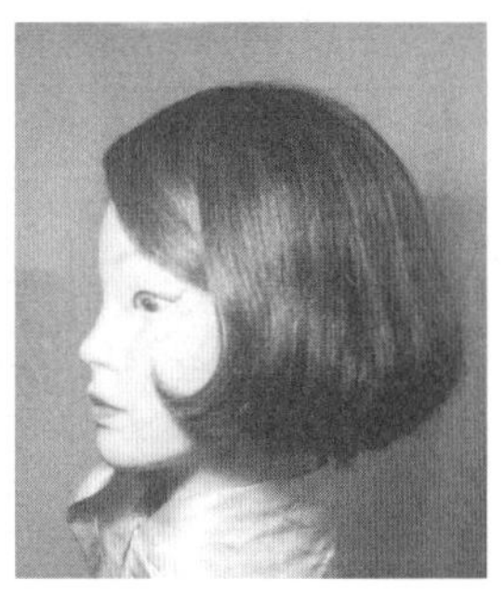

图7-13 造型7

（1）分发区

与短直发电卷棒造型1中“分发区”的技法（Page167）相同。

（2）修剪边线导线

与短直发电卷棒造型1中“修剪边线导线”的技法（Page167）相同，不同之处在于：导线下面头发向上提起与头皮成30°角，采用夹剪法剪断，形成发式导线，导线长度为：小侧发区下边3cm、上边9cm；大侧发区20cm；后发区下边3cm。

（3）修剪顶部导线

顶部用一个直径6cm的圆形形成导线区，把顶部导线区头发向上梳理，确定长度后用滑剪法将头发剪断，散布四周为发式上面导线，其长度为21cm。

（4）修剪参差低层次

① 修剪。如图7-14（a）~（c）所示，分三七缝，形成大小侧发区和后发区，从小侧发区分横线形成横向区间，每区间横向提起发丝与头皮成30°角，采用夹剪技法修剪发式，顺序是：小侧发区、大侧发区、后发区中间区间，连接左右后发区。

② 检查。如图7-14（d）、（e）所示，由小侧发区分纵线形成竖形区间，每区间纵向提起发丝与头皮成30°角进行检查修剪，顺序是：由小侧发区经后发区、大侧发区，采用夹剪技法剪去不规范发丝形成发式。

（5）烫梳造型

分耳上线，分三七缝，形成大侧发区、小侧发区、后发区。大小侧发区和后发区下面用大电卷棒全部烫成向内弯曲发式，构成扣边，如图7-14（f）~（g）所示。

如图7-14（h）所示，从大侧发区上方分出一个上窄下宽的三角区间，发丝斜向梳理形成刘海，发尾别在耳后，可用扣边头发遮盖发尾和面颊，审视修饰定型，如图7-14（i）所示。

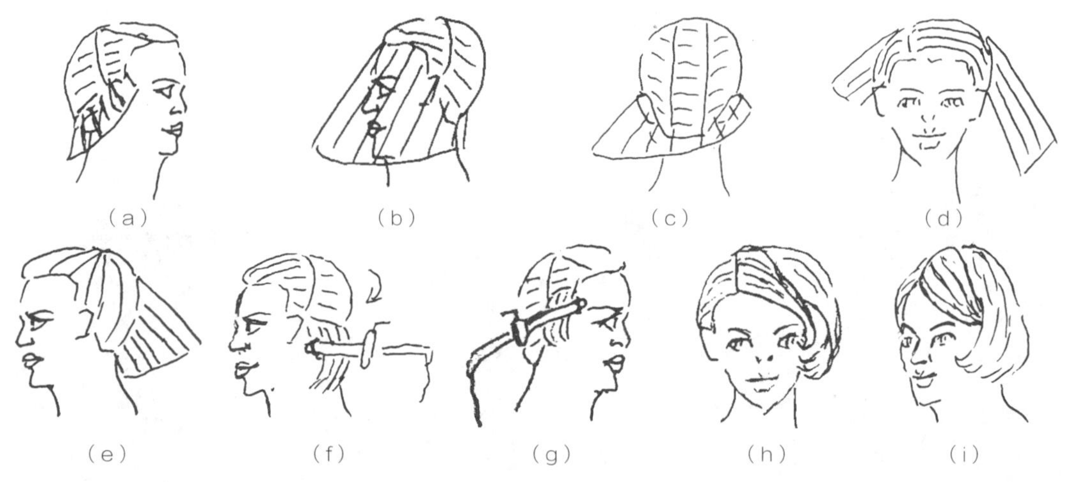

图 7-14　造型 7 技法

7.1.8　造型8（见图7-15）

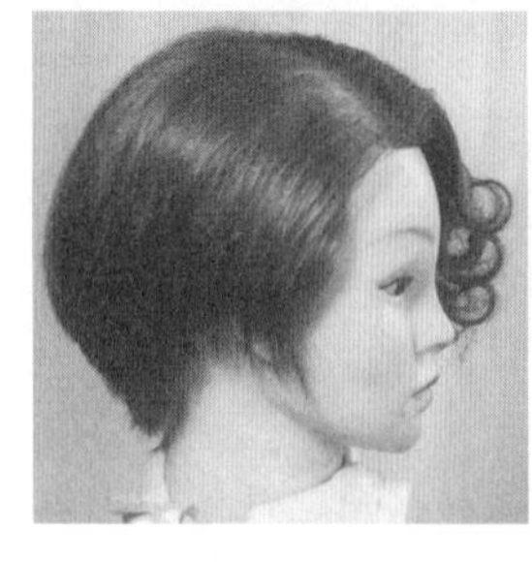

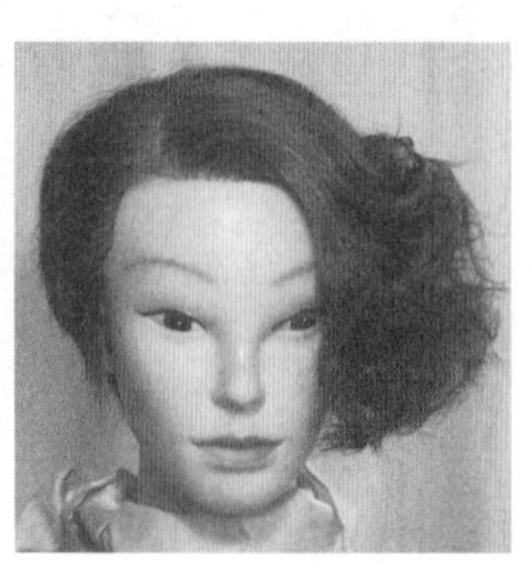

图 7-15　造型 8

分发区、修剪边线导线、修剪参差低层次的技法与短直发电卷棒造型7（Page175）相同。

下面介绍烫梳造型技法。

小侧发区和后发区上面烫成微内弯，下面头发帖服于颈后，如图7-16（a）所示。

电卷棒与发梳配合，将大侧发区分层烫成筒卷，用分发梳尖端，把筒卷拨开形成花形，如图7-16（b）所示。

用分发梳的挑、拨或手指的提、拉、分等技法，如图7-16（c）所示，使发花自然地垂于大侧面。

审视修饰定型，如图7-16（d）所示。

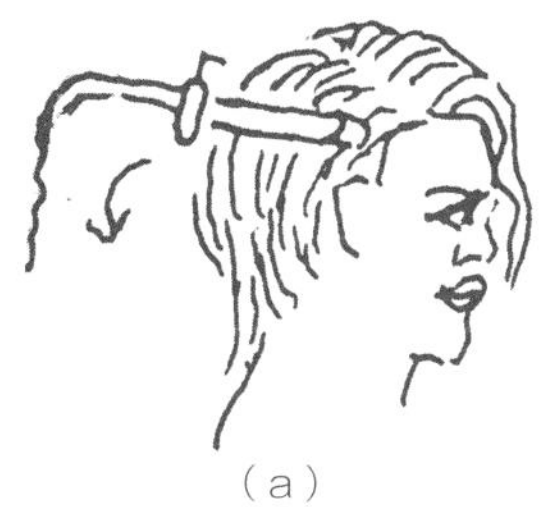

（a）

（b）

（c）

（d）

图 7-16　造型 8 技法

7.1.9　造型9（见图7-17）

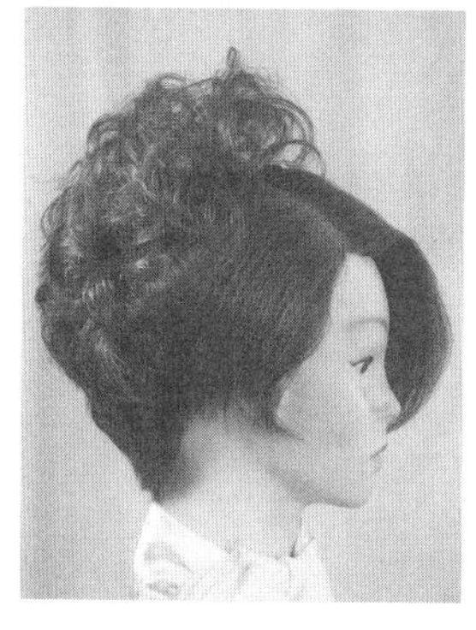
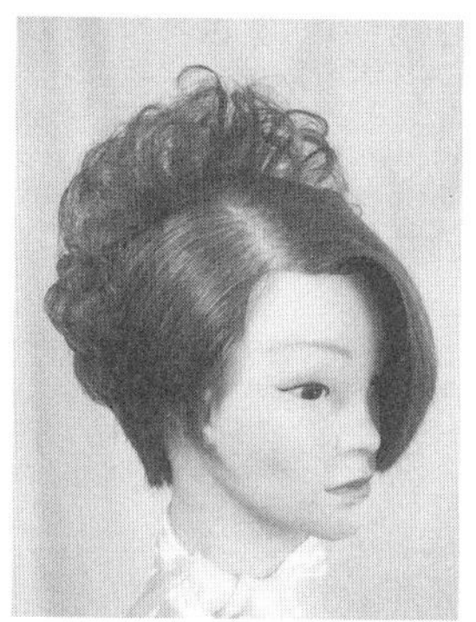

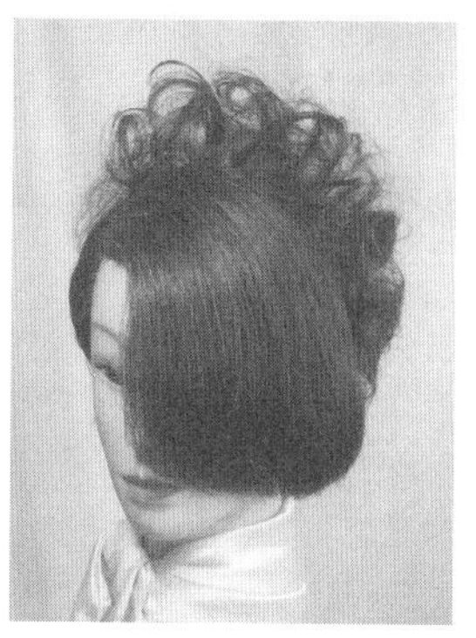

图 7-17　造型 9

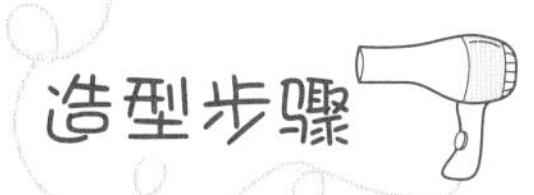

分发区、修剪边线导线、修剪参差低层次的技法与短直发电卷棒造型7（Page175）相同。

下面介绍烫梳造型技法。

大小侧发区分别烫成内弯，如图7-18（a）所示。

顶发区分束，烫成不规律的筒卷，如图7-18（b）所示。

用分发梳尖端把筒卷拨开形成花形，再用手指的提、拉、分等技法，使发花自然地蓬松于顶发区，如图7-18（c）所示。

审视修饰定型，如图7-18（d）所示。

(a)

(b)

(c)

(d)

图 7-18　造型 9 技法

7.2　中长直发电卷棒造型范例及技法（6例）

7.2.1　造型1（见图7-19）

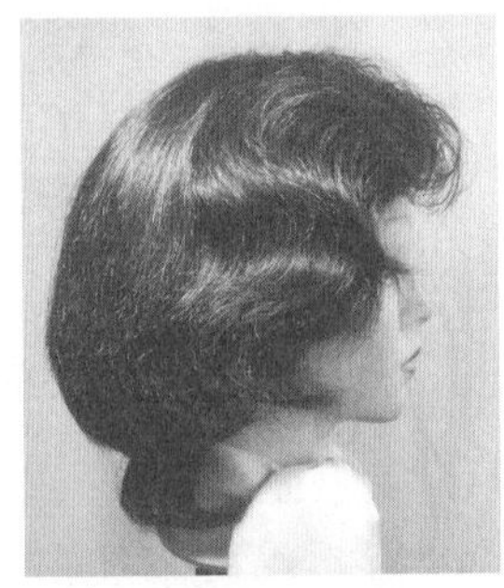

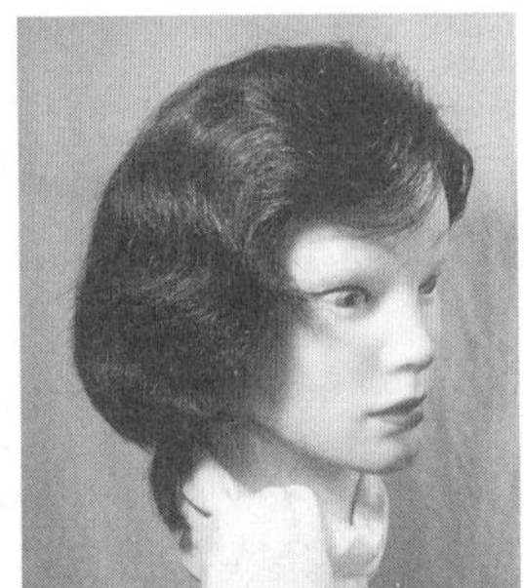

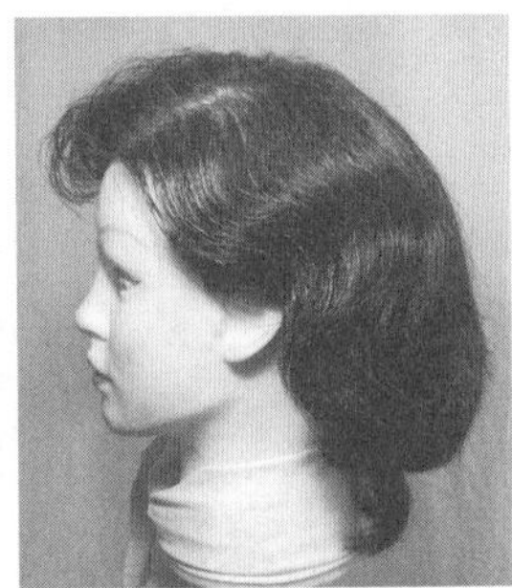

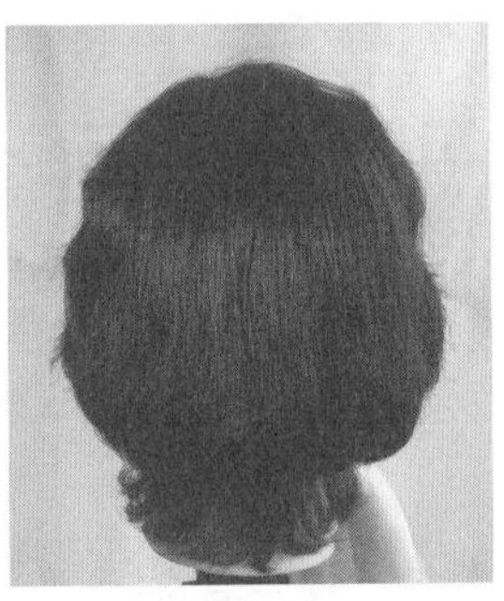

图 7-19　造型 1

（1）分发区

与短直发电卷棒造型1中“分发区”的技法（Page167）相同。

（2）修剪边线导线

与短直发电卷棒造型1中“修剪边线导线”的技法（Page167）相同，不同之处在于：导线下面头发向上提起与头皮成30°角，采用锯齿形剪断，形成发式导线，导线长度为：前发区10cm，侧发区8cm，后发区20cm。

（3）修剪顶部导线

后块面上部用一个直径6cm的圆形形成顶部导线区，把顶部导线区头发向上梳理，确定长度后用滑剪将头发剪断，散布四周为上面导线，其长度为17cm。

（4）修剪参差高层次

① 修剪。从前发区右侧起全头分纵线，形成纵向区间，每区间纵向提起发丝与头皮成90°角，采用滑剪技法修剪，顺序是：由前发区右侧起，经左侧发区、后发区至右侧发区，再回到起点与前发区右边连接。

② 检查。从前发区开始向左右侧发区、后发区分横线形成横向区间，每区间提起发丝与头皮成90°角进行检查修剪，顺序是：a. 前发区；b. 右侧发区、后右侧发区；c. 左侧发区、后左侧发区；d. 后中间发区并与左右后侧发区连接成半圆，用锯齿形剪法剪去不规范发丝形成发式。

（5）烫梳造型

选用电卷棒和发梳配合，把大、小侧发区烫成下垂波浪，小侧发区波浪用发卡别到耳后，如图7-20（a）、（b）所示。

后发区上面的头发用电卷棒拉直，下面的发梢烫成内扣。内扣部分下面留下的少量发梢，中间部分烫成轻微内扣，两边发梢外展，如图7-20（c）所示。

审视修饰定型，如图7-20（d）所示。

（a）

（b）

（c）

（d）

图 7-20 造型 1 技法

7.2.2 造型2（见图7-21）

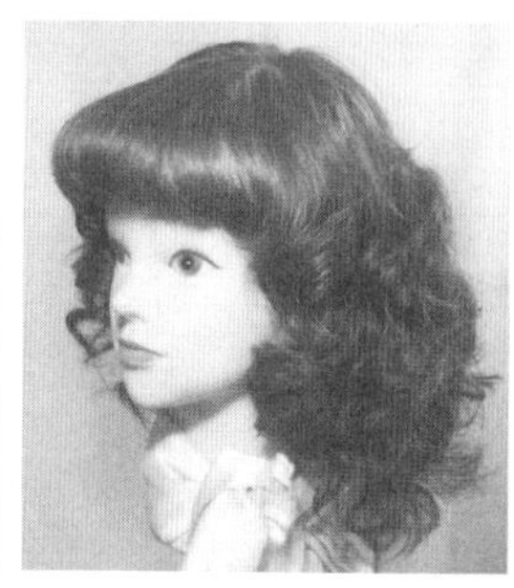

图 7-21 造型 2

（1）分发区

与短直发电卷棒造型1中“分发区”的技法（Page167）相同。

（2）修剪边线导线

与短直发电卷棒造型1中“修剪边线导线”的技法（Page167）相同，不同之处在于：导线下面头发向上提起与头皮成30°角，采用夹剪技法剪断，形成发式导线，导线长度为：前发区10cm，侧发区17cm，后发区22cm。

（3）修剪顶部导线

后块面上部用一个直径6cm的圆形形成顶部导线区，把顶部导线区头发向上梳理，确定长度后用滑剪将头发剪断，散布四周为上面导线，其长度为22cm。

（4）修剪低层次

① 修剪。如图7-22（a）、（b）所示，分三角前发区，在发区内分横线形成区间，每区间向前提起发丝与头皮成30°角，用夹剪技法修剪。

如图7-22（c）~（e）所示，其他区间也是提起发丝与头皮成30°角用夹剪技法修剪，顺序是：a. 右侧发区、后右侧发区；b. 左侧发区、后左侧发区；c. 后中间发区并与左右后侧发区连接成半圆。

② 检查。从前发区左侧起，全头分纵线形成区间，将每区间纵向提起发束与头皮成30°角用夹剪技法检查，剪去不符合发式的发丝，顺序是：前发区、右侧发区、后发区、左侧发区、回到起点与起点连接，形成发式。

（5）烫梳造型

将侧发区头发分层，由下层上烫，如图7-22（f）所示。

后发区头发分层，由下向上一层向左、一层向右反复上烫，把侧面和后面发区下部2/3的头发烫成竖卷，如图7-22（g）所示。

用分发梳尖端挑开烫发竖立卷，形成螺旋花形，如图7-22（h）所示。

前发区发丝运用拉烫技法，烫成内弯刘海，如图7-22（i）所示。

审视修饰定型，如图7-22（j）所示。

图7-22　造型2技法

7.2.3 造型3（见图7-23）

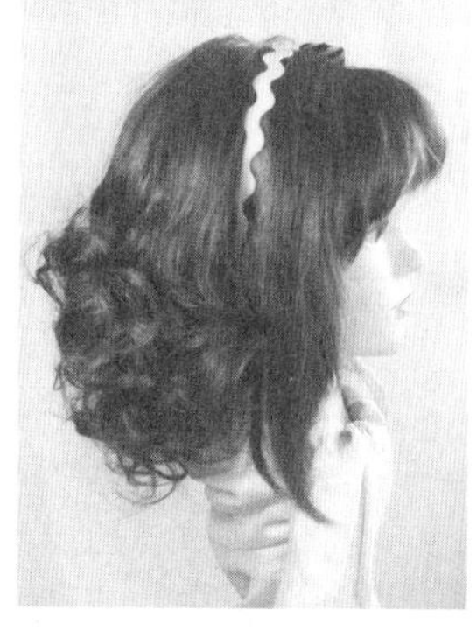
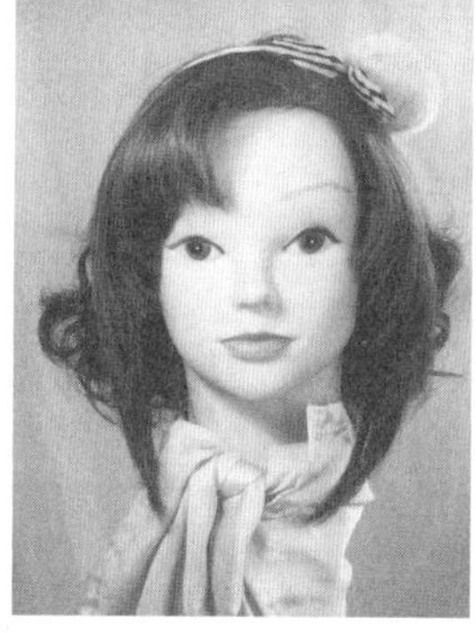

图 7-23 造型 3

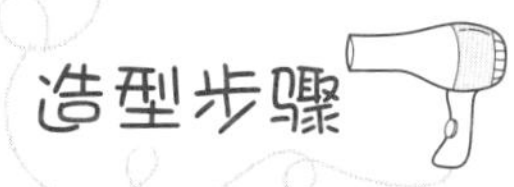

（1）分发区

与短直发电卷棒造型1中“分发区”技法（Page167）相同。

（2）修剪边线导线

与中长直发电卷棒造型2中“修剪边线导线”的技法（Page179）相同，不同之处在于导线长度为：前发区7cm，侧发区16cm，后发区20cm。

（3）修剪顶部导线

后块面上部用一个直径6cm的圆形形成顶部导线区，把顶部导线区头发向上梳理，确定长度后用滑剪将头发剪断，散布四周为上面导线，其长度为21cm。

（4）修剪低层次

与中长直发电卷棒造型2中“修剪低层次”的技法（Page180）相同。

（5）烫梳造型

本款造型后发区烫梳技法与中长直发电卷棒造型2（Page180）相同。所不同是：分三七缝形成大小两侧发区，电卷棒侧面上边头发利用电卷棒的拉烫技法做成微内弯形状，下边直发自然下垂，如图7-24（a）、（b）所示。

（a）

（b）

（c）

（d）

图 7-24 造型 3 技法

可在耳上线（两侧发区、后发区之间）佩戴发夹等装饰物，如图7-24（c）所示。

审视修饰定型，如图7-24（d）所示。

7.2.4 造型4（见图7-25）

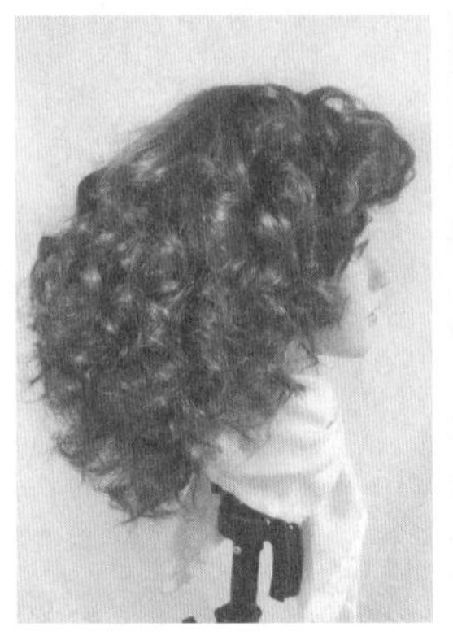
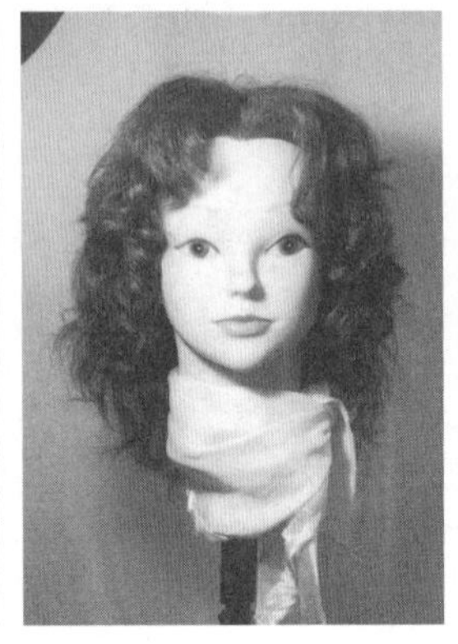

图 7-25 造型 4

修剪发长、修剪低层次、烫发的技法与中长直发电卷棒造型3（Page181）相同。

下面介绍烫梳造型技法。

本造型的烫梳技法与中长直发电卷棒造型3的烫梳技法（Page181）基本相同，不同之处如下。

分耳上线、分中缝，形成左右两侧发区和后发区，两侧发区用电卷棒向前卷，逐渐分层上烫，如图7-26（a）所示。

后发区头发分层，由下向上一层向左、一层向右反复上烫成发卷，如图7-26（b）所示。

用分发梳尖端挑拨开发卷，形成满头发花，如图7-26（c）所示。

审视修饰定型，如图7-26（d）所示。

（a）
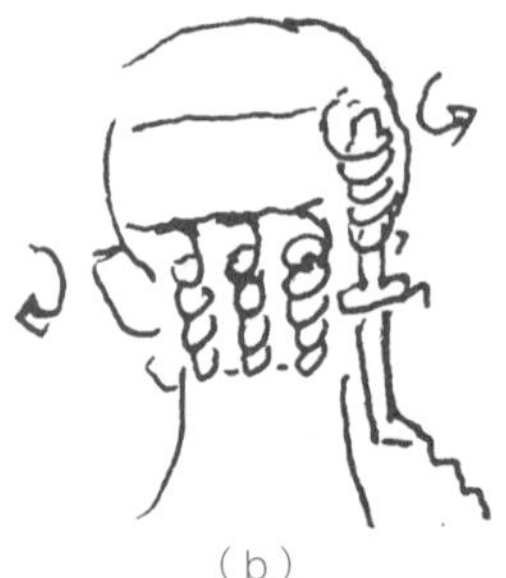
（b）

（c）

（d）

图 7-26 造型 4 技法

7.2.5 造型5（见图7-27）

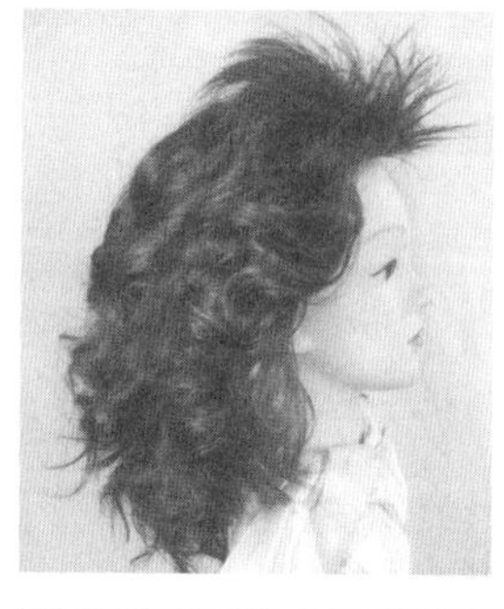

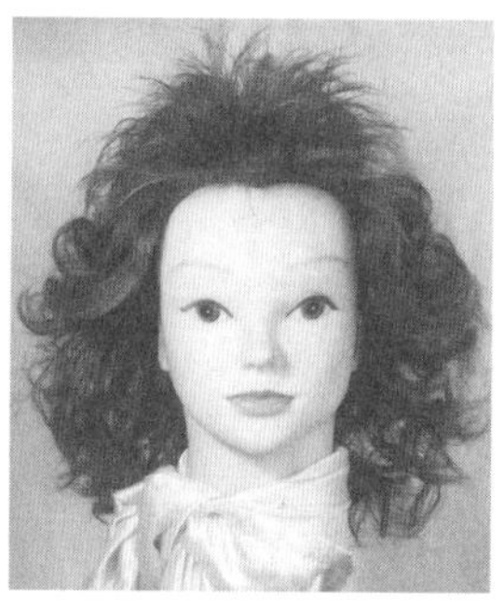

图 7-27 造型 5

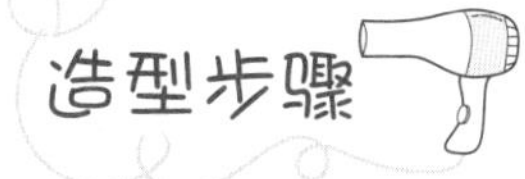

（1）分发区

与短直发电卷棒造型1中“分发区”的技法（Page167）相同。

（2）修剪边线导线

与中长直发电卷棒造型2中“修剪边线导线”的技法（Page179）相同，不同之处在于导线长度为：前发区8cm，侧发区18cm，后发区20cm。

（3）修剪顶部导线

后块面上部用一个直径6cm的圆形形成顶部导线区，把顶部导线区头发向上梳理，确定长度后用滑剪将头发剪断，散布四周为上面导线，其长度为22cm。

（4）修剪低层次

① 修剪。分三角前发区，修剪高层次。分纵线形成竖行区间，每区间向前提起发丝与头皮成90°角，用滑剪技法修剪。

其他区间横向提起发丝与头皮成45°角，用夹剪技法修剪，顺序是：a. 右侧发区、后右侧发区；b. 左侧发区、后左侧发区；c. 后中间发区并与左右后侧发区连接成半圆。

② 检查。前发区分横线形成区间，将每区间发束向上提起与头皮成90°角，用锯齿形剪法进行检查修剪，剪去不符合发式的发丝。其他发区分纵线形成区间，每区间提起45°角用夹剪技法检查修剪，顺序是：右侧发区、后发区、左侧发区，回到起点与起点连接形成发式。

（5）烫梳造型

两侧发区和后发区头发从下面分层上烫，把头发全都烫成竖卷状，如图7-28（a）、（b）所示。

用分发梳尖端把竖卷挑拨成花状，蓬松、自然地垂于两侧和后面，如图7-28（c）所示。

在吹风机与排骨刷的推梳技法配合下使三角前发区发根站立，然后用喷雾胶适量喷至根部，再用分发梳尖端把发丝挑起呈向上放射状，散布于前发区，审视定型，如图7-28（d）所示。

(a)
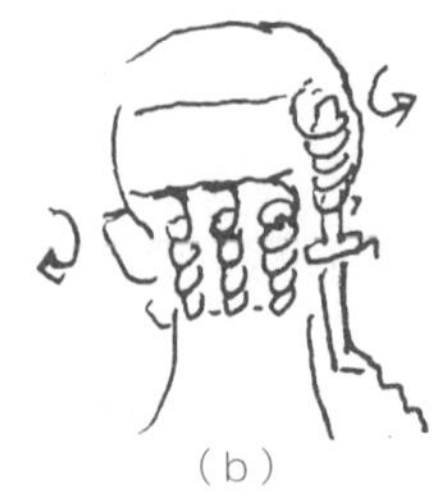
(b)

(c)

(d)

图 7-28　造型 5 技法

7.2.6　造型6（见图7-29）

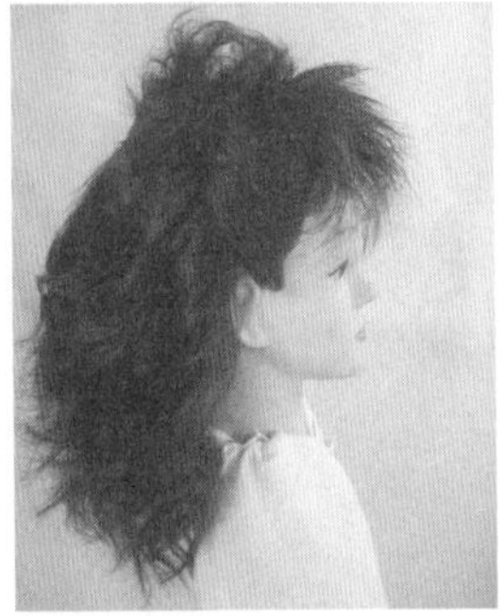
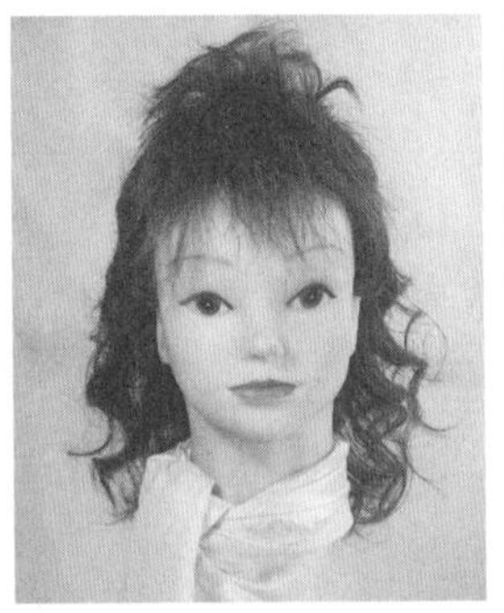

图 7-29　造型 6

修剪发长、修剪低层次、烫发的技法与中长直发电卷棒造型5（Page183）相同。

下面介绍烫梳造型技法。

在中长直发电卷棒造型5后发区不变的基础上，把前发区喷湿，用疏齿梳将发丝梳理成前倾的45°角，必要时可喷点发胶，然后用分发梳尾部把发丝调整成前倾而自然的刘海，如图7-30（a）所示。

如图7-30（b）、（c）所示，两侧发区头发在侧面各做一个锥形卷，发梢向锥形上方固定，在前发区后面调整成花形。

审视修饰定型，如图7-30（d）所示。

(a)

(b)

(c)

(d)

图 7-30　造型 6 技法

7.3 长直发电卷棒造型范例及技法（14例）

7.3.1 造型1（见图7-31）

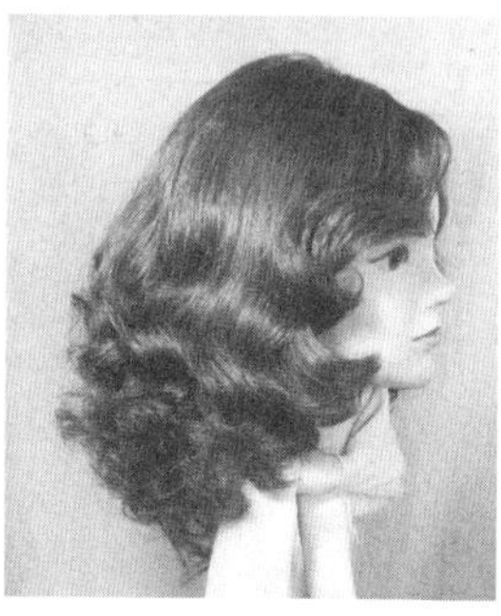

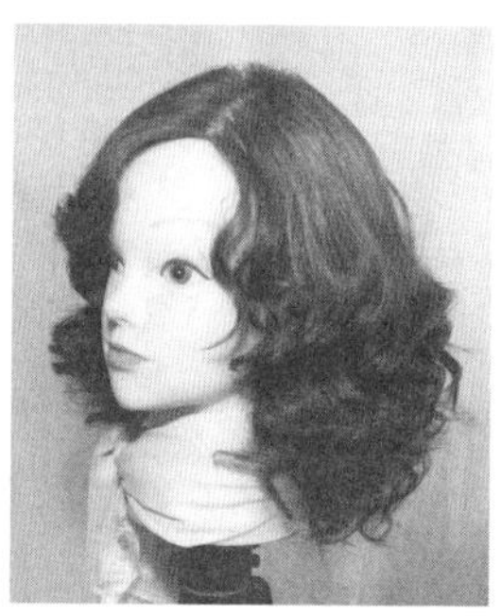

图 7-31 造型 1

（1）分发区

与短直发电卷棒造型1中“分发区”的技法（Page167）相同。

（2）修剪边线导线

与中长直发电卷棒造型2中“修剪边线导线”的技法（Page179）相同，不同之处在于导线长度为：前发区14cm，侧发区18cm，后发区20cm。

（3）修剪顶部导线

后块面上部用一个直径6cm的圆形形成顶部导线区，把顶部导线区头发向上梳理，确定长度后用滑剪将头发剪断，散布四周为上面导线，其长度为21cm。

（4）修剪参差低层次

① 修剪。如图7-32（a）~（c）所示，从前发区右边起分纵线形成竖向区间，每区间纵向提起发束与头皮成45°角，用滑剪技法修剪，顺序是：从前发区右侧起，经左侧发区、后发区、右侧发区，再回到起点。

② 检查。如图7-32（d）~（g）所示，从前发区开始向左右侧发区、后发区分横线形成横向区间，每区间提起发丝与头皮成45°角，用夹剪技法检查修剪，剪去不合格发丝。顺序是：a. 前发区；b. 右侧发区、后右侧发区；c. 左侧发区、后左侧发区；d. 后中间发区并与左右后侧发区连接成半圆，形成发式。

（5）烫梳造型

如图7-32（h）所示，分三七缝，形成大、小侧发区和后发区，电卷棒与发梳配合，在大侧发区上面烫成波浪刘海，下面烫成发花。小侧发区和大侧发区下面的烫法相同。

如图7-32（i）所示，后发区把发丝分层，由底层开始上烫，把每层下面1/2的发丝烫成竖卷。

如图7-32（j）、（k）所示，侧发区、后发区发丝烫完后，用发刷将竖卷梳开，用手的提、拉、推等技法调整轮廓与发花，使其自然、饱满，审视修饰定型。

（a）　（b）　（c）　（d）

（e）　（f）　（g）　（h）

（i）　（j）　（k）

图7-32　造型1技法

7.3.2　造型2（见图7-33）

图7-33　造型2

（1）分发区

与短直发电卷棒造型1中“分发区”的技法（Page167）相同。

（2）修剪边线导线

与中长直发电卷棒造型2中“修剪边线导线”的技法（Page179）相同，不同之处在于导线长度为：前发区27cm，侧发区27cm，后发区25cm。

（3）修剪顶部导线

后块面上部用一个直径6cm的圆形形成顶部导线区，把顶部导线区头发向上梳理，确定长度后用滑剪将头发剪断，散布四周为上面导线，其长度为27cm。

（4）修剪参差低层次

与长直发电卷棒造型1中“修剪参差低层次”的技法（Page185）相同。

（5）烫梳造型

分耳上线，分中间缝，形成两侧发区和后发区。两侧发区各分横线形成区间，用电卷棒从下面区间向上卷烫，如图7-34（a）所示。

后发区分横线形成区间，暂时不烫的区间将头发用发夹固定，由下面区间开始一左一右的向上卷烫，如图7-34（b）所示。

烫发完成后用分发梳尖端拨出发花，前发区头发向上拧成长形卷，扭转后发梢朝前，形成发花刘海，如图7-34（c）所示。

左、右侧发区中间分竖线，形成两个小区间，每小区间向上拧成竖立卷，用发卡固定在前发区的发花后面，如图7-34（d）所示。

后发区两侧把发花集中于头部接近中间的位置，用连接卡法把两侧发花固定，如图7-34（e）所示。

如图7-34（f）、（g）所示，采用分发梳的挑、拨等技法与手指的分、按、拉等技法，调整轮廓与发花并遮盖两边发卡，审视修饰定型。

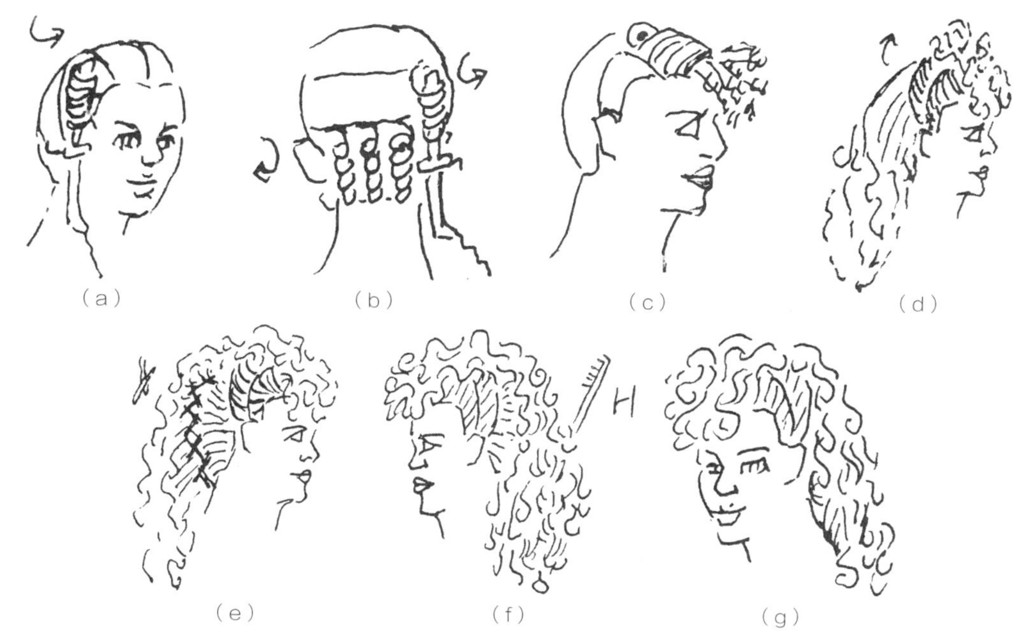

图7-34　造型2技法

7.3.3 造型3（见图7-35）

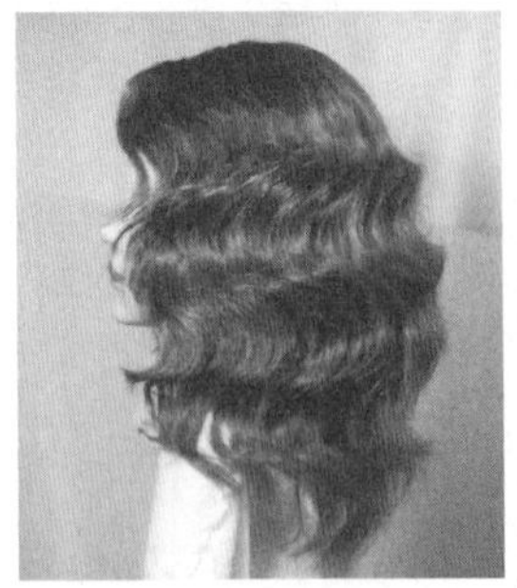

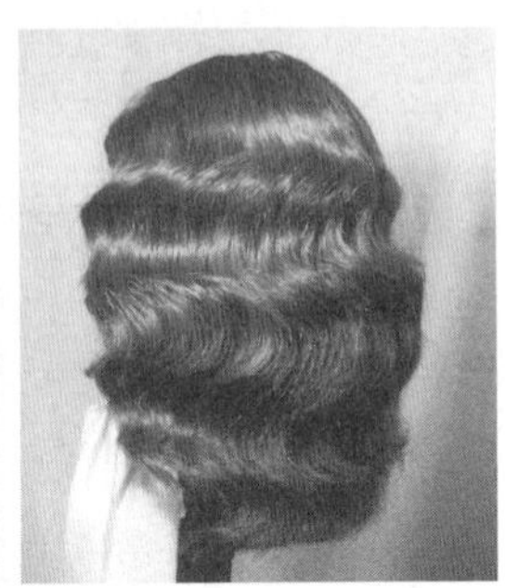

图7-35 造型3

（1）分发区

与短直发电卷棒造型1中“分发区”的技法（Page167）相同。

（2）修剪边线导线

与中长直发电卷棒造型2中“修剪边线导线”的技法（Page179）相同，不同之处在于导线长度为：前发区13cm，侧发区19cm，后发区21cm。

（3）修剪顶部导线

后块面上部分一个直径6cm的圆形形成顶部导线区，把顶部导线区头发向上梳理，确定长度后用滑剪将头发剪断，散布四周为上面导线，其长度为22cm。

（4）修剪参差低层次

与长直发电卷棒造型1中“修剪参差低层次”的技法（Page185）相同。

（5）烫梳造型

如图7-36（a）所示，分三七缝，形成大、小侧发区和后发区，选用电卷棒和发梳配合，从大侧发区开始由上向下烫波浪，一直烫到后发区至另一侧的耳后。

如图7-36（b）所示，小侧发区由上向下烫波浪与侧、后发区波浪连成一体。

如图7-36（c）所示，用疏齿梳将波浪梳理通顺，使其更显自然流畅。

审视修饰定型，如图7-36（d）所示。

（a）

（b）

（c）

（d）

图7-36 造型3技法

7.3.4　造型4（见图7-37）

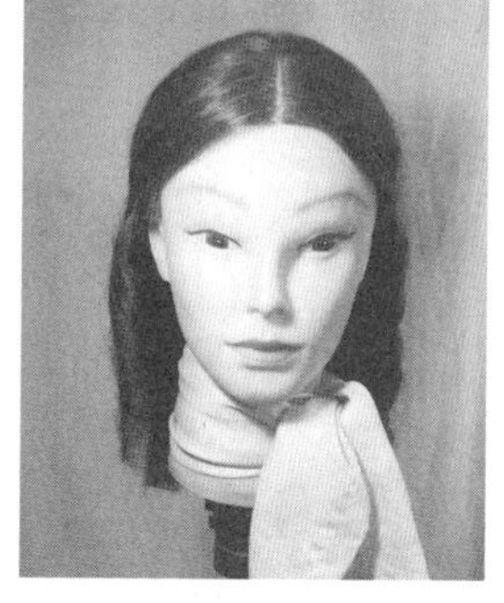
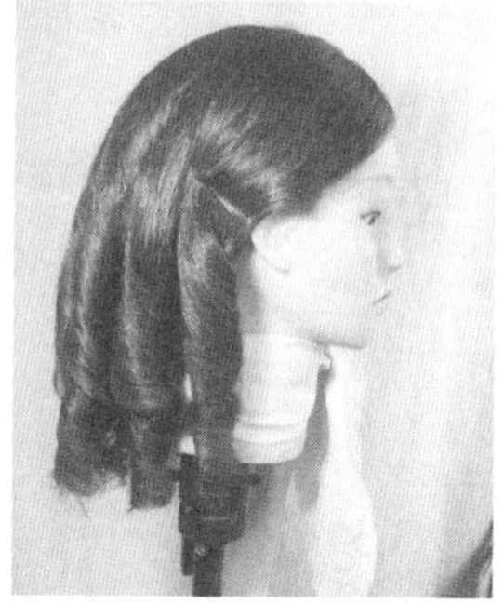

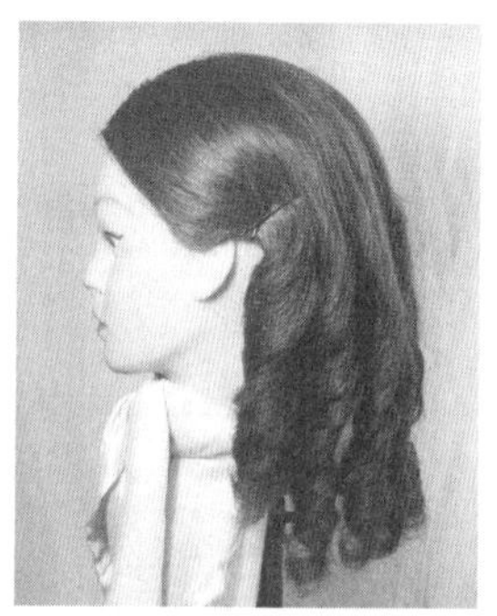

图 7-37　造型 4

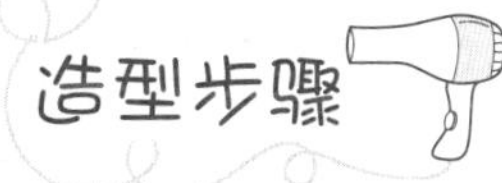

修剪发长、修剪边线导线、修剪低层次的技法与长直发电卷棒造型2（Page186、187）相同，只有发式长度不同。本款发长是：前发区33cm，侧发区33cm，顶发区30cm，后发区33cm。

下面介绍烫梳造型技法。

将头发梳理通顺，分耳上线，再由前向后分中分线，形成左右侧发区和后面左右两发区，共四个发区，如图7-38（a）所示。

后面两发区，各分两道横线各形成三层区间，如图7-38（b）所示。

选用电卷棒由最下区间开始，左边向左烫竖卷，右边向右烫竖卷，余下的上面两层与该操作技法相同，如图7-38（c）、（d）所示。

侧发区在中间各分一道横线形成上下两层，如图7-38（e）所示。

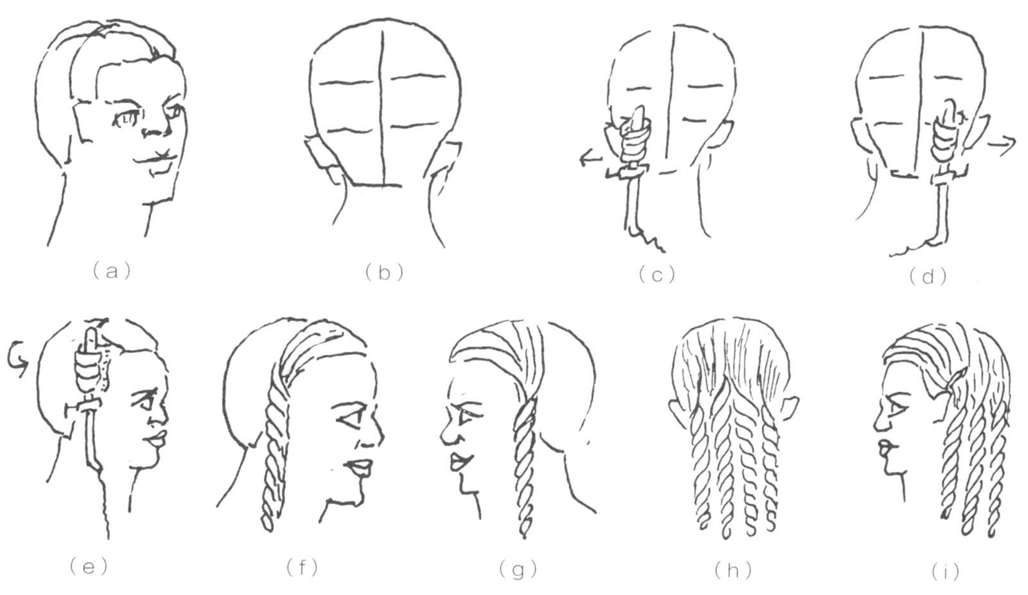

图 7-38　造型 4 技法

由下向上烫成两层竖卷，把两层竖卷合二为一，如图7-38（f）、（g）所示。

后发区左、右侧面的各三层竖卷连起来，左向左边梳、右向右边梳，各梳理成两个竖卷，后面左右共梳四个竖卷，如图7-38（h）所示。

把两侧发区的竖卷用发卡别到耳后，共有六个竖卷垂在后面，审视调整定型，如图7-38（i）所示。

7.3.5 造型5（见图7-39）

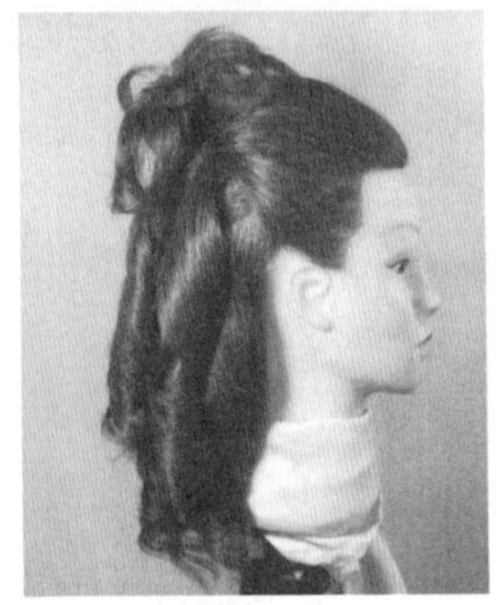

图7-39 造型5

修剪发长、修剪边线导线、修剪低层次的技法与长直发电卷棒造型4（Page189）相同。

下面介绍烫梳造型技法。

将发式分耳上线，形成前后两块面，再由前向后分中线，形成前面左右侧发区、后面左右后发区，左右侧发区各分一道横线，形成上下两小区间，如图7-40（a）所示。

后面两发区各分横向线，形成上下两区间，如图7-40（b）所示。

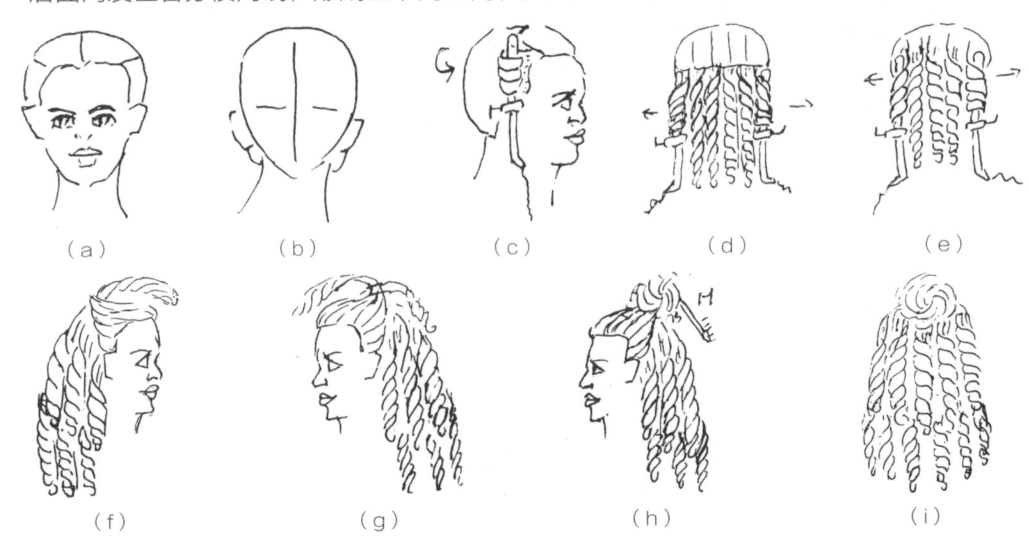

图7-40 造型5技法

两侧发区由下面区间向前卷竖立卷，如图7-40（c）所示。

选用电卷棒由下层开始烫发，左边向左烫三个竖卷，右边向右烫三个竖卷，左右共六个竖卷，如图7-40（d）所示。

上层左边烫两个竖卷，右边烫三个竖卷，左右共五个竖卷，如图7-40（e）所示。

如图7-40（f）~（h）所示，两侧发区竖卷下面做成锥形卷，上面两发尾在高点定位处交错固定，用分发梳的拨、挑技法和手的拉、展、提等技法组成团花形。

审视修饰定型，如图7-40（i）所示。

7.3.6 造型6（见图7-41）

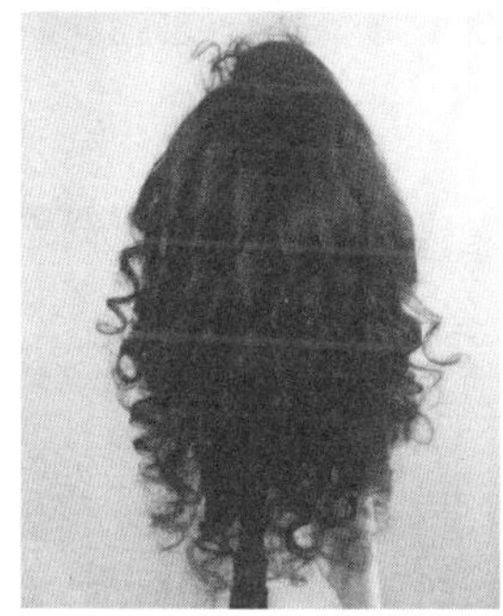

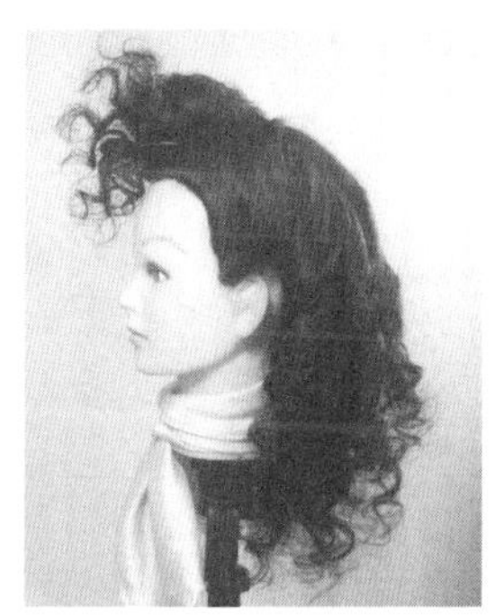

图 7-41 造型 6

修剪发长、修剪边线导线、修剪低层次的技法与长直发电卷棒造型2（Page186、187）基本相同，只有发式长度不同。本款发长为：前发区35cm，侧发区37cm，顶发区37cm，后发区37cm。

下面介绍烫梳造型技法。

本款造型烫竖卷的技法与长直发电卷棒造型5（Page190、191）相同。

后面竖卷用分发梳挑拨技法分开，使后面轮廓实现蓬松饱满效果，如图7-42（a）所示。

分耳上线形成前后两块面，从前面一侧向上梳理，在中间用折线卡固定，如图7-42（b）所示。

如图7-42（c）、（d）所示，另一侧向上梳理，在发卡固定处做一个前高后低的锥形卷，发尾甩向前额上方，审视修饰定型。

（a）

（b）

（c）

（d）

图 7-42 造型 6 技法

7.3.7　造型7（见图7-43）

图7-43　造型7

修剪发长、修剪边线导线、修剪低层次的技法与长直发电卷棒造型2（Page186、187）基本相同，只有发式长度不同。本款发长为：前发区40cm，顶发区40cm，侧发区45cm，后发区45cm。

下面介绍烫梳造型技法。

从前面分三七缝，形成大、小侧发区与后发区，按分发区方向将头发梳理通顺，电卷棒从大侧发区开始，采用滚烫技法与发梳的梳推技法相互配合，由上至下烫成波浪，如图7-44（a）所示。

小侧发区与大侧发区技法相同，如图7-44（b）所示。

大小波浪连接在一起后，用排骨刷或疏齿梳横向由上向下梳通理顺，如图7-44（c）所示。

审视修饰定型，如图7-44（d）所示。

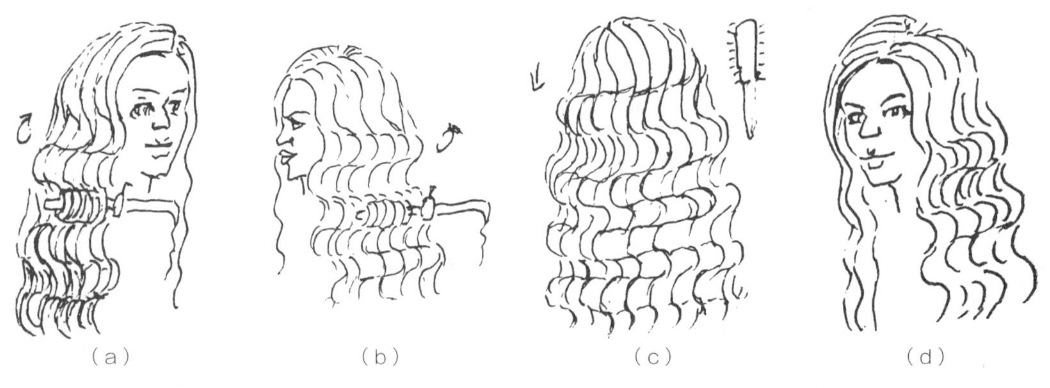

图7-44　造型7技法

7.3.8　造型8（见图7-45）

图 7-45　造型 8

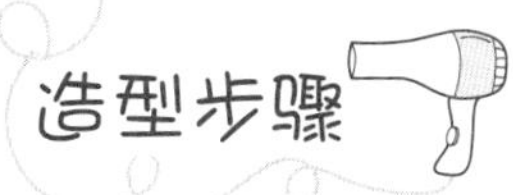

修剪发长、修剪边线导线、修剪低层次、烫发的技法与长直发电卷棒造型7（Page192）相同。

下面介绍烫梳造型技法。

分耳上线形成前后两块面，后块面造型不变，前块面分三七缝，形成三角前发区和左、右侧发区。

前发区头发向前梳理拉直，用皮筋在发干中上部扎成发束，发尾向下卷一空心卷，发卡固定在下面，然后用手指把发卷向两边展开，形成半圆形扁体刘海，如图7-46（a）、（b）所示。

如图7-46（c）、（d）所示，两侧发区向上拧成细长的拧包卷，在发区后面的中间合成一体固定成束。发尾烫成波浪下垂，固定点可加饰品点缀。审视修饰定型。

（a）

（b）

（c）

（d）

图 7-46　造型 8 技法

7.3.9　造型9（见图7-47）

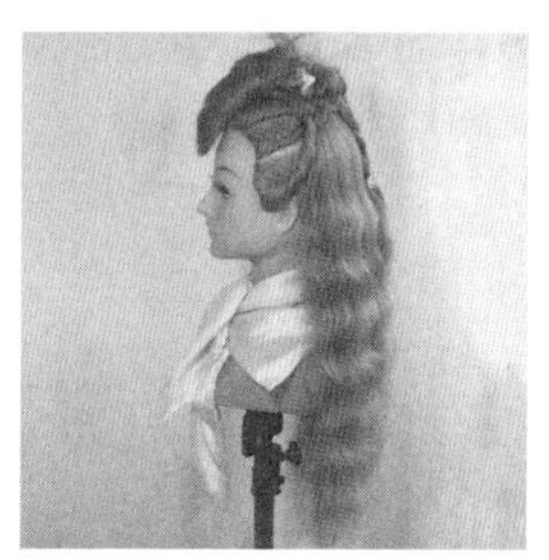

图 7-47　造型 9

造型步骤

修剪发长、修剪低层次、烫发的技法与长直发电卷棒造型7（Page192）相同。

下面介绍烫梳造型技法。

本款造型的烫梳技法与长直发电卷棒造型8基本相同，不同之处如下。

把前发区改成长方形，做个锥形卷刘海，如图7-48（a)、(b）所示。

两侧发区各分三个小区间，各卷三个细而长的圆形拧包卷，如图7-48（c）所示。

两侧的三个拧包卷各编成一条三股发辫，如图7-48（d)、(e）所示。

两侧发辫在锥形卷后面交叉固定，然后一个发辫的发尾向上卷，辫梢向上散开，另一个发辫垂在下面，发辫固定点可点缀饰品，如图7-48（f）所示。

审视修饰定型，如图7-48（g）所示。

图7-48　造型9技法

7.3.10　造型10（见图7-49）

图7-49　造型10

造型步骤

修剪发长、修剪低层次的技法与长直发电卷棒造型7（Page192）相同。

下面介绍烫梳造型技法。

分耳上线形成前后两块面，前块面在发际线约1cm处，由一侧向另一侧分一条线，如图7-50（a）所示。

在线后部的块面分二八缝，形成前发区和左右侧发区，如图7-50（b）所示。

把前发区头发向前拉，亮出后面根部，两侧发区各向上做一个锥形卷，两者发干在前发区根部交叉，如图7-50（c）所示。

前发区下面1/3头发削乱后向前推一拱形卷，盖住锥形卷交叉发干，前发区发尾固定在推起的拱形卷后面，发卷与左右锥形卷相连，三者成为一体，如图7-50（d）所示。

把后部下面2/3头发由下向上分层烫成竖立卷，用分发梳或手指由上向下将竖立发卷梳开，使其形成自然曲线，如图7-50（e）所示。

前发际线1cm的发丝编成一条单侧加股辫，加股要遮盖在拱形卷上面，用以显示拱形卷的变化，如图7-50（f）、（g）所示。

图 7-50　造型 10 技法

股花要隐藏在拱形卷后面，前侧和左右侧发区的头发编一个两股辫，拉松发股放于拱形卷后面，如图7-50（h）、（i）所示。

审视修饰定型，如图7-50（j）所示。

7.3.11 造型11（见图7-51）

图7-51 造型11

修剪发长、修剪边线导线、修剪低层次、烫发的技法与长直发电卷棒造型10（Page195）相同。

下面介绍烫梳造型技法。

在长直发电卷棒造型10的基础上，耳上线后面造型不变，耳上线前面造型全部拆除，把发丝梳通顺，耳上线发丝向上梳理扎在一侧前点定位处形成发束，如图7-52（a）所示。

发束分成三份，向前一份、向后两份，如图7-52（b）所示。

图7-52 造型11技法

从前面一份中分出1/3发丝，其余发丝向一侧前做半圆形发卷，发梢从发卷口内外展，发卷下面垂至眉梢，上面高过发际线，如图7-52（c）所示。

分出的1/3发丝向前编一条单侧加股辫，把加股辫放在发卷表层，辫花放在发卷下面，如图7-52（d）所示。

最后两份各编一条三股辫，把发股全都拉松，两发辫相互缠绕后各形成一个8字环，固定在发卷后面，如图7-52（e）、（f）所示。

审视修饰定型，如图7-52（g）所示。

7.3.12 造型12（见图7-53）

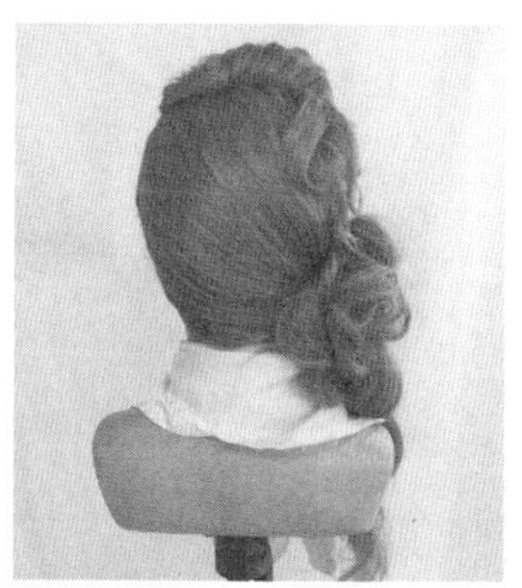

图 7-53 造型 12

修剪发长、修剪边线导线、修剪低层次、烫发的技法与长直发电卷棒造型10（Page194）相同。

下面介绍烫梳造型技法。

拆除长直发电卷棒造型11，把发丝梳通顺，分三七缝形成三角前发区。

三角前发区以外的头发全部梳向一侧，用皮筋扎成发束，发尾垂向胸前，三角前发区头发向前推出一道波浪，如图7-54（a）所示。

第一道波浪后面发尾向前做一空心卷，发梢拉向发卷外面，把它分成四小股，分别在发卷下面做四个发环，如图7-54（b）所示。

（a）

（b）

（c）

（d）

图 7-54 造型 12 技法

在扎结处分出两小束，拧成竖卷后再将发丝拉松，团聚成花形固定在扎结点上面，如图7-54（c）所示。

审视修饰定型，如图7-54（d）所示。

7.3.13 造型13（见图7-55）

图7-55 造型13

修剪发长、修剪边线导线、修剪低层次、烫发的技法与长直发电卷棒造型10（Page194）相同。

下面介绍烫梳造型技法。

拆除长直发电卷棒造型12，把发丝梳通顺，分耳上线，分细形折线三七缝，如图7-56（a）所示，形成大小侧发区和后发区，大侧发区和后发区头发自然下垂，小侧发区头发向上梳，在侧高位点处扎一发结，如图7-56（b）所示。

如图7-56（c）、（d）所示，发结固定后将发梢设计成团花形，审视修饰定型。

（a）

（b）

（c）

（d）

图7-56 造型13技法

造型14（见图7-57）

图 7-57 造型 14

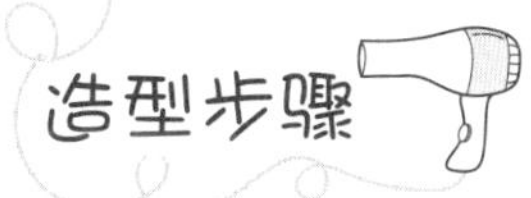

修剪发长、修剪边线导线、修剪低层次、烫发的技法与长直发电卷棒造型10（Page194）相同。

下面介绍烫梳造型技法。

拆除长直发电卷棒13，把发丝梳理通顺，分耳上线，分中间折线缝，形成左右侧发区和后发区以及顶发区。顶发区是由耳上线高点向后7cm为半径，放射成半圆形面积，后发区分竖立中线形成后面左右区间。

两后发区与左右侧发区，各在各的侧面用皮筋扎结成束，在扎结点下方各分出一小撮发束，各自扎成发卷遮盖皮筋，如图7-58（a）、（b）所示。

如图7-58（c）、（d）所示，顶发区头发编成三股发辫，把股花拉松，聚在顶部形成花状，审视修饰定型。

（a）

（b）

（c）

（d）

图 7-58 造型 14 技法